AF294685

Springer

Berlin
Heidelberg
New York
Barcelona
Budapest
Hongkong
London
Mailand
Paris
Santa Clara
Singapur
Tokio

Klaus Pichhardt

Lebensmittel-mikrobiologie

Grundlagen für die Praxis

Vierte, überarbeitete Auflage

Mit 106 Abbildungen

Springer

Dipl.-Ing. KLAUS PICHHARDT

Karl-Ullrich-Straße 24
67574 Osthofen

ISBN-13:978-3-642-80473-1

Die Deutsche Bibliothek – CIP-Einheitsaufnahme

Pichhardt, Klaus:
Lebensmittelmikrobiologie : Grundlagen für die Praxis / Klaus
Pichhardt. – 4. Aufl. - Berlin ; Heidelberg ; New York ; Barcelona ;
Budapest ; Hongkong ; London ; Mailand ; Paris; Santa Clara ;
Singapur ; Tokio : Springer, 1998
    ISBN-13:978-3-642-80473-1   e-ISBN-13:978-3-642-80472-4
    DOI: 10.1007/978-3-642-80472-4

Satz: perform k + s textdesign GmbH, Heidelberg
Einbandgestaltung: Künkel & Lopka, Heidelberg

SPIN 10539611   39/3137 - 5 4 3 2 1 0 – Gedruckt auf säurefreiem Papier

Vorwort zur vierten Auflage

Die „Lebensmittemikrobiologie" erscheint nun bereits in der 4. Auflage. Werten wir es als Beweis für die beträchtliche Nachfrage auf diesem Wissensgebiet, aber auch für die Akzeptanz, die das Werk bei einem großen Leserkreis gefunden hat. Das anfänglich eingeschlagene Konzept **„Grundlagen für die Praxis"** in Wort, gepaart mit Bild und Schemata zu vermitteln, wurde positiv angenommen und hat sich nun durchgesetzt.

Die nun vorliegende Auflage ist überarbeitet, neu strukturiert und auf Grund der europäischen Vorgaben durch die Richtlinie 93/43 EWG des Rates vom 14. Juni 1993 über Lebensmittelhygiene insbesondere zu den Themen „Gute Herstellungspraxis" und „HACCP-Konzept" teilweise ergänzt worden. Damit wird eine Brücke von der reinen Kontroll- bzw. Prüfinstanz zu den Verantwortlichen im Fabrikationsbetrieb geschlagen. Die Zusammenstellung von Keimzahlnormen wurde auf den neuen Stand erweitert bzw. angepaßt.

Den Damen und Herren des Springer-Verlages danke ich für die langjährige gute und freundliche Zusammenarbeit.

Osthofen, im Juli 1997   KLAUS PICHHARDT

Vorwort zur dritten Auflage

Bereits drei Jahre nach Erscheinen der 2. Auflage der inzwischen zu einem Standardwerk gewordenen „Lebensmittelmikrobiologie – Grundlagen für die Praxis" folgt eine Neubearbeitung. Um an den Stand des Wissens auf dem Gebiet der praxisbezogenen Lebensmittelmikrobiologie anzuknüpfen, war es wiederum notwendig, eine Reihe von Modifikationen vorzunehmen insbesondere bei den Nachweismethoden.

Ergänzt wurde das Kapitel zur Stabilitätsprüfung von Konserven um den Bereich Kartonverpackungen mit den Schwerpunkten Prüfung mittels Hydrodynamik und spezifische Packmittelprüfung. Ferner kamen Hinweise zu Flora-Analysen und Stichprobenplänen hinzu.

Mit der zunehmenden Verbreitung der DIN/ISO-Norm 9.000ff (EN 29.000) innerhalb der lebensmittelverarbeitenden Industrie gewinnen Strategien zur Qualitäts- und Hygienesicherung im Sinne von Vorbeugung und Beurteilung mehr und mehr an Bedeutung. Während in der 2. Auflage schon auf Klassifizierungen bzgl. Gefährdungspotential, HACCP-Konzept und GHP/GMP aufmerksam gemacht wurde, folgt auch hier eine Erweiterung. Besonders werden innere und äußere Faktoren beschrieben, die die Lebensmittelqualität entscheidend mitbeeinflussen können. Zudem wurde auf ein Produktrückruf-Programm eingegangen, welches den Fall regelt, daß sich ein bereits außerhalb des Unternehmens befindliches Produkt als über das tragbare Maß hinaus kontaminiert erweist.

Neu aufgenommen wurde das Kapitel 5. Dieses Kapitel behandelt lebensmitteltechnologische und produktspezifische Gegebenheiten im Hinblick auf eine mikrobiologische Gefährdung wichtiger Rohstoff- und Fertigwarengruppen sowie daraus resultierende Untersuchungskriterien.

Mit einer umfangreichen Sammlung von Keimzahlnormen schließt dieses Kapitel.

In den letzten Jahren hat es aufgrund vielfältiger systematischer und taxonomischer Studien Änderungen der bisher gängigen Namen von Mikroorganismen gegeben. Diese wissenschaftlich begründbaren Änderungen führen dazu, daß bei der praktischen Labordiagnostik Synonyma verwendet werden. Aus diesem Grunde wurde in den Anhang eine Tabelle aufgenommen, in der alte, nicht mehr valide Namen den nunmehr gültigen gegenüberstehen. Eine Vollständigkeit darf allerdings nicht erwartet werden, da die Taxonomen ständig neue Namen liefern.

Desweiteren wurde im Anhang auf die Handhabung von Zufallszahlen zur Auswahl einer Stichprobe hingewiesen.

Möge nun auch die vorliegende 3. Auflage dem Praktiker und dem Studierenden der diversen lebensmittelwissenschaftlichen Disziplinen im Umgang mit den breit gefächerten Problemen Hilfe und Beratung geben.

Dem Springer Verlag und seinen Mitarbeiterinnen und Mitarbeitern sei auch an dieser Stelle wiederum, wie all die letzten Jahre, für die stets gute Zusammenarbeit gedankt.

Bechtheim, im Juli 1992   KLAUS PICHHARDT

Vorwort zur ersten Auflage

Dieses Buch dient als Leitfaden für Arbeitsmethoden der Lebensmittelmikrobiologie. So werden alle diejenigen angesprochen, die lebensmittelmikrobiologische Methoden erlernen wollen, seien es Studierende der Lebensmitteltechnologie und Ernährungswissenschaft oder technische Assistenten und Laboranten.

Die Lebensmittelmikrobiologie nimmt stetig an Bedeutung zu. Das ist nicht zuletzt auf die steigenden Ansprüche der Lebensmitteltechnologie zurückzuführen. Wie häufig erweist sich der technologische Fortschritt stillschweigend als Schrittmacher anderer Disziplinen. Das veranlaßte den Verfasser, das Thema aus praxisorientierter Sicht zu bearbeiten.

Dem Buch liegt folgendes Konzept zugrunde:

Der Teil I befaßt sich mit den gängigsten Arbeitsmethoden und Techniken. Aspekte zum Stichprobenplan werden in Teil II dargelegt. Dabei liegen Empfehlungen internationaler Kommissionen zugrunde.

Zahlreiche graphische Darstellungen tragen zum besseren Verständnis bei.

Die Mikrobiologie der Lebensmittel umfaßt Produkte pflanzlichen und tierischen Ursprungs.

Nahrungsmittel können flüssig, fest, voluminös oder pulverförmig sein. Auf differenzierte Nachweismethoden wurde daher bewußt verzichtet. Diese würden einerseits den Rahmen des Buches sprengen, andererseits ist die Sammlung amtlicher Methoden nach § 35 Lebensmittel- und Bedarfsgegenständegesetz als verbindlich anzusehen. Sollte im Einzelfall eine andere Methode Anwendung finden, so hat der Anwender dies zu begründen und die Aussagekraft mit der entsprechenden amtlichen Methode zu überprüfen.

Selbstverständlich konnten nicht alle Bereiche der praktischen Lebensmittelmikrobiologie eine Berücksichtigung finden; daher wird der Kundige zwangsläufig einige Details vermissen.

Die im Anhang aufgeführte Literatur hilft beim weiteren Einstieg, auch in die allgemein-mikrobiologischen Grundlagen dieses umfangreichen Wissensgebietes.

An dieser Stelle möchte ich allen danken, die mit mit ihrer Erfahrung bei der kritischen Durchsicht des Textes halfen. Dem Springer-Verlag bin ich dankbar für die Ermöglichung der vorliegenden Publikation.

Bechtheim, im Juli 1984   KLAUS PICHHARDT

Inhaltsverzeichnis

Kapitel 1

Einleitung

1.1
Präventive Lebensmittelhygiene

Lebensmittelhygienische Maßnahmen sollen mögliche Schäden vom Konsumenten fernhalten. Aber auch andere Faktoren, wie z.B. geringe Haltbarkeit und damit verbundene Verderbnis eines Lebensmittels, sind zu beachten. Deshalb gilt der Grundsatz: Lebensmittel sind so herzustellen, zu behandeln und in Verkehr zu bringen, daß sie hierbei keiner nachteiligen Beeinflussung ausgesetzt sind, um ein einwandfreies, gesundes und bekömmliches Erzeugnis, das für den menschlichen Genuß geeignet ist, zu gewährleisten. Zu den entsprechenden Maßnahmen zählen vor allem:

- Sicherung einer einwandfreien Ur- bzw. Rohstoffproduktion
- Systematische Berücksichtigung sämtlicher, potentieller Ereignisse, die zu hygienischen Gefährdungen und Qualitätseinbußen führen können; d.h. Ereignisse chemischen (Toxine, umweltbedingte Rückstände, Reinigungsmittel), physikalischen (Fremdkörper wie Glas- oder Metallsplitter) und (mikro)biologischen (Parasiten, pathogene Mikroorganismen selbst und/oder deren toxische Stoffwechselprodukte) Ursprungs
- Monitoring des gesamten Herstellungsprozesses, d.h. von der Gewinnung der Rohstoffe bis hin zum Konsum eines Lebensmittels

Lebensmittelhygiene hat den vorbeugenden Gesundheitsschutz zur Aufgabe, wobei der Lebensmittelmikrobiologie eine besondere Bedeutung beizumessen ist: – mikrobiologisch verdorbene Produkte sind zwar umsatzschädigend, keineswegs aber immer gesundheitsgefährdend, da die größte Anzahl der in Lebensmitteln vorkommenden Mikroorganismen als „harmlos" einzustufen ist.

1.1.1
Aufgabe und Bedeutung der Lebensmittelmikrobiologie

Der Sinn und Zweck einer jeden lebensmittelmikrobiologischen Untersuchung soll darin liegen,

- die Steuerung der Produktion im Hinblick auf eine gute Herstellpraxis positiv zu beeinflussen,

Tabelle 1.1. Wodurch wird die Gesundheit am stärksten bedroht? Diehl FJ (1984) Südzucker-Symposium, Offstein

Rangfolge aus Sicht der Wissenschaft	Rangfolge aus Sicht der Verbraucher
1. Falsches Ernährungsverhalten	1. Umweltverschmutzung
2. Pathogene Mikroorganismen	2. Zusatzstoffe in Lebensmitteln
3. Natürliche Giftstoffe	3. Falsches Ernährungsverhalten
4. Umweltverschmutzung	4. Pathogene Mikroorganismen
5. Zusatzstoffe in Lebensmitteln	5. Natürliche Giftstoffe

- das In-den-Handel-bringen von Produkten geringerer Qualität, verdorbener Nahrungsmittel oder solcher schlechter Haltbarkeit zu verhindern,
- den Konsumenten vor potentiellen Risikokeimen zu schützen.

Die mikrobiologischen Risiken durch Lebensmittel haben eine größere Bedeutung, als selbst Lebensmittelhygieniker bislang angenommen haben (Mossel 1984). Aus wissenschaftlicher Sicht stehen Mikroorganismen in der Rangfolge von Ernährungsrisiken an zweiter Stelle (Tab. 1.1.).

In der Lebensmittelmikrobiologie sind drei Untersuchungsarten zu unterscheiden:

- Die quantitative Erfassung der lebens- und vermehrungsfähigen Organismen im gegebenen Produkt auf einem geeigneten, nichtselektiven Nährboden;
- die qualitative und quantitative Untersuchung verschiedener Typen von Organismen;
- die qualitative Suche nach spezifischen Organismen auf selektiven Nährböden (Abb. 1.1. und Abb. 1.2.).

Unter den vielfältigen Mikroorganismenarten sind eigentlich nur wenige unerwünscht oder sogar schädlich. Wenn man von den verschiedenen Organismustypen in den vorhandenen Produkten weiß, läßt sich die Wahrscheinlichkeit des Verderbens, hervorgerufen durch Ranzigwerden, Säurebildung oder Fäulnis etc. abschätzen. Die Ausweitung von selektiven Medien bei lebensmittelmikrobiologischen Untersuchungen hat neben den Floraanalysen sogenannter Indikatororganismen die Wahrscheinlichkeit der Isolierung von gesuchten Organismen erhöht.

Man unterscheidet in der konventionellen Lebensmittelmikrobiologie zwei methodische Möglichkeiten:

- Der Gebrauch von Allzweck-Nährmedien mit Indikatoreigenschaften, so daß eine Vordifferenzierung von Haupt- und Subkulturen deutlich zu unterscheidender Spezies getroffen werden kann.
- Die Verwendung von verschiedenen Selektivmedien, die die Isolierung von spezifischen Organismengruppen zuläßt.

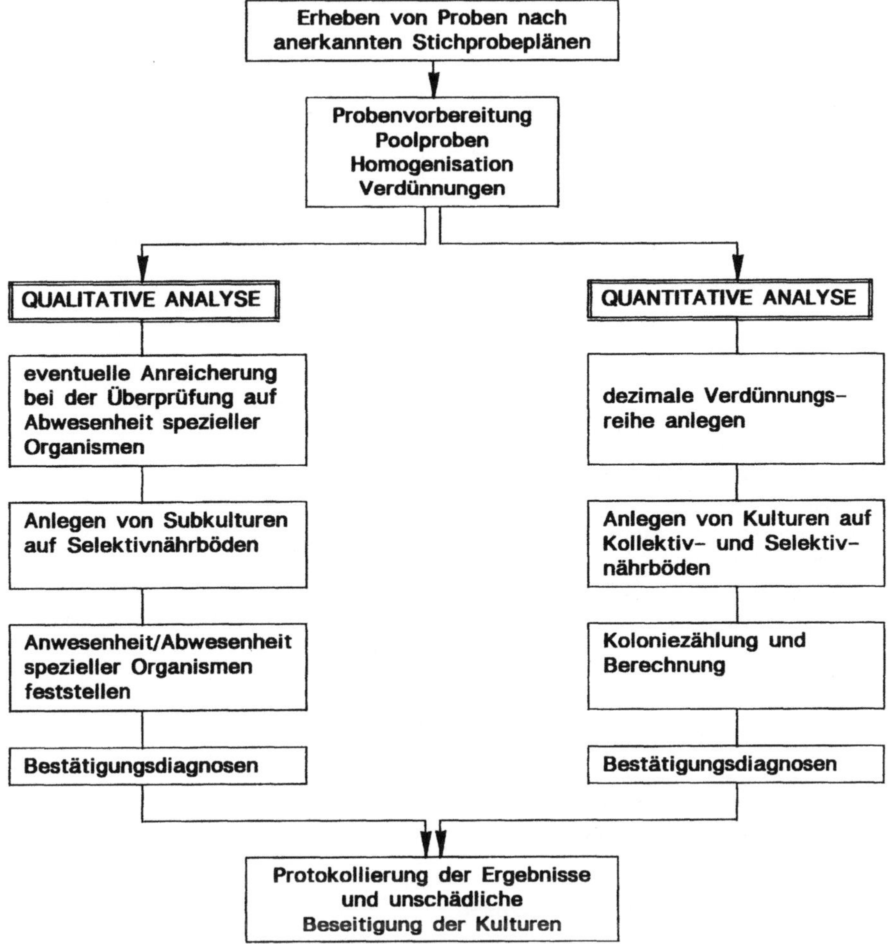

Abb. 1.1. Qualitativer und quantitativer Analysengang
Qualitative mikrobiologische Analyse bedeutet den Nachweis (Identifizierung und Differenzierung) bestimmter Keimgruppen, wie z. B. Staphylokokken, *E. coli*, Salmonellen.
Quantitativ dagegen bedeutet, die Anzahl von Mikroorganismen pro definierte Einheit (Menge) des zu untersuchenden Lebensmittels zu bestimmen. Als Einheit werden i. d. R. 1 Gramm (g) oder 1 Milliliter (ml) festgelegt. Bei Oberflächenkeimgehalten lautet die Einheit 1 cm^2 oder 10 cm^2.

Neben den konventionellen (klassischen) Methoden der Keimzahlbestimmung – durch Koloniezählverfahren in Kultur, bzw. Titer-, MPN-, Anwesenheit-/Abwesenheits-Verfahren – stehen auch direkte und indirekte Bestimmungsmethoden zur Verfügung. Diese sehr raschen bis raschen Verfahren beruhen entweder auf mikroskopischen, chemischen, physikalischen, biochemischen, enzymatischen oder serologischen Grundlagen, wobei einige erst bei relativ hohen Keimzahlen von etwa 10^5–10^7 koloniebildenden Einheiten g^{-1} ansprechen bzw. orientierende Anhaltswerte liefern.

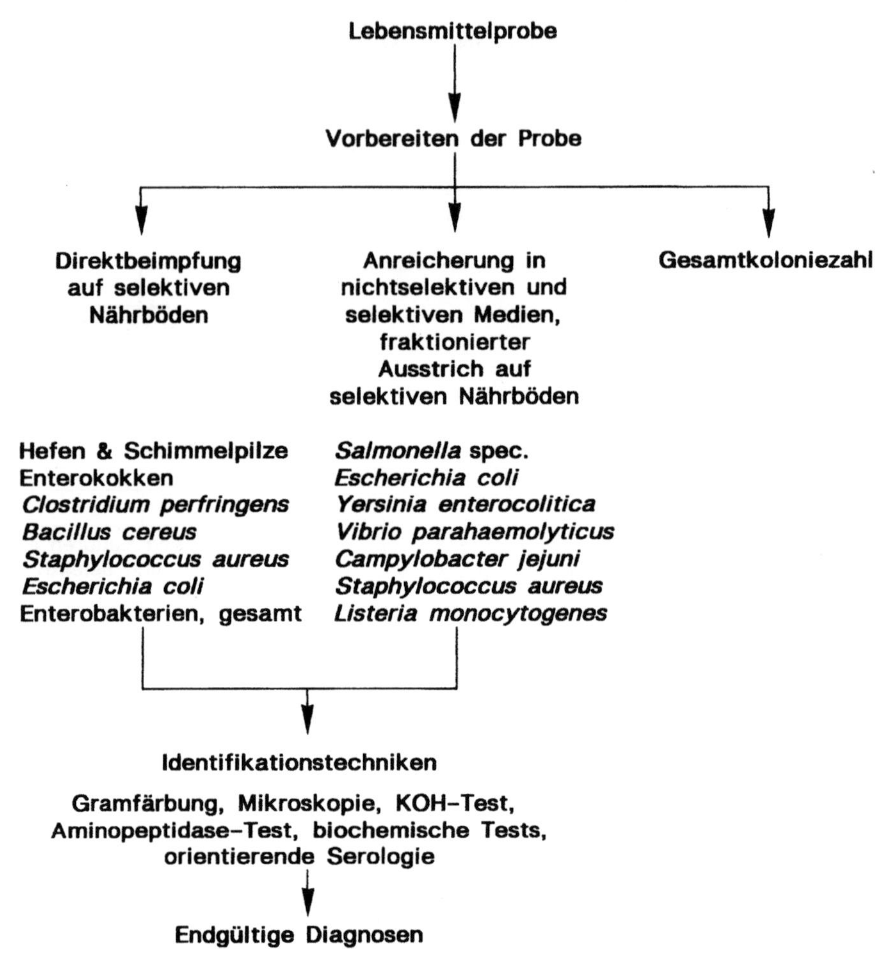

Abb. 1.2. Analysengang zur Suche nach spezifischen Organismen

Ein Charakteristikum der analytischen Lebensmittelmikrobiologie ist die Erhebung von Stichproben – wobei allerdings erst bei sehr großen Stichprobenumfängen, die in der Praxis häufig nicht zu realisieren sind, eine akzeptable statistische Sicherheit der Befunde gewährleistet wird – sowie eine Aufarbeitung der Proben vor dem eigentlichen Analysengang.

Nicht nur das Lebensmittel selbst, sondern insbesondere der Herstellungsprozeß und die mikrobiologische Packmittelkontrolle sind Bestandteil einer lückenlosen Qualitätssicherung.

Alle Maßnahmen zur Verhütung mikrobiell bedingter Lebensmittelinfektionen und -intoxikationen dürfen sich jedoch keinesfalls nur auf die Verhinderung von

Kontaminationen mit Krankheitserregern beschränken. Nicht die potentielle Anwesenheit allein, sondern die Vermehrung von Risikokeimen im Nahrungsmittel selbst – bedingt durch falsche Handhabe – ist oftmals eine Hauptursache für Nahrungsmittelvergiftungen. Durch lebensmitteltechnologisches Know-How und Einsatz inhibitorischer Maßnahmen (Temperatursteuerung, aw- und pH-Wertsenkung, Konservierungsstoffe etc.) läßt sich die Keimvermehrung hemmen oder gar unterbinden.

Die Kombination der praktischen Lebensmittelmikrobiologie und die Beherrschung spezifischer Lebensmitteltechnologien unter Berücksichtigung einer guten Herstellpraxis sowie Abschätzung eines unvermeidlichen Restrisikos ergeben ein schützendes Qualitätssicherungs-System.

Die vorstehenden Schemata verdeutlichen – vereinfacht dargestellt – einen lebensmittelmikrobiologischen Arbeitsgang.

1.1.2
Anforderung an die lebensmittelmikrobiologische Analytik

Die Anforderung an die routinemäßig betriebene lebensmittelmikrobiologische Analytik wird anhand von Tabelle 1.2. deutlich.

Im Vergleich mit der chemischen Spurenelement-Analyse – wenn der Vergleich sicher nicht ganz korrekt ist, so gibt er aber den ungefähren analytischen Erfassungsbereich wieder – muß in der lebensmittelmikrobiologischen Disziplin der Nachweis von Bakterien-Konzentrationen bis in den ppt-Bereich und niedriger geführt werden.

Tabelle 1.2. Nachweis von Bakterienkonzentrationen in der Lebensmittelmikrobiologie nach Schmidt-Lorenz W (1985) BDL Kongreß Lebensmitteltechnologie Berlin (West)

Grenzwerte nach der eidg. VO bei genußfertigen* und nicht genußfertigen** Kindernährmitteln für	Bakterienzahl pro g	pro kg	Biomasse [a] pro kg
Aerobe mesophile Keime	10^{6}**	10^{9}	1 mg [ppm][b]
Bacillus cereus und *Staphylococcus aureus*	10^{3}**	10^{6}	1 µg [ppb][b]
Escherichia coli und *Pseudomonas aeruginosa*	10*	10^{3}	1 ng [ppt][b]
Salmonella spec.	10^{-3}	10	1 pg [ppq][b]
(Nicht nachweisbar in 50 g = 2×10^{-2} pro g)			

[a] bezogen auf das mittlere Gewicht einer Bakterienzelle von ca. 1×10^{-9} mg

[b]
ppm = 1 mg / 1000 g bzw. 1 Liter	ppm:	parts per million
ppb = 1µg / 1000 g bzw. 1 Liter	ppb:	parts per billion; amerik. für Milliarde
ppt = 1 ng / 1000 g bzw. 1 Liter	ppt:	parts per trillion; amerik. für Billion
ppq = 1 pg / 1000 g bzw. 1 Liter	ppq:	parts per Quadrillion; amerik. für Billiarde

1.1.3
Bakterien-Systematik

Die hier aufgeführte Systematik sowie die sich anschließende Klassifizierung nach physiologischen Merkmalen beziehen sich ausschließlich auf die lebensmittelmikrobiologisch wichtigsten Bakteriengattungen.

Die Systematik erfolgte in Anlehnung an Bergey's Manual (Vol. I 1984, Vol. II 1986); die Gattungsbezeichnungen *Enterococcus* und *Lactococcus* resultieren aus Vorschlägen von Schleifer und Klipper-Balz (1984) und Schleifer et al. (1985).

Gramnegative, aerobe bis mikroaerophile, helikale oder vibrioide, bewegliche Bakterien

 Gattung *Spirillum*
 Gattung *Campylobacter*

Gramnegative, aerobe Stäbchen und Kokken

 Familie Pseudomonadaceae
  Gattung *Pseudomonas*
 Familie Halobacteriaceae
  Gattung *Halobacterium*
  Gattung *Halococcus*
  Gattung *Alcaligenes*

Gramnegative, fakultativ anaerobe Stäbchen

 Familie Enterobacteriaceae
  Gattung *Escherichia*
  Gattung *Shigella*
  Gattung *Salmonella*
  Gattung *Citrobacter*
  Gattung *Klebsiella*
  Gattung *Enterobacter*
  Gattung *Erwinia*
  Gattung *Serratia*
  Gattung *Hafnia*
  Gattung *Proteus*
  Gattung *Yersinia*

 Familie Vibrionaceae
  Gattung *Vibrio*
  Gattung *Aeromonas*

Grampositive Kokken

 Familie Micrococcaceae
  Gattung *Micrococcus*
  Gattung *Staphylococcus*
 Gattung *Streptococcus*
 Gattung *Lactococcus*

Gattung *Enterococcus*
Gattung *Leuconostoc*
Gattung *Pediococcus*

Endosporenbildende, grampositive Stäbchen und Kokken
Gattung *Bacillus*
Gattung *Clostridium*
Gattung *Desulfotomaculum*
Gattung *Sporosarcina*

Reguläre, nichtsporenbildende, grampositive Stäbchen
Gattung *Lactobacillus*
Gattung *Listeria*

Irreguläre, nichtsporenbildende, grampositive Stäbchen
Gattung *Corynebacterium*

1.1.4
Bakterienklassifikation nach physiologischen Merkmalen
(Nach Frazier 1967, ergänzt)

- Bildung von Milchsäure
  Lactobacillus
  Lactococcus
  Leuconostoc
  Pediococcus
- Bildung von Essigsäure
  Acetobacter
- Bildung von Buttersäure
  Clostridium
- Bildung von Propionsäure
  Propionibacterium
- Fettspaltung durch lipolytische Enzyme
  Pseudomonas
  Alcaligenes
  Serratia
  Micrococcus
- Eiweißzersetzung durch proteolytische Enzyme
  Bacillus
  Pseudomonas
  Clostridium
  Streptococcus
  Micrococcus
  Proteus
- Fäulnis durch pektinolytische Enzyme
  Erwinia

   Bacillus
   Clostridium
- Gasbildung
   Leuconostoc
   Lastobacillus
   Propionibacterium
   Escherichia
   Proteus
   Clostridium
- Pigmentbildende Bakterien
   Flavobacterium (gelb)
   Serratia (rot)
   Micrococcus
   Pseudomonas (blaugrün/gelbgrün)
   Halobacterium
- Salztolerante Bakterien
   Micrococcus
   Pseudomonas
   Pediococcus
   Halobacterium
   Vibrio
   Staphylococcus
- Zuckertolerante Bakterien
   Leuconostoc
- Geruchsbildung
   Proteus
   Clostridium (H_2S)
- Schleimbildner
   Leuconostoc mesenterioides
   Bacillus subtilis (Fadenzieher)

1.1.5
Temperatur als Selektionshilfe

Die Temperatur ist ein weiteres Selektionskriterium für die Einteilung von Mikroorganismen, wobei weniger das unterschiedliche Temperaturoptimum, sondern vielmehr die minimale bzw. maximale Vermehrungstemperatur zählt.

Nachstehend sind die Optimaltemperaturen sowie die Temperaturbereiche angegeben:

Psychrophile. Kälteliebende Mikroorganismen mit einem Temperaturoptimum von 12–15 °C; Min. –5 bis +5 °C und Max. 15–20 °C.

- Diese Mikroorganismen haben – außer für Tiefseefische – keine weitere Bedeutung in der Lebensmittelmikrobiologie.

Psychrotrophe. Kälteverträgliche Mikroorganismen mit einem Temperaturoptimum von 25–30 °C; Min. +0 bis +5 °C und Max. 30–35 °C.

– Gerade diese Keime spielen bei der Verderblichkeit von Lebensmitteln eine wichtige Rolle. Zu ihnen zählen u.a.:
Pseudomonas
Vibrio
Yersinia
Flavobacterium
Micrococcus
Serratia
Lactobacillus
Listeria
Clostridium botulinum Typ E
viele Schimmelpilze

Mesophile. Mittlere Temperatur liebende Mikroorganismen mit einem Temperaturoptimum von 30–40 °C; Min. 5–15 °C und Max. 35–47 °C.

– Diese Gruppe beinhaltet insbesondere die enteropathogenen Keime, u.a.:
Salmonella
Shigella
enteropathogene *Escherichia coli*

Thermophile. Wärmeliebende Mikroorganismen mit einem Temperaturoptimum von etwa 60 °C; Min. 40–45 °C und Max. 60–80 °C.

– Die Gruppe umfaßt u.a. aerobe und anaerobe Sporenbildner (Bacillaceae), die als Verderber von Konserven gefürchtet sind.
Bacillus stearothermophilus
Bacillus coagulans
Clostridium thermosaccharolyticum
Campylobacter jejuni

1.1.6
Mikroorganismen für die Beurteilung von Lebensmitteln

Die gesundheitliche Gefährdung durch Mikroorganismen über Lebensmittel kann erfolgen durch:

– Erreger von Infektionskrankheiten (nachfolgend A)
– Erreger von Lebensmittel-Toxiinfektionen (nachfolgend B)
– Erreger von bakteriellen Lebensmittel-Intoxikationen (nachfolgend C)
– Schädliche Stoffwechselprodukte

Des weiteren können für die Beurteilung des mikrobiologischen Status bzw. der Beschaffenheit eines Lebensmittels

– Indikatororganismen (nachfolgend E)
– Lebensmittelverderber (nachfolgend F)
– technologisch erwünschte Mikroorganismen

berücksichtigt werden.

Das Schweizerische Lebensmittelbuch (1989) definiert wie folgt (Auszug):

Organismen	Gruppe
Aerobe mesophile Keime	E, F
Anaerobe mesophile Keime	E, F
Bacillus cereus	C
Campylobacter jejuni	B
Clostridium botulinum	C
Clostridium perfringens	C
Enterobacteriaceen	E, F
Enterokokken	E, F
Escherichia coli	A, B, C, E, F
Hefen	A, E, F
Lipolyten	E, F
Listeria monocytogenes	A
Mesophile Sporenbildner	E, F
Proteolyten	E, F
Pseudomonas aeruginosa	A, E
Saccharolyten	E, F
Salmonellen	A, B
Schimmelpilze	A, E, F
Shigellen	A
Staphylococcus aureus	A, C, E, F
Streptococcus pyogenes	A
Vibrio parahaemolyticus	B
Yersinia enterocolitica	B

Als technologisch erwünschte Mikroorganismen gelten u.a. Starterkulturen wie Milchsäurebakterien, *Penicillium roqueforti*, Propionsäurebakterien.

Bei der zuvor dargestellten Gruppierung der für die Beurteilung von Lebensmitteln maßgebenden Mikroorganismen ist zu berücksichtigen, daß auch Überschneidungen möglich sind. So können bspw. die meisten toxiinfektiösen Mikroorganismen auch durch eine rein invasive Wirkung zu einer Erkrankung führen. *S. aureus* besitzt neben pathogenen und toxigenen auch Indikatoreigenschaften und *E. faecalis* kann in einem Lebensmittel als Milchsäurebildner erwünscht sein, im Trinkwasser gilt er als Indikator für eine fäkale Verunreinigung. Hohe aerobe mesophile Keimzahlen können auf Grund von Stoffwechselaktivitäten ein Lebensmittel bis zum Verderb nachteilig verändern. Allerdings hängt nicht selten der Entscheid, ob ein Lebensmittel nachteilig verändert ist, vom subjektiven Degustationsempfinden des Konsumenten oder Prüfers ab.

1.2
Umgang mit Mikroorganismen

Jede mikrobiologische Untersuchung kann mit Risiken verbunden sein, wenn gegen Regeln einer guten mikrobiologischen Laborpraxis verstoßen wird.

Obwohl lebensmittelmikrobiologische Untersuchungen eigentlich keine typischen Arbeiten mit Krankheitserregern darstellen, kann nie völlig ausgeschlossen werden, daß Rohstoffe oder Fertigprodukte tierischen oder auch pflanzlichen Ursprungs gelegentlich mit pathogenen oder potentiell pathogenen Keimen kontaminiert sind. Demzufolge sind Kulturen von Mikroorganismen immer so zu behandeln, als enthielten sie pathogenes Material. Kulturen dürfen nicht offen stehen bleiben und keinesfalls mit den Händen berührt werden. An dieser Stelle sei im Sinne der gemeinwohlverträglichen Abfallbeseitigung auf die Bestimmungen des Kreislaufwirtschafts- und Abfallgesetzes vom 27. September 1994 (BGBl. I, S. 2705) aufmerksam gemacht.

Eine Beseitigung von Kulturen in Petrischalen, Kulturröhrchen oder Anreicherungskolben darf daher grundsätzlich erst nach Abtötung durch Desinfektionsmittel oder Autoklavierung erfolgen. Für die Abtötung von Kulturen auf Nährböden in Einmal-Petrischalen im Autoklaven gibt es im Handel sterilisierbare Vernichtungsbeutel. Auf die Strafbestimmungen des StGB „Umweltstrafrecht" wird hiermit aufmerksam gemacht. Bei der Auswahl und Anwendung von Desinfektionsmitteln sind die Empfehlungen des Bundesgesundheitsamtes[1] oder der Deutschen Gesellschaft für Hygiene und Mikrobiologie[2] zu berücksichtigen.

Das Bundesgesundheitsamt sowie die Bundesforschungsanstalt für Viruskrankheiten der Tiere veröffentlichten in der gemeinsamen Publikation "Laboratoriumssicherheit", Bundesgesundheitsblatt 24, Nr. 22 vom 30. Oktober 1981, vorläufige Empfehlungen für den Umgang mit pathogenen Mikroorganismen und eine Klassifikation von Mikroorganismen und Krankheitserregern nach den im Umgang mit ihnen auftretenden Gefahren sowie daraus resultierenden Grundregeln guter mikrobiologischer Technik.

1.2.1
Kriterien für die Klassifikation von Mikroorganismen und Krankheitserregern nach Gefährdungspotential und Infektionsrisiko

Die Klassifikation lehnt sich an das von der Weltgesundheitsorganisation vorgeschlagene Schema an, das vier Risikogruppen beschreibt:

Risikogruppe I
Fehlendes oder geringes Risiko für die Beschäftigten, die Bevölkerung und Haustiere
Risikogruppe II
Mäßiges Risiko für die Beschäftigten – geringes Risiko für die Bevölkerung und Haustiere

---

[1] Bundesgesundheitsblatt 21:255-261(1987), BGA, Robert Koch Institut, Nordufer 20, 13353 Berlin

[2] VI. Liste der nach den „Richtlinien für die Prüfung chemischer Desinfektionsmittel" auf bakterizide Eigenschaften geprüften und von der DGHM als wirksam befundenen Desinfektionsmittel. Stand 31.7.81, mhp Verlag GmbH, Friederichstr. 10, 55124 Mainz

Risikogruppe III
Hohes Risiko für die Beschäftigten – geringes Risiko für die Bevölkerung. Nicht-heimische Erreger für Haustiere mit unbekanntem Risiko in Mitteleuropa.
Risikogruppe IV
Hohes Risiko für die Beschäftigten – hohes oder unbekanntes Risiko für die Bevölkerung und Haustiere.

In der Regel ist es nicht möglich, übliches diagnostisches Material einer Risikogruppe zuzuordnen. Bei gewissenhafter Einhaltung der Grundlagen guter mikrobiologischer Technik beim Umgang mit Krankheitserregern (s. 1.2.2) kann solches Material, das meist nur geringe Konzentrationen der Erreger enthält, gefahrlos unter den der Risikogruppe II zugeordneten Bedingungen bearbeitet werden. Nach diagnostischer Klärung und/oder Vermehrung der Erreger müssen die dem Erreger entsprechenden Sicherheitsmaßnahmen eingehalten werden.

1.2.1.1
Klassifizierung der Bakterien
(Auszug, beschränkt auf lebensmittelmikrobiologisch relevante Mikroorganismen)

Risikogruppe I
Bakterien, die für gesunde Erwachsene apathogen sind.
Beispielhaft seien genannt:
    Bacillus cereus
    Bacillus subtilis
    Escherichia coli K12
    Lactobacillus acidophilus
        bulgaricus
        casei
Risikogruppe II
    Campylobacter fetus
    Clostridium histolyticum
        perfringens
        botulinum [3, 4]
    Escherichia coli (soweit enteropathogen)
    Klebsiellae
    Listeria monocytogenes [3]
    Proteae
    Pseudomonas aeruginosa
    Salmonella [5]
    Shigella

---

[3] Einfuhr dieser Erreger bedarf nach § 2 bzw. § 3 der Tierseuchenerreger-EinfuhrVO vom 22.7.1977 der Genehmigung.
[4] Von erregerhaltigen Aerosolen geht eine besondere Gefahr aus. Die Benutzung von Sicherheitswerkbänken ist angeraten.

Staphylococcus aureus
Vibrio parahaemolyticus
Yersinia enterocolitica

1.2.1.2
Klassifizierung der Pilze[6]
(Auszug, beschränkt auf lebensmittelmikrobiologisch relevante Pilze)

Risikogruppe I
Für gesunde Erwachsene nichtpathogene Organismen, z.B.:
Cladosporium spp.
Geotrichum candidum
Penicillium glaucum
Saccharomyces cerevisiae
Candida spp.
Torulopsis spp.

Risikogruppe II
Cryptococcus neoformans
Absidia spp.
Mucor spp.
Rhizopus spp.
Aspergillus spp.

1.2.2
Grundregeln guter mikrobiologischer Technik

Die Sicherheitsmaßnahmen umfassen in erster Linie die Beachtung der Grundregeln guter mikrobiologischer Technik:

- Die Türen der Arbeitsräume müssen während der Arbeiten geschlossen sein.
- In Arbeitsräumen darf nicht getrunken, gegessen oder geraucht werden.
- Nahrungsmittel dürfen im Laboratorium nicht aufbewahrt werden.
- Laborkittel oder andere Schutzkleidung müssen im Arbeitsraum getragen werden.
- Mundpipettieren ist untersagt, mechanische Pipettierhilfen sind zu benutzen.
- Spritzen und Kanülen sollen nur benutzt werden, wenn es unbedingt nötig ist.
- Bei allen Manipulationen muß darauf geachtet werden, daß keine vermeidbaren Aerosole auftreten.
- Nach Beendigung eines Arbeitsganges und vor Verlassen des Laboratoriums müssen die Hände sorgfältig gewaschen werden.

---

[5] Einer Erlaubnis entsprechend § 19 (1) BSeuchG bedarf, wer mit diesen Erregern arbeiten will, sie einführen, ausführen, aufbewahren oder abgeben will.

[6] Alle Hyphomyceten (Fadenpilze), die bei 37 °C wachsen und durch eine Sporenabgabe in die Luft charakterisiert sind, dürfen nur unter Bedingungen bearbeitet werden, die eine Inhalation und Streuung der Sporen in die Umgebung unmöglich machen.

- Laboratoriumsräume sollen aufgeräumt und sauber sein. Auf den Arbeitstischen sollen nur die tatsächlich benötigten Geräte und Materialien stehen. Vorräte sollen nur in dafür bereitgestellten Räumen oder Schränken gelagert werden.
- Die Identität der benutzten Mikroorganismen ist regelmäßig zu überprüfen.
- In der Mikrobiologie unerfahrene Mitarbeiter müssen über die möglichen Gefahren unterrichtet, sorgfältig angeleitet und überwacht werden.
- Ungeziefer ist, wenn nötig, regelmäßig zu bekämpfen.

1.2.3
Anforderung an Laboratorien für das Arbeiten mit Bakterien und Pilzen

Durch eine entsprechende Auswahl der Sicherheitsmaßnahmen lassen sich Bedingungen schaffen, die es erlauben, mit allen Viren, Bakterien, Pilzen und Parasiten gefahrlos zu arbeiten. Entsprechend werden den Risikogruppen folgende vier Typen von Laboratorien zugeordnet:

Laboratorien für Mikroorganismen derRisikogruppe I (L 1):
- Räume sollen ausreichend groß sein.
- Autoklav muß im Gebäude vorhanden sein.
- Fußböden müssen leicht zu reinigen sein.
- Handwaschbecken muß vorhanden sein.

Laboratorien für Mikroorganismen der Risikogruppe II (L 2):
- Zusätzlich zum o.a. ist mindestens eine Werkbank der Klasse I oder II erforderlich, wenn Manipulationen durchgeführt werden, bei denen erregerhaltige Aerosole entstehen oder wenn mit hohen Erregerkonzentrationen gearbeitet wird oder mit Erregern, die über die Atemwege infizieren.
- Betriebsfremde Personen haben keinen Zutritt, während Arbeiten mit Krankheitserregern durchgeführt werden und dürfen auch außerhalb dieser Zeiten die Räume nur mit Erlaubnis der Laboratoriumsleitung betreten.
- Arbeiten mit Parasiten der Risikogruppe II erfordern gegebenenfalls erregerspezifische Maßnahmen, die ein Entkommen oder eine Verschleppung der Parasiten verhindern (z.B. Schleusen, Schutzkleidung, Abwasserdesinfektion usw.).
- Das Laboratorium muß ausreichend gekennzeichnet sein.

Auf die erforderlichen Einrichtungen für den Umgang mit Erregern der Risikogruppen III und IV soll hier nicht näher eingegangen werden.

Bei Tätigkeiten, die über die allgemein üblichen lebensmittelmikrobiologischen Belange hinausgehen, wird auf die Originalarbeit „Laboratoriumssicherheit" im BGBl. 24, Nr. 22 (1981):353 verwiesen.

Kapitel 2

Techniken – Verfahren – Nährböden – Untersuchungsmethoden

2.1
Laborausstattung

Eine zweckmäßige Ausstattung mit dem erforderlichen Gerät ist Grundbedingung für eine gute „Mikrobiologische Laboratoriumspraxis".

Bei der Durchführung der Kontrollanalysen, angefangen von der Probenahrne bis hin zur Aufarbeitung der Probe (Homogenisieren, Einwiegen, Lösen, Verdünnen, Einbringen in die Testgefäße und -behältnisse) ist ein aseptisches Arbeiten unerläßlich, was durch sterile Einmal-Artikel aus Kunststoff gewährleistet wird. Die nachfolgende Auflistung ist als Vorschlag für eine Grundausstattung anzusehen, denn infolge verschiedener Arbeitsziele ergeben sich unterschiedliche Gewichtungen für die bei mikrobiologischen Laborarbeiten zu berücksichtigenden Gerätschaften und Apparate.

2.1.1
Ausrüstung für das mikrobiologische Labor

2.1.1.1
Apparate und technische Hilfsmittel

- Autoklav für Sterilisationen unter strömendem Dampf und Druck von mind. 1 bar (121 °C)
- Dampftopf für die Erhitzung thermolabiler Medien und Lösungen
- Abfüllautomat für Lösungen und Medien
- Anaerobier-Topf (Abb. 2.23.)
- Aluminiumfolie für das Abdecken von Kolben
- Brutschränke für 20, 30, 37 und 45° C
- Bunsenbrenner
- Deckglaspinzette (Abb. 2.2d.)
- Dosierspritzen
- Drahtkörbe
- Filtrationsgeräte mit Wasserstrahlpumpen
- Gummistopfen

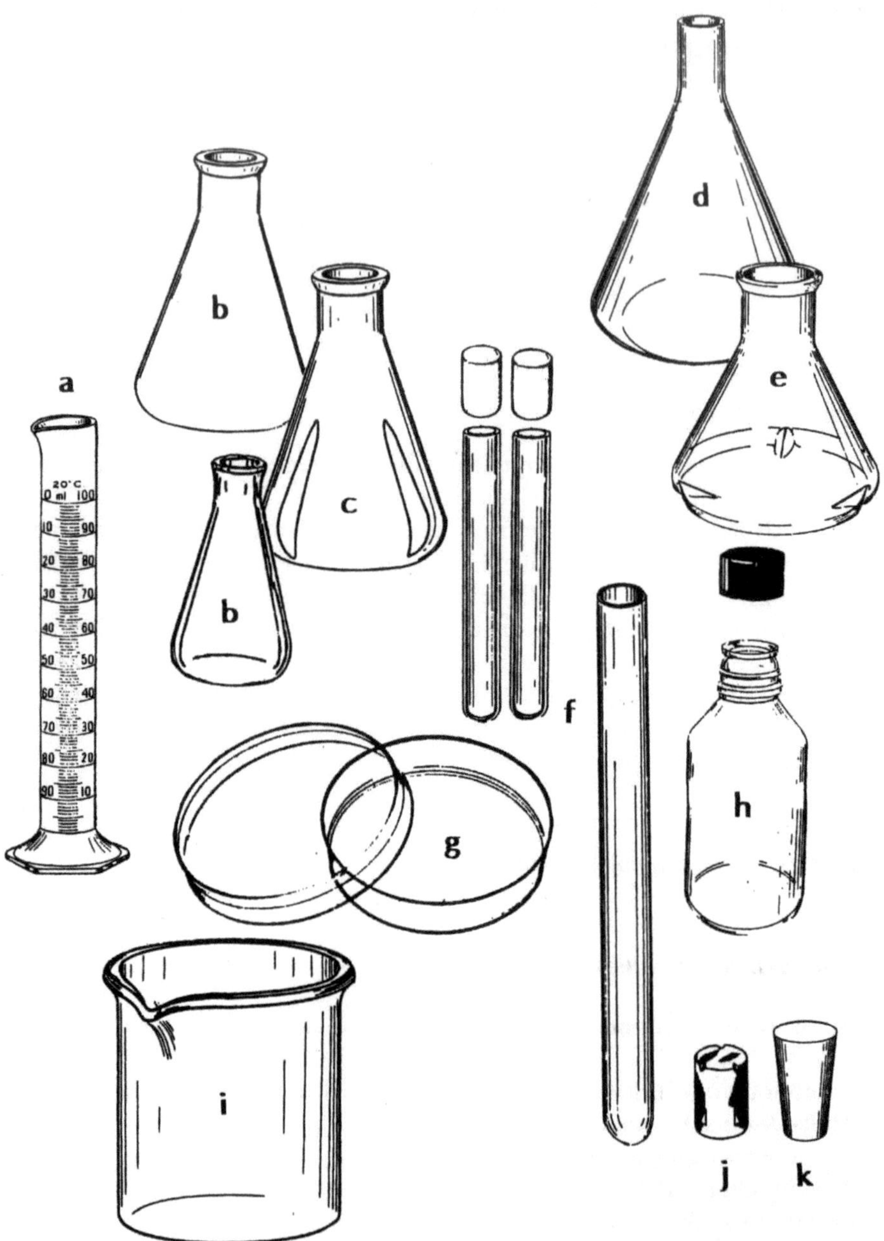

Abb. 2.1 a–k. Glas- und Kunststoffartikel. **a** Meßzylinder mit Graduierung; **b** Erlenmeyerkolben, groß und klein; **c** Erlenmeyerkolben mit Schikane, **d** Fernbachkolben, Enghals; **e** Fernbachkolben, Weithals mit Schikane; **f** Kulturröhrchen; **g** Petrischale; **h** Laborflasche mit ISO-Gewinde und sterilisierbarem Schraubverschluß; **i** Becherglas; **j** Aluminium-Verschlußkappe; **k** Zellstoff-Stopfen.

- Homogenisationsgeräte (Ultra Turrax, Stomacher etc.)
- Kappenverschlüsse aus Aluminium (Abb. 2.1j.)
- Kolle-Halter (Abb. 2.2a.)
- Kühlschrank
- Keimzählapparat mit Vergrößerungsglas und Beleuchtung
- Luftkeimsammelgerät
- Magnetrührer mit Heizplatte
- Membranfiltrationsgerät (Abb. 2.26.)
- pH-Meter
- Platinösen und -drähte (Abb. 2.2b.)
- Pipettenbüchsen (Abb. 2.3.)
- Reagenzglasgestelle
- Schüttelapparat
- Sterilisierbare Spatel, Löffel, Pinzetten, Scheren, Dosenöffner, Skalpelle
- Trockensterilisator bis 180 °C
- Waagen
- Wasserbäder mit Thermostaten für 37 und 45 °C
- Wasserbad zum Aufkochen von Nährböden
- Wattestopfgerät für Pipetten
- Wasservollentsalzungsanlage

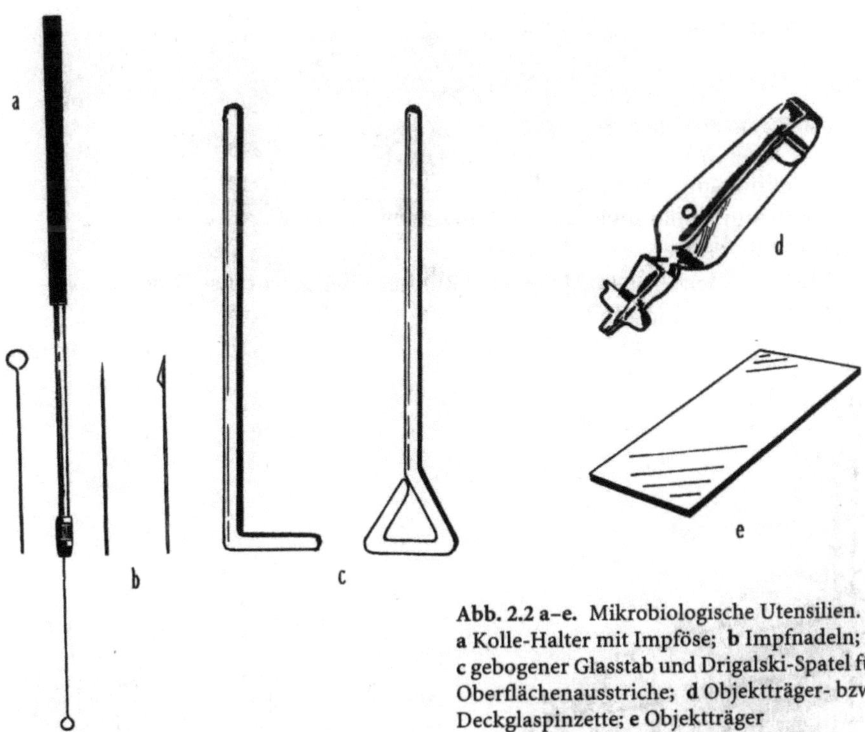

Abb. 2.2 a–e. Mikrobiologische Utensilien.
a Kolle-Halter mit Impföse; **b** Impfnadeln;
c gebogener Glasstab und Drigalski-Spatel für
Oberflächenausstriche; **d** Objektträger- bzw.
Deckglaspinzette; **e** Objektträger

2.1.1.2
Glas- und Kunststoffartikel (s. auch Abb. 2.1.)

- Abwurfschalen und -behältnisse
- Bechergläser
- Drigalski-Spatel (Abb. 2.2c.)
- Durham-Gärröhrchen
- Einmal-Pipetten aus Polystyrol
- Färbeschalen mit Färbebank (Abb. 2.33g.)
- Garröhrchen nach EINHORN (Abb. 2.80.)
- Glaskolben, Weithals
- Glasperlen
- Meßzylinder
- Nährbodenflaschen
- Objektträger und Deckgläser
- Pasteurpipetten
- Pipetten (vorzugsweise Wattestoffpipetten oder Automatikpipetten)
- Pipettierhilfen
- Petrischalen aus Polystyrol (Abb. 2.1g.)
- Porzellanmörser mit Pistill
- Reagenzgläser (Kulturröhrchen), starkwandig
- Rodac-Platten
- Steilbrustflaschen

2.1.1.3
Utensilien für die Probenahme

- Desinfektionsmittel-Spray
- Ethanol zum Abflammen der Probenahmebestecke
- Hydrophile Watte
- Kühlbox für den Probentransport gekühlter oder gefrorener Güter
- Latex-Einmal-Handschuhe

Abb. 2.3. Pipettenbüchsen aus Aluminium für die Sterilisation von Pipetten und Drigalski-Spatel etc.

- Propangasbrenner zum Abflammen
- Pobenahmegeräte (Löffel, Spatel, Pinzette, Butterbohrer, Dose)
- Schreibmaterial (Bleistift, Fettstift, Erhebungsprotokoll)
- Sterilbeutel und -dosen
- Thermometer

2.2
Nährböden

Bakteriologische Nährböden dienen der Kultivierung, d.h. der Vermehrung von Mikroorganismen.

Alle bakteriologischen Nährböden, mit Ausnahme der Mangelmedien, ermöglichen durch eine geeignete Zusammenstellung ein optimales Wachstum der Keime. Die Inhaltsstoffe der Nährböden müssen auf die zu kultivierenden Keime, d.h. deren biochemische Stoffwechselcharakteristika, abgestimmt sein. Die Zusammenstellung der Nährböden erfolgt aus organischen und anorganischen Substanzen: z.B. Vitamine, Eiweißhydrolysate, Kohlenhydrate, Mineralstoffe und Spurenelemente.

Alle Mikroorganismen können für Ernährung und Wachstum nur wasserlösliche Nährstoffe aufnehmen. Neben Wasser und den Nährstoffen sind pH-Wert und Redoxpotential des Nährbodens sehr wichtig, um eine optimale Vermehrung zu garantieren.

Je nach Bedarf müssen die Nährmedien durch Geliermittel gefestigt werden. Das Geliermittel Agar-Agar ist ein aus Algen gewonnenes Polysaccharid. Bei einem Zusatz von 1% zu den Nährmedien kann es bis zu 121 °C erhitzt werden. Die Gelierfähigkeit nimmt nicht ab; außerdem hat Agar-Agar den Vorteil, daß es von Mikroorganismen i.a. nicht angegriffen wird. Agar-Agar geliert bei ca. 45 °C.

Gelatine ist ein weiteres Geliermittel, ein Protein aus Knochen und Bindegeweben. Die Gelierfähigkeit der Gelatine ist hitze- und pH-abhängig.

Je nach Konzentration des zugesetzten Geliermittels unterscheidet man:

Feste Medien. Feste Nährböden enthalten einen Zusatz von mindestens 1% Agar-Agar. Sie ermöglichen eine Trennung und morphologische Beurteilung von Einzelkolonien. Feste Nährböden eignen sich zum qualitativen und quantitativen Keimzahl- und Keimarttest.

Halbfeste Medien. Der Agar-Agar-Anteil liegt unter 1%. Halbfeste Medien dienen dem Nachweis beweglicher Keime. Die Medien werden als Hochschichtröhrchen angelegt. Durch einen senkrechten Stich wird das Medium beimpft. Bewegliche Keime wachsen bürstenartig in die Tiefe des Mediums. Eine Keimzahlbestimmung in halbfesten und flüssigen Medien ist nicht möglich. (Abb. 2.4.)

Flüssige Medien. Für eine rasche Vermehrung, auch zum Aktivieren von Keimen, benötigt man flüssige Nährmedien. Durch Nährstoffaufnahme über die gesamte Oberfläche der Zelle, durch gleichmäßigere Temperatur und bessere Sauerstoffverteilung haben Mikroorganismen in Flüssigmedien allgemein günstigere Entwicklungsmöglichkeiten. Einige Keime bilden erst in flüssigen Medien charakteristische Wuchsformen, die dann mit Hilfe eines Mikroskops ausgewertet werden können. Je nach Zusammensetzung lassen sich Nährmedien unterscheiden in:

Kollektivmedien. Bei diesen Medien ist das Nährstoffangebot so abgestimmt, daß einer großen Zahl vermehrungsfähiger Keimarten optimales Wachstum ermöglicht wird. Es sind Nährmedien für die Bestimmung der Gesamtkeimzahl in Lebensmitteln.

Selektiv- und Anreicherungsmedien. Das Nährstoffangebot und die selektierenden Zusätze lassen bei diesen Nährmedien nur für bestimmte Keimarten ein ungehemmtes Wachstum zu.

Mangelmedien. Die Nährböden haben ein absichtlich reduziertes Nährstoffangebot. Dieses führt zu einem verzögerten Wachstum bzw. zu charakteristischen Mangelerscheinungen der darauf zu kultivierenden Keime.

2.2.1
Herstellung von Nährböden

Für das lebensmittelmikrobiologische Laboratorium gibt es fast alle Medien fertig gemischt als Trockenmedien. Nach dem Lösen in dest. oder vollentsalztem Wasser und anschließendem Sterilisieren sind sie gebrauchsfertig. Einigen Trockennährmedien müssen hitzeempfindliche Reagenzien nach der Hitzebehandlung im Autoklav zugesetzt werden. Aus Trockennährmedien können feste, halbfeste und flüssige Medien hergestellt werden.

Durch die Standardisierung der Trockennährmedien lassen sich Untersuchungsergebnisse zwischen einzelnen Laboratorien austauschen. Die Nährboden-

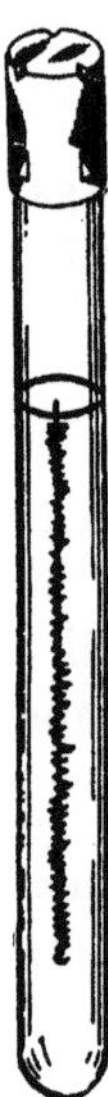

Abb. 2.4. Impfstich und ein faserbürstenähnliches Wachstum im halbfesten Medium

hersteller garantieren auch eine gleichbleibende Qualität. Jedes Medium hat eine Herstellvorschrift.

Selbstverständlich kann man auch die Nährmedien aus Grundstoffen zusammenstellen. Der Arbeitsaufwand ist allerdings sehr groß und eine Standardisierung der Untersuchungsmethoden zwischen einzelnen Labors ist nur bedingt möglich.

Vor dem Abwiegen müssen alle Geräte zum Zubereiten der Nährmedien gründlich gereinigt werden. Fabrikneue Glasgefäße werden mit verdünnter Salzsäure gewaschen; eine Spülung mit destilliertem Wasser schließt die Reinigung ab.

Bei Trockennährmedien ist die benötigte Menge nach Angaben des Herstellers direkt in ein genügend großes Glasgefäß, meist ein Erlenmeyerkolben, einzuwiegen. Die zum Abwiegen bestimmten Metallspatel sollten vor Gebrauch in Alkohol getaucht und durch anschließendes Abflammen sterilisiert werden.

2.2.1.1
Wasserqualität für Nährmedien

Eine Charakterisierung und Qualitätsbeschreibung für ein Reinwasser im Laborbereich tauchte erstmals im Deutschen Arzneibuch (DAB) sowie im Europäischen Arzneibuch (EuAB) auf, wobei der Begriff *aqua purificata* (gereinigtes Wasser) verwandt wurde.

Zur Herstellung entsprechend hochreinen Wassers können u.a. die Methoden Destillation, Ionenaustauscher, Umkehrosmose zur Anwendung kommen. Zur Beurteilung der Wasserqualität aus chemischer Sicht wird häufig die elektrische Leitfähigkeit (angegeben in μS = Mikro-Siemens) genannt.

Folgende Leitfähigkeiten werden erreicht:

- bis etwa 0,08 μS Ionenaustauscher-vollentsalztes H_2O
- bis etwa 1,5 μS Tridestillat
- bis etwa 2,5 μS Bidestillat
- bis etwa 20 μS Monodestillat

Zum Vergleich: der Grenzwert für Trinkwasser wird von der TrinkwV 1986 auf 2000 μS/cm (bei 25 °C) festgelegt.

2.2.1.2
Lösen von Trockennährmedien

Das genau eingewogene Trockengranulat bzw. -pulver wird zunächst durch kräftiges Schütteln mit einer kleinen Menge dest. Wasser aufgeschlemmt.

Nach dem Aufschlemmen wird die restliche Menge dest. Wasser hinzugegeben und nochmals geschüttelt. Anschließend wird das Glasgefäß mit einer überlappenden Aluminiumfolie verschlossen und beschriftet. Durch eine Beschriftung wird eine eventuelle Verwechslung mit anderen, parallel angesetzten Medien ausgeschlossen. Die Herstellungsbeschreibung sollte immer aufmerksam gelesen werden.

2.2.1.3
pH-Wert-Einstellung

Bei den käuflich erworbenen Trockennährmedien kann auf eine pH-Wert-Einstellung bzw. -korrektur meist verzichtet werden. Der Hersteller garantiert durch standardisierte Rezeptur, daß der End-pH-Wert nur in engen Grenzen schwankt.

Bei Nährböden, die aus einzelnen Substanzen im Labor hergestellt werden, muß eine pH-Einstellung vor bzw. teilweise auch nach der Sterilisation erfolgen.

Zum Einstellen des pH-Wertes verwendet man entweder eine 1 N NaOH (Natronlauge) oder zum Säuern des Nährmediums eine 1 N HCl (Salzsäure).

2.2.1.4
Sterilisieren von Nährmedien

Sofort nach dem Lösen eines Trockennährmediums muß dieses sterilisiert werden. Eine mögliche Veränderung der empfindlichen Nährbodenbestandteile durch eine beginnende Vermehrung darin befindlicher Mikroorganismen wird damit ausgeschlossen.

Sterilisieren bedeutet bei der Nährbodenbereitung eine Hitzeabtötung von vegetativen und versporten Formen von Keimen im gespannten Dampf. Die Nährmedien werden im allgemeinen bei 121 °C (bei 1 bar) autoklaviert.

Einige Medien dürfen allerdings auf Grund ihrer Zusammensetzung nur aufgekocht oder im Dampftopf erhitzt werden.

2.2.1.5
Gießen der Nährböden

Nach dem Sterilisieren des Nährmediums im abgedeckten Erlenmeyerkolben muß es im Wasserbad langsam abgekühlt werden. Bei einer Temperatur von ca. 45 °C kann es dann in sterile Petrischalen gegossen werden. Durch das Abkühlen wird eine Kondenswasserbildung am Petrischalendeckel verhindert.

Vor dem Gießen in sterile Petrischalen (die Gießmenge sollte ca. 10 ml betragen) ist der Rand des Erlenmeyerkolbens, aus dem gegossen wird, kurz abzuflammen. Der Raum, in dem gegossen werden soll, muß so keimarm wie möglich sein.

Sollten sich beim Gießen auf der Agaroberfläche Bläschen bilden, so können diese vor dem Erstarren des Nährbodens durch kurzes Anflämmen mit dem Bunsenbrenner entfernt werden. Dann läßt man den Nährboden erstarren, selbstverständlich in abgedeckelten Petrischalen.

2.2.1.6
Trocknen und Vorbebrüten der Nährböden

Frisch gegossene Nährböden sind für das mikrobiologische Arbeiten noch zu feucht. Der frisch gegossene Nährboden wird deshalb vor seiner Verwendung 2–4 h bei 30–37 °C im Brutschrank getrocknet.

Abb. 2.5. Trocknen von Agarplatten. Schalen und Deckel werden umgekehrt in ruhender, keimarmer und trockener Luft getrocknet.

Dazu legt man die Petrischalen mit dem Deckel nach unten in einen Brutschrank und legt den Plattenboden mit dem erstarrten Agar schräg auf den Deckel (Abb. 2.5.)

2.2.2
Nährböden in Kulturröhrchen

Neben Agarnährplatten in Petrischalen benötigt man für das mikrobiologische Arbeiten auch Nährmedien in Kulturröhrchen. Die Medien müssen je nach Anforderung in festem, halbfestem oder flüssigem (Bouillon) Zustand sein. Das Trokkengranulat wird zunächst in dest. Wasser vollständig gelöst, dann in Reagenzgläschen, meist 10 ml (für Schrägschichtröhrchen 7 ml) pipettiert, mit Alukappen, Zellstoff oder Wattestopfen verschlossen und 10 min bei 121 °C autoklaviert.

Eine besondere Vereinfachung stellen Nährböden in Tablettenform dar. Bei dieser Anbietungsform entfällt ein Abwiegen. Pro Kulturröhrchen wird eine Tablette genommen und mit einer Pipette die vorgeschriebene Menge dest. Wasser, meist 5 ml, hinzugefügt. Die Röhrchen werden ebenfalls verkapselt und nach Vorschrift autoklaviert.

Die Röhrchen mit Agarzusatz werden als Hochschicht- und als Schrägschichtröhrchen zum Erkalten gebracht.

Während Hochschichtröhrchen in Gestellen senkrecht stehend zum Erkalten gebracht werden, erfolgt die Abkühlung der Schrägschichtröhrchen in fast horizontaler Stellung. (Abb. 2.6. und 2.7.)

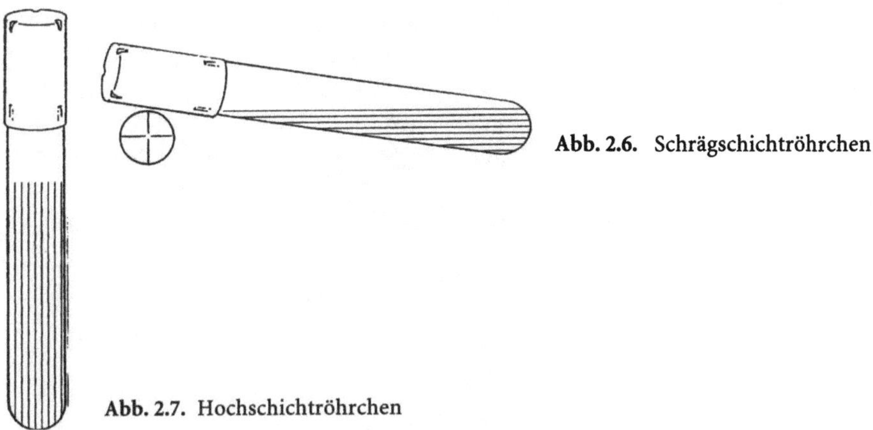

Abb. 2.6. Schrägschichtröhrchen

Abb. 2.7. Hochschichtröhrchen

2.2.3
Lagerung gebrauchsfertiger Nährböden

Gebrauchsfertige Nährböden sind nur begrenzt haltbar. Falls ein sofortiger Gebrauch nicht vorgesehen ist, müssen sie unter geeigneten Bedingungen gelagert werden. Für die meisten Nährböden hat sich eine Lagerung im Kühlschrank bei Temperaturen von ca. 4 °C am besten bewährt. Sehr wichtig ist, daß sie stets vor Licht geschützt aufbewahrt werden. In besonderen Fällen kann die Bevorratung der Nährböden bei Zimmertemperatur empfohlen werden.

Einige Stunden vor Gebrauch sollen Nährböden dem Kühlschrank entnommen und im Brutschrank erwärmt werden; dadurch wird eine Verzögerung des Wachstums der Mikroorganismen durch zu kaltes Medium vermieden.

2.3
Sterilisationsverfahren

Im bakteriologischen Laboratorium gibt es mehrere Verfahren, um Nährböden, Verdünnungsflüssigkeiten, Glasgeräte, Pipetten, Skalpelle, Scheren, Dosenöffner und ähnliches zu sterilisieren. Neben der thermischen Behandlung steht noch die Sterilisation durch Filtration zur Verfügung.

2.3.1
Sterilisation durch feuchte Hitze

Die Sterilisation von Nährmedien und Verdünnungsflüssigkeiten erfolgt im Autoklaven unter gespanntem Dampf, denn Wasser ist als guter Wärmeleiter bekannt; dadurch ist eine Abtötung unerwünschter Keime gewährleistet, ohne daß Nährmedien unnötig lange der Hitze ausgesetzt werden. Aber auch Gerätschaften, die ein Erhitzen in Heißluftsterilisatoren nicht vertragen, lassen sich im Autoklaven sterilisieren.

Nährmedien werden in der Regel 15 min bei 121 °C sterilisiert. Die Sterilisationszeit beginnt mit dem Erreichen der gewünschten Sterilisationstemperatur. Die Zeit vom Betriebsbeginn bis zum Erreichen der Betriebstemperatur bezeichnet man als Steigzeit, den Zeitraum zwischen Betriebstemperatur und Sterilisationstemperatur als Ausgleichszeit. (Abb. 2.8. und Tab. 2.2.)

Es ist unbedingt darauf zu achten, daß nach der Steigzeit die Ventile ca. 5 min geöffnet bleiben. Dadurch wird die im Druckbehälter befindliche Luft verdrängt; denn nur in gesättigtem und luftfreiem Dampf wird bei einem Druck von 1 bar eine Temperatur von 121 °C erreicht (Tab. 2.1.).

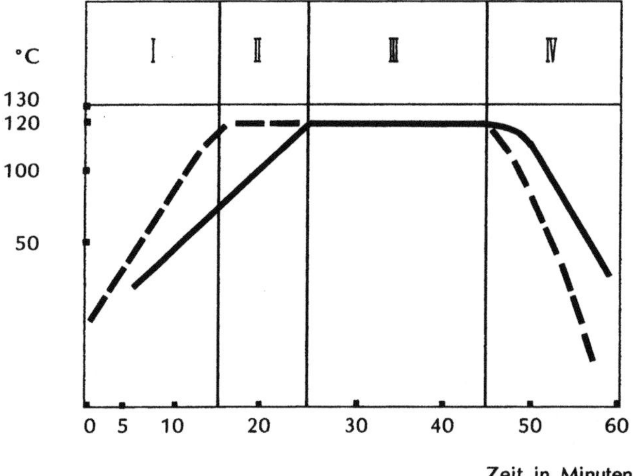

Abb. 2.8. Schematische Darstellung des zeitlichen Ablaufs einer Sterilisation. (Nach Borneff 1977). *I* Steigzeit; *II* Ausgleichszeit; *III* Sterilisierzeit (Haltezeit); *IV* Abkühlzeit; ---T Dampf; –T im Sterilisiergut

Tabelle 2.1. Zusammenhang zwischen Temperatur und Druck

Temperaturen in °C	Dampfdruck im Autoklaven in bar
100	0,0
112	0,5
121	1,0
134	2,0

Die zu sterilisierenden Gerätschaften werden zweckmäßigerweise vorher in Aluminiumfolie gewickelt, Kolben mit Nährmedien werden mit Aluminiumfolie, Kulturröhrchen mit Alukappen oder Wattestopfen verkapselt.

Es empfiehlt sich, die autoklavierten Nährmedien nach erfolgtem Druckausgleich unter Beachtung eines möglichen Siedeverzugs aus dem Autoklaven zu nehmen und unverzüglich im Wasserbad auf Gießtemperatur abzukühlen; dadurch wird eine weitere unnötige Hitzebeanspruchung vermieden. Große Glasgefäße läßt man besonders langsam im Autoklaven auf ca. 50 °C abkühlen, um ein Platzen, hervorgerufen durch Berührung mit kalter Luft, zu verhindern.

Ein Autoklav sollte in regelmäßigen Abständen auf seine Funktionstüchtigkeit hin überprüft werden. Dazu eignen sich Farbstifte, die bei einer bestimmten Temperatur ihre ursprüngliche Farbe ändern; oder man benutzt relativ hitzebeständige Testorganismen, wie die Sporen von *Bacillus stearothermophilus*. Dieser Keim wird von bekannten Nährbodenherstellern gebrauchsfertig vertrieben. Das Prinzip der Autoklavenüberprüfung mit dem Testorganismus besteht darin, daß er der Sterilisationstemperatur ausgesetzt und anschließend auf letale Schädigungen hin überprüft wird.

Tabelle 2.2. Aufheizzeit (Steig- und Ausgleichszeit) verschiedener Volumina

Einzelvolumina	Aufheizzeit von etwa
50 ml	5 min
50 – 100 ml	8 min
100 – 500 ml	12 min
500 – 1000 ml	20 min

Es sollten nur gleiche Volumina gleichzeitig autoklaviert werden. Dadurch wird eine ungleiche Hitzebehandlung vermieden.

Das Diagramm der Abb. 2.9. verdeutlicht notwendige Einwirkzeiten bei unterschiedlichen Dampftemperaturen. Erlauben Medien (z.B. physiologische NaCl-Lösung) eine Schnellautoklavierung, so wird eine Sterilität bereits nach 36 s bei 134 °C erreicht.

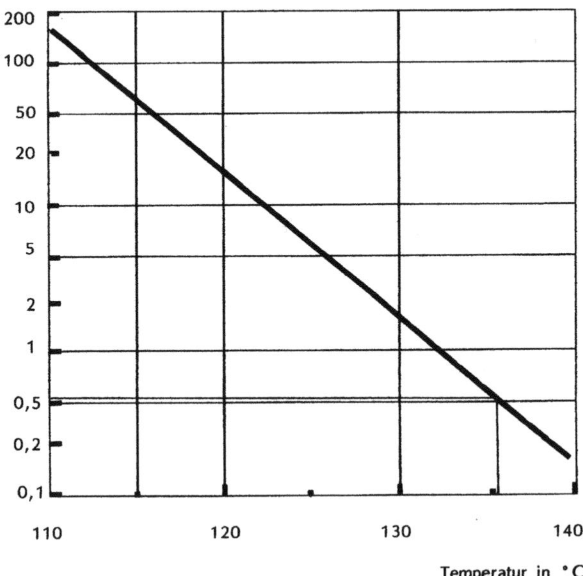

Abb. 2.9. Dampfsterilisation im Autoklaven. (Nach Horn und Machmert 1973)

2.3.1.1
Tyndallisation

Unter Tyndallisation versteht man ein fraktioniertes Erhitzungsverfahren bei Temperaturen von 80–100 °C. Diese diskontinuierliche „Sterilisation" findet bei thermolabilen Lösungen und Medien Anwendung, die keiner Sterilisationstemperatur von 121 °C ausgesetzt werden dürfen.

Das Verfahren ist dadurch gekennzeichnet, daß eine Erhitzung (2–4 mal) für 30 min bei 80–100 °C vorgenommen wird. Bei der erstmaligen Erhitzung sollen alle vegetativen Zellen abgetötet werden. Zwischen den Erhitzungsperioden (16–24 h und Temperaturen von 15–25 °C) sollen vorliegende Sporen auskeimen, die dann bei nachfolgenden Erhitzungsprozessen abgetötet werden.

Diese Methode hat jedoch zwei gravierende Nachteile:

- Die Tyndallisation ist nicht so sicher wie die Sterilisation im Autoklaven, da nicht alle zu behandelnden Medien ein Auskeimen der Sporen gestatten.
- Agar-Nährböden mit einem pH-Wert von < 5,0 verlieren die Gelstabilität, wenn sie wiederholt erhitzt werden.

2.3.2
Sterilisation durch trockene Hitze

Geräte wie Petrischalen, Pipetten, Reagenzgläser, Homogenisierstäbe, Erlenmeyerkolben, Bechergläser, Meßzylinder usw. werden in Trockensterilisierschränken keimfrei gemacht. Auch hier werden die Geräte, wegen einer Reinfektion nach der Sterilisation, in Aluminiumfolie gewickelt bzw. Gefäße mit Aluminiumfolie oder Alukappen verkapselt. Pipetten urd Drigalski-Spatel legt man dagegen in sogenannte Pipettenbüchsen. Die Sterilisationstemperatur sollte zwischen 170 und 180 °C liegen. Die Sterilisationszeit richtet sich nach der Menge des eingebrachten Sterilisiergutes und nach dem Typ des Heißluftsterilisators. Bei Sterilisationsschränken mit zwangsläufiger Luftumwälzung durch einen Ventilator ist die reine Sterilisationszeit kürzer als bei Schränken ohne eine solche Einrichtung. Auf jeden Fall sollte ein Schrank nie überbelegt werden, da sonst eine ausreichende Luftzirkulation nicht möglich ist. Eine sichere Sterilisation wird durch eine Sterilisationszeit von 2 h bei 180 °C gewährleistet. Auch hier muß eine Steigzeit und Ausgleichszeit berücksichtigt werden.

2.3.3
Sterilisation durch Ausglühen oder Abflammen

Impfösen und -nadeln lassen sich sicher und einfach durch Ausglühen sterilisieren. Dazu wird die Öse oder Nadel mit Hilfe eines Bunsenbrenners bis zum Aufglühen in die Flamme gehalten. Soll mit der Öse ein Ausstrich gemacht werden, ist sie zuvor auf dem Nährboden abzukühlen, um bei der Aufnahme eine Schädigung der Bakterienkolonie zu vermeiden.

Dosierlöffel, Scheren, Dosenöffner, Pinzetten, Skalpelle usw. werden nach gründlicher mechanischer Reinigung durch Eintauchen in Spiritus und anschließendem Abflammen des Spiritusfilms sterilisiert. Pinzetten und Skalpelle würden bei der Ausglühmethode beschädigt und bald unbrauchbar.

2.3.4
Sterilisation durch Filtration

Nach den thermischen Sterilisationsverfahren soll noch die mechanische Sterilfiltration erwähnt werden. Das Prinzip des Verfahrens besteht darin, daß eine Flüssigkeit mittels Druck durch einen Filter aus Cellulosederivaten gedrückt wird (s. auch Kapitel 2.8; Membranfiltration). Die gefilterte Flüssigkeit ist steril; die Keime verbleiben auf der Filteroberfläche. Der Porendurchmesser des Membranfilters sollte maximal $0{,}2\ \mu m$ betragen.

Das Sterilfiltrations-Verfahren eignet sich besonders gut für Nährmedien, Verdünnungsflüssigkeiten und Nährbodenzusätze, die durch thermische Behandlungen geschädigt würden.

2.3.5
Sterilitätsprüfung von Medien und Laborgeräten

Die Sterilitätsprüfung von Medien und Laborgeräten ist beim aseptischen Arbeiten unerläßlich, um falsch positive Ergebnisse auszuschalten.

Pipetten, Reagenzgläser, Gefäße etc. werden mit steriler CASO-Bouillon ausgespült, die Bouillon anschließend für 48 h bei 30 °C bebrütet und auf Trübung (Wachstum) überprüft.

Medien sind nach der Sterilisation bei 30 °C (Mesophile) und bei 55 °C (Thermophile) für 48 h zu bebrüten. Nach einer weiteren Standzeit von 48 h bei Zimmertemperatur ist ebenfalls auf Wachstum zu sichten.

Unter Umständen sind keimspezifische Medien sowie für Subkultivierungen Agarnährböden und/oder anaerobe Kultivierungsverfahren notwendig.

Gegossene und erstarrte Nährbodenplatten sind stichprobenmäßig unbeimpft zu bebrüten und nach etwa 36–48 h Inkubation zu kontrollieren.

2.4
Untersuchungsgang

2.4.1
Die Probenahme

Von dem zu untersuchenden Lebensmittel entnimmt man unter sterilen Bedingungen eine oder bei größeren Lebensmittelmengen mehrere Proben von verschiedenen Stellen und überführt sie in ein steriles Glasgefäß. Konservendosen oder andere Verpackungsmaterialien müssen ebenso wie Dosenöffner, Schere,

Entnahmespatel, Skalpell oder Pinzette in Spiritus getaucht bzw. mit einem spiritusgetränkten Wattebausch angefeuchtet und abgeflammt werden. Dadurch wird eine ausreichende Sterilität des (mikrobiologischen) Handwerkzeugs gewährleistet.

Die zu untersuchende Probemenge sollte 200 g, mindestens jedoch 50 g betragen. Bei zu geringer Probemenge ist die Aussagekraft über den mikrobiologischen Zustand nicht verläßlich genug. Zudem kann eine Keimverteilung im Lebensmittel sehr unterschiedlich sein. Um einer etwaigen unterschiedlichen Keimverteilung entgegenzuwirken, wird die gesamte Probemenge gemischt oder geschüttelt. Großstückige Proben müssen mit einem sterilen Skalpell oder mit einer sterilen Schere zerkleinert werden.

2.4.1.1
Produktspezifische Probenahmetechniken und Probeaufbereitungen

Unterschiedliche Lebensmittel erfordern differenzierte Probenahmetechniken.

- Flüssige Lebensmittel sind vor dem Abmessen des Untersuchungsvolumens gründlich zu schütteln, um eine gleichmäßige Verteilung der enthaltenen Mikroorganismen zu gewährleisten.
- Bei Probenahmen aus Leitungen, aus Gebinden über Hähnen oder ähnlichen Armaturen ist zu beachten, daß zunächst die Armaturen abzuflammen oder auf andere Weise zu sterilisieren sind. Der Vorlauf vor der eigentlichen Probenahme ist zu verwerfen.
- Halbfeste, viskose oder auch stark fetthaltige Produkte, wie beispielsweise Mayonnaise können für maximal 10 min im Wasserbad bei einer Temperatur von 40–45 °C verflüssigt werden.
- Trockene, lose, pulver- oder granulatförmige Roh- bzw. Fertigwaren sind mit einem sterilen Probenehmer, in der Regel Spatel oder Löffel gut zu durchmischen.
- Bei flächenhaft kontaminierten Produkten z.B. Schlachttierkörpern wird eine definierte Fläche entweder mit Skalpell und Pinzette abgetragen oder das Abschwemmverfahren bzw. Abstrichtupfer eingesetzt.
  Die Koloniezahl ist bei den drei genannten Techniken pro cm^2 anzugeben. Soll die Koloniezahl pro g angegeben werden, ist mindestens 100 g Material zu erheben, das nach Eintreffen im Labor zerkleinert und homogenisiert wird.
- Bei Produkten, die aus Einzelkomponenten zusammengestellt sind – z.B. Fertiggerichten – werden die Proben den einzelnen Komponenten entnommen.
- Bei sauren Erzeugnissen mit einem pH-Wert von < 4,7 muß die Verdünnungsstammlösung neutralisiert werden.
- Vorzerkleinerte Teigwaren werden in 2–4° C kalte sterile NaCl-Pepton-Lösung eingewogen. Nach dem Quellen dieses Ansatzes (4 h im Kühlschrank bei ebenfalls 2–4 °C) erfolgt die Homogenisation mit einem Hochfrequenzmixer für 1 min oder mit einem Stomacher in der Regel für 1–10 min. Das Homogenisat ist sofort weiter anzusetzen bzw. zu verdünnen; es darf sich nicht absetzen.

- Schokolade wird mit der 9fachen Menge NaCl-Pepton-Lösung versetzt und unter gelegentlichem Schütteln im 45 °C Wasserbad vollständig geschmolzen. Nach einer Verweilzeit von ca. 5 min erfolgt die Homogenisation.
- Bei Tiefkühlprodukten ist die Probe mittels sterilem Hohlbohrer zu entnehmen; es kann auch das Abbrechen von Stücken unter sterilen Bedingungen akzeptiert werden. Es ist wichtig, daß die Proben das Labor im ungeschmolzenen Zustand (mind. –18 °C) erreichen.

Für den Transport der Proben sind sterile Behältnisse, wie z.B. strahlensterilisierte Polystyroldosen oder Weichkunststoffbeutel zu benutzen. Fertigprodukte sind – falls möglich – stets als Originalpackungen zu bemustern.

Flüssige Produkte, die nach der Bemusterung nicht sofort ins Labor gebracht werden können, müssen im Eiswasser auf unter 5 °C abgekühlt und in einer Kühlbox transportiert werden. Bei relativ langen Transportwegen mit einer intensiven Bewegung kann es zu einer passiven Keimvermehrung durch Aufsprengen von Zellverbänden kommen. Dieser Umstand ist dann wichtig, wenn Untersuchungsergebnisse von Parallelmustern verglichen werden, die keiner Transportbelastung ausgesetzt waren.

Jeder Probe ist ein begleitendes Erhebungsprotokoll beizufügen, aus dem mindestens folgende Angaben hervorgehen sollten:

- Ort und Zeitpunkt der Probenahme
- Chargenbezeichnung sowie Gebindecodierung
- Gesamtlieferung sowie Anzahl der bemusterten Gebinde (Probenahmefrequenz)
- Temperatur bei Kühl- und Gefrierprodukten
- evt. besondere Merkmale.

Bei einigen Produkten, aber auch speziellen Mikroorganismen-Nachweisen ist die Zeitspanne zwischen Bemusterung und Vorbereitung der Probe zu berücksichtigen. Der tatsächliche oder auch Ist-Zustand einer Probe darf nicht verfälscht werden. Ist eine sofortige Probeaufbereitung nicht möglich, müssen nachstehende Zwischenlagerungs-Bedingungen beachtet werden:

- Kühlgüter   0 bis 5 °C
- Gefrierprodukte   –18 °C
- Trockenprodukte   max. 25 °C bzw. Raumtemperatur

Frische, nicht gefrorene Nahrungsmittel dürfen während der begrenzten Aufbewahrung keinesfalls eingefroren werden.

Ist ein *C. perfringens*-Nachweis vorgesehen, die Untersuchung aber ab Probenahme binnen 24 h nicht möglich, so kann die Lebensmittelprobe im Verhältnis 1 : 1 (G/V) mit 30%igem Glycerin vermischt und unter Trockeneis gelagert werden.

2.4.2
Verdünnung der Lebensmittelprobe

Von der vorbereiteten Probe entnimmt man eine Teilmenge und verdünnt diese mit einer sterilen Verdünnungsflüssigkeit. Als Verdünnungsflüssigkeiten kommen in Frage:

- 1/4 starke Ringerlösung

Natriumchlorid	9,00 g
Kaliumchlorid	0,42 g
Natriumhydrogencarbonat	0,20 g
Calciumchlorid, wasserfrei	0,24 g
dest. Wasser	1,00 l

  1 Teil dieser Lösung wird mit 3 Teilen dest. Wasser verdünnt

- Pepton-Kochsalz- bzw. NaCl-Pepton-Lösung

Pepton (Casein, tryptisch verdaut)	1,00 g
Natriumchlorid	8,50 g
dest. Wasser	1,00 l

Die richtige Wahl der Verdünnungsflüssigkeit muß individuell entschieden werden; maßgeblich ist das zu untersuchende Lebensmittel.

Milch und Milchprodukte werden beispielsweise mit einer 1/4 starken Ringerlösung verdünnt, bei Fleisch und Fleischprodukten ist eine Pepton-Kochsalz-Lösung vorgeschrieben (BgVV-§ 35 LMBG Methoden, 1980 u. 1983).

Die entnommene Probeteilmenge und die zugegebene Verdünnungsflüssigkeit müssen in einem genauen Verhältnis zueinander stehen. Nach der Verdünnung schließt sich die Homogenisation an. Durch eine gründliche Homogenisation wird die Keimverteilung weiter gefördert und zusammenhängende Zellverbände werden in Einzelzellen getrennt. Dieses ist entscheidend für das Ergebnis der späteren Keimzählung. Es ist jedoch darauf zu achten, daß keine Keime durch die Bearbeitung geschädigt werden.

2.4.3
Verhältnis der Probemenge zur Verdünnungsflüssigkeit

Verwendet man einen elektrischen Schneidmischer (Homogenisiergerät mit Homogenisieraufsatz, z.B. Waring-Blender) von 1 l Fassungsvermögen, so können Probemengen bis zu 100 g verarbeitet werden, Mischung und Homogenisation können in einem Arbeitsgang erfolgen.

Die Lebensmittelprobe wird in den sterilisierten Homogenisieraufsatz eingewogen: hinzu gibt man die 9fache Menge Verdünnungsflüssigkeit (das entspricht der Verdünnung 1 : 10). Um eine größere Probemenge verarbeiten zu können, wird ein Teil Probemenge mit 4 Teilen Verdünnungsflüssigkeit angesetzt (Verdünnung 1 : 5).

Die Mischung wird 40–60 s bei einer hohen Tourenzahl homogenisiert. Je nach Art, Beschaffenheit und Konsistenz des Lebensmittels muß der Homogenisierungsvorgang mehrmals wiederholt werden. Durch die hohen Tourenzahlen kann die Mischung warm werden und eine Schädigung der Keime zur Folge haben. Um dieses zu vermeiden, muß zwischen den einzelnen Homogenisierabschnitten jeweils eine Pause von etwa 20–30 s eingelegt werden.

Lebensmittel, welche eine faserige Struktur aufweisen, lassen sich nach der Homogenisation nur sehr schwer pipettieren. In solchen Fällen bewähren sich Pipetten mit abgeschnittenen Spitzen. Diese Spezialpipetten sind über den Fachhandel erhältlich.

Wird ein elektrischer Homogenisierstab (z.B. Ultra-Turrax) verwendet, so können Lebensmittelproben von 30–50 g verarbeitet werden.

Die Lebensmittelprobe wird in ein steriles Becherglas oder einen sterilen Erlenmeyerkolben eingewogen; hinzu gibt man die 4fache Menge Verdünnungsflüssigkeit (Verdünnung 1 : 5). Mit dem sterilisierten Homogenisierstab wird die Mischung 45–60 s bei hoher Tourenzahl homogenisiert. Auch bei diesem Verfahren ist darauf zu achten, daß die Flüssigkeit nicht unnötig erwärmt wird. Unterbrechungen sind auch hier zu empfehlen.

Als dritte Homogenisiermethode soll das Gerät „Stomacher" erwähnt werden. Dabei wird die in einem Plastikbeutel abgefüllte Lebensmittelprobe zusammen mit der Verdünnungsflüssigkeit durch gegenläufige, hin- und herbewegte Metallplatten alternierend zusammengequetscht bzw. entlastet und dadurch mazeriert. Eine Erwärmung der Mischung erfolgt bei dieser Methode nicht.

Oftmals wird in der älteren Literatur auf Homogenisierhilfen, wie steriler Seesand oder Glasperlen, hingewiesen. Das Lebensmittel wird mit diesen Homogenisierhilfen im Mörser zerrieben bzw. mit Glasperlen im Kolben innigst verteilt. Selbstverständlich ist dabei zu beachten, daß Mörser und Pistill bzw. Kolben steril sind. Auch diese Art der Homogenisation hat sich bewährt, was Reihenuntersuchungen bewiesen haben. Für Fleisch und Fleischerzeugnisse sollte die Mörsermethode dagegen nicht angewandt werden, da eine Zerkleinerung bei sehnenreichen Proben nicht gewährleistet ist (Barraud et al. 1967).

2.4.4
Verdünnungsreihe

Verdünnungsreihen müssen angelegt werden, um bei der späteren Kultivierung in jedem Fall auswertbare Koloniezahlen zu erhalten. In der Praxis ist die dezimale Verdünnung am gebräuchlichsten.

2.4.4.1
Verdünnungsreihe in Reagenzgläsern

Falls die Probe zum Homogenisieren im Verhältnis 1 : 5 verdünnt wurde, bringt man mit einer sterilen Pipette 5 ml des Homogenisats in ein Reagenzglas mit 5 ml Verdünnungsflüssigkeit. Daraus ergibt sich die erste Verdünnungsstufe 10^{-1}. Wurde die Lebensmittelprobe bereits 1 : 10 verdünnt, entfällt dieser Schritt.

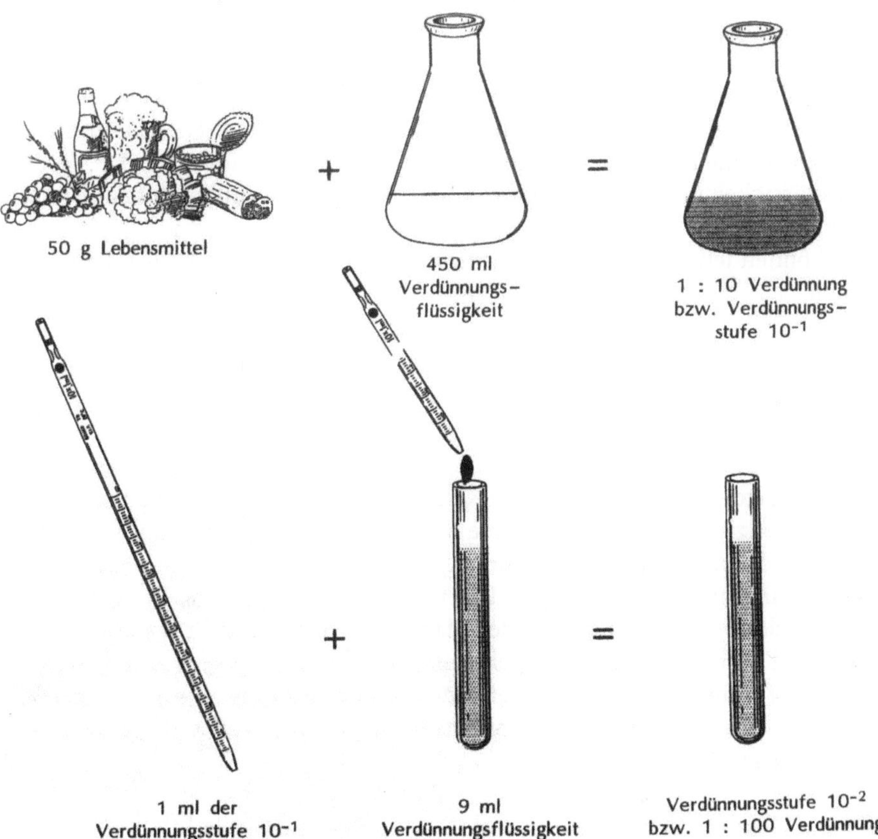

Abb. 2.10. Herstellung einer Verdünnungsreihe

Zur Herstellung der Verdünnungsstufe 10^{-2} wird 1 ml aus der Verdünnungsstufe 10^{-1} entnommen, zu 9 ml steriler Verdünnungsflüssigkeit gegeben und dann sorgfältig vermischt. Die Herstellung weiterer Verdünnungsstufen erfolgt entsprechend (Abb. 2.10.). Die Anzahl der Verdünnungsstufen richtet sich nach der zu erwartenden Keimzahl im Lebensmittel. Jede Verdünnung muß sorgfältig geschüttelt werden, bevor für die nächste Stufe 1 ml abgenommen wird. Dazu wird das Reagenzglas mit einem Aluminium- oder Wattestopfen verschlossen. Das Mischen kann mit Hilfe eines Reagenzglasschüttlers, mit der Hand oder durch mehrmaliges Aufsaugen und Auslaufenlassen der Flüssigkeit mit einer sterilen Pipette erfolgen.

Beachte: Für jede Verdünnungsstufe ist eine neue, d.h. sterile Pipette zu benutzen.

Die verwendeten Pipetten werden gleichzeitig zur Mengenabmessung des Substrates für die Nährböden mit der jeweiligen Verdünnungsstufe genutzt.

2.4.4.2
Verdünnungsreihe in Flaschen

Anstelle von Reagenzgläsern kann eine Verdünnungsreihe auch in Flaschen, vorzugsweise Babyflaschen mit Graduierung, angelegt werden. Hier kann mit der 10fachen Menge gearbeitet werden. In eine Flasche mit 90 ml steriler Verdünnungsflüssigkeit überträgt man jeweils 10 ml einer Verdünnungsstufe und mischt durch kräftiges Schütteln.

Es können jedoch auch Verdünnungsstufen im Verhältnis 1 : 99 ml angesetzt werden.

2.4.5
Kultivierungsverfahren

Aus den zuvor hergestellten Verdünnungsstufen werden genau abgemessene Flüssigkeitsmengen zur Kultivierung der Keime in oder auf Nährböden übertragen. Je nach Art der zu bestimmenden Keime wird der Nährboden ausgewählt.

Standard-I-Agar oder Plate-Count-Agar eignen sich gut für die Gesamtkeimzahlbestimmung. Diese Nährböden bezeichnet man auch als Kollektivnährböden. Es muß jedoch berücksichtigt werden, daß sich nicht alle Keime auf einem Nährboden und bei einer konstant eingehaltenen Bebrütungstemperatur vermehren.

Für die Kultivierung mit anschließender Keimzählung gibt es drei verschiedene Techniken, das Plattenguß-, Oberflächenspatel- und Plattentropf-Verfahren (dropplating).

2.4.5.1
Kochsches Plattengußverfahren (Abb. 2.11.)

Dieses Verfahren gehört zu den zuverlässigsten Keimzählmethoden und mit exakter Durchführung erreicht man eine große Genauigkeit und mit 1 ml Impfmenge ist der Pipettierfehler gering. Bei vielen lebensmittelmikrobiologischen Untersuchungen ist dieses Verfahren sogar zwingend vorgeschrieben. Die untere Nachweisgrenze liegt bei weniger als 100 Keimen pro Gramm Lebensmittel.

Durchführung. 1 ml einer Verdünnungsstufe wird mit Hilfe einer Pipette in eine Petrischale überführt. Dazu gibt man etwa 10–12 ml verflüssigten und auf ca. 40 °C temperierten Nähragar. Diese beiden Substrate werden durch kreisende (in Form einer Acht) Bewegung verteilt.

Anschließend bleibt die verschlossene Petrischale bis zum Erstarren des Nährbodens etwa 20 min stehen. Um zu verhindern, daß Kondenswassertropfen auf die Nährbodenfläche auftropfen, werden die Petrischalen mit dem Deckel nach unten bebrütet.

Der Vorteil dieses Verfahrens besteht darin, daß mögliche Störungen durch bewegliche, den Nährboden überwachsende Keime, wenn auch nicht völlig ausgeschlossen, so jedoch unterdrückt werden, da die (Lebensmittel-)Mikroorganismen

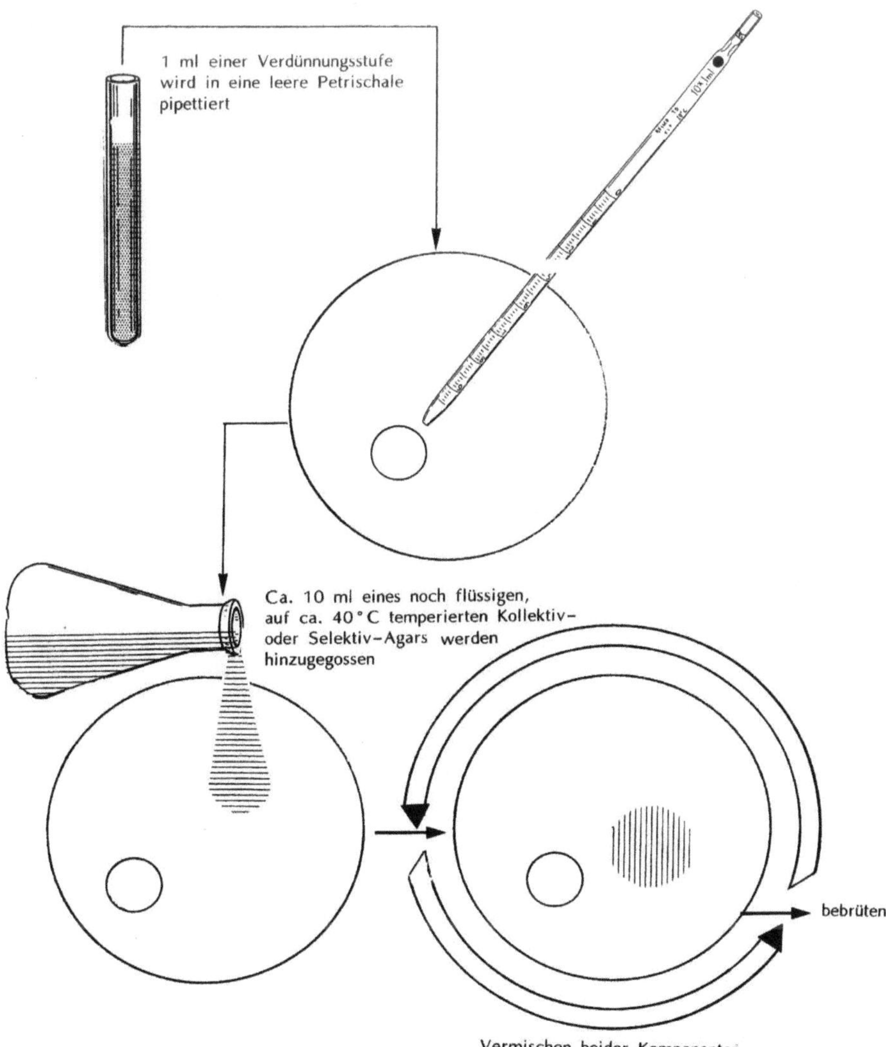

Abb. 2.11. Darstellung des Plattengußverfahrens

im Nährboden suspendiert sind. Wird bei einer Untersuchung mit Schwärmbakterien gerechnet, so besteht die Möglichkeit, über den erstarrten Nährboden noch eine weitere dünne Nährbodenschicht (Overlayer) aufzubringen.

Der große Arbeitsaufwand und eine große Anzahl zu füllender Petrischalen sind als Nachteile anzusehen. Auch die genaue Temperatureinhaltung des noch flüssigen Nährbodens muß beachtet werden; ist die Temperatur zu niedrig, besteht die Gefahr eines Erstarrens schon während des Gießens, wogegen bei zu hoher Gießtemperatur die Keime geschädigt werden können.

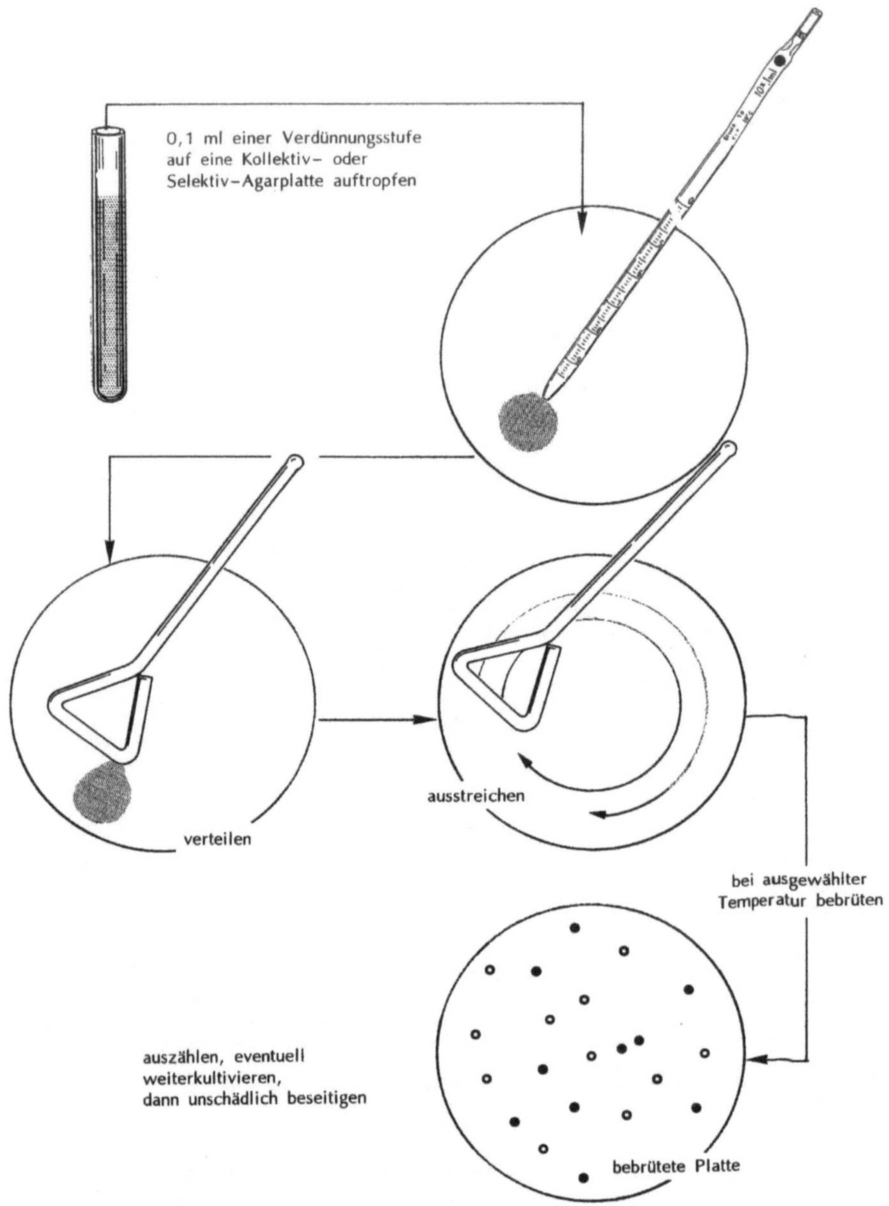

Abb. 2.12. Darstellung des Oberflächenspatelverfahrens

2.4.5.2
Oberflächenspatelverfahren (Abb. 2.12.)

Der Arbeitsaufwand bei diesem Verfahren ist etwas geringer als beim Plattengußverfahren. Die Petrischalen sind fertig gegossen, womit die Gefahr einer Hitzeschädigung der Keime nicht besteht und außerdem die Kolonien zu weiteren Diagnostizierungsreaktionen direkt auf der Agaroberfläche zugänglich sind.

Nachteilig ist die untere Nachweisgrenze der Keime. Sie liegt bei etwa 500–1000 Keimen pro Gramm Lebensmittel. Sichere Auswertungen sind erst bei Keimgehalten von 1000–3000 Keimen pro Gramm Lebensmittel möglich.

Durchführung. 0,1 ml einer Verdünnungsstufe wird mit Hilfe einer Pipette auf die vorbereitete, gut getrocknete Nährbodenplatte aufgetragen. Danach wird der Tropfen mit einem sterilen Drigalski-Spatel oder gebogenem Glasstab gleichmäßig auf dem Nährboden ausgestrichen. Für jede Verdünnungsstufe ist ein neuer, d.h. steriler Spatel zu verwenden.

Nach dem Verteilen wird die Petrischale mit dem Deckel verschlossen. Man läßt die Platte stehen, bis der Ausstrich angetrocknet ist, dann wird die Petrischale mit dem Deckel nach unten bebrütet.

2.4.5.3
Plattentropfverfahren (Abb. 2.13.)

Dieses Verfahren ist für Übersichtsuntersuchungen bestens geeignet. Es läßt sich mit wenig Arbeitsaufwand und niedrigem Materialverbrauch durchführen.

Nachteilig wirkt sich die untere Nachweisgrenze aus. Sie liegt bei diesem Verfahren bei etwa 2000 Keimen pro Gramm Lebensmittel. Durch ungenaues Pipettieren können leicht Fehler auftreten. Bei sorgfältiger Arbeit und etwas Erfahrung ist jedoch die Fehlergrenze nicht höher als beim Spatelverfahren.

Durchführung. Gut vorgetrocknete Nährbodenplatten werden auf der Unterseite mit einem Filzstift in 6 gleichgroße Felder eingeteilt. Diese Felder werden mit den Verdünnungsstufen der aufzupipettierenden Flüssigkeit beschriftet.

Entsprechend der Kennzeichnung tropft man aus den einzelnen Verdünnungsstufen jeweils 0,05 ml auf ein Feld. Es muß darauf geachtet werden, daß aus dem Verdünnungsreagenzglas z.B. mit der Verdünnungsstufe 10^{-1} auf das Feld 10^{-2}, aus der Verdünnungsstufe 10^{-2} auf das Feld 10^{-3} usw. aufgetropft wird, da man sich durch die Menge von 0,05 ml in der nächst höheren dezimalen Verdünnungsstufe befindet.

Da die Tropfen sehr dicht liegen und so sehr leicht ineinander verlaufen können, sollte eine Verdünnungsflüssigkeit mit 0,075% Agarzusatz verwendet werden.

Die Platten bleiben stehen, bis alle Tropfen gut angetrocknet sind. Dann wird, wie bei den beiden zuvor beschriebenen Verfahren, mit dem Deckel nach unten bebrütet.

2.4.5.4
Petrifilmverfahren (Abb. 2.14./2.15.)

Während die Kultivierung von Mikroorganismen bei den zuvor beschriebenen Verfahren auf Agarnährböden erfolgt, basiert das Petrifilmverfahren auf einen kaltquellenden, wasserlöslichen Nährboden auf Guarbasis. Die Petrifilm-„Platten" bestehen aus einer Unterfolie, die mit dem kaltwasserlöslichen Gelmittel und den Standard-Nährstoffen beschichtet ist. Zum Erkennen bzw. Auszählen der Keime bebrüteter Petrifilme enthält das Trockenmedium noch einen tetrazoliumhaltigen Indikatorfarbstoff. Folgende Medien sind für Bestimmungen erhältlich: Aerobe Gesamtkeimzahl, Hefen und Schimmelpilze, *E. coli* und coliforme Keime.

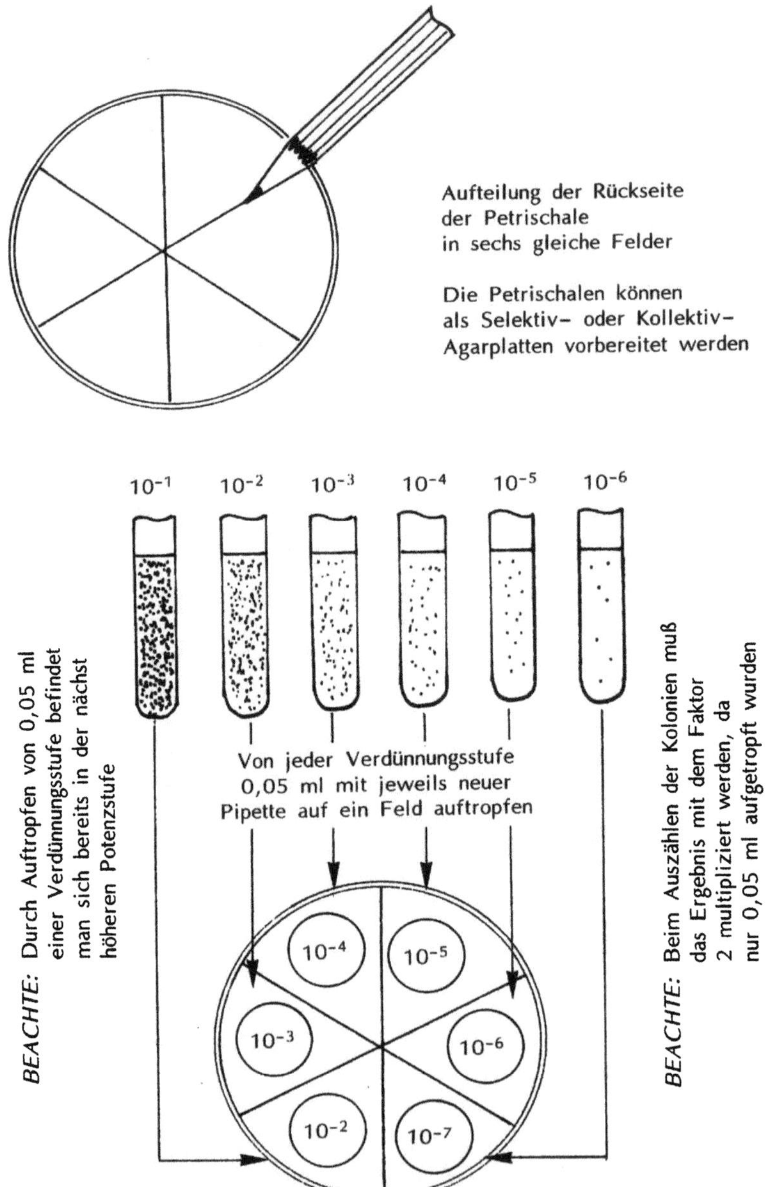

Abb. 2.13. Darstellung des Plattentropfverfahrens

Anwendung. Aus einer Verdünnungsstufe wird eine Probemenge von 1 ml auf den auf einer flachen Oberfläche liegenden Petrifilm pipettiert und die obere Folie auf die Probe gedeckt (Abb. 2.14.). Die Probe wird dann mit Hilfe eines Stempels gleichmäßig verteilt und leicht angedrückt. Die so beimpften Petrifilme werden dann – bis maximal 20 Stück – übereinander gestapelt im Brutschrank bebrütet. Nach einer Brütungszeit von 48–72 h bei 30 ± 1 °C erfolt die Auszählung, die durch ein Zählgitter erleichtert wird (Abb. 2.15.).

Der Vorteil der Petrifilme besteht in der einfachen Handhabung, da die Herstellung von Medien und das Gießen von Platten entfällt. Darüber hinaus ist eine Vorratshaltung bis zu zwei Jahren möglich. Auch die Entsorgung gebrauchter Petrischalen wird überflüssig.

2.4.6
Auswertung der bebrüteten Agarplatten

Nach der Bebrütung, in der Regel nach 2–4 Tagen bei konstanter Temperatur, werden die Nährbodenplatten dem Brutschrank entnommen und die gebildeten Kolonien werden ausgezählt. Um gesicherte Werte zu erhalten, sollten pro Verdünnungsstufe zwei Parallelansätze gemacht werden.

Bei einem Plattenguß- oder Oberflächenspatelverfahren werden die Platten mit Koloniezahlen zwischen 1 und 300 ausgezählt, wobei aber mindestens eine Verdünnungsstufe Platten enthalten muß, auf denen zwischen 20 und 300 Kolonien gewachsen sind.

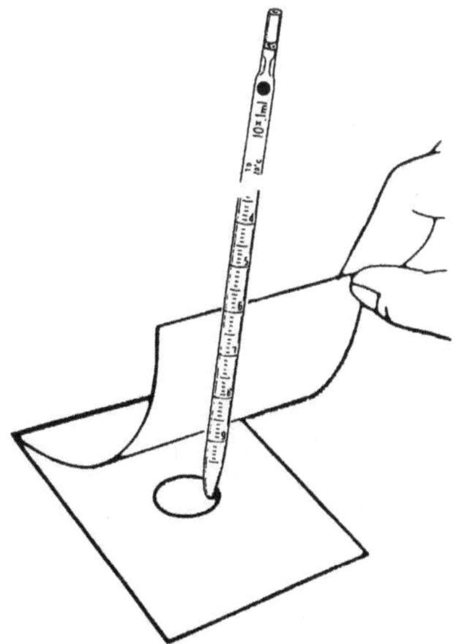

Abb. 2.14. Beimpfen des Petrifilms mit 1 ml Flüssigkeit einer Verdünnungsstufe

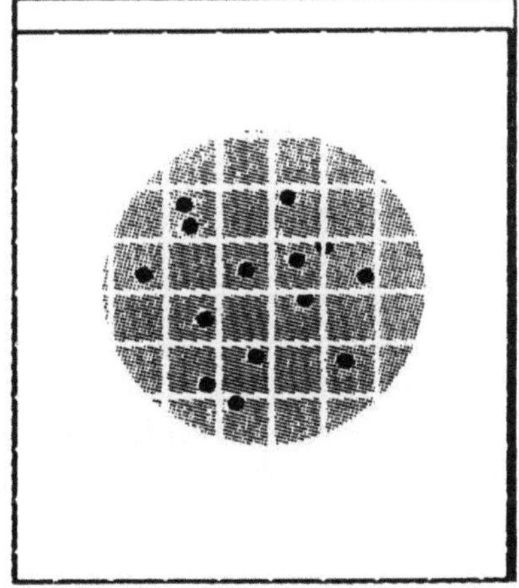

Abb. 2.15. Petrifilm nach der Bebrütung

Die o.g. Koloniezahlen beziehen sich nur auf Bakterienkolonien. Bei Hefen und Schimmelpilzen werden nur Kolonien zwischen 10 und 200 ausgezählt (amtl. Sammlung nach § 35 LMBG, L 02.00–10). Nach eigenen Erfahrungen empfiehlt sich allerdings bei Schimmelpilzen das Auszählen von Platten bis max. 50 Kolonien.

Beim Plattentropfverfahren werden nur solche Sektoren berücksichtigt, auf denen zwischen 1 und 50 Kolonien gewachsen sind. Dabei muß hier mindestens eine Verdünnungsstufe Sektoren enthalten, auf denen zwischen 5 und 50 Kolonien vorliegen.

Vergleicht man das Plattentropfverfahren mit den beiden zuvor beschriebenen Verfahren, so wird deutlich, daß die sehr viel kleinere Nährbodenfläche pro Verdünnungsstufe schon bei 50 Kolonien zu einer Konkurrenz der Keime untereinander führen kann (Abb. 2.13.).

Die tatsächliche Koloniezahl beim Plattentropfverfahren erhält man, wenn die ausgezählte Zahl mit dem Faktor 2 multipliziert wird.

2.4.7
Keimzahl- und Mittelwertberechnung

Unter der Keimzahl wird die Anzahl der Einheiten koloniebildender Mikroorganismen verstanden, die unter festgelegten Bedingungen zählbare Kolonien bilden.

2.4.7.1
Keimzahlberechnung

Die Keimzahl wird berechnet, indem die Koloniezahl einer bebrüteten Nährbodenplatte mit dem entsprechenden Verdünnungsfaktor multipliziert wird.

Beispiel:
Es wurden 38 Kolonien bei der Verdünnungsstufe 10^{-4} ausgezählt.

$38 \cdot 10^4 = 3{,}8 \cdot 10^5$ koloniebildende Einheiten g^{-1} bzw. ml^{-1}

2.4.7.2
Mittelwertberechnung

Wie bereits erwähnt, liegen bei der Keim- bzw. Koloniezahlberechnung im allgemeinen Resultate von zwei, mitunter (besser) auch mehreren parallel angelegten Nährbodenplatten zugrunde. Nachstehend werden zwei Modelle vorgestellt; das Modell des gewogenen arithmetischen Mittels ist in der amtl. Sammlung nach § 35 LMBG vorgeschrieben.

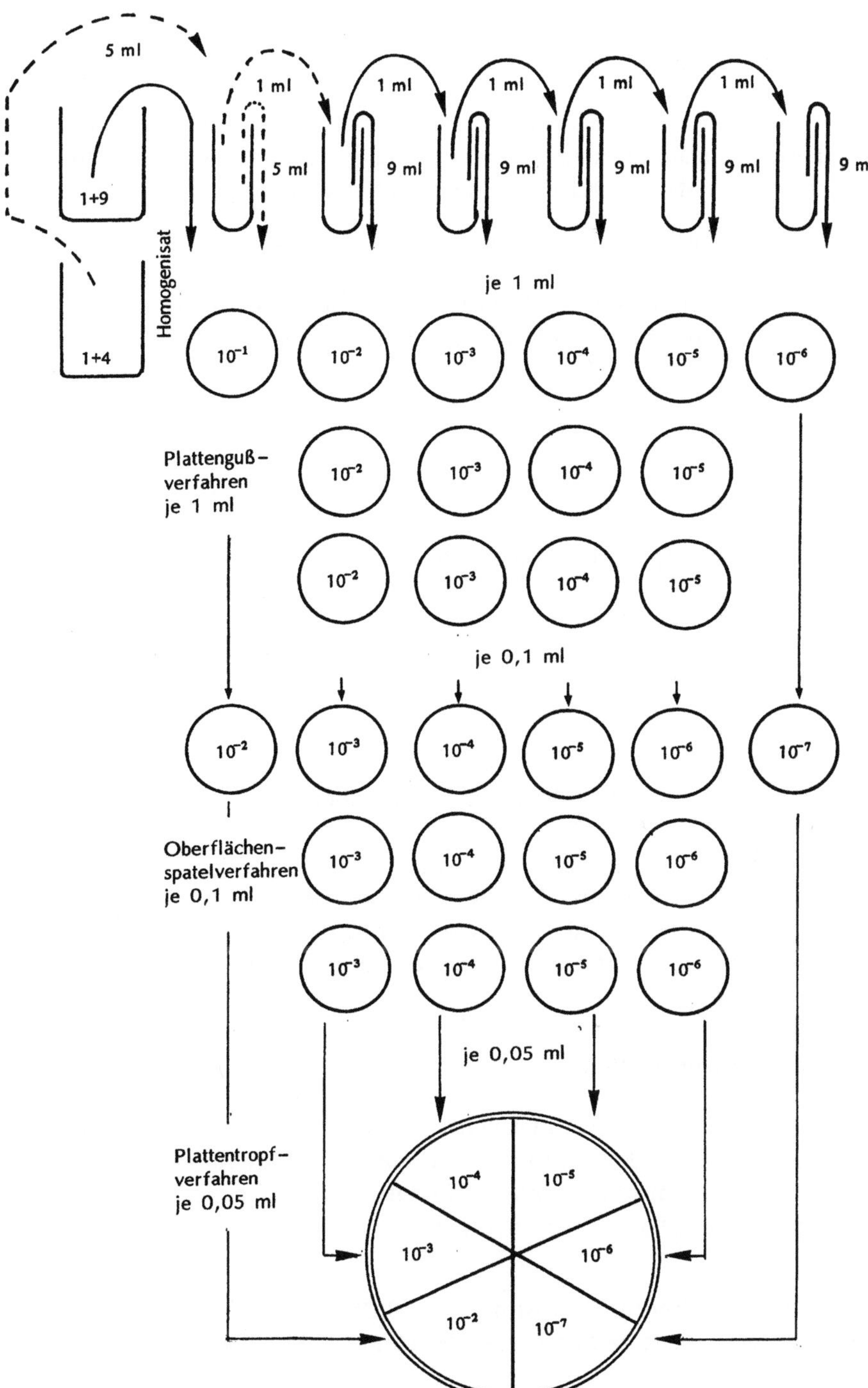

Abb. 2.16. Verdünnungsschema von Plattenguß-, Oberflächenspatel- und Plattentropfverfahren

2.4.7.3
Einfaches arithmetisches Mittel

Dieses Modell geht von der Gleichwertigkeit aller Resultate aus; es werden lediglich die Koloniezahlen auf die niedrigste Verdünnungsstufe hochgerechnet, die Summe aller Kolonien dann durch die Zahl der Platten dividiert.

Beispiel: Es wurden aus der Verdünnungsstufe 10^{-3} 260, 280 und 300 Kolonien ausgezählt.

Bei der Verdünnungsstufe 10^{-4} wurden 21, 24 und 27 Kolonien ausgezählt. Auf die niedrigere Verdünnungsstufe 10^{-3} bezogen, ergeben sich die Werte 210, 240 und 270.

$$\bar{x} = \frac{\Sigma x}{n} \cdot d$$

$$= \frac{[260 + 280 + 300] + [210 + 240 + 270]}{6} \cdot 10^3$$

$$= \frac{1560}{6} \cdot 10^3$$

$$= 260 \cdot 10^3 = 2{,}6 \cdot 10^5 \text{kolonienbildende Einheiten } g^{-1}$$

Legende:
- $\bar{x}$ = arithmetisches Mittel
- Σx = Summe der Kolonien aller Platten
- n = Anzahl der ausgezählter Platten
- d = Faktor der niedrigsten Verdünnung

2.4.7.4
Gewogenes arithmetisches Mittel

Das gewogene arithmetische Mittel eignet sich zur Berechnung von Einzelresultaten ungleicher Genauigkeit, wobei die einzelnen Verdünnungsstufen gewichtet werden. Die Summe aller ausgezählten Kolonien wird durch die Summe der Verdünnungen gewichteter Teilprobenvolumina dividiert.

Beispiel:
Es wurden aus der Verdünnungsstufe 10^{-3} 260, 280 und 300 Kolonien ausgezählt. Bei der Verdünnungsstufe 10^{-4} wurden 21, 24 und 27 Kolonien ausgezählt.

$$\bar{x}_{gew.} = \frac{\Sigma x}{n_1 \cdot w_1 + n_2 \cdot w_2 + \ldots} \cdot d$$

$$= \frac{[260 + 280 + 300] + [21 + 24 + 27]}{3 \cdot 1 + 3 \cdot 0,1} \cdot 10^3$$

$$= \frac{912}{3,3} \cdot 10^3$$

$$= 276 \cdot 10^3 = \text{gerundet } 2,8 \cdot 10^5 \text{kolonienbildende Einheiten } g^{-1}$$

Legende: $\bar{x}_{gew.}$ = gewogenes arithmetisches Mittel
           Σx = Summe der Kolonien aller Platten
           n_1 = Plattenanzahl der niedrigsten Verdünnung
           n_2 = Plattenanzahl der nächst höheren Verdünnung
           w_1 = Gewicht der niedrigsten Verdünnung
           w_2 = Gewicht der nächst höheren Verdünnung
           d = Faktor der niedrigsten Verdünnung

Beachte: Wenn nicht bereits beim Plattieren berücksichtigt (s. auch Abb. 2.12. u. 2.16.) ist beim Oberflächenspatelverfahren die errechnete mittlere Keimzahl mit dem Faktor 10 zu multiplizieren, da das Inokulum pro Platte 0,1 ml beträgt.

Beim Plattentropfverfahren lautet der Multiplikator 20, da nur 0,05 ml Inokulum aufgetropft wird.

Bei Keimzahlberechnungen, denen Bestätigungstests vorausgehen, sind mindestens 10 verdächtige Kolonien zu prüfen. Alsdann ist die Verhältniszahl bestätigter zu geprüfter Kolonien mit der mutmaßlichen Koloniezahl zu multiplizieren und so die tatsächliche Koloniezahl pro Gramm oder Milliliter zu berechnen.

Beispiel:
Das arithmetische Mittel zweier Platten an typischen Kolonien beträgt 72.

6 von 10 geprüften typischen Kolonien wurden als der gesuchte Keim bestätigt (= 60%).

$$= \frac{72 \cdot 60}{100} \approx 43 \text{ Keime} \cdot \text{Verdünnungsstufe}$$

2.4.8
Anreicherung – Vorkultur

Durch Anreicherungsverfahren mit selektiven Medien und geeigneten Bebrütungstemperaturen werden Bedingungen geschaffen, die es gestatten, auch spezifische Keime (s.a. Abb. 1.1. und 1.2.) die bei einer Vielzahl von Begleitorganismen nur in geringer Anzahl vorhanden sind, zu erfassen. Zu beachten ist, daß über die tatsächliche Keimzahl – außer bei der MPN-Methode – keine Aussagen getroffen werden können.

Voranreicherungen (syn. Vorkulturen) in nichtselektiven Medien dienen dem qualitativen Nachweis spezieller, subletal geschädigter Keime. Nach einer Resuszitations-Phase (Wiederbelebung) erfolgt im allgemeinen eine Überimpfung in/ auf selektive Medien/Nährböden.

2.5
Tauchverfahren zur Ermittlung von Keimgehalten

Schnellverfahren, insbesonders solche, die ohne oder nur mit geringem apparativem Aufwand auch von nicht voll ausgebildetem Personal durchgeführt und ausgewertet werden können, sind für die Routinekontrolle „vor Ort" sehr interessant.

2.5.1
Eintauch- und Kontaktobjektträger

Das Tauchverfahren, welches mit sogenannten dip slides[1] durchgeführt wird, hat seinen Ursprung in der medizinisch-bakteriologischen Harndiagnostik. Da diese dip slides jedoch eine vielfältige Anwendungsmöglichkeit bieten, nicht zuletzt in der orientierenden lebensmittelmikrobiologischen Kontrolle, empfahl Mossel (1976, 1979), die treffendere Bezeichnung AIPC-Slides (*Agar Immersion Plating and Contact*-Slides) zu verwenden.

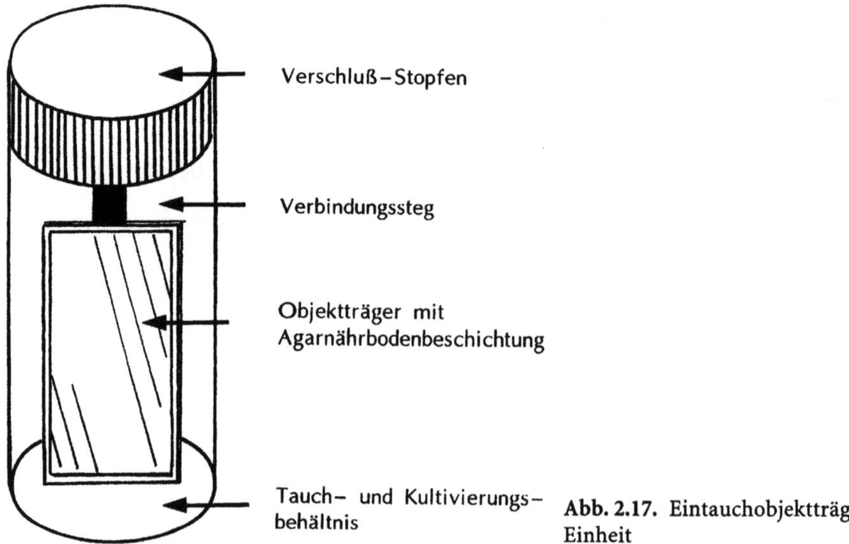

Abb. 2.17. Eintauchobjektträger-Einheit

---

[1] dip slide, sowohl Bezeichnung eines Firmenproduktes als auch schon Gattungsbegriff für diese mikrobiologischen Nachweisgeräte

Die über den Fachhandel zu erwerbenden Eintauchobjektträger sind folgendermaßen aufgebaut (Abb. 2.17.):

Der an der Unterseite eines Stopfens – der gleichzeitig als Griff dient – befestigte Objektträger ist ein- oder beidseitig mit einem Nährboden beschichtet. Diese Objektträger befinden sich in sterilen, zylindrisch geformten Behältnissen oder Kunststoffküvetten, die gleichzeitig als Tauch- und Kulturgefäße dienen.

Zum Beimpfen der Objektträger werden diese in eine Probe bzw. Verdünnung der Probe eingetaucht. Nachdem der Tauchvorgang beendet ist, läßt man den Überschuß abtropfen. Der so beimpfte Objektträger wird nun in den zuvor entleerten Tauchbehälter zurückgesteckt und bei vorgegebenen Temperaturen im Brutschrank oder bei Zimmertemperatur bebrütet.

Man kann hinsichtlich der Nährbodenbeschichtung des Objektträgers zwischen zwei Systemen unterscheiden: die Agar-Nährboden-Beschichtung und die Nährkartonscheiben-Auflage, die ihrerseits eine Membranfilter-Auflage aufweist.

Beiden Systemen ist gemeinsam, daß nach dem Fluten der Objektträger ein definiertes Probevolumen aufgenommen wird. Während bei Objektträgern mit Agarbeschichtung das Probevolumen auf der Nährbodenschicht durch Adhäsionskräfte haften bleibt, wird beim Nährkarton-System das Probevolumen zunächst durch die Kapillaren der Membranfilter-Auflage gesogen und dann die Nährkartonscheibe benetzt. Dabei wird die im Karton enthaltene Nährbodengrundlage hydratisiert. Die Nährstoffe diffundieren durch die Filterporen und sorgen so für das Wachstum der auf dem Membranfilter zurückgehaltenen Mikroorganismen.

2.5.1.1
Anwendungsbereich

Die AIPC-Slides eignen sich zum Abklatsch von Produktionsmaschinen und anderen Einrichtungen, sofern es sich um ebene Flächen handelt. Auch für personalhygienische und erzieherische Maßnahmen wie Finger-, Hand- und Bekleidungsabklatsch sind diese Objektträger einsetzbar. Der Abklatsch von Fleischoberflächen oder Schlachttierkörpern ist nicht empfehlenswert, da die Flexibilität der Objektträger zum einen ungenügend ist und zum anderen Partikelrückstände vom Produkt auf der Agaroberfläche verbleiben; zudem ist selbst bei einem guten Abdruck immer damit zu rechnen, daß ein weitgehend unbekannter Anteil der oberflächlich vorhandenen Mikroorganismen auf dem abgeklatschten Produkt zurückbleibt (Bülte u. Reuter 1982, Schmidt-Lorenz et al. 1982).

Als Anwendung sinnvoller ist die einfache produkthygienische Kontrolle von Lebensmitteln sowie Lebensmittelzubereitungen, allerdings mit der Einschränkung, daß diese Lebensmittel tauchfähig sind (Wasser, Saft etc.) oder zur Tauchfähigkeit vorbereitet werden können. Es muß also immer eine flüssige Phase mit einer entsprechenden Mikroorganismensuspension bzw. -abschwemmung vorliegen.

2.5.1.2
Untersuchungsgang

Um die Gesamtkoloniezahl erfassen zu können, ist die Abspülung bzw. Abschwemmung der Lebensmitteloberfläche oder die Homogenisation der Probe mittels elektromechanischer Geräte erforderlich. Zur Aufbereitung der Lebensmittelprobe ist die dezimale Verdünnung sinnvoll, wobei die zu untersuchende Probemenge je nach Produktart variieren kann (Schmidt-Lorenz et al. 1982). Nachdem eine tauchfähige Suspension vorliegt – partikelreiche Homogenisate bzw. Abschwemmungen sollten eine kurze Standzeit erfahren, damit sich störendes Probenmaterial absetzen kann – wird ein Überstand in das Tauchgefäß überführt und das AIPC-Slide geflutet. Nach dem Fluten wird der Objektträger in das entleerte Tauchgefäß, welches nun als Kulturgefäß dient, zurückgesteckt und bebrütet. Komplette Schraubflaschen-Eintauch-Objektträger-Systeme vereinfachen den Untersuchungsgang (Schmidt-Lorenz et al. 1982).

2.5.1.3
Auswertung

Nach erfolgter Bebrütung werden die auf der Agarbeschichtung des Objektträgers gewachsenen koloniebildenden Einheiten (KBE) ausgezählt bzw. durch Vergleich mit objektträgerspezifischen Schemabildern (Abb. 2.18.) geschätzt. Je nach System bzw. Größe der Agarnährbodenfläche ist die Menge des aufgenommenen Probevolumens unterschiedlich. Daher kann – sofern kein verbindliches Berechnungsschema vom Objektträger-Hersteller angegeben wird – der Faktor, mit dem die ausgezählten bzw. geschätzten Kolonien multipliziert werden müssen, unterschiedlich sein. Vor einem Routineeinsatz mit AIPC-Slides ist eine „Eichung" des Verfahrens mittels quantitativer klassischer Keimzahlbestimmung angezeigt (Bülte u. Reuter 1982).

Für mikrobiologisch erfahrenes Personal besteht die Möglichkeit, die gewachsenen Kolonien orientierend zu untersuchen (z.B. Färbungen, Gramverhalten, mikroskopische Keimmorphologie, Ausstrich auf selektive Nährböden).

Beispiel:
Es werden 50 Kolonien ausgezählt. Bei einem Multiplikator von 1.000 entspricht das 50×10^3 bzw. 5×10^4 koloniebildenden Einheiten.

2.5.1.4
Vorsichtsregeln

Nicht ausgebildetes Personal sollte unter keinen Umständen die bebrüteten Objektträger entnehmen oder gar berühren. Wie bei jeder anderen mikrobiologischen Untersuchung kann nie ausgeschlossen werden, daß pathogene oder potentiell pathogene Mikroorganismen angewachsen sind.

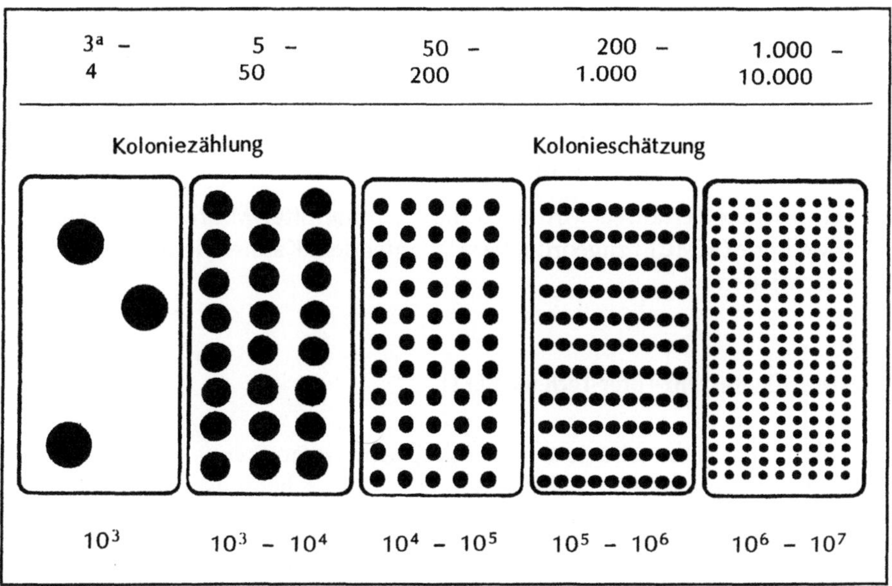

ªstatistisch unsicher

Abb. 2.18. Beispiel eines Schemabildes

Nach dem Auszählen bzw. Abschätzen der gewachsenen Kolonien ist die mikrobiologisch kontaminierte Einheit unschädlich zu vernichten; dieses erfolgt zweckmäßigerweise durch Verbrennen oder Autoklavierung.

2.6
Nichtkulturelle und indirekte kulturelle Keimzahlbestimmungen

Bei leichtverderblichen und nur kurzfristig haltbaren Rohprodukten vorallem tierischer aber auch pflanzlicher Herkunft wird die mikrobiologische Qualität und somit auch die Haltbarkeitsfrist in erster Linie durch bereits vorhandene vermehrungsfähige Mikroorganismen bestimmt.

Das hat zur Folge, daß Eingangs-, Inprozeß-, aber auch Endkontrollen innerhalb kürzerer Zeiten verwertbare Aussagen liefern sollen. Um diesen Forderungen Rechnung zu tragen, wurde erst kürzlich nach Verfahren gesucht, und diese wurden auch bereits für verschiedene Produkte eingesetzt.

Dabei wird zwischen nichtkulturellen und indirekten kulturellen Keimzahlbestimmungen unterschieden, sowie zwischen sehr raschen und raschen Verfahren.

Bei den sehr raschen Verfahren handelt es sich um Methoden, die Ergebnisse bereits in < 1 h liefern, z.B.:

- Direkte Epifluoreszenz-Filter-Technik (DEFT)
- Limulus-Testverfahren (LAL)

Bei beiden handelt es sich um nichtkulturelle Verfahren.

Rasche Verfahren liefern Ergebnisse innerhalb von 4–8 h; zu ihnen rechnet man die indirekten kulturellen Methoden wie

- Impedanzmessung
- Adenosintriphosphatmessung (ATP)
- Messung der Gasveränderung.

Den raschen Verfahren wird auch die Membranfilter-Mikrokolonie-Fluoreszenz-Methode (MMCF) zugeordnet; sie ist unter dem Kapitel Mebranfilterverfahren beschrieben.

2.6.1
Direkte Epifluoreszenz-Filter-Technik (DEFT)

Die DEFT stellt eine verbesserte mikroskopische Gesamtkeim- bzw. Gesamtzellzahlbestimmung dar, wobei allerdings keine Unterscheidungen zwischen toten und vermehrungsfähigen bzw. stoffwechselaktiven Zellen möglich ist.

Prinzip. Mikroskopische Zählung der in einem Nahrungsmittel vorhandenen Mikroorganismen nach Filtration von Lebensmitttelhomogenisaten durch Siebfilter vom Nucleopore-Typ; das Lebensmittelhomogenisat war zuvor durch Tensid- und/oder Enzymbehandlung filtrierbar gemacht worden.

Anfärbung, der auf dem Filter abgeschiedenen Mikroorganismen, mit Fluoreszenzfarbstoffen und Auszählung im Fluoreszenzmikroskop.

Ziel. Sehr rasche Gesamtzellzahlbestimmung innerhalb 30–45 min, insbesondere zur mikroskopischen Rohstoff- und Verarbeitungskontrolle.

Anwendungsgebiet. Prinzipiell für viele Produkte geeignet, sofern sie durch entsprechende Vorbehandlungen filtrierbar gemacht werden können.

Nachteil. Die DEFT ist aparativ sehr aufwendig. Sie erfordert eine sehr sorgfältige Präparation durch gut eingearbeitetes Personal. Es ist nicht möglich, zwischen toten und lebenden Zellen zu unterscheiden, aber es sind eindeutige Entscheidungen zu treffen, ob Klumpen, Zellhaufen oder echte Gesamtzellzahlen bestimmt werden. Allerdings kann das mühselige Mikroskopieren, welches zur raschen Ermüdung führt, durch Bildschirmanalysen verbessert werden.

Kosten. Die reinen Analysekosten liegen bei etwa 60% über denen der kulturellen Koloniezählung.

Gerät. DEFT-System Bio-Foss, Fa. N. Foss Electric, 22359 Hamburg.

2.6.2
Limulus-Testverfahren (LAL)

Der Limulus-Amöbozyten-Lysat-Test (LAL) ist eine sehr rasche, hochempfindliche Methode zum quantitativen und qualitativen Nachweis von Lipopolysacchariden gramnegativer Bakterien in flüssigen und festen Lebensmitteln.

Prinzip. Das Blut des Pfeilschwanzkrebses (*Limulus polyphemus*) gerinnt bei einer Infektion mit gramnegativen Bakterien. Dabei kommt es zu einer Gelbildung zwischen den Zellwandbestandteilen (Lipopolysacchariden) dieser Bakterien und den Amöbozyten, den einzigen Blutkörperchen des Limulus-Blutes. Die Amöbozyten enthalten Proenzyme und Agglutinationsenzyme. Bei Anwesenheit von Lipopolysacchariden werden die Proenzyme aktiviert. Diese reagieren weiter mit den Agglutinationsenzymen unter Gelbildung. Der Nachweis von Endotoxinen erfolgt auf Grund dieser Gelbildung. Da zwischen der Endotoxinkonzentration und dem Keimgehalt i.d.R. eine lineare Korrelation besteht, kann durch den ermittelten Endotoxingehalt der Grad der Verunreinigung mit gramnegativen Bakterien bestimmt werden.

Ziel. Sehr rasche Bestimmung, die innerhalb von 1–2 h die annähernd quantitative Erfassung der Zellwandbestandteile der in einem Lebensmittel vorhandenen toten und vermehrungsfähigen bzw. stoffwechselaktiven gramnegativen Zellen erlaubt.

Endotoxin-Konzentrationen von 0,05–0,1 ng/ml liegen dann vor, wenn etwa 10^2–10^3 gramnegative Keime/ml vorhanden sind.

Anwendungsgebiet. Schnellnachweis von Endotoxinen vor allem in Milch, Flüssigei und Fleischprodukten. Rückwärtige Beurteilung von Rohstoffen und Ausgangsmaterialien, da lebende und tote Bakterien erfaßt werden.

Test-Kits. Handelsübliche Test-Kits vertreiben u.a.: bioMérieux 72622 Nürtingen; LPS Labortechnik, 63128 Dietzenbach

2.6.3
Impedanzmessung

Bei der Impedanzmessung – die Methode gehört zu den raschen indirekten kulturellen Verfahren – werden mikrobiell bedingte Widerstands- oder Leitfähigkeitsänderungen erfaßt.

Prinzip. Wachsende Mikroorganismen produzieren Stoffwechselprodukte, welche bei einer Anreicherung in einem flüssigen Medium zur Änderung des elektrischen Widerstandes führen. Die Leitfähigkeit nimmt zu bzw. der Widerstand ab. Diese Änderungen werden allerdings erst registriert, wenn die sich vermehrenden Mikroorganismen eine Zellzahl von etwa 10^6–10^7/ml erreicht haben. Zwangsläufig ist eine nachweisbare Änderung des Widerstandes umso eher feststellbar, je höher der Ausgangskeimgehalt war. Als Detektionszeit bezeichnet man jenen Zeitpunkt, an dem diese Widerstands- oder Leitfähigkeitsänderung auszumachen ist. Mit Abnahme der Ausgangskeimzahl ist eine zeitlich abgestufte Verzögerung der Detektionszeit zu verzeichnen.

Anwendungsgebiet. Die Impedanzmessung erscheint für den Gesamtbereich der Lebensmittelhygienekontrolle einsetzbar. Allerdings bedarf es gezielter Untersuchungen hinsichtlich der unterschiedlichen Zusammensetzung der Lebensmittelflora. Die zu erwartende Mikroflora sollte also bekannt und das Nährmedium darauf abgestimmt sein.

Geräte. Bactometer 32, Bactomatic Inc., Palo Alto, Calif. USA; Maltus-Meter, Maltus Instruments Ltd., West Sussex, England (Radiometer Deutschland GmbH, Am Nordkanal, 47877 Willich).

2.6.4
Adenosintriphosphat-(ATP)-Messung

Die ebenfalls zu den raschen Verfahren zählende ATP-Messung gehört auch zu den indirekten kulturellen Methoden. Mit ihr soll der mikrobielle ATP-Gehalt in Lebensmitteln erfaßt werden, um dann auf den Keimgehalt der zu untersuchenden Probe rückschließen zu können.

Prinzip. Das Adenosintriphosphat-Molekül, ein hochpotenter Energieträger, ist in allen lebenden Zellen, nicht dagegen in totem Material anzutreffen. Bei der Biolumineszenzmessung wird ein Luciferin-Luciferase-Präparat eingesetzt. Dieses hochgereinigte Enzym setzt mit einer hohen Spezifität das ATP um. Das in lebenden Zellen in nahezu konstanter Menge vorhandene ATP wird unter definierten Bedingungen in Adenosinmonophosphat und Licht umgewandelt. Die Erfassung der Lichtemission erfolgt durch hochwertige Meßsysteme. Die Intensität des entstehenden Lichtes ist der Zellkonzentration an ATP direkt proportional.

Anwendungsgebiete. Untersuchungen von Fleisch und Fleischprodukten, Milch, Starterkulturen, Getränken (Wein, Bier, Säfte).

Nachteil. Als limitierende Faktoren sind die Nachweisgrenzen anzusehen: ab ca. 5×10^6 Keimen/ml Abtragehomogenisat bzw. Spülproben, bei Reinkulturen ab 10^6 Keimen/ml.

Geräte. Perstorp Analytical GmbH, Ludwigstr. 24–26, 63110 Rodgau; E. Merck, 64271 Darmstadt

2.6.5
Messung der Gasveränderung

Eine weitere rasche indirekte Methode ist die Keimzahlbestimmung durch Messung von Gasveränderungen, insbesondere von CO_2- oder O_2.

Prinzip. Das Verfahren zur indirekten Keimzahlbestimmung beruht auf der Messung von Gasveränderungen im flüssigen bzw. verdünnten Probegut, wobei die Meßgröße erstens der mikrobiell bedingte Sauerstoffverbrauch oder zweitens die mikrobiell bedingte Kohlendioiderzeugung ist.

Die Abnahme der Sauerstoffkonzentration wird mittels einer Sauerstoffelektrode polarographisch gemessen; dabei gilt die Beziehung, daß der gelöste Sauerstoff umso rascher gezehrt wird, je höher die Anzahl atmungsaktiver Mikroorganismen ist.

Der Anstieg der Kohlendioxidkonzentration wird mit einer ionenselektiven Glaselektrode ermittelt. Es gilt allgemein die Beziehung, daß bei oxidativen, mikrobiologischen Energiegewinnungsprozessen in Abhängigkeit von den Wachstumsbedingungen (Nährbodenzusammensetzung, pH-Wert, Redoxpotential, Temperatur) aus Glukose stöchiometrische Mengen an CO_2 produziert werden.

Die unter standardisierten Bedingungen erzeugte CO_2-Menge ist dann ein indirektes Maß für die Anzahl stoffwechselaktiver oxidativer Mikroorganismen.

Anwendungsgebiet. Schnell-Screening-Verfahren sowohl zur Endproduktkontrolle als auch zur Kontrolle des Produktionsablaufs.

Das Verfahren der CO_2-Konzentrationsmessung ist wegen der geringeren Empfindlichkeit und damit verbundenen längeren Detektionszeit von > 2 h eher für die Endproduktkontrolle geeignet.

Für das Verfahren der O_2-Verbrauchsmessung eignen sich mikrobiell leicht verderbliche Lebensmittel, die Ausgangskeimzahlen von 10^4 Lebendkeimen/ml (g) erwarten lassen, z.B. pasteurisierte Trinkmilch, pasteurisiertes Flüssigei.

Gerät. Beziehbar über Firma Bachofer, 72770 Reutlingen.

2.7
Kultivierungsverfahren

Die Kultivierung von Mikroorganismen erfolgt auf Nährböden oder in Nährsubstraten. Beimpfte Nährmedien werden anschließend bei konstanten Temperaturen in Brutschränken bebrütet. Je nach Art der zu untersuchenden Mikroorganismen erfolgt die Bebrütung unter aeroben oder anaeroben Bedingungen.

Ein optimales Wachstum und gute Vermehrung der Mikroben erfordert optimale Voraussetzungen. So muß das richtige Nährmedium als auch die optimale Bebrütungszeit und -temperatur für die jeweiligen Keime gewählt werden.

2.7.1
Isolierung und Reinkultivierung von Mikroorganismen

Mikroorganismen müssen in Reinkulturen vorliegen, damit ihre Eigenschaften und charakteristischen Merkmale beurteilt werden können. Reinkulturen erhält man durch Isolierungs- und Reinkultivierungsmethoden (s. Abb. 2.21.) Sie beruhen auf der räumlichen Trennung der Keime einer unbekannten Mischkultur. Es ist anzustreben, eine Reinkultur zu erhalten, welche aus einer einzigen Zelle hervorgegangen ist.

2.7.1.1
Ausstrichmethoden

Beim Beimpfen von festen Nährböden bedient man sich einer Impföse, die durch Ausglühen sterilisiert wurde. Mit der nun sterilen Öse wird eine kleine Menge Kulturflüssigkeit abgenommen und die Agarplatte durch mehrere Striche angeimpft. Die Impfstrichführung wird in den Abb. 2.19. und 2.20. verdeutlicht.

Zunächst wird ein kurzer Strich am Petrischalenrand ausgeführt (1), die ausgeglühte Öse wird durch 1 gezogen und dadurch Strich 2 gebildet. Nach erneutem Ausglühen wird der Strich 3 gezogen.

Bei keimarmem Material kann man nun, nach einer ausreichenden Bebrütung, mit Einzelkolonien rechnen (Abb. 2.20.). Bei keimreichem Material empfiehlt sich ein 4. Ausstrich.

Abb. 2.19. Ausstricharten aus einer Flüssigkultur oder von relativ keimarmem Material

Abb. 2.20. Ausstricharten von einer aufgenommenen Kolonie oder von stark keimhaltigem Material

2.7.2
Übertragungsmethoden von Mikroorganismen

Zu Untersuchungs- und Diagnostizierungszwecken, zur weiteren Kultivierung usw. werden die in Reinkultur vorliegenden Organismen auf bzw. in Nährsubstrate oder Reaktionsmedien geimpft. Übertragungen von Mikroorganismen von Substrat zu Substrat oder von Substrat auf Nährböden sind die grundlegendsten mikrobiologischen Arbeiten.

2.7.2.1
Abimpfverfahren

Für die Übertragung von Keimen aus einer Flüssigkeitskultur bedient man sich einer Impföse. Für die Übertragung größerer oder genau definierter Flüssigkeitsmengen wird eine Pipette verwendet.

Zur Keimabnahme von einem festen Medium, also aus einer Mikroorganismenkolonie, verwendet man entweder die Impföse oder eine Impfnadel. Beim Abimpfen aus Kolonien wird zwangsläufig eine große Anzahl von Zellen übertragen, auch dann, wenn die abgenommene Materialmenge makroskopisch kaum sichtbar ist. Daher ist in den Fällen, in denen es darauf ankommt, die zu überimpfende Zellenzahl möglichst niedrig zu halten, der Impfnadel der Vorzug zu geben.

Zur Anlage von Stichkulturen wird immer die Impfnadel benutzt, unabhängig davon, ob die Mikroorganismen aus einer Flüssigkeitskultur oder von einer Kolonie eines festen Nährbodens abgeimpft werden.

2.7.2.2
Beimpfungsverfahren

Die Beimpfung kann in eine Flüssigkeit und/oder in bzw. auf feste Medien erfolgen.

Bei der Beimpfung einer Flüssigkeit mit Öse, Nadel oder Pipette ist in jedem Fall für eine sorgfältige Verteilung der Keime im Medium zu sorgen.

Das Anwendungsgebiet für flüssige Nährmedien ist sehr vielseitig. So bedient man sich ihrer für Anreicherungskulturen, Untersuchungs- und Diagnostizierungsreaktionen und Keimzählverfahren (s. Kap. 2.9 – Technik, Titer und MPN)

Agarnährböden kommen im wesentlichen als Platten, Schrägschichtröhrchen oder Hochschichtröhrchen zur Anwendung.

Die Beimpfung von Platten durch Ausstrich wurde bereits beschrieben. Das Anwendungsgebiet für Platten umfaßt die Herstellung von Reinkulturen, Keimzahlbestimmungen und Untersuchungs- und Diagnostizierungsverfahren.

Die Anwendung von Schrägschichtröhrchen umfaßt die Gebiete der Untersuchungs- und Diagnostizierungsreaktionen und Kulturerhaltung aerober Mikroorganismen. Schrägschichtröhrchen werden beimpft, indem man mit der Öse oder Nadel einen geraden oder gewellten Impfstrich auf der Agaroberfläche anlegt.

Hochschichtröhrchen werden ausschließlich zur Anlage von Stichkulturen benutzt. Dabei bringt man Keime durch einen senkrechten Stich mit Hilfe der Impfnadel in den Agarnährboden. Die Anwendung von Hochschichtröhrchen dient hauptsächlich für den Nachweis der Beweglichkeit von Keimen, Untersuchungen für Diagnosezwecke, aber auch der Kulturerhaltung von mikroaerophilen und anaeroben Mikroben (Abb. 2.22.).

2.7.3
Aufbewahrung von Mikroorganismen

Zur Kulturerhaltung impft man Mikroorganismen auf bzw. in ein ihren Nährstoffbedürfnissen entsprechendes Substrat. Die Kulturen werden bis zum Erscheinen makroskopisch sichtbaren Wachstums bebrütet und anschließend im Kühlschrank aufbewahrt. Durch die Kühllagerung sollen weitere Entwicklung und Stoffwechseltätigkeiten möglichst gering gehalten werden, damit bei der Aufbewahrung keine Schädigung der Keime durch zu starke Ansammlung von Stoffwechselprodukten eintritt.

Aerobe Mikroorganismen werden allgemein auf Schrägagar kultiviert; von mikroaerophilen und obligat anaeroben Keimen sind Stichkulturen anzulegen.

Sollen die Kulturen über sehr lange Zeit gehalten werden, so ist die Lyophilisation die Methode der Wahl. Dabei wird die Bakteriensuspension in einem Kältebad (Trockeneis-Aceton-Gemisch) gefroren und das Eis anschließend durch ein angelegtes Vakuum sublimiert. Solche gefriergetrockneten Kulturen lassen sich bei Gebrauch gut wieder lösen.

2.7.4
Anaerobierkultur

Die Kultivierung anaerob wachsender Mikroorganismen findet immer unter Ausschluß von Luftsauerstoff statt; dabei unterscheidet man zwischen fakultativ und obligat anaeroben Keimen. Fakultativ anaerobe Keime wachsen auch bei Luftzu-

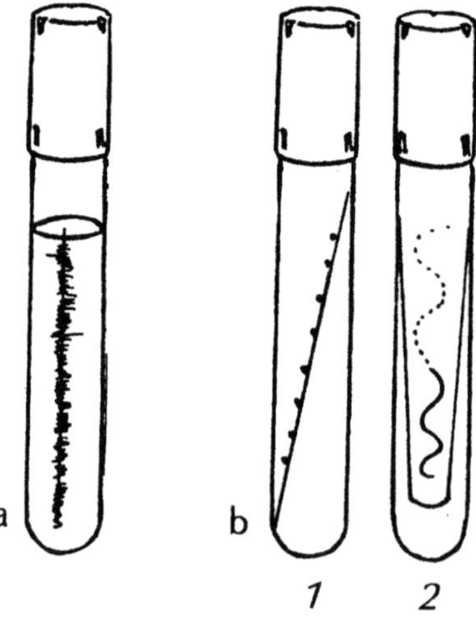

Abb. 2.22 a,b. Beimpfte Hochschicht- und Schrägschichtröhrchen. **a** Hochschichtröhrchen Strichkultur, **b** Schrägschichtröhrchen; *1* Seitenansicht; *2* Frontansicht

tritt. Für einen großen Teil dieser Mikroorganismen ist sogar das aerobe Wachstum günstiger.

Andere, zum Beispiel Laktobazillen, lassen sich unter anaeroben Bedingungen besser kultivieren als unter aeroben. Die anaerobe Kultivierung dient bei fakultativ anaerob wachsenden Keimen im wesentlichen nur für Diagnostizierungs- und Untersuchungszwecke; obligat anaerobe Mikroorganismen – in der Lebensmittelmikrobiologie sind das die Clostridien – müssen dagegen unter Luftsauerstoffabschluß kultiviert werden, da sie sich nicht anders entwickeln können.

Der Ausschluß von Sauerstoff kann sowohl durch die Wahl geeigneter Nährböden bzw. -medien als auch durch besondere Kultivierungsmethoden erfolgen. Geeignete Nährböden sind solche, die Substanzen mit sauerstoffreduzierenden Eigenschaften besitzen. Dazu gehören u.a. Thioglykolat und Cystin; aber auch Zusätze von Leber-, Herz- und Hirnstücken zum Nährmedium wirken sauerstoffzehrend.

Für die Aufbewahrung solcher anaerober Keime empfehlen sich, wie schon beschrieben, Hochschichtröhrchen mit einer Stichkultur oder aber Nährbodenplatten, die nach der Beimpfung mit einer Paraffinüberschichtung versehen werden.

Als Kultivierungsmethoden sollen der Anaerobiertopf, der Anaerobierfolienbeutel, die Marinoplatte und das Wright-Burri-Röhrchen genannt werden.

2.7.4.1
Anaerobiertopf

Ein Anaerobiertopf ist die Bezeichnung für einen evakuierbaren Behälter. Anaerobengefäße werden aus Glas, Polycarbonat oder Metall gefertigt und sind geeignet, Petrischalen aufzunehmen und die darin enthaltenen Mikroorganismen unter einer anderen als Sauerstoffatmosphäre zu bebrüten.

Ist der Anaerobiertopf mit zu bebrütenden Petrischalen beschickt worden, wird über einen Verschlußhahn, der sich meist im Topfdeckel befindet, der Sauerstoff mit Hilfe einer Vakuumpumpe abgesaugt. Anschließend wird mit einem geeigneten Gasgemisch wieder aufgefüllt; der Druck sollte jedoch nur 0,5 bar betragen. Als Gas empfiehlt sich gereinigter Stickstoff oder Edelgas. Zur Sicherheit kann zusätzlich eine sauerstoffzehrende Lösung mit in den Anaerobiertopf gegeben werden: z.B. eine Mischung aus einem Teil 25%iger Pyrogallol- und zehn Teilen 40%er $NaCO_3$-Lösung. Beide Lösungen werden kurz vor dem Einbringen gemischt und in einem Reagenzgläschen beigestellt.

Während der Evakuierung können im Agar der Nährbodenplatten Gasbläschen auftreten, die ein Zerplatzen des Nährbodens zur Folge haben. Sollte dieses beobachtet werden, muß der Evakuierungsprozeß verlangsamt werden.

Zur Bebrütung wird das Anaerobengefäß in einen Brutschrank gestellt. Ist die Bebrütung beendet, wird das Behältnis zur Entnahme der bebrüteten Platten über ein steriles Wattefilter langsam wieder belüftet. Die erhaltenen Kolonien können nun ausgewertet werden.

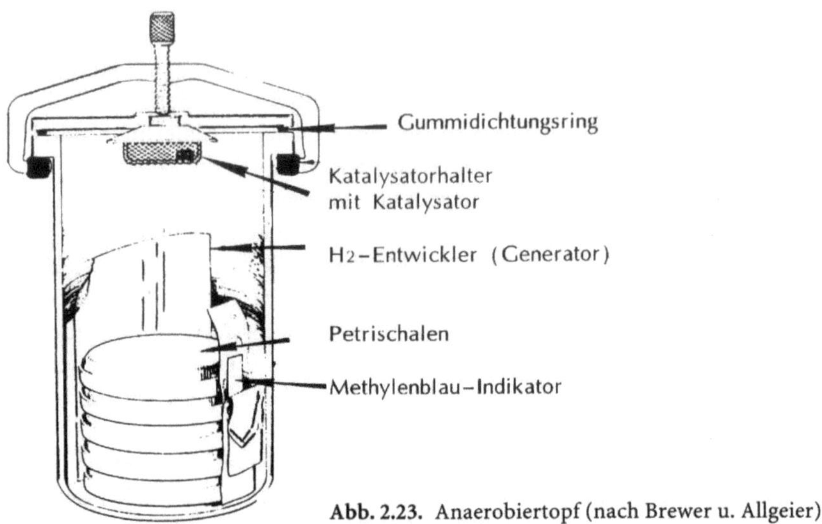

Abb. 2.23. Anaerobiertopf (nach Brewer u. Allgeier)

Der Anaerobiertopf nach Brewer und Allgeier (Abb. 2.23.), ein aus Polycarbonat gefertigter Anaerobiertopf, gehört zu den Geräten mit vereinfachter Handhabung. Der Vorteil besteht darin, daß es sich um ein installationsfreies, dichtschließendes System handelt, aus dem der Restsauerstoff mit Hilfe eines Einweg-Wasserstoff-CO_2-Generators entfernt wird. Dieser Generator besteht aus einem Beutel, welcher em Gemisch aus Natriumborhydrid, Zitronensäure und Natriumhydrogencarbonat beinhaltet. Dieses Gemisch reagiert nach Zugabe von 10 ml Wasser unter Bildung von Wasserstoff und CO_2. Für die Bedienung dieses Systems sind also weder Vakuumpumpe, Gasflaschen noch Druckregulator und Manometer erforderlich.

Anwendung. Die beimpften, anschließend zu bebrütenden Petrischalen werden im Behälter zusammen mit einem Anaerobindikator (Methylenblaustreifen) und dem mit 10 ml Wasser beschickten Generator deponiert, das Gerät sofort verschlossen. Danach reagiert der im Anaerobiertopf gebildete Wasserstoff mit dem noch vorhandenen Sauerstoff unter Bildung von Wasser. Bei den neuesten Systemen ist kein Katalysator mehr nötig.

Der Ablauf dieser Reaktion kann an der Nebel- und Kondensatbildung im Inneren des Gefäßes verfolgt werden; gleichzeitig entfärbt sich der Methylenblau-Indikatorstreifen (durch die Reaktion des gebildeten Wassers mit CO_2).

2.7.4.2
Anaerobierfolienbeutel

Das System besteht aus einem Folienbeutel, einem Beutel Reagenzgemisch, welches Sauerstoff bindet und Kohlendioxid erzeugt, sowie einem Teststäbchen zur Kontrolle des anaeroben Milieus. Da der Sauerstoff an Eisen gebunden wird, ist kein Katalysator erforderlich.

Diese Einheit, als Anaerocult-P (Merck 13807) im Handel, dient der anaeroben Bebrütung einzelner Petrischalen.

Das Prinzip und die Anwendung gleicht dem des Anaerobietopfes. Der mit 3 ml Wasser befeuchtete Reagenzgemischbeutel, die beimpfte Petrischale sowie das Teststäbchen werden im Folienbeutel deponiert, der dann mit einem Folienschweißgerät hermetisch verschlossen wird. Die Einheit kann nun unter den üblichen Bedingungen im Brutschrank inkubiert werden.

2.7.4.3
Deckelgußverfahren (Marinoplatte)

Das Deckelgußverfahren eignet sich ebenfalls gut zur Anzüchtung anaerorber Mikroorganismen. Bei dieser Methode kommen Glaspetrischalen zur Anwendung, die in Aluminiumfolie oder Papierpackungen eingewickelt, zuvor im Heißluftsterilisator sterilisiert wurden.

Anwendung. Man pipettiert das zu untersuchende Lebensmittelhomogenisat in den Petischalendeckel, gießt dann den flüssigen, auf ca. 45 °C abgekühlten Nährboden dazu und mischt mit großer Sorgfalt. Nach dem das Äußere des Bodenteils kurz abgeflammt wurde, legt man diesen mit der Außenseite auf den noch flüssigen Nährboden. Nach der Verfestigung erhält man eine Nährbodenschicht zwischen Deckel und Bodenteil der Petrischale (Abb. 2.24.)

Die Anaerobier entwickeln sich im Inneren der Schicht. Das Wachstum wird im Zentrum der Platte beobachtet, während der periphere Teil wegen des Sauerstoffs vom Wachstum freibleibt.

Der Vorteil der Methode besteht darin, daß die separaten Kolonien gut makroskopisch betrachtet und nach dem Abheben des Bodenteils weiter auf andere Nährböden überimpft oder aber mikroskopisch beobachtet werden können.

Brunner und Eisgruber (1996) prüften das vorgestellte Deckelgußverfahren als Methode zur Isolierung von *Clostridium perfringens* aus Hackfleischproben auf seine Tauglichkeit. Als Referenz diente die Methode L 06.00-39 (Mai 1994) der Amtlichen Sammlung von Untersuchungsverfahren nach § 35 LMBG-Plattenguß-Bestimmung von mesophilen sulfitreduzierenden Clostridien in Fleisch und Fleischerzeugnissen. Neben dem Wegfall des arbeits- und kostenaufwendigen Herstellens von anaeroben Bedingungen zeichnete sich das Deckelgußverfahren bei der Verwendung von Sulfit-Cycloserin-Azid-Agar durch eine höhere Selektivität für *C. perfringens* aus als das Referenzverfahren. So konnte beim vorgestellten

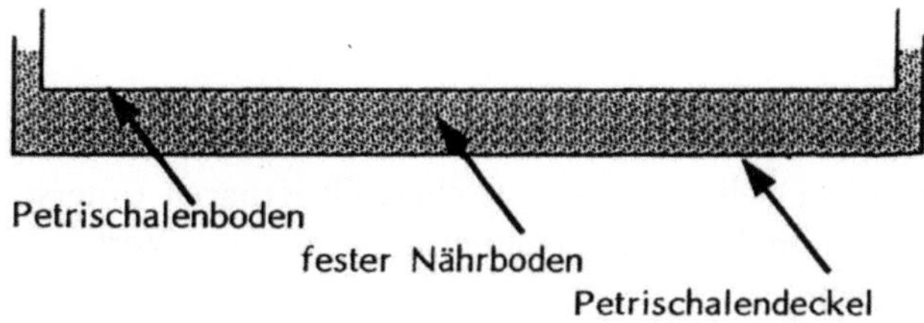

Abb. 2.24. Darstellung des Deckelgußverfahrens

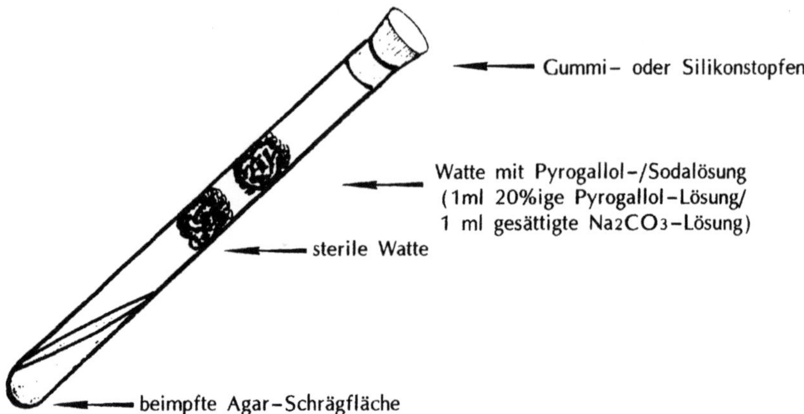

Abb. 2.25. Wright-Burri-Röhrchen

Deckelgußverfahren ein beachtlich größerer Teil der untersuchten sulfitreduzierenden Mikroorganismen als *C. perfringens* bestätigt werden als beim Plattgußverfahren, was wohl darin begründet scheint, daß die im Fleisch und Fleischerzeugnissen anzutreffenden *C. perfringens* meistens dem Typ A zuzuordnen sind und dieser Typ eine relativ große Aerotoleranz aufweist (Baumgart 1993).

2.7.4.4
Wright-Burri-Röhrchen (Abb. 2.25.)

Mit dem Kulturröhrchen nach Wright-Burri steht eine weitere Möglichkeit für die anaerobe Mikroorganismen-Kultivierung zur Verfügung.

Ein beimpftes Kulturröhrchen, dessen Nährboden als Schrägschicht angelegt wurde, erhält einen sterilen Wattebausch, der bis ca. 1 cm oberhalb des Nährbodens mittels sterilem Glasstab geschoben wird. Ein zweiter, ebenso eingebrachter Wattebausch dient der Aufnahme einer alkalischen Pyrogallol-Lösung, welche den noch vorhandenen Luftsauerstoff bindet. Das soweit präparierte Röhrchen wird zum Schluß mit einem Gummi- oder Silikonstopfen luftdicht verschlossen und kann nun zwecks Inkubation in einen Brutschrank eingebracht werden. Als nachteilig erweist sich die Methode bei der Anwesenheit von Gasbildnern; der Verschlußstopfen kann ausgetrieben werden. Auch ist die aseptische Entnahme gewachsener Kulturen zu weiteren erforderlichen Untersuchungen schwierig.

2.8
Membranfilterverfahren

Das Membranfilterverfahren ist ein Verfahren zur mechanischen Anreicherung von Mikroorganismen aus einer beliebigen Menge eines filtrierbaren Untersuchungsmaterials. Selbst bei minimalem Keimgehalt ermöglicht dieses Verfahren exakte Keimzahlbestimmungen.

Das Prinzip der Membranfiltration besteht darin, daß ein bestimmtes Volumen einer Flüssigkeit durch ein Membranfilter mit definierter Porenweite gesaugt wird, wobei die darin enthaltenen Keime auf der Filteroberfläche zurückgehalten werden. Der Filter wird anschließend auf einen Nährboden gebracht. Beim aufgelegten Filter diffundieren die Nährstoffe des Nährbodens in das Filter ein und ermöglichen ein Heranwachsen der Einzelkeime zu diagnostizierbaren Kolonien.

Getrocknete und präparierte Filter können zu Dokumentationszwecken aufbewahrt werden.

Es besteht aber auch die Möglichkeit, kontaminierte Filter in flüssige Nährmedien zu überführen. Eine Vermehrung von Mikroorganismen wird je nach Medium entweder durch Trübung oder, falls Indikatorfarbstoffe im Medium enthalten sind, durch Farbumschläge angezeigt.

Das Membranfilterverfahren ist relativ einfach durchzuführen und vielseitig verwendbar.

2.8.1
Das Filtrationsgerät

Das Gerät zur Keimzahlbestimmung besteht aus einem trichterförmigen Aufsatz. Der Aufsatz ist aus Edelstahl oder Kunststoff, meist Polycarbonat, gefertigt und hat ein Fassungsvermögen zwischen 250 und 500 ml. Nach oben hin wird der Aufsatz durch einen Deckel verschlossen, um eine unerwünschte Kontamination während des Untersuchungsganges zu verhindern. Der Aufatz wird durch einen Klemm- oder Schraubverschluß auf einem Unterteil mit Fritte, auf welche das Membranfilter gelegt wird, befestigt (Abb. 2.26.). Das ganze Gerät wird auf eine Saugflasche, die gleichzeitig als Auffanggefäß dient, aufgesetzt und an eine Vakuumpumpe angeschlossen.

Die Sterilisation des Gerätes, sofern aus Edelstahl, erfolgt bei Serienuntersuchungen durch sorgfältiges Abflammen. Eine Sterilisation im Autoklaven ist ebenfalls möglich.

2.8.2
Filtermaterial

Die zur Keimabtrennung verwendeten Filter bestehen aus Cellulosenitrat, Celluloseacetat oder ähnlichen Materialien und werden mit definierten, abgestuften Porengrößen hergestellt.

Die Porengröße wird je nach Verwendungszweck, d.h. nach der Größe der zu untersuchenden Keime gewählt:

Mikroorganismen	Porengröße
Hefen	0,65 μm
Schimmelpilz	0,65 μm
die meisten Bakterien	0,45 μm
z.B. Mikrokokken	0,20 μm

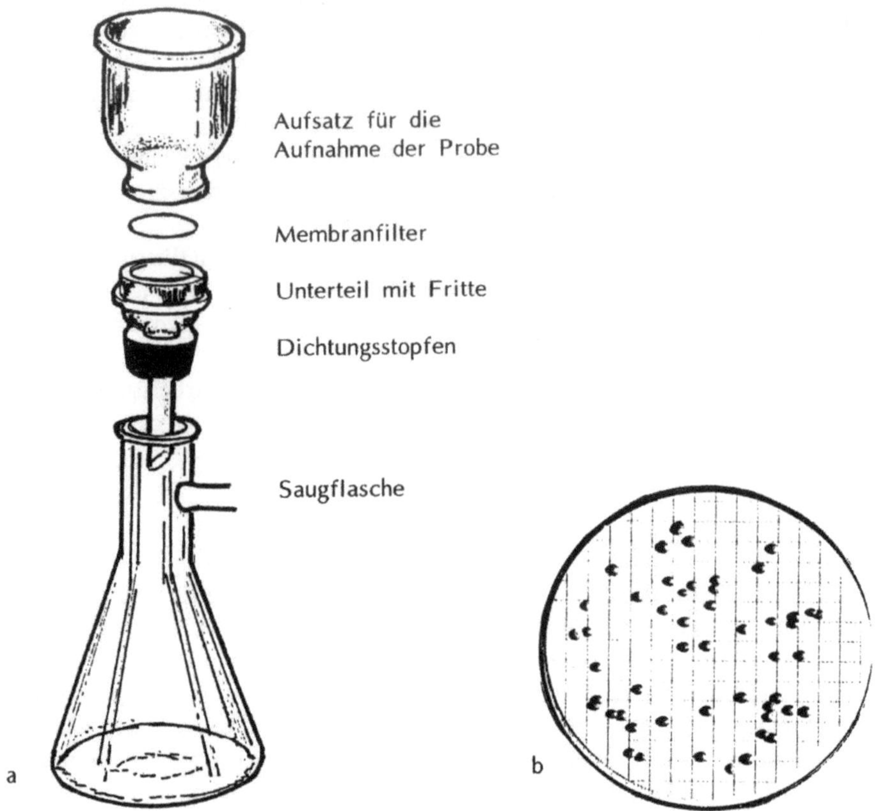

Abb. 2.26. a Membranfiltrationsgerät; **b** Bebrüteter Membranfilter (mit Zählgitter)

Die Filter können in Autoklavenpackungen im Sterilisator keimfrei gemacht werden. Filter in Packungen mit Nährkartonscheiben sind bereits steril und können sofort benutzt werden. Es besteht auch die Möglichkeit, den Filter in ein Gerät einzulegen und dann die fertige Einheit im Autoklaven zu sterilisieren. Es hat sich bewährt, das Filtrationsgerät in Aluminiumfolie eingewickelt zu autoklavieren. Primärinfektionen werden dadurch vermieden. Falls das Gerät mit eingelegtem Filter sterilisiert wird, ist darauf zu achten, daß der Druckausgleich nach der eigentlichen Sterilisation durch allmähliche Abkühlung erfolgt, da sonst der Filter beschädigt wird.

2.8.3
Membranfilternährböden

Die einschlägigen Nährbodenhersteller bieten Trockennährböden auf Agarbasis an, die Filtrationsgerätehersteller fertige Nährkartonscheiben (NKS).

2.8.3.1
Agarnährböden

Bei Verwendung von Agarnährböden im Rahmen der Membranfiltrationsmethoden sollten diese maximal 1% Agar enthalten. Durch den geringeren Agargehalt, im Gegensatz zu herkömmlich verwendbaren Nährböden, werden günstigere Diffusionsbedingungen für die Nährstoffe geschaffen, vor allem bei Verwendung engporiger Filter (0,2 µm).

2.8.3.2
Nährkartonscheiben (NKS)

Nährkartonscheiben sind mikrobiologische Nährböden in Trockenform, die steril sind und vor dem Gebrauch mit sterilem, destilliertem Wasser angefeuchtet werden. Zum Nachweis der verschiedenen Keimgruppen stehen entsprechende Nährkartonscheiben zur Verfügung.

Vor Beginn der Filtration wird die Nährkartonscheibe mit einer abgeflammten Pinzette in eine Petrischale gelegt. In Petrischalen mit 60 mm Durchmesser werden vorher 3 ml steriles destilliertes Wasser, in Petrischalen mit 90 mm Durchmesser 3,5 ml pipettiert.

Nach der Filtration wird der Membranfilter mit einer abgeflammten Pinzette dem Filtrationsgerät entnommen und auf die angefeuchtete Nährkartonscheibe gelegt. Durch „Abrollen" des Membranfilters beim Auflegen erreicht man vollkommenen Kontakt zwischen Membranfilter und Nährkartonscheibe und vermeidet somit den Einschluß von Luft. Nur so ist eine gleichmäßige Diffusion der Nährstoffe gewährleistet.

2.8.4
Untersuchungsmethoden

Just (1980) teilt die Lebensmittel in drei Gruppen ein:

Leichtlösliche Stoffe
Darunter werden Lebensmittel verstanden, die sich in Wasser lösen lassen: z.B. Zucker, Honig, Gelatine, Milchpulver, Pudding u.ä.

Schwerlösliche Stoffe
Damit sind vor allem fetthaltige Lebensmittel wie Schokolade, Mayonnaise, Cremes, Butter etc. gemeint. Diese Lebensmittel sind nicht ohne weiteres in Wasser löslich.

Unlösliche Stoffe
Viele Lebensmittel sind in Wasser nicht löslich, so beispielsweise Fleisch, Gemüse, Käse, Tiefkühlprodukte und z.T. auch Eiprodukte.

2.8.4.1
Leichtlösliche Lebensmittel

Ein abgemessenes Probevolumen wird in den Aufsatz des vorbereiteten Filtrationsgerätes überführt, der Aufsatz mittels Deckel verschlossen und dann Vakuum angelegt. Wenn das Probevolumen auf etwa 5 mm abgesunken ist, wird der Aufsatz mit 10–30 ml steriler Verdünnungsflüssigkeit (physiologische NaCl-Lsg. etc.) gespült. Dadurch werden eventuell noch an der Trichterwand haftende Keime abgeschwemmt und durch das Absaugen der „Spülflüssigkeit" auf das Filter verbracht. Ist das Probevolumen kleiner als 10 ml, wird zuerst ca. 10 ml sterile Verdünnungsflüssigkeit in den Aufsatz gegeben und anschließend die Probe beigefügt und gemischt.

Bei der Untersuchung von Trinkwasser muß die zu untersuchende Menge mindestens 100 ml betragen. Bei Mineral-, Quell- und Tafelwässern ist eine Untersuchung von 250 ml vorgeschrieben.

CO_2-haltige Proben – insbesondere Bier – neigen zum Aufschäumen. Zur Vermeidung des Filtrataufschäumens sollten einige Tropfen eines Antischaummittels, z.B. Silikonöl, in die Saugflasche gegeben werden.

Bei Produkten mit erwarteter höherer Keimzahl, (z.B. unbehandelte Frischmilch, Oberflächenwasser etc.) muß zunächst eine Verdünnungsreihe angelegt werden (Abb 2.27.).

Der Filter wird anschließend mit einer sterilen Pinzette mit der unbeschichteten Seite auf den Membranfilternährboden aufgelegt. Petrischalen mit NKS werden normal stehend, mit Agarnährböden dagegen kopfstehend bebrütet.

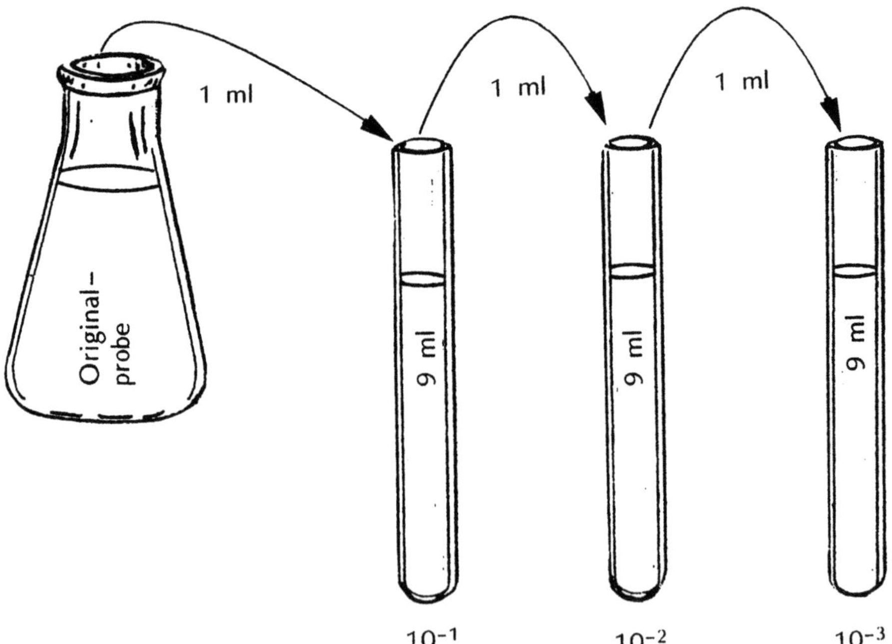

Abb. 2.27. Verdünnungsreihe für die Membranfiltration

2.8.4.2
Schwerlösliche Lebensmittel

Fetthaltige Lebensmittel schwemmt man in erwärmter Emulgatorlösung (ca. 40–45 °C) auf, unter, z.B.:

- Tween 80   (0,5–1%ig)
- Atlas-Renex 698   (5,0–10%ig)
- Triton X-100   (1%ig)
- Emulgin 286   (3,0–5%ig)

Die Emulgatorlösung besteht aus einer physiologischen Kochsalz- bzw. anderer Verdünnungslösung mit dem o.g. Anteil eines Emulgators.

Unter kräftigem Schütteln werden 10–50 g Probematerial in 90 bzw. 450 ml Emulgatorlösung gelöst. Sterile Glasperlen als Zusatz sind nützlich. Von dieser 1:10 Verdünnung wird eine Verdünnungsreihe angelegt; die Filtration erfolgt wie bereits beschrieben.

Filter von Proben, die mit einer Emulgatorlösung vorbehandelt wurden, sind zweimal mit erwärmter (40–45 °C) physiologischer NaCl-Lösung (mind. 30 ml) nachzuspülen. Dadurch wird eine inhibitorische Wirkung des Emulgators auf das Keimwachstum verhindert.

2.8.4.3
Unlösliche Lebensmittel

Lebensmittel, die weder in Wasser noch in Emulgatorlösung löslich sind, müssen zerkleinert und in Suspension gebracht werden. Zweckmäßigerweise bedient man sich eines Homogenisierstabes.

10–50 g Lebensmittel werden mit der 9fachen Menge Verdünnungsflüssigkeit oder Emulgatorlösung mit dem „Ultra Turrax" homogenisiert. Damit sich unlösliche Bestandteile absetzen können, empfiehlt es sich, das Homogenisat für ca. 15 min mit einer Aluminiumfolie abgedeckt in einen Kühlschrank zu stellen.

Eine Verdünnungsreihe wird von der flüssigen Phase, dem sogenannten Überstand, angelegt.

Um einen Belag von Feststoffteilchen auf dem eigentlichen Filter fernzuhalten, wird ein Vorfilter vorgeschaltet. Vorfilter mit einer Porenweite von ca. 12 µm halten grobe Bestandteile, wie Fleisch- und Pflanzenfasern zurück und lassen die Keime auf den mikrobiologischen Filter passieren.

2.8.5
Membranfilter-Mikrokolonie-Schnellverfahren

Membranfilter-Mikrokolonie-Schnellverfahren in den verschiedensten Ausführungsformen zählen zu den raschen Nachweismethoden, bei denen verwertbare Ergebnisse je nach Art des Lebensmittels – innerhalb 4 bis 15 h vorliegen.

Beide nachstehend genannten Verfahren basieren auf der klassischen Membranfiltrationsmethode, wobei nach einer Kurzzeitbebrütung entweder angefärbte Mikrokolonien ausgezählt werden oder aber durch Zusatz von Fluorochrom zur Nährkartonscheibe Kleinstkolonie-Zählungen unter dem Auflicht-Fluoreszenz-Mikroskop durchgeführt werden können.

2.8.5.1
Membranfilter-Mikrokolonie-Methode

Das Prinzip der von Winter et al. (1971) beschriebenen Methode besteht darin, daß das Filter einer membranfiltrierten Lebensmittelsuspension auf einer mit geeignetem Medium beschickten Nährkartonscheibe (NKS) wenige Stunden bebrütet wird. Nach dem Trocknen des Filters und Färbung mit Janusgrün werden die Mikrokolonien bei 100 facher Vergrößerung ausgezählt.

Die Abb. 2.28. zeigt die Arbeitsschritte, die bei der Durchführung der Membranfilter-Mikrokolonie-Methode eingehalten werden müssen.

Ermittlung einer ausreichenden Inkubationszeit

Für die Ermittlung der minimal bzw. optimal benötigten Inkubationszeit – sie variiert in Anbetracht der unterschiedlichen Rohstoff- bzw. Lebensmittelarten sowie der damit verbundenen unterschiedlichen ökologischen Keimflora – wird ein Viertel des Membranfilters nach 4 h unter sterilen Bedingungen abgetrennt und getrocknet, nach weiteren 2–3 h ein weiteres Viertel abgetrennt und getrocknet, während der verbleibende Filteranteil weiter bebrütet wird (Lehmeier 1979).

Das Membranfilter-Mikrokolonie-Verfahren ist als zuverlässige Schnellmethode empfohlen worden. Es ermöglicht, die Anzahl der koloniebildenden Einheiten in folgenden Zeiten zu erfassen:

- auf Gemüse   nach   4 h (Baumgart u. Lehmeier 1975)
- auf Schlachtgeflügel   nach   9–13 h (Frey u. Baumgart 1976)
- auf frischem Rindfleisch nach   8 h (Baumgart u. Niermann 1974)

2.8.5.2
Membranfilter-Mikrokolonie-Fluoreszenz-Methode (MMCF-Methode)

Die MMCF-Methode nach Baumgart et al. (1981) stellt eine Variante zur Membranfilter-Mikrokolonie-Methode dar. Der Vorteil gegenüber dem anderen Verfahren besteht darin, daß eine Fixierung und Färbung der Kolonien sowie das Transparentmachen der Filter entfällt.

10 ml eines Lebensmittelhomogenisates bzw. dessen Verdünnungsstufen werden mittels Filtrationsgerät membranfiltriert, wobei nichtfluoreszierende Filter (z.B. Millipore HABG 04700, Porengröße 45 µm) verwendet werden. Nach Beendigung der Filtration wird der Membranfilter unter sterilen Maßnahmen auf eine Nährkartonscheibe überführt, die zuvor mit 3 ml einer sterilen Standard-I-Bouillon benetzt wurde. Dadurch liegt ein doppelt konzentrierter Nährboden vor. Der

Standard-I-Nährbouillon müssen vor der Sterilisation 0,16 mg/ml $(ANS)_2Mg$ (8-Anilino-naphthalin-1-sulfonsäure Magnesiumsalz, Fa. Fluka Art.-Nr. 10419) zugesetzt werden. Dieses Fluorochrom fluoresziert im UV-Licht bei 340 bis 380 nm.

Präparation des Membranfiltrationsgerätes, Membranfilterporengröße 45 µm

↓

10 ml steriles Wasser vorlegen und filtrieren

↓

Filtration einer Lebensmittelsuspension bzw. entsprechende Verdünnungsstufe

↓

Nachspülen mit einer physiologischen NaCl–Lösung (evt. Zugabe von 0,1% Pepton)

↓

Aseptische Überführung des Filters auf eine CASO–NKS, Bebrütung bei 30–32°C für 4–5 h (Petrischalendeckel nach unten)

↓

Hitzefixierung der Kolonien im Heißluftschrank durch Trocknung des Filters auf Fließpapier für 10 min bei 105°C

↓

Anfärben des Filters in Janusgrünlösung [a] für ca. 2 s

↓

Zweimaliges Spülen des Filters in dest. Wasser

↓

Trocknen des Filters auf Fließpapier für ca. 10 min bei 105°C

↓

Aufhellen des Filters mit Immersionsöl, Filter auf Objektträger legen und bei 40 bis 100–facher Vergrößerung Mikrokolonien auszählen

---

[a] 60 mg Janusgrün (Merck 1324) werden in 100 ml dest. Wasser gelöst und durch ein Membranfilter (Porengröße 0,45 µm) sterilfiltriert

Abb. 2.28. Fließschema zur Membranfilter-Mikrokolonie-Methode

Die MMCF-Methode eignet sich auch für den selektiven Schnellnachweis von Hefen und Milchsäurebakterien, wobei für den Nachweis von Hefen eine doppeltkonzentrierte Malzextraktbouillon und für den Laktobazillen-Nachweis eine doppeltkonzentrierte MRS-Bouillon folgender Rezeptur vorgeschlagen wird (Baumgart et al. 1981):

Selektiver Nachweis von Hefen

100 ml	doppeltkonz. Malzextraktbouillon(Merck)	
0,016 g	$(ANS)_2$ Mg	(Fluka)
0,01 g	Chloramphenicol	(Serva)

Selektiver Nachweis von Laktobazillen

100 ml	doppeltkonz. MRS-Bouillon	(Merck)
0,016 g	$(ANS)_2$ Mg	(Fluka)
0,01 g	Actidione	(Serva)

Sterile Nährkartonscheiben werden mit jeweils 3 ml der zuvor genannten Selektivbouillon getränkt. Die aufgelegten Membranfilter werden für den Hefe-Nachweis für 15 h bei 25 °C, beim Laktobazillen-Nachweis für 24–36 h bei 30 °C bebrütet.

Nach der Bebrütung werden die Filter für 10 min bei 80 °C im Brutschrank getrocknet und anschließend die gewachsenen Kolonien unter einem Auflicht-Fluoreszenz-Mikroskop bei 100-facher Vergrößerung ausgezählt.

2.9
Titer- und Most Probable Number Technik

Die Bestimmung niedriger Keimgehalte durch Koloniezählung ist, wie bereits beschrieben, nur bei filtrierbaren Flüssigkeiten mittels Membranfiltrationsverfahren möglich. Für einen großen Teil der Lebensmittel ist diese Zählmethode jedoch nicht anwendbar.

Für die Ermittlung niedriger Keimzahlen in Nahrungsmitteln arbeitet man mit definierten, in 10er Potenzen abgestuften Probemengen in einer Flüssigkeitskultur und führt indirekte Zählungen durch.

Die indirekte Zählung in Flüssigkeitskulturen ist zwar wesentlich ungenauer als das Koloniezählverfahren, stellt aber bei vielen Lebensmitteln die einzige Möglichkeit der Bestimmung niedrigster Keimgehalte dar.

2.9.1
Titerbestimmung

Man benutzt Probemengen in Stufen fallender 10er Potenzen wie zum Beispiel 1000 ml (bzw. g), 100 ml (g), 10 ml (g), 1 ml (g), 0,1 ml (g), 0,01 ml (g) und 0,001 ml (g). Die Probemengen werden direkt pipettiert (abgewogen); kleinste Probemengen erhält man durch Verdünnungsreihen.

Die Probemengen werden jeweils in flüssiges, für die nachzuweisenden Mikroorganismen möglichst selektives Nährsubstrat gebracht.

Kommt es nach einer Bebrütung zum Wachstum und einer entsprechenden Nachweisreaktion, so muB mindestens eine Keimzelle der betreffenden Keimart erhalten sein, bzw. kein Keim, wenn die Reaktion ausbleibt.

Eine Nachweisreaktion kann ein Farbumschlag eines Indikators, zum Beispiel bei Säurebildung eines Keimes, sein. Als Titer bezeichnet man die niedrigste Probestufe, die noch ein Wachstum anzeigt.

2.9.1.1
Beziehung zwischen Titer und Keimzahl

Titer und Keimzahl lassen sich auf folgende Weise in Beziehung bringen (s. Tab.2.3.)

2.9.1.2
Beispiel und Auswertung einer Titerbestimmung (Abb. 2.29.)

5 Reagenzgläser werden mit je 10 ml eines Reaktionsmediums beschickt. In je 10 ml Nährboden werden 0,001 ml (g), 0,01 ml (g), 0,1 ml (g), 1 ml (g) und 10 ml (g) eingeimpft. Die Röhrchen werden anschließend mit sterilen Wattestopfen oder Alukappen verschlossen und 3–4 Tage bebrütet. Die Bebrütungstemperatur richtet sich nach den gesuchten Keimen.

Nach der Bebrütungszeit zeigen sich folgende Reaktionen:

– Reaktion positiv   = +
– Reaktion negativ   = –

Tabelle 2.3. Beziehung zwischen Titer und Keimzahl

Titer (ml)	Anzahl der Keime in					
	100 ml	10 ml	1 ml	0,1 ml	0,01 ml	0,001 ml
1000	0	0	0	0	0	0
100	1–9	0	0	0	0	0
10	10–99	1–9	0	0	0	0
1	100–999	10–99	1–9	0	0	0
0,1	1000–9999	100–999	10–99	1–9	0	0
0,01	10000–99999	1000–9999	100–999	10–99	1–9	0
0,001	1000000–999999	10000–99999	1000–9999	100–999	10–99	1–9

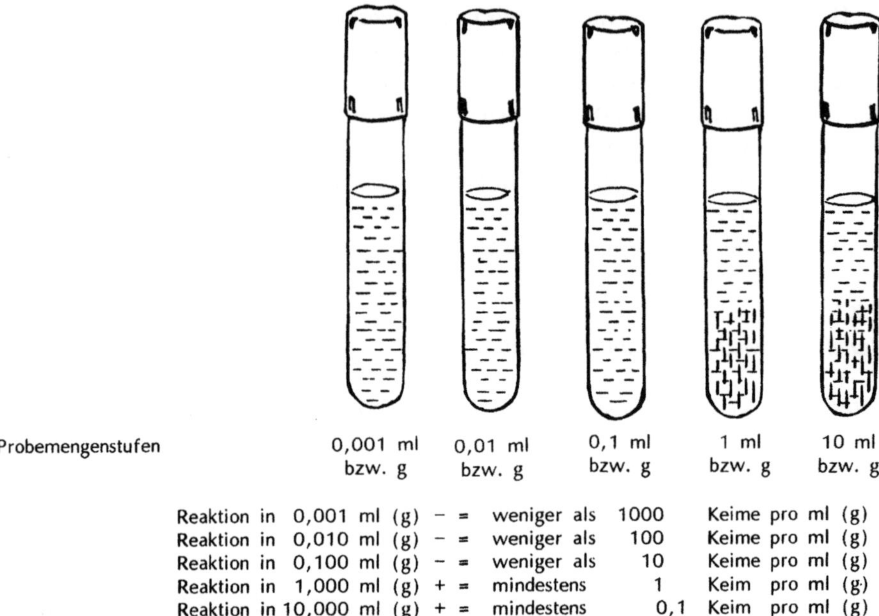

Abb. 2.29. Bebrütete Röhrchen ohne und mit Wachstum

Es ist ratsam, auch bei Titerbestimmungen Probemengenstufen doppelt anzusetzen. Es wird dann das Ergebnis mit der ersten Probemengenstufe angegeben, bei der wenigstens ein Ansatz positiv ist.

Bei diesem Verfahren läßt sich nicht sagen, ob die positive Reaktion durch eine oder mehrere Zellen bewirkt wurde. Wären jedoch in diesem Beispiel 10 Zellen vorhanden gewesen, hätte auch die nächst niedrigere Probemengenstufe ein positives Ergebnis zeigen müssen.

Je nach Art der zu suchenden Keime müssen positive Reaktionen durch Anlegen von Subkulturen mit anschließender Diagnostik bestätigt werden.

2.9.2
Most Probable Number-Technik (MPN)

Die MPN-Bestimmung stellt eine Erweiterung des Titerverfahrens dar. Während beim Titerverfahren die Keimmenge nicht ermittelt wird, sondern nur in sehr groben Größenordnungen geschätzt werden kann, ist die Aussage der wahrscheinlichsten Keimzahl bei der MPN-Technik möglich.

Nachstehend werden aus einer Vielzahl an Variationen zwei Methoden beschrieben. Je nach Aufgabenstellung wird es unvermeidlich sein, aus den bebrüteten Flüssigkulturen sogenannte Subkulturen auf festen Nährböden anzulegen, um bspw. Koloniemorphologien erkennen bzw. biochemische Identifikationsverfahren durchführen zu können.

2.9.2.1
Durchführung der 9-Röhrchen-Technik (Abb. 2.30.)

Unter sterilen Bedingungen werden Kulturröhrchen mit je 9 ml eines Nähr- bzw. Selektivmediums[2] gefüllt. In drei Röhrchen (Serie 1) wird 1 ml einer Probeverdünnung (= 0,1 g bzw. ml Probematerial) zugesetzt und durchgemischt.

Von jedem dieser 3 Röhrchen wird 1 ml der Mischung (= 0,01g bzw.ml Probematerial) in drei weitere, ebenfalls Bouillon enthaltende Röhrchen (Serie 2) überpipettiert und durchgemischt.

In gleicher Weise werden wiederum 3 Röhrchen (Serie 3) beimpft (= 0,001 g bzw. ml Probematerial). Beim Anlegen der Verdünnungen muß so weit gegangen werden, daß die höchste Verdünnungsstufe „steril" ist. Eine unbeimpfte Serie (Serie n+1) dient als Kontrolle.

Beabsichtigt man, die Probemenge der 1. Serie anstatt mit 0,1 g bzw. ml Probematerial mit 1 g bzw. ml beginnen zu lassen, so bestehen dazu zwei Möglichkeiten.

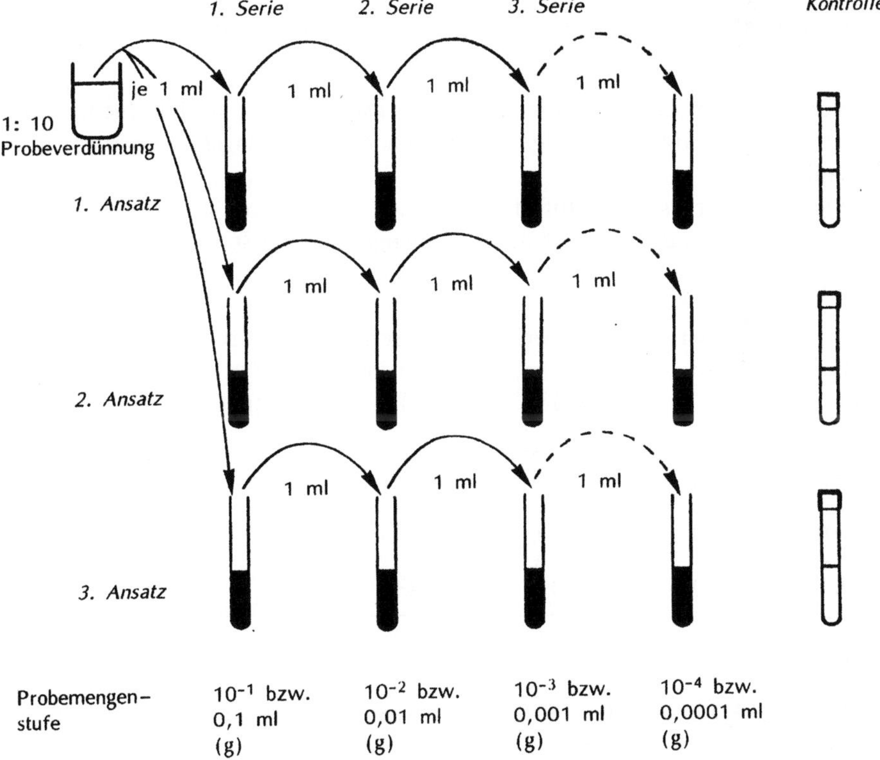

Abb. 2.30. Vorbereitung zur MPN-Bestimmung

---

[2] z.B. Brillantgrün-Galle-Laktose-(BRILA) Bouillon für E. coli-Nachweis (vgl. auch 2.15.11.5 und 2.15.11.6)

Entweder wiegt bzw. mißt man 1 g bzw. 1 ml der Lebensmittelprobe in die Kulturröhrchen der 1. Serie und verdünnt gemäß Schema (Abb. 2.30.) weiter oder aber man geht von der 1:10 Probeverdünnung aus. Dazu nimmt man davon 10 ml und überführt in 10 ml doppelt konzentriertes Nähr- oder Selektivmedium. Die 2. Serie wird dann normal behandelt, also mit 1 ml aus der 1:10 Verdünnung in 9 ml einfach konzentriertes Nähr- bzw. Selektivmedium.

Nach der Bebrütung wird die Serie ausgewertet, bei denen alle Röhrchen positiv sind, und die nächst höheren zwei Verdünnungen. Die Ergebnisse werden nun so registriert, daß man die Anzahl der positiven Parallelröhrchen bei jedem Verdünnungsansatz feststellt; diese Auswertung führt zur Stichzahl (s. dazu Beispiel a und b).

Beispiel:	Verdünnung :	10^{-1}	10^{-2}	10^{-3}
	positive Röhrchen :	3	1	0
	Stichzahl :	310		
	MPN pro Gramm :	43		

Wenn mehr als drei Probemengenstufen angesetzt wurden, sind folgende zwei Regeln zu beachten:

a) Wenn in mehr als einer Stufe sämtliche Ansätze positiv sind, wähle man den Satz von drei aufeinanderfolgenden Stufen, der die geringste Probemenge einschließt.

b) Wenn in mehr als einer Stufe alle Röhrchen negativ sind, wähle man den Satz von drei Stufen, der die höchste Probemenge einschließt.

Beispiel für die Regel a

Probemengestufe	1. Serie 1 ml (g)	2. Serie 0,1 ml (g)	3. Serie 0,01 ml (g)	4. Serie 0,001 ml (g)
1. Ansatz	(+)	(+)	(–)	(–)
2. Ansatz	(+)	(+)	(+)	(–)
3. Ansatz	(+)	(+)	(+)	(+)
Stichzahl		3	2	1

Die Stichzahl 321 besagt, daß 150 Keime pro Gramm Lebensmittel vorhanden sind. Da die MPN aus den Verdünnungen 10^{-1}, 10^{-2} und 10^{-3} ermittelt wurde (Stichzahl 321) (Tab. 2.4.) ist der Tabellenwert mit dem Faktor 10 zu multiplizieren.

Beispiel für die Regel b

Probemen- gestufe	1. Serie 1 ml (g)	2. Serie 0,1 ml (g)	3. Serie 0,01 ml (g)	4. Serie 0,001 ml (g)
1. Ansatz	(+)	(-)	(-)	(-)
2. Ansatz	(+)	(+)	(-)	(-)
3. Ansatz	(+)	(+)	(-)	(-)
Stichzahl	3	2	0	

Die Stichzahl 320 besagt, daß 9 Keime pro Gramm Lebensmittel vorhanden sind.

2.9.2.2
Durchführung der Methode nach Hess et al. (1969)

Diese Methode zeichnet sich dadurch aus, daß von einem Homogenisat ausgehend stets die gleiche Menge in 10 Röhrchen – jedes mit 9 ml eines geeigneten Nähr- bzw. Selektivmediums beschickt – überführt wird (Abb. 2.31.).

Je nach zu erwartender Keimzahl bzw. Überprüfung einer limitierten Keimzahlgrenze wird man von einer 1 : 10 bzw. 1 : 100 Verdünnung der zu untersuchenden Probe ausgehen.

Die Bebrütung – Dauer und Temperatur richten sich nach den nachzuweisenden Mikroorganismen – erfolgt im Brutschrank oder Wasserbad. Auf Grund der bewachsenen Röhrchen wird die wahrscheinlichste Keimzahl mit Hilfe der Tab. 2.5. ermittelt.

Wie bereits einleitend erwähnt, können von allen bebrüteten Röhrchen Subkulturen angelegt werden. Außer zu weiteren Identifikationsverfahren ist dieses Anlegen dann vorteilhaft bzw. unumgänglich, wenn das zu untersuchende Produkt zu einer Trübung des Nähr- bzw. Selektivmediums führt.

2.9.3
Rekontaminationstiter

Pasteurisierte Molkereiprodukte wie Frischmilch, Schlagsahne und ähnliche Erzeugnisse enthalten neben Rohmilchkeimen, welche die Erhitzung überleben, häufig auch Bakterien, die nach dem Erhitzungsvorgang in das Produkt gelangt sind.

Tabelle 2.4. MPN-Auswertungstabelle – drei Parallel-Ansätze[a]

| MPN/g (ml) | | | | | Vertrauensbereich-Grenzen 95% | |
| 3 x 1 | 3 x 0,1 | 3 x 0,01 | | | | |
Strichzahl				MPN	untere	obere
0	0	0	<	0,30	0,00	0,94
0	0	1		0,30	0,01	0,95
0	1	0		0,30	0,01	1,00
0	1	1		0,61	0,12	1,70
0	2	0		0,62	0,12	1,70
0	3	0		0,94	0,35	3,50
1	0	0		0,36	0,02	1,70
1	0	1		0,72	0,12	1,70
1	0	2		1,1	0,4	3,5
1	1	0		0,74	0,13	2,00
1	1	1		1,1	0,4	3,5
1	2	0		1,1	0,4	3,5
1	2	1		1,5	0,5	3,8
1	3	0		1,6	0,5	3,8
2	0	0		0,92	0,15	3,50
2	0	1		1,4	0,4	3,5
2	0	2		4,0	0,5	3,8
2	1	0		1,5	0,4	3,8
2	1	1		2,0	0,5	3,8
2	1	2		2,7	0,9	9,4
2	2	0		2,1	0,5	4,0
2	2	1		2,8	0,9	9,4
2	2	2		3,5	0,9	9,4
2	3	0		2,9	0,9	9,4
2	3	1		3,6	0,9	9,4
3	0	0		2,3	0,5	9,4
3	0	1		3,8	0,9	10,4
3	0	2		6,4	1,6	18,1
3	1	0		4,3	0,9	18,1
3	1	1		7,5	1,7	19,9
3	1	2		12	3	36
3	1	3		16	3	38
3	2	0		9,3	1,8	36
3	2	1		15	3	38
3	2	2		21	3	40
3	2	3		29	9	99
3	3	0		24	4	99
3	3	1		46	9	198
3	3	2		110	20	400
3	3	3	>	110		

[a] De Man JC (1983) MPN tables, corrected. Eur J Appl Microboil Biotechnol 17:301-305.

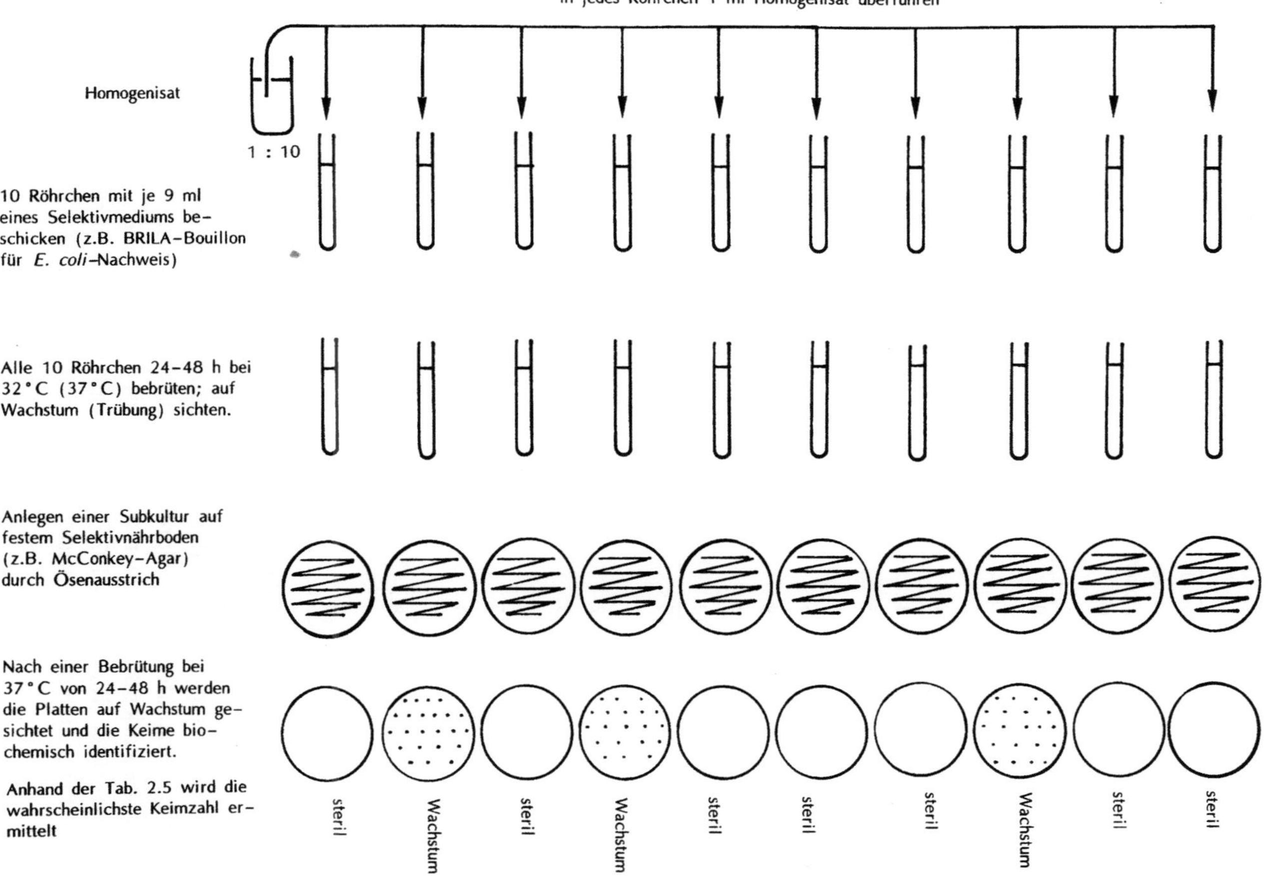

Abb. 2.31. MPN-Technik nach Hess et al. mit Subkultivierung

Tabelle 2.5. Theoretische Berechnung der Keimzahl in flüssigen Medien nach einer 1:10 bzw. 1:100 Verdünnung[a]

Verdün-nungsrate	Anzahl der Röhrchen	Anzahl *steriler* Röhrchen	errechneter Mittelwert	obere 95% Grenze	Standard-abweichung $(\sqrt{V[m]})$
(Z) Strichzahl	(n)	(r)	(m) MPN	(C) untere	obere
		0	> 23	> 39	–
		1	23	39	9,5
		2	16	26	6,3
		3	12	20	4,8
		4	9	16	3,9
1 : 10	10	5	7	12	3,2
		6	5	9	2,6
		7	4	7	2,1
		8	2	5	1,6
		9	1	3	1,1
		10	< 1	< 3	–
		0	> 230	> 386	–
		1	230	386	94,9
		2	161	265	63,2
		3	120	200	48,3
		4	92	155	38,7
1 : 100	10	5	69	121	31,6
		6	51	94	25,8
		7	36	70	20,7
		8	22	48	15,8
		9	11	28	10,5
		10	< 11	< 28	–

[a] aus: Hess et al. (1969) Control of low-level microbial contamination of drug preparation. Pharm Acta Helv 44:174-191.

Die Reinfektionskeime sind in der Regel psychrotolerant und somit für die Haltbarkeit der genannten Molkereiprodukte entscheidend. Interessiert nicht nur ob, sondern wie stark rekontaminiert wurde, liefert der sog. Weihenstephaner Rekontaminationstiter (Kleeberger 1976) bei hoher Empfindlichkeit rasch, einfach und preiswert eine zuverlässige Aussage. Die Nachweisgrenze liegt bei ca. 4 Keimen/ 100 ml.

2.9.3.1
Durchführung (Abb. 2.32.)

Die zu untersuchende Probe wird steril, je 3 x 10 ml, 1 ml und 0,1 ml in Kulturröhrchen überführt. Dieser Ansatz wird für 24 h bei 22 °C bzw. bei Raumtemperatur inkubiert.

Je Untersuchungsansatz sind 3 mit VRB-(Kristallviolett-Neutralrot-Galle) Agar[3] ausgegossene Petrischalen vorzutrocknen und mittels unlöslichem Filzstift auf der Unterseite in drei gleiche Sektoren zu unterteilen.

Nach der 24-stündigen Anreicherung wird aus jedem Kulturröhrchen mit einer Impföse etwa 0,001 ml entnommen und je Sektor ein Ausstrich angelegt.

Die beimpften Platten werden ebenfalls für 24 h bei 22 °C bzw. Raumtemperatur bebrütet, dann ausgewertet. Bei etwas Erfahrung kann bereits nach 12 h eine orientierende Auswertung vorgenommen werden. Ausstriche mit deutlich sichtbarem Bakterienwuchs sind – unabhängig von der Koloniezahl – als positiv zu werten.

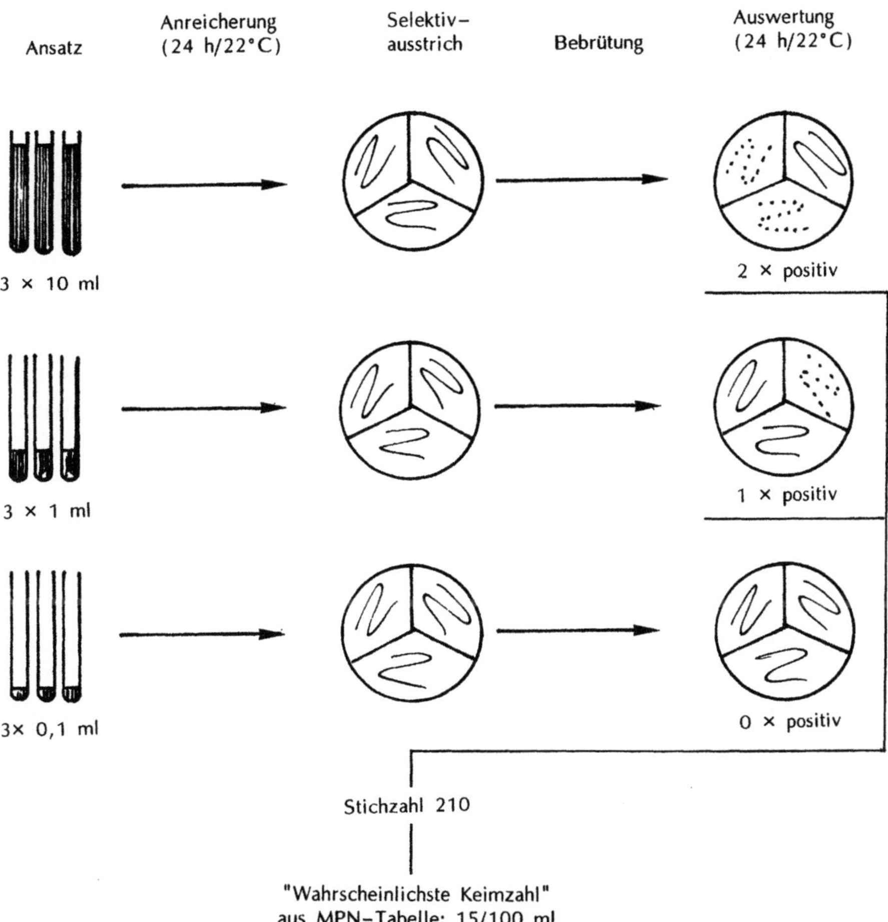

Abb. 2.32. Weihenstephaner Rekontaminationstiter (Selektivvagar: VRB-(Kristallviolett-Neutralrot-Galle)

---

[3] Eine Mischung des Nährbodens (1/3 VRB- und 2/3 Plate Count-Agar) ist nicht erforderlich (Busse 1985, pers. Mitt.)

Tabelle 2.6. Bewertungsschema für den Rekontaminationstiter (past. Milch und Sahne)

Beurteilung	Keimzahl
erstklassig	weniger als 1 Keim/100 ml
gut	1-10 Keime/100 ml
akzeptabel	10-100 Keime/100 ml
gefährdet	> 100 Keime/100 ml

2.9.3.2
Ermittlung der Keimzahl

Die Zahl der Reinfektionskeime wird über die MPN-Tabelle (Tab. 2.4.) ermittelt.
Im genannten Beispiel (Abb. 2.28.) sind folgende Auswertungen festzuhalten:

2 positive Ergebnisse	beim 10 ml Ansatz
1 positives Ergebnis	beim 1 ml Ansatz
0 positive Ergebnisse	beim 0,1 ml Ansatz

Die Stichzahl 210 wird in der Tab. 2.4. aufgesucht. Dabei ist darauf zu achten, daß sich die abgelesene Keimzahl auf den 10 ml Ansatz bezieht. Für das Beispiel ergibt sich der Wert 1,5 Keime/10 ml. Wegen der kleinen Zahlenwerte ist es stets zweckmäßig, das Ergebnis auf 100 ml Milch zu beziehen, d.h. mit dem Faktor 10 zu multiplizieren; somit ergibt sich die wahrscheinlichste Keimzahl von 15/100 ml Milch (Bewertung, siehe Tab. 2.6.).

2.10
Färbeverfahren

Mikroorganismen, vor allem Bakterien, sind im Nativpräparat unter dem Mikroskop oft schlecht erkennbar. Um Mikroorganismen besser sichtbar zu machen, bedient man sich diverser Färbeverfahren. Färbungen beruhen auf der Speicherung von Farbstoffen[4] in bzw. auf der Zellwand von Organismen, d.h., der Farbstoff in der angefärbten Zelle liegt in wesentlich höherer Konzentration als im umgebenden Medium vor.

Auch zur Diagnostizierung von Bakterien finden Färbungen Anwendung. Die Gramfärbung (Christian Gram, dän. Bakteriologe, der zur Zeit von Robert Koch lebte) ist eine der wichtigsten Diagnosereaktionen für Bakterien. Dieses Färbeverfahren beruht auf unterschiedlichen bakteriellen Zellwandstrukturen.

---

[4] Rezepturen für Farbstofflösungen im Anhang

2.10.1
Vitalfärbung - Färbung von Nativpräparaten

Bei der Vitalfärbung werden Zellen von Mikroorganismen aus einer Flüssigkeitskultur in eine Färbelösung gebracht, oder man mischt auf einem Objektträger einen Tropfen der Mikroorganismensuspension mit einem Tropfen einer Färbelösung.

Die Zellen speichern den Farbstoff und erscheinen dadurch im mikroskopischen Bild angefärbt. Vielfach tritt eine Farbwirkung nur bei geschädigten oder abgestorbenen Zellen auf. Manchmal kann man so lebende und tote Zellen voneinander unterscheiden.

Als Farblösungen können Methylenblau- oder Erythrosinlösungen verwendet werden.

2.10.2
Intensivfärbung - Färbung von Ausstrichpräparaten

Für die intensive Anfärbung von Mikroorganismen werden fixierte Ausstrichpräparate verwendet, lebende Zellen werden bei dieser Präparation abgetötet.

2.10.2.1
Herstellung von Ausstrichpräparaten (Abb. 2.33.)

Objektträger werden in Chromschwefelsäure oder mit Spül- und Reinigungsmittel entfettet, danach mit Leitungswasser, dest. Wasser und Ethanol sorgfältig gespült und anschließend getrocknet.

Auf den so gereinigten Objektträger bringt man einen Tropfen der zu untersuchenden Mikroorganismensuspension und streicht ihn mit der Impföse oder mit der Kante eines zweiten Objektträgers zu einem dünnen, gleichmäßigen Film aus. Stammt die zu untersuchende Kolonie von einem festen Nähragarboden, so ist diese zuvor mit physiologischer NaCl-Lösung oder sterilem dest. Wasser zu einer Suspension zu verreiben. Dabei ist zu beachten, daß nur äußerst wenig Koloniematerial verwendet wird.

Den Ausstrich läßt man zunächst an der Luft trocknen. Vor der eigentlichen Färbung muß der Ausstrich fixiert werden, d.h. die Mikroorganismen müssen auf dem Objektträger fest haften. Für die meisten Ausstrichfärbungen wird eine Hitzefixierung angewendet. Dazu wird das lufttrockene Ausstrichpräparat mit der Schichtseite nach oben dreimal durch die Bunsenbrennerflamme gezogen. Das so fixierte Präparat kann nun gefärbt werden.

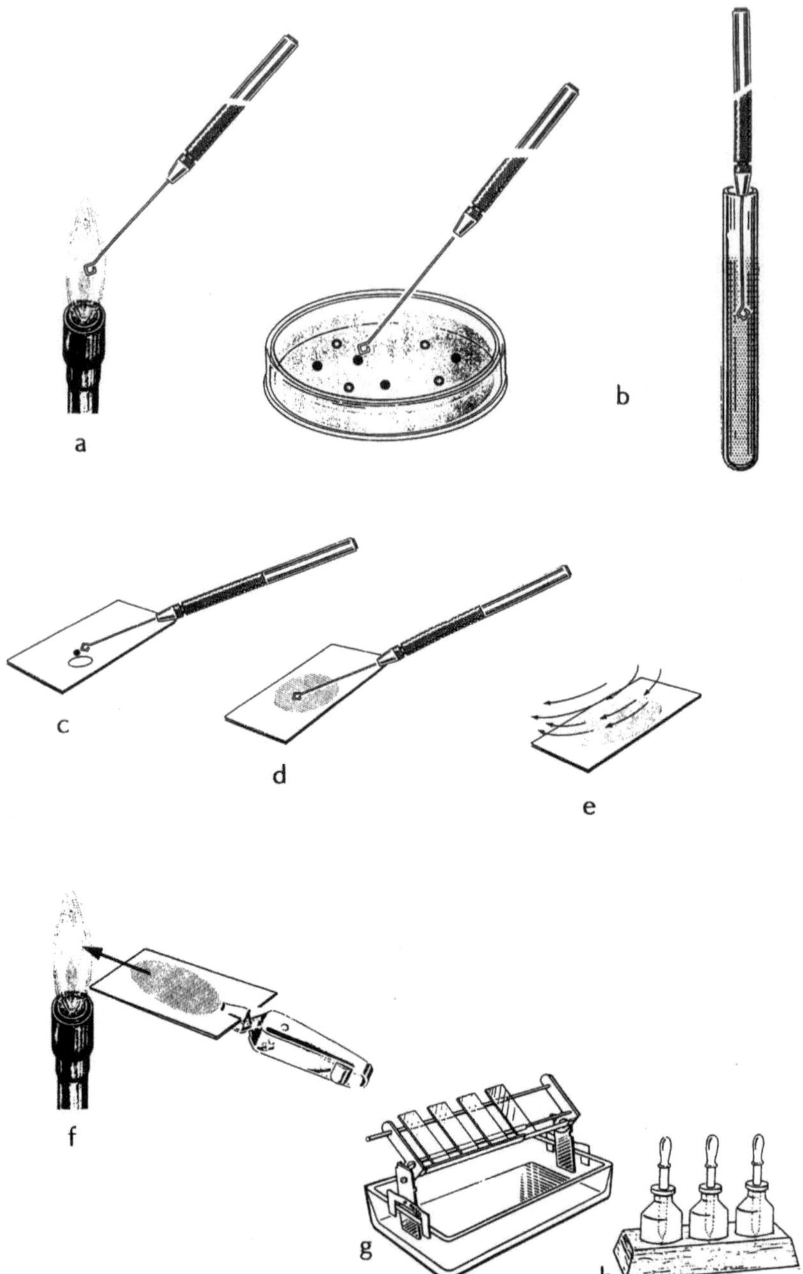

Abb. 2.33 a-h. Herstellung von Ausstrichpräparaten. **a** Ausglühen der Impföse; **b** Aufnehmen einer Kolonie vom Nährboden oder Öse in der Flüssigkultur benetzen; **c** Wird die Kolonie von der Agarplatte aufgenommen, wird diese zunächst mit sterilfiltriertem Wasser verrieben; **d** Anfertigung eines dünnen Ausstrichs; **e** Ausstrich lufttrocknen; **f** Ausstrich hitzefixieren; **g** Objektträger mit hitzefixiertem Ausstrich auf dem Färbebänkchen zur Färbung vorbereitet; **h** Block mit Färbelösungen

2.10.2.2
Einfache Färbung

Die einfache Färbung dient der deutlichen Sichtbarmachung von Zellformen und Zellanordnungen. Die Zellen werden in ihrer Gesamtheit mehr oder weniger einheitlich angefärbt.

Durchführung

a) Der fxierte Ausstrich wird mit einer Farblösung, z.B. Löfflers Methylenblau 1–3 min oder Ziehl-Neelsens Carbol-Fuchsin 3 s, überschichtet.
b) Anschließend wird der Ausstrich mit einem indirekten Wasserstrahl aus der Spritzflasche vorsichtig gespült.
c) Objektträger mit Ausstrich an der Luft oder vorsichtig zwischen Filterpapier trocknen.
d) Der gefärbte und getrocknete Ausstrich kann jetzt (ohne Deckglas) mit dem Ölimmersionsobjektiv mikroskopiert werden.

2.10.3
Sporenfärbung

Bakteriensporen und Ascosporen von Hefen lassen sich mit einer einfachen Färbung nur schwer oder gar nicht anfärben. Deshalb wendet man zu ihrer Darstellung spezielle Färbeverfahren an.

Stellvertretend für diverse Färbeverfahren sind die Malachit-Safranin- und die Carbolfuchsin-Methylenblau-Sporenfärbung beschrieben.

2.10.3.1
Malachit-Safranin-Sporenfärbung. (Nach Shimwell)

Durchführung

a) Überschichten des fixierten Ausstrichs mit Malachitgrün-Lösung. Den Objektträger über kleinste Flamme des Bunsenbrenners bis zur Dampfbildung für ca. 5 min erwärmen.
b) Ausstrich mit dest. Wasser (Spritzflasche) spülen.
c) Ausstrich mit Ethanol überschichten und kurz einwirken lassen.
d) Erneutes Spülen mit dest. Wasser.
e) Gegenfärben mit Safranin-Lösung, ca. 5 min einwirken lassen.
f) Mit dest. Wasser spülen.
g) Objektträger mit dem Präparat trocknen und mikroskopieren.

Die Sporen erscheinen grün, die übrigen Zellen rot.

2.10.3.2
Carbolfuchsin-Methylenblau-Sporenfärbung. (Nach Klein)

Durchführung

a) Überschichten des fixierten Ausstrichs mit Ziehl-Neelsens Carbol-Fuchsin. Das Präparat über kleinster Flamme des Bunsenbrenners bis zur Blasenbildung erhitzen. Farbstoff 2 min einwirken lassen.
b) Ausstrich mit dest. Wasser spülen.
c) Entfärbung des Präparates mit Natriumsulfitlösung für ca. 1 min.
d) Erneutes Spülen mit dest. Wasser.
e) Gegenfärbung mit Methylenblau-Lösung für ca. 1 min.
f) Mit dest. Wasser spülen.
g) Präparat auf dem Objektträger trocknen und mikroskopieren.

Die Sporen erscheinen rot, die übrigen Zellen blau.

2.10.4
Gramfärbung (Abb. 2.35.)

Die Unterteilung der Bakterien in grampositive und gramnegative ist ein bedeutendes Merkmal in der Bakteriensystematik.

Grampositive und gramnegative Bakterien unterscheiden sich, wie bereits erwähnt, auf Grund ihrer Zellwandstruktur. Dieser Unterschied läßt sich durch einen Triphenylmethan-Farbstoff, Beizung mit Jod und anschließender Ethanolbehandlung deutlich machen. Bei grampositiven Bakterien wird der Farbstoff-Jod-Komplex in der Zellwand festgehalten, bei gramnegativen Bakterien erfolgt dagegen eine Auswaschung durch Ethanol.

Der Reaktionsmechanismus dieses Verfahrens ist bis heute noch nicht eindeutig geklärt.

Die Gramfärbung ist bei vielen Bakterien nur an jungen, in der exponentiellen Wachstumsphase befindlichen Kulturen und unter genauer Einhaltung der Färbevorschrift eindeutig reproduzierbar. Es empfiehlt sich, für die Diagnostizierung unbekannter Bakterien, zur Kontrolle des Färbeverfahrens je eine bekannte grampositive und gramnegative Kultur mitzubehandeln (Abb. 2.34.)

Grampositive Bakterien erscheinen dunkelblau-violett, gramnegative Bakterien erscheinen rot.

Abb. 2.34. Objektträger mit einem gram(+) und gram(–)- Organismenstamm sowie einem unbekannten Präparat

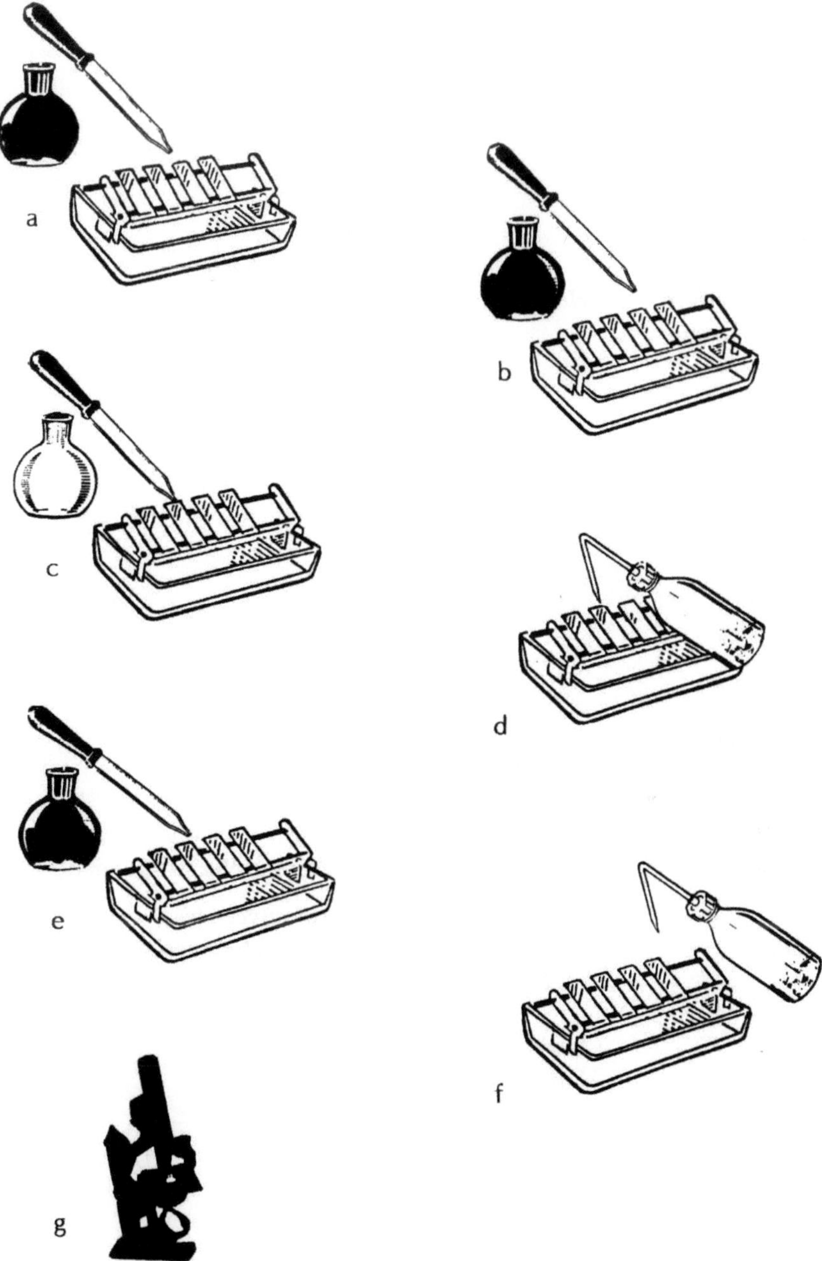

Abb. 2.35 a–g. Darstellung zur Durchführung einer Gram-Färbung. **a** Hitzefixierte Ausstriche mit Carbolgentianaviolett-Lösung überschichten (Einwirkzeit ca. 2 min.); **b** Lugolsche Lösung auftropfen, abgießen, erneut auftropfen (Einwirkzeit ca. 2 min); **c** Entfärben durch 95%igen Ethanol, bis keine Farbwolken mehr entweichen; **d** mit dest. Wasser spülen; **e** Gegenfärbung mit Fuchsin-Lösung (ca. 15-30 s); **f** Erneutes Spülen mit dest. Wasser; **g** Objektträger mit Präparat trocknen und ohne Deckglas mit Ölimmersionsobjektiv mikroskopieren.

2.10.4.1
Gramnegative Bakterien

rot gefärbt

Stäbchen	Kokken	Vibrionen-Spirillen
Pseudomonadaceae		*Vibrio*
Pseudomonas		*Spirillum*
Halobacteriaceae		*Campylobacter*
Halobacterium	*Halococcus*	
Enterobacteriaceae		
Escherichia		
Citrobacter		
Salmonella		
Shigella		
Klebsiella		
Enterobacter		
Serratia		
Proteus		
Erwinia		
Yersinia		

2.10.4.2
Grampositive Mikroorganismen

blau-violett gefärbt

Stäbchen	Kokken	Fäden mit Verzweigungen
Bacillus	Micrococcaceae[5]	Actinomycetales
Clostridium	*Micrococcus*	*Actinomyces*
	Staphylococcus	*Nocordia*
Lactobacillus		*Streptomyces*
Listeria	*Streptococcus*	
	Enterococcus	Pilze
Corynebacterium	*Leuconostoc*	

2.10.4.3
Kristallviolett-Safranin-Gramfärbung (modifiziert nach Hucker)

Durchführung

a) Überschichten des hitzefixierten Ausstrichs mit Kristallviolett-Lösung; 1 min
   einwirken lassen.

---

[5] Einige Arten sind gramlabil

b) Lugolsche Lösung auftropfen, abgießen, erneut auftropfen und 1 min einwirken lassen.

c) Entfärben mit 90%igem Ethanol, bis keine Farbwolken mehr entweichen.

d) Gegenfärbung mit Safranin-Lösung, 20 Sekunden.

e) Mit dest. Wasser (Spritzflasche) spülen.

f) Objektträger mit Ausstrich trocknen und wie beschrieben mikroskopieren.

2.10.5
Lipidkörperfärbung

Die Färbemethode nach Holbrook und Anderson (1980) kombiniert die Sporenfärbung von Ashby (1938) und die interzelluläre Lipidfärbung von Burdon (1946). Diese Färbung kann für die weitere Identifikation von *B. cereus* angewandt werden (s.a. Kap. 2.15.19.1).

Durchführung

a) Von dem Zentrum einer 1 Tag alten Kolonie oder vom Rand einer 2tägigen Kolonie werden Objektträgerpräparate hergestellt.

b) Die Präparate lufttrocknen lassen und durch leichte Flamme hitzefixieren.

c) Den Objektträger über kochendes Wasser halten und mit einer 5%igen (Gewichtsvolumen) Malachitgrün-Lösung überschwemmen.

d) Nach 2 min Einwirkzeit mit dest. Wasser spülen und den Objektträger mit Löschpapier trocknen.

e) Mit einer 0,3%igen (Gewichtsvolumen) Sudanschwarz-Lösung in 70%igem Ethanol 15 min färben.

f) Den Objektträger mit Xylol 5 s waschen und anschließend mit Löschpapier trocknen.

g) Mit 0,5%iger (Gewichtsvolumen) Safranin-Lösung 20 s lang gegenfärben.

h) Waschen und unter dem Mikroskop (1000-1500fache Vergrößerung) beurteilen.

Beurteilung
Lipidkorper: schwarz
Sporen: blaßgrün
Cytoplasma: rot

2.10.6
Färbebank

Alle Färbungen erfolgen auf einem Färbebänkchen, welches in einer flachen Glaswanne steht. Auf diesem Färbebänkchen finden, je nach Größe, zwischen 10 und 20 Objektträger Platz. Das Färbebänkchen besitzt eine Klappvorrichtung, dadurch ist eine Überschichtung und das anschließende Spülen problemlos. Die überschüssigen Lösungen werden in der flachen Glaswanne aufgefangen.

2.10.7
Farbstofflösungen

Die Rezepturen für Farbstoff- und Reagenzlösungen der genannten Färbemethoden sind im Anhang aufgeführt.

2.11
Betriebshygiene, Bedarfsgegenstände, Keimzahlbestimmungen von Oberflächen, Behältnissen und Luft

Der bakteriologische Status eines Nahrungsmittels wird von Art und Menge der Keime mitbestimmt, mit denen es während der Herstellung kontaminiert wird.

Eine mikrobiologische Kontrolle aller Oberflächen, mit denen Lebensmittel bei der Ver- und Bearbeitung, Verpackung und Transport in Berührung kommen, ist unerläßlich. Neben Maschinen und Geräten sollten auch Finger und Handflächen, Türklinken usw. einer Stufenkontrolle unterzogen werden. Reinigung und Desinfektion haben sich an den Ergebnissen der bakteriologischen Betriebskontrolle zu orientieren.

Die Keimzahlbestimmungen von Oberflächen werden auch direkt an Lebensmitteln, vor allem an Rohwaren, durchgeführt. Pflanzliche und tierische Gewebe sind im Inneren keimfrei oder keimarm, wähend die Oberfläche meist starke bakteriologische Kontaminationen aufweist. Dadurch kommen bei der Be- und Verarbeitung sowohl Keime an das Arbeitsgerät als auch in das herzustellende Produkt.

Die auf Oberflächen von Bearbeitungsmaschinen, Gerätschaften, Behältnissen für den Transport oder die Lagerung auf Tischen usw. wie auch auf Lebensmitteloberflächen befindlichen Keime können durch Abklatsch-, Abstrich- oder Abschwemmverfahren erfaßt werden.

Mit den nachstehend beschriebenen Techniken ist es möglich, Aussagen sowohl über Keimarten als auch Keimzahlen zu treffen. Bei Abklatsch-, Abstrich- sowie Abschwemmverfahren bezieht sich die gefundene Keimzahl auf eine untersuchte Fläche bestimmter Größe. Die Keimzahl wird in Menge pro Quadratzentimeter (cm^2) angegeben.

2.11.1
Abklatschverfahren

Die nachstehend beschriebenen Methoden[6] eignen sich gut zur Untersuchung der Keimgehalte auf trockenen, glatten Flächen ohne übersteigerte Wölbungen und ohne sog. Rauhtiefen, wie bspw. Tische, Fliesen, Schneiden etc., dabei wird eine Agarnährbodenfläche auf die zu untersuchende Oberfläche gedrückt. Zu starkes Andrücken muß wegen einer möglichen Rißbildung im Agar vermieden werden.

---

[6] s.a. Eintauch- und Kontaktobjektträger (AlPC-Slides)

Die Keime der Untersuchungsfläche bleiben weitgehend auf dem Nährboden haften. Anschließend wird der Nährboden im Brutschrank bebrütet. Die abgeklatschten Mikroorganismen entwickeln sich während der Inkubation zu Kolonien, diese lassen sich dann zählen und auswerten.

Werden hohe Keimgehalte auf der abzuklatschenden Oberfläche vermutet – bei zu hoher Kontamination ist eine Zählung nicht mehr möglich – kann folgendermaßen vorgegangen werden:

Von einer definierten Abklatschfläche oder unter sterilen Bedingungen ausgestanzten Teilfläche wird eine dezimale Verdünnungsreihe angelegt. Aus der Verdünnungsreihe wird die Keimzahl nach dem Koloniezählverfahren (Plattenguß-, Oberflächenspatel-, Tropfverfahren; s. Kap. 2.4.5.1–2.4.5.3) bestimmt und unter Berücksichtigung der zugrunde gelegten Fläche (Keime/cm^2) berechnet.

2.11.1.1
Rodac-Platten – Agaroid-Stangen

RODAC-(*Replicate Organism Detection And Counting*) Schalen, z.B. von Becton Dickinson (Art. Nr. 1034), erleichtern die Durchführung von Oberflächenuntersuchungen. Fast jede Oberfläche kann damit auf Gesamt- oder spezifische Kontaminationen hin untersucht werden. Die Schale ist so konstruiert, daß Dank ihrer besonderen Form eine überstehende, konvexe Nährbodenfläche zur Verfügung steht, die mit der zu untersuchenden Umgebung in Berührung gebracht wird. Der Deckel sitzt so auf der Schale, daß die Agarschicht nicht gedrückt wird und ein genügender Luftraum zur Verfügung steht. Ein Gitternetz auf der Unterseite erleichtert die spätere Auszählung.

Agaroid-Stangen nach ten Cate (1963) eignen sich ebenfalls zur Untersuchung glatter Oberflächen. Der Agarnährboden ist von einem Kunststoffschlauch umschlossen und die Enden sind „wurstähnlich" verknotet. Dadurch entstehen Stangen mit einem definierten Querschnitt.

Für den Abklatsch wird die Außenhülle der Agaroid-Stange zunächst desinfiziert. Mit einem sterilen Skalpell wird ein Ende der Stange glatt abgeschnitten und durch leichten Druck am geschlossenen Ende der Nährboden ca. 1 cm aus der Hülle gedrückt. Nach erfolgtem Abdruck der zu untersuchenden Fläche wird eine ca. 3 mm starke Scheibe abgeschnitten, diese mit der Abklatschseite nach oben liegend in eine Petrischale überführt und dann bebrütet.

Für den normalen Abklatsch eignen sich Caseinpepton-Sojamehlpepton- und Sabouraud-Glukose-Agar. Die Wahl des Nährbodens richtet sich nach dem Untersuchungsziel.

2.11.2
Abstrichverfahren

Oberflächen, die sich an schlecht zugänglichen Stellen befinden, können durch Abstreichen mit einem Wattetupfer auf ihren Keimgehalt hin überprüft werden. Die

Untersuchungsergebnisse sind in quantitativer Hinsicht sehr ungenau; es lassen sich jedoch mit dieser Methode brauchbare Relativwerte erzielen.

Der Abstrich erfolgt mit einem sterilen Wattetupfer. Der am Tupfer haftende Oberflächen-Keimgehalt wird in einer physiologischen NaCl- oder 1/4 starken Ringerlösung suspendiert. Die so abgeschwemmten Mikroorganismen werden auf Agarnährböden oder durch Membranfilterverfahren (s. Kap. 2.8) kultiviert und die Kolonien ausgezählt.

Durchführung

a) Watte wird um ein Holzstäbchen gewickelt, dieses Holzstäbchen an einem Zellstopfen befestigt und anschließend auf ein Reagenzglas gesetzt. Diese Einheit wird autoklaviert (Abb. 2.36.)
b) Herstellung einer sterilen, physiologischen NaCl- bzw. Ringerlösung.
c) Mit dem sterilen, in physiologischer NaCl- bzw. Ringerlösung angefeuchteten Tupfer wird die Untersuchungsfläche abgestrichen.
d) Nach dem Abstrich wird der Tupfer aseptisch in das Reagenzglas mit der physiologischen NaCl- bzw. Ringerlösung eingebracht und das Glas geschüttelt.
e) Anschließend wird der Keimgehalt in der Flüssigkeit ermittelt.

Die kontaminierte Flüssigkeit wird auf die zu prüfenden Keime hin untersucht. Man bedient sich der Plattenkultivierungs-Verfahren und verwendet auf die Keime abgestimmte Nährböden. Sind geringe Keimzahlen zu erwarten, ist dem Membranfiltrationsverfahren der Vorzug zu geben.

Eine weitere Möglichkeit des qualitativen Indikator-Mikroorganismen-Nachweises besteht darin, daß ein vorbereitetes oder über den Fachhandel erworbenes, steriles Tupferröhrchen mit ca. 3 ml einer sterilen Nährbouillon, beispielsweise Caseinpepton-Sojamehlpepton-Bouillon, gefüllt wird. Mit dem feuchten Wattetupfer wird eine definierte Fläche abgestrichen und dieser Abstrich wie folgt weiterbehandelt (Abb. 2.37.):

Abb. 2.36. Abstrichtupfer; *1* Zellstoffstopfen; *2* Holzstäbchen; *3* Wattetupfer

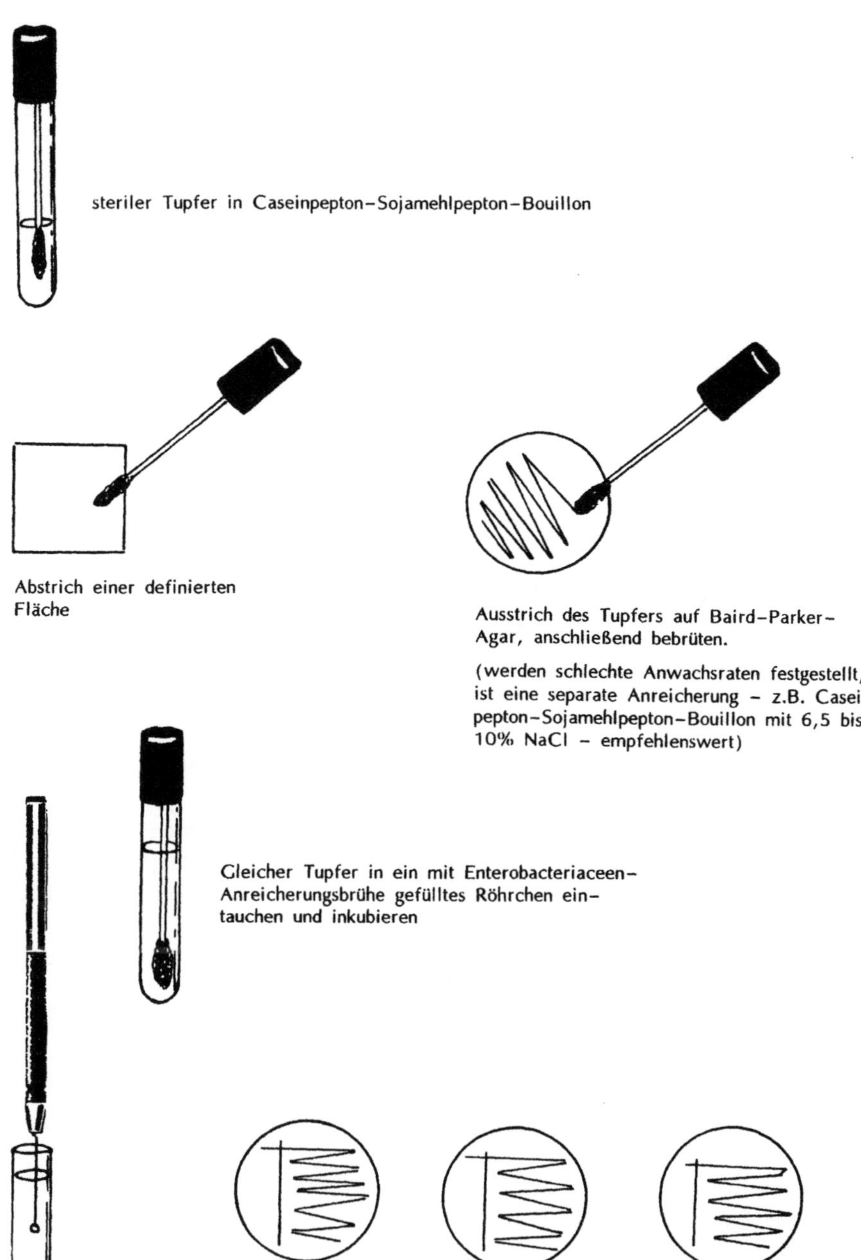

Abb. 2.37. Qualitativer Indikator-Mikroorganismen-Nachweis

- Ausstreichen des Tupfers auf Baird-Parker-Nährboden (Bebrütung des Nährbodens für 24–48 h bei 37 °C, Überprüfung verdächtig gewachsener *Staphylococcus aureus*-Kolonien mit Hilfe des Plasmokoagulase-Tests).
- Gleichen Tupfer anschließend in Reagenzglas, welches mit 9 ml Enterobacteriaceen-Anreicherungs-Brühe gefüllt ist, eintauchen und während 24–48 h bei 37° C inkubieren.
- Von dieser Anreicherung fraktionierte Ausstriche auf Selektivnährböden anfertigen.
  Als Selektivnährböden werden
  - Kristallviolett-Neutralrot-Galle-Glukose-Agar
  - *Salmonella-Shigella*-Agar
  - Brillantgrün-Phenolrot-Laktose-Saccharose-Agar
  vorgeschlagen.

2.11.3
Abschwemmverfahren

Das Abschwemmverfahren eignet sich insbesondere für In-Pack-Promotion-Artikel (z.B. Spielzeug für Kinder), Portionierungslöffel etc., welche direkt mit dem Lebensmittel in Berührung kommen.

Durchführung

a) Vorbereiten eines Weithalskolbens mit 100 ml sterilem, gepuffertem Peptonwasser.
b) Bei kleinen Artikeln: 10 Stck. hinzufügen und Mikroorganismen ausschütteln. Bei größeren Artikeln: 1–2 Stck. hinzufügen, ausschütteln, aseptisch entnehmen; wiederum 1–2 Artikel demselben Peptonwasser hinzufügen, ausschütteln usw.
c) Das zur Spülung verwendete Peptonwasser wird für folgende Untersuchungen verwandt:
   - aerobe mesophile Gesamtkoloniezahl
     Plate Count- oder Standard-I-Agar, Inkubation 25–28 °C/3 Tage
   - *S. aureus*
     Baird-Parker- oder Vogel-Johnsen-Agar, Inkubation 35–37 °C/24–48 h
   - *P. aeruginosa*
     Cetrimid-Agar, Inkubation 35–37 °C/24–48 h
   - Enterobacteriaceen
     VRBD-Agar, Inkubation 37 °C/24–48 h
   - *E. coli*
     McConkey- oder Caseinpepton-Galle-Agar, Inkubation 44 °C/24–48 h

Das Abspülen von Keimen kann auch mit Hilfe eines Ultraschallbades erfolgen; dazu wird der Kolben mit dem Peptonwasser und den zu untersuchenden Artikeln für ca. 30 s in ein Ultraschallbad gestellt.

Beim Einsatz eines Ultraschallbades ist allerdings zu bedenken, daß die Ausbeute an koloniebildenden Einheiten höher ausfallen wird als beim normalen Ausschütteln. Die Ursache liegt im „Aufsprengen" von Zellverbänden.

Für den methodischen Nachweis der genannten Keime ist das Membranfilterverfahren vorteilhaft.

2.11.4
Überschichtungsverfahren

Folien, Papier, Pappen, Kunststoffeinsätze usw. können durch Abklatsch- oder Abstrichverfahren auf ihren Oberflächenkeimgehalt hin überprüft werden.

Als günstiger hat sich das Verfahren der vorsichtigen Überschichtung von Verpackungsmaterialien mit verflüssigten und temperierten Agarnährböden erwiesen.

Mit einer Schere, die durch Tauchen in Alkohol und anschließendes Abflammen sterilisiert wurde, werden 10 x 10 cm große Flächen des Verpackungsmaterials steril ausgeschnitten; auch besteht die Möglichkeit, mit abgeflammten Kreisschneidern entsprechende Probestücke auszuschneiden.

Diese ausgeschnittenen Flächen werden mit einer sterilen Pinzette in sterile Petrischalen ($\varnothing$ 140 mm) gelegt, welche zuvor mit einer dünnen Nährbodenschicht ausgegossen wurden.

Anschließend werden die Packmittelproben dünn (ca. 2 mm) mit verflüssigten, auf 40–45 °C temperierten, entsprechenden Agarnährböden (s. u.) überschichtet, die Petrischalen verschlossen und nach Verfestigen des Agars bebrütet.

Folgende Prüfungen sind vorzusehen:

- Aerobe, mesophile Koloniezahl
  Plate Count- oder Standard-I-Agar, Inkubation 30 °C/3 Tage
- Hefen und Schimmelpilze
  Sabouraud-1% Glukose-1% Maltose-Agar, Inkubation 25 °C/5Tage
- Enterobacteriaceen
  VRBD-Agar, Inkubation 37 °C/24 h
- Säuretolerante Organismen
  Orangenserum-Agar, Inkubation 30 °C/3–4 Tage

Die ermittelte Oberflächenkeimzahl wird in koloniebildende Einheiten per 100 cm² angegeben.

Für weitergehende Packmittelprüfungen wird auf den Literaturhinweis „Mikrobiologische Untersuchung von Packstoffen" im Anhang verwiesen.

2.11.5
Keimzahlbestimmung in Flaschen

Bei Verwendung einer modernen Flaschenreinigungsmaschine und sorgfältiger Wartung ist das Infektionsrisiko der Mehrweg-Glasflaschen sehr gering. Trotzdem bietet auch bei modernsten Anlagen die regelmäßige mikrobiologische Kontrolle aller Betriebsabläufe die einzige Sicherheit für mikrobiologisch einwandfreie Produkte.

In der Praxis der Betriebsüberwachung sind zwei Verfahren bekannt; die Rollflaschen- und Spülmethode.

2.11.5.1
Rollflaschen-Methode

Bei der Rollflaschen-Methode wird in die zu untersuchende Flasche flüssiger Agarnährboden eingefüllt, der durch Rollen der Flasche an deren Wandung und Boden gleichmäßig verteilt wird. Der flüssige Agarnährboden darf nicht wärmer als maximal 50 °C sein, da sonst die Keime eventuell abgetötet oder zumindest gehemmt würden.

Diese Methode ermöglicht eine genaue Fixierung der in der gereinigten Flasche zurückgebliebenen lebensfähigen Mikroorganismen.

Die in der Flasche befindlichen Keime wachsen während der Bebrütung zu sichtbaren Kolonien aus. Das Verfahren eignet sich jedoch nur für durchsichtige Glasbehältnisse. Auch sonst hat die Rollflaschen-Methode für die tägliche Routinekontrolle verschiedene gravierende Nachteile:

- Sie ist sehr umständlich und aufwendig, da jede Flasche zur Bebrütung in den Brutschrank eingebracht werden muß.
- Die Anzahl der zur Prüfung entnommenen Flaschen wird durch die Aufnahmekapazität des Brutschrankes bestimmt.

Durchführung

a) Die zu untersuchende Flasche wird sofort nach der Entnahme aus der Spülmaschine mit einem vorbereiteten sterilen Stopfen verschlossen.
b) Je nach Flaschengröße werden 7–10 ml verflüssigter Agarnährboden in die Flasche gefüllt. Der Stopfen wird dazu abgenommen und anschließend sofort wieder aufgesetzt.
c) Die waagrecht gehaltene Flasche wird gerollt und so bewegt, bis die gesamte Innenwandung mit dem Nährboden überzogen ist.
d) Die Flaschen werden aufrecht stehend, nicht über 25 °C, im Brutschrank bebrütet.

Auf Grund der relativ niedrigen Bebrütungstemperatur, eine höhere könnte in der Flasche zur Nährbodenlösung führen, muß folgerichtig die Bebrütungszeit entsprechend verlängert werden. Bei Kunststoffflaschen kann es zu einer Ablösung des Agars kommen, wenn diesem nicht 3% Carboxyhydroxymethylcellulose (reinst) zugesetzt wird.

2.11.5.2
Flaschen-Spül-Methode

Dieses Verfahren wird mit Hilfe der Membranfiltertechnik durchgeführt. Unabhängig vom Volumen der Flasche werden 20–50 ml einer sterilen physiologischen Kochsalzlösung in Flaschen gefüllt und diese nach dem Abflammen der Mündung verschlossen. Nach kräftigem Schütteln läßt man die Flasche einige Minuten stehen.

Vor der Membranfiltration wird die „Spülflüssigkeit" noch einmal geschüttelt und dann filtriert. Der weitere Arbeitsgang wurde bereits im Kapitel Membranfiltration (s. Kap. 2.8) beschrieben. Die Methode ist relativ einfach durchzuführen und nicht sehr arbeitsintensiv. Sie eignet sich vor allem für die Massenuntersuchung von Flaschen und Gläsern.

2.11.6
Bestimmung der Luftkeimzahl

Obwohl die Luft als Kontaminationsträger häufig überschätzt wird, ist es trotzdem ratsam, die Luftkeimzahl, besonders in Räumen mit unverpackten Roh-, Halb- und Fertigwaren turnusmäßig zu überprüfen. Dabei können unter Umständen nicht nur Keimmengen, sondern auch die vorhandenen Keimarten von Interesse sein.

In der Praxis beschränkt man sich im allgemeinen auf den Nachweis gesamtkoloniebildender Einheiten von Bakterien und Pilzen. Dabei bedient man sich folgender Methoden:

- Sedimentationstest
- Gelatine-Membranfilter-Verfahren
- Impingment-Verfahren
  Abscheidung in Flüssigkeit
- Impaction-Verfahren
  Aufschleuderverfahren

2.11.6.1
Sedimentationstest

Für die mikrobiologische Überwachung von Produktionsräumen werden oftmals Sedimentationsplatten eingesetzt. Dabei wird nach einem Aufstellplan vorgegangen und Nährböden in Petrischalen mit geöffnetem Deckel am Untersuchungsort deponiert. Die Öffnungszeit hängt von der zu erwartenden Keimzahl ab. Als Richtzeit sollten 20–30 min eingehalten werden.

Die sedimentierenden Keime werden aufgefangen, die Petrischalen mit dem Deckel verschlossen und kopfstehend für 3–5 Tage bei 30 °C bebrütet. Im Anschluß daran erfolgt die Auszählung.

Dieses Verfahren hat den Nachteil, daß eventuell vorhandene Keimkonglomerate nur zum Heranwachsen einer Kolonie führen. Außerdem bildet sich über den Petrischalen ein Polster von aufsteigendem Wasserdampf. Dieses „Luftzelt" erlaubt nur größeren Partikeln die Sedimentation auf die Petrischalen. Somit kann die tatsächliche Keimzahl nicht erfaßt werden. Als Nährböden empfehlen sich Caseinpepton-Sojamehlpepton-Agar für die Bakterienkoloniezahl und Sabouraud-Glukose-Agar mit Chloramphenicol-Zusatz für den Pilznachweis.

Das Resultat wird in koloniebildenden Einheiten (KBE) pro Platte (ca. 60 cm^2 bei einem Schalendurchmesser von 9 cm) und pro Zeiteinheit (z.B. 30 min) angegeben.

2.11.6.2
Gelatine-Membranfilter-Verfahren

Die Filtration erfolgt mit handlichen Geräten, die im Handel angeboten werden. Diese Geräte haben einen eingebauten Rotameter; dadurch können die koloniebildenden Einheiten bzw. Keimzahlen quantitativ pro Volumeneinheit (m^2) erfaßt werden. Die zu untersuchende Luft wird durch einen Gelatine-Membran-Filter (GMF) gesaugt, der anschließend mit einer der folgenden Methoden weiter verarbeitet wird.

GMF-Direkt-Methode
Der Gelatine-Membran-Filter wird mit einer sterilen Pinzette dem Filterhalter entnommen, auf Agarplatten gelegt und bebrütet. Die Petrischalen dürfen jedoch nicht mit dem Deckel nach unten bebrütet werden, um ein Abtropfen des sich verflüssigenden GMF zu verhindern. Anschließend erfolgt die Auszählung der koloniebildenden Einheiten:

$$\text{Keimzahl/m}^3 = \frac{\text{Keimzahl/Platte x 1000 l}}{\text{geprüfte Luftmenge (l)}}$$

GMF-Filter-Methode
Nachdem der Gelatine-Membran-Filter unter sterilen Bedingungen dem Gerät entnommen wurde, wird dieser in ein Glas mit 50 ml vorgewärmter physiologischer NaCl-Lösung geführt und in ca. 2 min auf einem Magnetrührer gelöst. 5 x 10 ml der Probe werden mit einem Membranfiltergerät (mit Celluloseacetatfilter) filtriert auf Nährböden gelegt und bebrütet.

Steht kein Membranfiltrationsgerät zur Verfügung, besteht die Möglichkeit, die NaCl-Keimsuspension mit Hilfe der Plattengußmethode auszuwerten.

Da man beim Lösen der GMF in Flüssigkeit davon ausgeht, daß eventuell vorliegende Keimkonglomerate gesprengt werden und so „Einzelkeime" vorliegen, sind beim Resultat höhere Keimzahlen pro Volumeneinheit zu erwarten.

$$\text{Keimzahl/m}^3 = \frac{\text{Keimzahl(Mittelwert/Platte) x 50 ml x 1000 l}}{\text{10 ml x geprüfte Luftmenge (l)}}$$

2.11.6.3
Impingment-Verfahren

Die Probenahme erfolgt mit einem Ganzglas-Impinger. Die angesaugte Luft tritt
mit hoher Geschwindigkeit in eine Absorptionsflüssigkeit (Pufferlösung, Nährbouillon) ein. Eventuell vorhandene Keimverbände werden dabei aufgebrochen
und die Keime können somit einzeln nachgewiesen werden. Die Ermittlung des
Keimgehaltes wird mit Hilfe der Membranfilter-Technik oder der Plattengußmethode durchgeführt. Wird eine Nährbouillon als Absorptionsflüssigkeit benutzt,
ist eine rasche Verarbeitung angezeigt, da sonst Resultate wegen Vermehrung der
vorhandenen Keime verfälscht würden. Um zu verhindern, daß ein Bruchteil der
Keime mit der Luft wieder ausgetragen wird, sollten mehrere Impinger-Gefäße in
Serie geschaltet werden.

2.11.6.4
Impaction-Verfahren

Das Prinzip des Impaction-Verfahrens besteht darin, daß die zu untersuchende
keimhaltige Luft mit Hilfe des Gerätes, dem sog. „Schlitz- oder Zentrifugalsamm-
ler", angesaugt und durch einen engen Spalt auf einen im Inneren des Apparates
befindlichen Nährboden aufgeschleudert wird.

Je nach System werden die Keime mit langsam rotierenden Agarplatten oder in
Felder aufgeteilte Agarstreifen aufgefangen. Nach erfolgter Bebrütung der Nährböden kann das Resultat abgelesen und die Keimzahl pro Volumeneinheit (m^3) berechnet werden.

2.12
Hemmstoffe

Mikrobiologische Hemmstoffe sind Verbindungen mit bakteriziden (fungiziden)
bzw. bakteriostatischen Eigenschaften. Antibiotika und Sulfonamide, aber auch
Reinigungsmittel, Desinfektionsmittel und Konservierungsstoffe zählen zu den
mikrobiologischen Hemmstoffen.

2.12.1
Konservierungsstoffe

Konservierungsstoffe sind Zusatzstoffe zum Schutze gegen mikrobiellen Verderb
von Lebensmitteln.

Art, Höchstmenge und Kennzeichnung der zugelassenen Konservierungsstoffe
werden durch die Zusatzstoff-Zulassungsverordnung geregelt.

Sorbinsäure und ihre Derivate $CH_3 - CH = CH - CH = CH - COOH$

Sorbinsäure und ihre Salze zeigen eine gute wachstumshemmende Wirkung, vornehmlich bei Hefen und Schimmelpilzen: Clostridien, Laktobazillen und Pseudomonaden sind relativ resistent. Die antimikrobielle Wirkung der Sorbinsäure wird im wesentlichen durch die undissoziierten Moleküle hervorgerufen. Daher erfolgt die bevorzugte Anwendung dieses Konservierungsmittels in saurem Milieu.

Benzoesäure und ihre Derivate $\langle\!\!\!\bigcirc\!\!\!\rangle$ COOH (Na)

Auch bei der Benzoesäure ist die antimikrobielle Wirksamkeit pH-abhängig, nur die freie, nicht dissoziierte Säure ist wirksam. Die antimikrobielle Wirkung der Benzoesäure wird durch Eiweiß erniedrigt; Phosphate und Chloride dagegen unterstützen die Wirkung.

p-Hydroxybenzoesäureester und seine Derivate (PHB-Ester)

(Na) HO - $\langle\!\!\!\bigcirc\!\!\!\rangle$ - COO - C_2H_5 (C_3H_7)

Die freie p-Hydroxybenzoesäure hat als Konservierungsmittel praktisch keine Bedeutung, obgleich sie antimikrobielle Eigenschaften besitzt. Die Ester der p-Hydroxybenzoesäure sind wesentlich wirksamer als die freie Säure, sehr wenig pH-abhängig und damit auch für Lebensmittel im Neutralbereich zur Konservierung geeignet.

Ameisensäure und ihre Derivate H - COOH (Na, K, $\frac{Ca}{2}$)

Die antimikrobielle Wirksamkeit der Ameisensäure erstreckt sich auf Bakterien, Schimmelpilze und Hefen. Sie ist nur im sauren Bereich optimal wirksam. Bei pH 3 sind rund 85%, bei pH 6 nur noch 0,56% der antimikrobiell wirksamen undissoziierten Säure vorhanden.

2.12.1.1
Bestimmung der Mindest- oder Grenzhemmkonzentration

Das Konservierungsmittel wird in einer definierten Konzentration (xg/l) in dest. Wasser gelöst, die nach der beim Zusatz zum Lebensmittel eintretenden Verdünnung der zugelassenen Konservierungsstoffmenge entspricht.

Die Lösung wird mit Hilfe eines Membranfilters sterilfiltriert. Von dieser Lösung werden 5 ml entnommen und in einem sterilen Reagenzglas mit 5 ml sterilem dest. Wasser gut vermischt. Von dieser Mischung werden wiederum 5 ml entnommen und mit 5 ml sterilem dest. Wasser vermischt usw.; insgesamt sollen mind. 5 Verdünnungsstufen angesetzt werden. Es ergeben sich dadurch fallende Konzentrationsstufen, die jeweils die Hälfte der vorhergehenden Konservierungsmittelmenge enthalten. (Abb. 2.38.)

Zu jedem Reagenzglas werden dann 5 ml einer doppelt konzentrierten Nährlösung pipettiert. Als Kontrolle läuft ein Röhrchen mit 5 ml dest. Wasser und 5 ml doppelt konzentrierter Nährlösung mit.

In jede der 5 Konservierungsstoff-Konzentrationen werden 0,1 ml einer stark bewachsenen, 1 : 10 verdünnten Bouillonkultur des entsprechenden Testkeims inokuliert. Die Bebrütung erfolgt bei der Optimaltemperatur des Testkeims für 24–72 h.

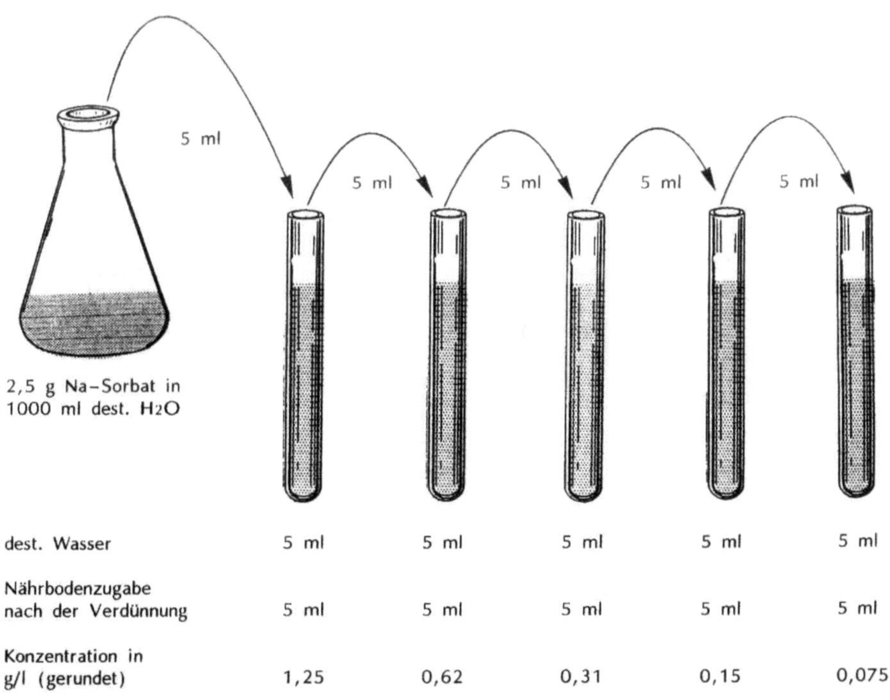

Abb. 2.38. Beispiel: 2,5 g Na-Sorbat in 1000 ml H_2O

Als Mindest- oder Grenzhemmkonzentration wird die Konzentrationsstufe gewertet, die über der des ersten bewachsenen (getrübten) Röhrchens, der in abfallender Konzentration angelegten Reihe, liegt.

2.12.1.2
Inhibitive und mikrobizide Konzentration (Abb. 2.39.)

Die niedrigste Verdünnung, in der keine sichtbare Trübung durch ein Mikroorganismenwachstum erkennbar ist, entspricht der inhibitiven oder hemmenden Konzentration (Röhrchen 6). Die mikrobizide, also die Mikroorganismen tötende Konzentration kann nur durch Anlegen von Subkulturen aus den Röhrchen ohne Trübung auf Agarplatten oder in Bouillon festgestellt werden.

Mißlingt eine Wiederanzüchtung aus bspw. Röhrchen 7, so bezeichnet man jene Verdünnungsstufe bzw. Hemmkonzentration als mikrobiziden Titer. Die Mikroorganismen sind also irreversibel geschädigt.

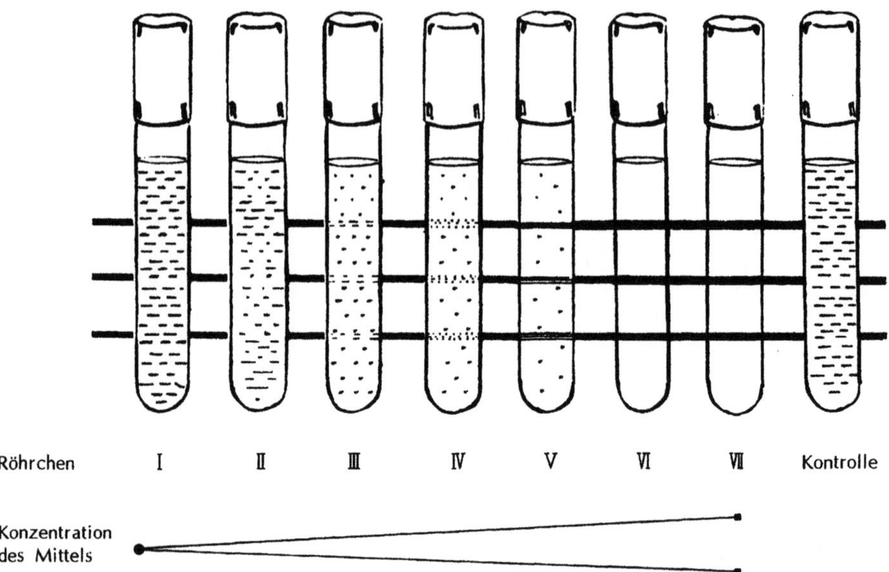

Abb. 2.39. Röhrchenverdünnung, inhibitive und mikrobizide Konzentration. In Röhrchen 1 ist die niedrigste, in Röhrchen 7 die höchste Konzentration eines Mikroorganismen hemmenden Mittels. Nach einer 24-stündigen Bebrütung bei 37 °C ist Wachstum makroskopisch in den Röhrchen 1–5 erkennbar.

2.12.2
Antibiotika

Antibiotika findet man hauptsächlich in tierischen Lebensmitteln wie Fleisch und Milch, da sie in zugelassenen Höchstmengen dem Mastfutter von Rindern, Schweinen und Geflügel zur Verhütung von Infektionskrankheiten und zur besseren Futterverwertung zugesetzt werden dürfen. Die Verfütterung von bzw. therapeutische Behandlung mit Antibiotika muß rechtzeitig vor der Schlachtung der Tiere eingestellt werden. Dardurch können die Hemmstoffe im tierischen Körper abgebaut oder ausgeschieden werden, so daß keine nachweisbaren bzw. bedenklichen Rückstandsmengen davon im Lebensmittel verbleiben.

Je nach Art und Menge des Hemmstoffes im Nahrungsmittel kann es

- zu Resistenzerhöhung von Mikroorganismen, bzw.
- zur Beeinträchtigung bakterieller Fermentationsvorgänge kommen.

2.12.2.1
Agardiffusionsverfahren

Ein Testbakterium mit bekannter Sensibilität gegenüber Hemmstoffen wird in einen Nährboden eingemischt und in Petrischalen gegossen. Auf die erstarrte Nährbodenfläche werden erbsengroße Lebensmittelproben aufgelegt.

Sind flüssige Nahrungsmittel, wie z.B. Milch zu überprüfen, müssen Löcher in den Nährboden gestanzt werden. Dazu bedient man sich eines am Rand abgeflammten Reagenzglases. Mit dem sterilen Rand werden die Löcher ausgestanzt und die Agarzylinder mit einem abgeflammten Spatel herausgehoben. In diese Vertiefungen kann nun die flüssige Probe pipettiert werden. Bei Flüssigkeiten besteht auch die Möglichkeit, mit Probematerial vollgesaugte Filterpapierblättchen auf den Nährboden zu legen.

Bei quantitativen Hemmstofftests werden Testblättchen mit definierten Mengen eines Antibiotikums mit auf den Nährboden gelegt. Durch Vergleich der Hemmhofgröße kann eine Aussage über die Menge des betreffenden Antibiotikums gemacht werden.

Die so präparierten Nährböden werden im Brutschrank bebrütet und nach ca. 18–24 h ausgewertet (Abb. 2.40.).

Eine Hemmzone von ± 2 mm gilt als positives Indiz für die Anwesenheit von Hemmstoffen im Lebensmittel. Hemmzonen < 2 bis 1 mm gelten als zweifelhafter, kein Hemmstoff als negativer Nachweis.

2.12.2.2
Arten von Antibiotika-Tests

- Hemmstofftest mit *B. subtilis* (Baur 1975)
- Rückstandstests nach Kundrat mit *B. stearothermophilus* (Kundrat 1968, 1972)
- Hemmstoffe in Milch mit *B. stearothermophilus*, Stamm C 953 (amtl. Sammlung v. Untersuchungsverf. nach §35 LMBG)

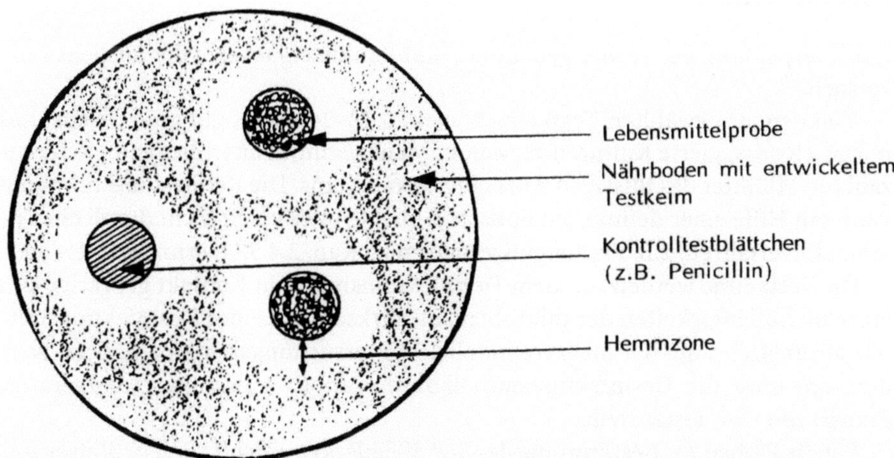

Abb. 2.40. Darstellung einer Agarplatte mit Lebensmittelprobe und Kontrolltestblättchen

2.12.3
Desinfektionsmittel

Unabhängig von vorgeschriebenen Prüfmethoden ist es sinnvoll, auf die spezifische, betriebseigene Mikroorganismenflora abgestimmte Prüfmethoden zu entwickeln, z.B. für spezifische Lebensmittel-Verderbniserreger einzelner Lebensmit-
telbranchen.

– Feinkost-, Getränke- und Süßwarenindustrie	Hefen und Schimmelpilze, insbesondere xero- und osmophile, Säure- und Schleimbildner
– Milch-, Fleischindustrie	Staphylokokken, Clostridien, Enterobacteriaceen, Pseudomonaden, Enterokokken
– Backwarenindustrie	Sporenbildner und Schimmelpilze

Folgende Überprüfungen auf mikrobizide Eigenschaften eines Desinfektions-
mittels sind angezeigt:

- Empfohlene Gebrauchsverdünnung, minimal wirksame Verdünnung;
- Unterschiedliche Anwendungstemperaturen (z.B. bei 20, 40, 60, 70 °C);
- Unterschiedliche Einwirkzeiten (z.B. 30 s, 1, 5, 10, 30 und 60 min);
- Unterschiedliche Testorganismen (Hefen, Schimmelpilze, Bakterien, Sporen-
  bildner);
- Eiweißzusatz zur Bestimmung des 'Eiweißfehlers' (Zusatz von Blutserum).

2.12.3.1
Suspensionsversuch

Zur Überprüfung der vorher genannten fünf Punkte eignet sich der Suspensions-
versuch.

Von den ausgewählten Testkeimen werden 18–24 h alte, gut gewachsene und
mehrfach passagierte Kulturen verwandt. Man bestimmt anschließend die Keimzahl pro Milliliter des flüssigen Anzüchtungsmediums. Die Keimzahlbestimmung
kann mit Hilfe einer definierten optischen Dichte oder vereinfacht durch ein Koloniezählverfahren, z.B. Plattengußverfahren (s. Kap. 2.4.5.1), ermittelt werden.

Die Testkeime werden mit dem Desinfektionsmittel in Kontakt gebracht. Um
einzelne Abhängigkeiten der mikrobiziden Wirksamkeit eines Desinfektionsmit-
tels abzuklären, müssen mehrere parallele Untersuchungsreihen angesetzt werden, um etwa die Desinfektionsmittelkonzentration, Anwendungstemperatur,
Einwirkzeit usw. festzustellen.

Für die Reihen zur Bestimmung des Eiweißfehlers empfiehlt sich ein Blutserum-
Zusatz von 20%.

Je nach Fragestellung wird jeder der angesetzten Parallelreihen das gleiche Inokulum (10^6–10^8 Keime pro 10 ml Desinfektionsmittelansatz) zugesetzt und nach

festgelegten Einwirkungszeiten das Keiminokulum auf ein festes Medium ausgespatelt und die Zahl der überlebenden Keime nach entsprechender Bebrütung ausgezählt.

Für den qualitativen Nachweis benutzt man flüssige Medien und kontrolliert, ob eine Trübung, also Wachstum, erkennbar ist (vgl. auch Abb. 3.39.).

Selbstverständlich müssen neben den Versuchsreihen mit Desinfektionsmitteln sogenannte Blindproben der gleichen Keimart mit Leitungswasser mitlaufen, um eine Schädigung der Mikroorganismen allein, z.B. auf Grund eines erhöhten Chlorgehaltes, auszuschließen.

Eine Subkultivierung auf festen Medien kann durch das Plattentropfverfahren vereinfacht werden. Da jedoch geringe Desinfektionsmittelmengen mit dem Inokulum auf die Platten gebracht werden, sollte die Platte in vier Felder aufgeteilt werden. Die Tropffläche kann durch ein vorsichtiges Schräghalten der Platte zusätzlich vergrößert werden.

2.13
Stabilitätsprüfung von Konserven und Sterilprodukten in Kartonverpackungen

2.13.1
Konserven in autoklavierbaren Verpackungen

Vollkonserven sind in Behältnissen hermetisch verschlossene Füllgüter, die auf Grund eines Erhitzungsprozesses auch ohne Kühlung mehrere Jahre haltbar sind, ohne daß ihre Stabilität und somit der Genußwert geschmälert wird.

Da auch bei derart thermisch behandelten Produkten nie ausgeschlossen werden kann, daß Mikroorganismen den Sterilisationsprozeß überleben, also eine absolute Sterilität[7] nicht gewährleistet werden kann, aber auch nicht gewährleistet werden muß, (mit ergänzenden Einschränkungen wie „keine Keimvermehrung", „keine eiweißspaltenden Clostridien", „Grenzwert für vermehrungsfähige Keime im allgemeinen $< 10^2/g$") benutzt man den Begriff der kommerziellen oder auch handelsüblichen Sterilität (Sinell 1985, ICMSF 1974).

Bei einer fehlerhaften Autoklavierung oder durch Undichtigkeiten an den Falznähten von Dosen ist die kommerzielle Sterilität nicht mehr gewährleistet. Eine zu geringe Sterilisationstemperatur bzw. zu kurze Sterilisationszeit wird die im zu sterilisierenden Gut vorhandenen Mikroorganismen nicht hinreichend inaktivieren. Treten Dosenundichtigkeiten auf, wie erwähnt sind Falznähte besonders gefährdet, ist mit Kühlwasserinfektionen zu rechnen. Diese sog. Leckagen können dann zu mikrobiologischen Kontaminationen des Füllgutes führen.

Sterilprodukten gleichgestellte Erzeugnisse
Gemäß dem Schweizerischen Lebensmittelbuch (1988) sind Produkte mit einem pH-Wert < 4,5, welche *pasteurisiert* und so haltbar gemacht worden sind, den Ste-

---

[7] Sterilität, mikrobiologische: Abwesenheit vermehrungsfähiger Mikroorganismen

rilprodukten gleichgestellt. Sie können den Pasteurisierungsprozeß überlebende Keime enthalten; diese dürften sich jedoch unter normalen Lagerbedingungen in der ungeöffneten Originalverpackung nicht vermehren.

2.13.1.1
Prüfung der äußeren Dosenbeschaffenheit

Wölbungen des Konservendeckels bzw. -bodens werden als Bombagen bezeichnet. Bombagen können chemischen, physikalischen oder mikrobiellen Ursprungs sein.

Chemische Bombagen entstehen häufig durch Metallkorrosionen, wobei ein Niederschlag von Metallionen auf das Füllgut mit einer Wasserstoffbildung einhergeht. Einer Genußtauglichkeit ist, wenn überhaupt, mit größter Skepsis zu begegnen.

Physikalische Bombagen können durch Überfüllung oder Verspannung der Dosen hervorgerufen werden. In diesen beiden Fällen ist die Verzehrtauglichkeit sicher nicht in Frage zu stellen.

Mikrobielle Bombagen weisen auf eine mikrobiologisch bedingte Veränderung hin, nämlich auf eine durch Mikroorganismen verursachte Gasbildung.

Eine besondere Art des Verderbens stellt die Flachsäuerung, auch „flat sour"-Verderb genannt, dar. Konserven, die mit „flat sour"-Erregern (*Bacillus stearo-thermophilus* als typischer Vertreter) kontaminiert sind, zeigen äußerlich keine Veränderungen. Deckel und Boden sind flach, lediglich das Füllgut ist durch eine Säuregärung verdorben.

2.13.1.2
Prüfung bei der Öffnung bombierter Dosen

Mit einem sterilen Dorn oder sterilen bakteriologischen Dosenöffner (Abb. 2.41.) wird ein Loch in der Mitte des Dosendeckels bzw. -bodens gedrückt und der Geruch des entweichenden Gases beschrieben. Stark bombierte Behältnisse sollten – um Verschmutzungen durch Spritzbildungen zu vermeiden – in einer Sicherheitskabine unter einem sterilen Leinentuch oder umgedrehten Trichter geöffnet werden. Stehen mehrere bombierte Dosen zur Verfügung, können die ausströmenden Gase analysiert werden. Folgende orientierende Prüfungen können problemlos ohne großen apparativen Aufwand in jedem Labor durchgeführt werden:

Schwefelwasserstoff-Nachweis
Bleiacetatpapier wird auf die Einstichstelle gelegt. Eine bräunliche bis schwarze Färbung des Papiers ist ein Indiz für das Vorhandensein von H_2S.

Kohlendioxid-Nachweis
Ein Glasstab, der mit einem Tropfen Barytwasser (Ba-Sulfat) benetzt wurde, wird über die Einstichstelle gehalten. Ein weißer Niederschlag am Glasstab wird als positiver Nachweis eines CO_2-Austritts gewertet.

Wasserstoff-Nachweis
Wurde eine große Menge Wasserstoff gebildet, so verpufft dieses Gas, wenn man
eine offene Flamme – z.B. Streichholz – beim Öffnen über die Einstichstelle hält.

2.13.1.3
Dichtigkeitsprüfung von Konserven

Eine einfache und in der Praxis bewährte Methode der Dichtigkeitsprüfung ist die
Überprüfung mit sogenannten Kriechflüssigkeiten. Dabei handelt es sich um alkoholische Farbstofflösungen mit einer niedrigen Oberflächenspannung.

Rhodamin-Kriechflüssigkeit
1000 ml Ethanol
3 g Rhodamin

Die alkoholische Rhodaminlösung weist eine intensiv rote Farbe auf.
   Das entleerte und ausgespülte Behältnis wird je nach Volumen mit ca. 15–20 ml
Rhodaminlösung gefüllt, so daß die Falznähte gründlich benetzt werden. Nach einer ausreichenden Standzeit, sie kann unter Umständen bis zu Tagen dauern, wird
kontrolliert ob die Lösung permeiert ist. Tritt keine Kriechflüssigkeit aus, trifft die
Annahme einer Dichtigkeit nicht immer zu, da die undichte Stelle mit Füllgutpar-
tikeln verstopft sein kann.

2.13.1.4
Stabilitätsprüfung

Durch Stabilitätsprüfungen soll festgestellt werden, ob die entsprechenden Produkte eine ausreichende Sterilität besitzen und somit der Genußwert unter normalen Lagerbedingungen erhalten bleibt. So können Untersterilitäten und Kühlwasserinfektionen eine kommerzielle Sterilität gefährden und zu Bombagen und
Verderb führen. Auch Leckagen können zu Bombagen führen, nämlich dann,
wenn Füllgutpartikel Undichtigkeiten derart verstopfen, daß gebildetes Gas nicht
mehr entweichen kann (Cerny 1982).

Durchführung
Die bemusterten Dosen werden im Brutschrank inkubiert. Dabei richtet sich die
Bebrütungszeit und -temperatur nach Art des Lebensmittels. Saure Produkte mit

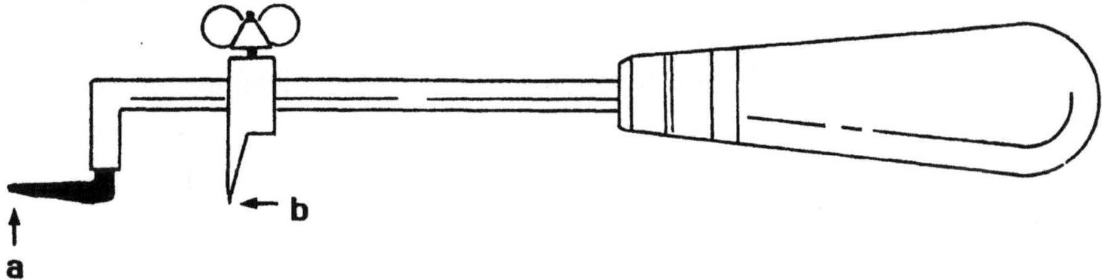

Abb. 2.41. Bakteriologischer Dosenöffner für die aseptische Öffnung von Konservendosen (nach
FDA/ AOAC 1978). **a** Einstichdorn; **b** Schneidedorn

einem pH-Wert von < 4,5 sind für 14–21 Tage bei 25 °C und sog. nicht saure Produkte mit einem pH-Wert von > 4,5 über den gleichen Zeitraum bei 25–37 °C zu bebrüten. Für Tropenkonserven wird meist eine zusätzliche 3-tägige Bebrütung bei 55 °C vorgesehen.

Während der Inkubation ist auf eventuell auftretende Bombagen zu kontrollieren.

Nach Abschluß der Bebrütung werden die Dosen 18–24 h im Kühlschrank zwecks Temperatursenkung auf 15 °C gelagert.

Auswertung

Die Stabilitätsprüfung gilt als bestanden, wenn das Füllgut vor der Bebrütung nicht zu beanstanden war und nach der Bebrütung keine Veränderungen nachweisbar sind.

Werden während oder nach der Bebrütung Bombagen festgestellt, so gilt die Stabilitätsprüfung als nicht bestanden.

Bei Konserven, das gilt im übrigen für die Mehrzahl der erhitzten Lebensmittel, ist bei einer Kontamination in erheblichem Umfang mit hitzegestreßten Keimen zu rechnen. Daher ist in Zweifelsfällen sowohl eine Vorbebrütung der noch verschlossenen Behältnisse als auch eine sich anschließende Voranreicherung in geeigneten Medien unerläßlich.

2.13.1.5
Hilfsuntersuchungen

Nicht bombierte und äußerlich unveränderte Gebinde werden aseptisch geöffnet. Die aseptische Öffnung erfolgt zweckmäßigerweise mit einem speziellen bakteriologischen Dosenöffner (Abb. 2.41.) am Deckel oder Boden, wobei eine Desinfektion vorangeht. Dosen können mit Ethanol getränktem Tupfer benetzt und anschließend abgeflammt werden.

Bombierte Dosen dürfen nicht abgeflammt werden; solche Dosen sind mit einer Jod-Ethanol-Lösung (4% Jod/70% Ethanol) oder 2%iger Peressigsäure zu desinfizieren. Je nach verwendetem Desinfektionsmittel beträgt die Einwirkzeit 2–20 min.

Sofern der Aspekt (Konsistenz, Textur, Farbe, allgemeines Erscheinungsbild), Geruch oder pH-Wert von der Beurteilung und von Werten normaler, kommerziell steriler Gebinde abweicht, sollten die betreffenden Muster wie bombierte und fraglich sterile Gebinde gewertet und einer mikrobiologischen Prüfung unterzogen werden.

Das Schweizerische Lebensmittelbuch (1989) schreibt folgende Untersuchungen vor:

Prüfung von vermehrungsfähigen Mikroorganismen, nämlich

- Aerobe mesophile Keime
- Aerobe Sporen

- Anaerobe mesophile Keime
- Anaerobe Sporen,

in hermetisch verschlossenen Verpackungen.

Sind außer der Überprüfung der kommerziellen Sterilität Flora-Analysen von instabilen Konserven von Interesse s. Kap. 2.15.34; für spezifische Eingrenzungen empfehlen sich die Methoden der FDA (1995) sowie der APAH (1984).

2.13.1.6
Stichprobenumfang

Eine gesicherte Aussage hinsichtlich Stabilität und Sicherheit ist nur dann möglich, wenn ausreichende Mengen an Proben untersucht werden (s. Kap. 4.2.3)

2.13.2
Kartonverpackungen

Beim aseptischen Verpacken unterscheidet man die Kartonpackung „von der Rolle" und „vom Zuschnitt". Ausgangsbasis für Kartonverpackungen ist die Kartonverbundfolie. Das bekannteste Lebensmittel in Kartonverpackungen dürfte die H-Milch sein.

Im Gegensatz zu Vollkonserven, befüllt in autoklavierbaren Behältnissen, die dann durch Autoklavierung sterilisiert werden, werden Kartonverpackungen mit UHT-sterilisiertem Gut aseptisch befüllt und verschlossen; eine Autoklavensterilisation der verschlossenen Packungen ist nicht möglich.

Wie bei der traditionellen Vollkonserve wird auch bei der Kartonverpackung ein mikrobiologisch einwandfreies, d.h. kommerziell steriles Produkt erwartet.

2.13.2.1
Stabilitätsprüfung mittels Hydrodynamik

Bei fehlerhaften Packungen steriler Milchprodukte treten nach kurzer Lagerzeit bakteriell bedingte Aktivitäten auf. Die Aktivitäten verursachen Veränderungen im hydrodynamischen Verhalten des Produktes.

Für die zerstörungsfreie Selektion hydrodynamisch veränderter Produkte steht ein Gerät zur Verfügung, welches ausschließlich durch mechanische Bewegung fraglich sterile Packungen erkennt und aussondert (Abb. 2.42.).

Die Untersuchung erfolgt nach einer Inkubationszeit von 3–5 Tagen bei einer Temperatur von 30 °C, so daß Bakterien die Möglichkeit haben, nachweisbare Veränderungen im hydrodynamischen Verhalten von Milch zu verursachen. Inkubationstemperaturen von über 30 °C sind wegen möglicher psychrotropher Keime nicht empfehlenswert. Sollen allerdings thermophile Sporenbildner nachgewiesen werden, ist eine Inkubation von 55 °C vorzusehen.

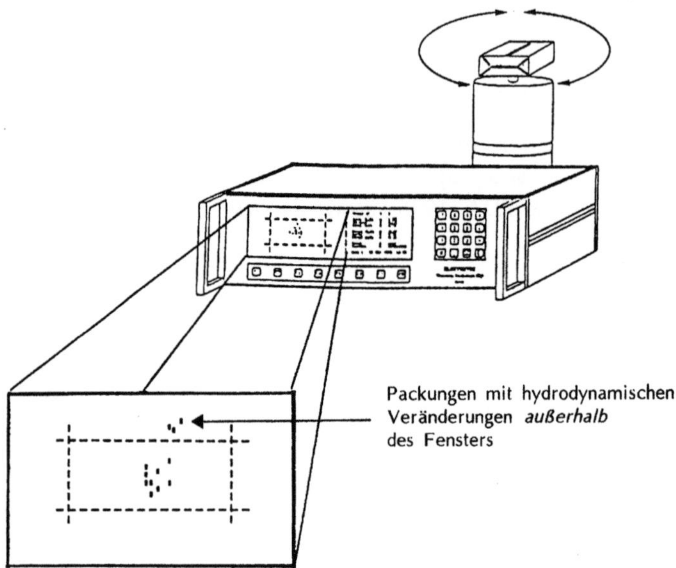

Abb. 2.42. Meßgerät zur Feststellung hydrodynamisch bedingter Veränderungen (Electester Mk III, Fa. Finnpack, 37800 Toijala, Finnland

In jüngerer Zeit werden auch UHT-behandelte Spezialprodukte auf Milchbasis (Kleinkindernahrung, klinische Diätprodukte für Alte und Kranke), angereichert mit essentiellen Fettsäuren, Vitaminen und Mineralstoffen/Spurenelementen aseptisch in Kartonverpackungen verpackt. Bei solchen Produkten ist eine Inkubation von 14 Tagen – insb. wegen der Pufferwirkung der Mineralstoffe – vorzusehen.

Die Geschwindigkeit bis zur völligen Koagulation ist zeit-/temperaturabhängig und daher experimentell festzulegen.

Durch sensible Programmierung sind bereits minimale Veränderungen bzw. im Anfangsstadium befindliche Koagulationen feststellbar. Allerdings sollte keinesfalls auf eine stichprobenartige Kontrolle der ausgesonderten Packungen verzichtet werden, damit zweifelsfrei ein mikrobiologischer Verderb bestätigt werden kann.

2.13.2.2
Schwankung des pH-Wertes

Nach einer Bebrütung von 3–5 Tagen bei 30 °C wird bei der zu prüfenden Probemenge der pH-Wert elektrometrisch gemessen. Bei Schwankungen von mehr als 0,2 sowie abweichendem Geruch oder Aspekt werden die Gebinde als unsteril bzw. fraglich steril beurteilt.

Beachte. Diese Kontrolle ist weit verbreitet, obwohl mit dieser Messung nicht alle Keime, z.B. keine Mikrokokken, erfaßt werden.

2.13.2.3
Resazurin-Reduktase-Test

Mit steigender Vermehrung der Milch-Mikroflora nimmt auch die Menge an reduzierenden Enzymen zu. Der Gehalt an Bakterien-Reduktase kann mit Hilfe von Farbindikatoren bestimmt werden.

Resazurin-Lösung
Resazurin 0,05 g
dest. Wasser 1000 ml

Das blaue Resazurin wird unter Erwärmen gelöst und in gut verschlossenen braunen Flaschen dunkel gelagert aufbewahrt.

Kulturröhrchen werden mit 1 ml Resazurin-Lösung befüllt. Von Proben – inkubiert als Originalgebinde bei 30 °C für 24 und 72 h – werden 10ml hinzugegeben, der Inhalt gemischt und dann sofort in ein 37 °C-Wasserbad unter Lichtschutz gestellt.

Der Test gilt als bestanden, wenn keine Reduktion des Resazurins innerhalb 4 h eintritt, d.h. Proben ihren pastellblauen Farbton behalten.

Beachte. Das Redoxpotential der in Frage kommenden Kontaminationsflora sollte experimentell festgestellt werden. Dazu ist es sinnvoll, sterile Gebinde künstlich zu kontaminieren (z.B. Mikrokokken, Pseudomonaden, Enterobacteriacea-Spezies), um dann Versuche durchzuführen.

2.13.2.4
Kulturelle Prüfung

Nach der Bemusterung ist ein Teil der original verschlossenen Gebinde zum Nachweis vermehrungsfähiger mesophiler Keime 5 Tage, ein weiterer Teil bis zu 14 Tagen bei 30 °C zu inkubieren.

In speziellen Fällen ist eine zusätzliche Bemusterungsmenge für mindestens 5 Tage bei 55 °C zu bebrüten, um auf vermehrungsfähige thermophile Keime prüfen zu können. Die zu prüfenden Gebinde sind aseptisch zu öffnen und je eine Öse Material ist auf Plate-Count-Agar (bei Milchprodukten mit 1% Magermilchpulverzusatz) auszustreichen. Bei schwer anzüchtbaren Bakterien ist es empfehlenswert, auf Hirn-Herz-Infusion-Agar auszustreichen und parallel unter aeroben sowie fallweise anaeroben Bedingungen mesophil bzw. thermophil zu bebrüten.

Der vielfach favorisierte Ösenausstrich von zu untersuchendem Material direkt auf einen Agarnährboden birgt die Gefahr der Interpretation eines falsch-negativen Ergebnisses; insbesondere dann, wenn es sich um Mikrokokkenkontaminationen handelt. Diese als „pin points" heranwachsenden Kolonien werden oftmals übersehen. Aus diesem Grunde sei empfohlen, zuvor eine Bouillonkultur anzulegen und diese dann mittels Spatel auszuplattieren.

Beachte. Bei einer Sterilisationsprüfung ist das unvermeidliche Vorkommen von falsch-positiven Ergebnissen – d.h. die Einheiten, welche infolge einer unwillkürlichen Fremdkontamination im Laufe der Laborprüfung als fehlerhaft beurteilt werden – zu berücksichtigen.

2.13.2.5
Packmittelprüfung

Die Ursache von Unsterilitäten liegt oftmals an unzureichenden Siegelnähten. Zur Abklärung sind deshalb Dichtigkeitsprüfungen, z.B. unter Verwendung von *Kriechflüssigkeiten* (s. Kap. 2.13.1.3), durchzuführen.

Diese Dichtigkeitsprüfung kann allerdings nicht direkt, sondern erst nach *Auslösen von Quernähten* durchgeführt werden. Die Methoden sind in den Handbüchern der Kartonverpackungshersteller beschrieben.

Eine sehr rasche Dichtigkeitskontrolle, die auch „vor Ort" durchgeführt werden kann, beruht auf dem Prinzip der *Leitfähigkeitsmessung*, der Messung eines elektrischen Stroms (Abb. 2.43.)

Meßausrüstung
Zur Durchführung der Leitfähigkeitsmessung ist folgende Ausrüstung nötig:

- Meßgefäß aus Kunststoff
- Amperemeter mit Batterie und zwei Elektroden (Abb. 2.44.)
- Papiermesser
- 1%ige Kochsalzlösung (10 g NaCl in 1 l H_2O)

Durchführung der Messung

a) Die Kochsalzlösung in das Meßgefäß geben.
b) Die zu prüfende Packung mit einem Papiermesser gemäß (Abb. 2.45.) halbieren, den Inhalt verwerfen.
c) Packungshälften gründlich mit Wasser ausspülen, die Schnittkanten mit einem Papiertuch sorgfältig trocknen.

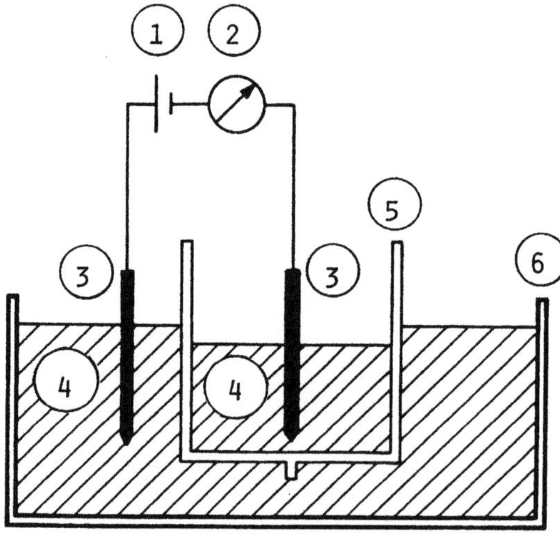

Abb. 2.43. Meßprinzip der Leitfähigkeitsmessung: *1* Stromquelle; *2* Amperemeter; *3* Elektroden; *4* Kochsalzlösung; *5* Packungshälfte; *6* Meßgefäß. Ist die Packung undicht (direkter Kontakt beider Kochsalzlösungen *(4)* innerhalb und außerhalb der Packung) oder ist die innere PE-Schicht beschädigt (indirekter Kontakt über Kochsalzlösung innerhalb der Packung und Alufolie), fließt ein Strom im Stromkreislauf, und das Amperemeter *(2)* zeigt einen Ausschlag

d) Jede Packungshälfte ist einzeln zu prüfen.

e) Die zu prüfende Packungshälfte wird ebenfalls mit Kochsalzlösung gefüllt, die Schnittkanten nochmals mit einem Papiertuch getrocknet dann in das Meßgefäß gestellt.

f) Zur Prüfung der Packungshälfte werden die Elektroden so in die Kochsalzlösung getaucht, daß sich die eine Elektrode innerhalb und die andere außerhalb der Verpackung befindet. Dann wird der Ausschlag am Amperemeter abgelesen.

g) Die Kochsalzlösung ist beliebig oft zu verwenden, jedoch bei zu starker Verunreinigung bzw. einmal wöchentlich zu wechseln.

Beurteilung.

Wird keine Leitfähigkeit festgestellt (Zeigerausschlag 0 µA), ist die Packungshälfte dicht. Ist der Zeigerausschlag > 0 µA, so tritt eine Leitfähigkeit auf, was auf eine Undichtigkeit hinweist. In diesem Falle ist aber nochmals auf absolut trockene Schnittkanten zu prüfen. Die Undichtigkeitsstelle ist durch Prüfung mit Kriechflüssigkeit zu lokalisieren.

2.13.2.6
Stichprobenumfang

Im Kapitel 4 wird hierauf näher eingegangen.

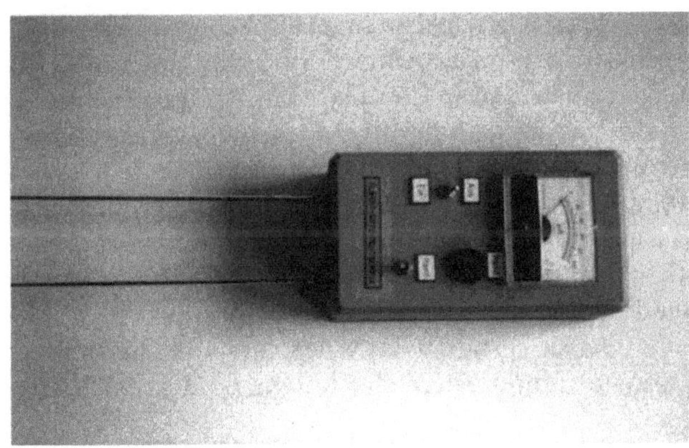

Abb. 2.44. Amperemeter, Albert-Götz-Meßtechnik (Foto: Pichhardt)

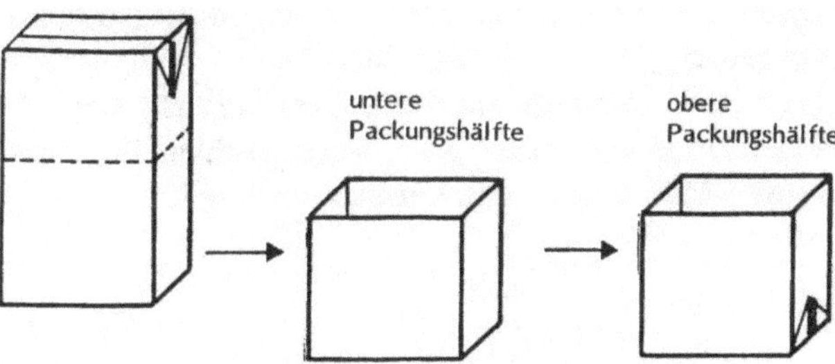

Abb. 2.45. Zur Prüfung vorbereitete Packung

2.14
Ausgewählte Nährböden, Reaktionsmedien, Seren

Der mikrobiologische Untersuchungsumfang eines Lebensmittels hängt von mehreren Faktoren ab. Es ist festzustellen, ob und wieviel Keime in Lebensmittel vorhanden sind und um welche Keime es sich handelt.

Die Ermittlung der Gesamtkeimzahl erlaubt allgemein Rückschlüsse auf eine mögliche Kontamination der Rohstoffe, eine hygienisch fehlerhafte Herstellung oder ungeeignete Zeit/Temperatur-Bedingungen während der Lagerung eines Lebensmittels. Für den Nachweis der aeroben mesophilen Keimzahl bzw. koloniebildenden Einheiten wählt man Nährböden mit einem möglichst breiten Nährstoffangebot. Es muß allerdings berücksichtigt werden, daß man auch bei Breitbandnährböden nicht in jedem Fall die absolute Gesamtkeimzahl erhält, da unter den gegebenen Bedingungen eines bestimmten Nährmediums nicht immer alle vorhandenen Keime zur Koloniebildung gelangen, sondern nur die dem Milieu entsprechenden.

Ein Gesamtkeimzahl-Nährboden, also ein Kollektivmedium gestattet zwar keine Selektion von Mikroorganismen, doch durch gewählte Bebrütungstemperaturen lassen sich psychrotroph, meso- und thermophil wachsende Keime orientierend unterscheiden (s. Kap. 1.1.5).

Die verschiedenen Keimgattungen, evtl. -arten, bestimmt man hingegen auf den hierfür geeigneten Auslese- bzw. Selektivnährböden.

Bei Anwesenheits-/Abwesenheitstests bzw. bei geringem Vorkommen eines gesuchten Keims im Lebensmittel wird man auf ein Anreicherungsverfahren zurückgreifen müssen. Anreicherungsmedien sind in der Regel flüssige oder halbfeste Nährböden. Sie ermöglichen den gesuchten Mikroorganismen ein gutes Wachstum und „ungehinderte" Vermehrung. Durch die Zusammensetzung der Anreicherungsmedien wird meist eine unerwünschte Begleitflora unterdrückt, doch selten völlig gehemmt. Vom Anreicherungsmedium oder direkt vom untersuchenden Lebensmittel ausgehend, wird auf Auslesenährböden überimpft. Diese beeinflussen durch selektiv wirkende Zusätze das Wachstum der unerwünschten Begleitflora (Selektivnährboden), oder sie gestatten das Wachstum mehrerer Keimarten und das gleichzeitige Erkennen interessierender Kolonien (Elektivnährböden).

Ist der Nachweis nur über eine Anreicherung möglich, kann keine verbindliche Aussage über einen bestimmten Keimgehalt gemacht werden (eingeschränkte Ausnahme: indirekte Zählung gemäß Titer- und MPN-Technik).

Sub- und Reinkultivierung in oder auf Differenzierungsmedien mit sich anschließenden mikroskopischen, biochemischen und serologischen Untersuchungsmethoden ergeben weitere Aufschlüsse bzgl. Unterscheidungen.

2.14.1
Auflistung von Nährböden, Reaktionsmedien und Seren für verschiedene Mikroorganismen

Für die Bestimmung einzelner Mikroorganismengruppen und -arten haben sich nachstehende Nährböden und Medien bewährt.

Fast alle Nährböden werden von Nährbodenherstellern als sog. Trockennährböden in Pulver- oder Granulatform angeboten.

Einige Trockennährböden enthalten gesundheitsgefährdende Substanzen. Endo-Agar z.B. gilt wegen des Fuchsinzusatzes als karzinogen; daher ist eine Kontamination der Haut oder Einatmen von Partikeln zu vermeiden.

Grundsätzlich sollte man Atemschutz tragen, um das Einatmen von Nährbodenstaub – gleich welcher Art – beim Abwiegen zu verhindern.

Von Nährböden, die nicht käuflich zu erwerben sind, wird die Rezeptur in den entsprechenden Abschnitten angegeben. Wenn bei einigen Nährböden Hersteller- und Art.-Nr. angegeben sind, so ist dies nicht als Qualitätswertung mißzuverstehen; es dient lediglich der Orientierung.

Mikroorganismen	Medium
Gesamtkoloniezahl	Plate-Count-Agar
	Standard-Agar
	Caseinpepton-Sojamehlpepton-Agar
Fremd- bzw. Infektionskeime	zuckerfreier Penicillin-Agar
Hefen und Schimmelpilze	Sabouraud-Nährböden
	YGC-Agar
	Czapek-Dox-Agar
	Kartoffel-Glukose-Agar
	Malzextrakt-Agar
	Würze-Agar
Aspergillus flavus und *A. parasiticus*	AFP-Agar-Basis + Chloramphenicol-Supplement
Bacillus cereus	Cereus-Selektiv-Agar n. Mossel
	Bacillus cereus-Selektivagar n. Holbrook u. Anderson
Campylobacter jejuni	*Campylobacter*-Anreicherungsbouillon
	Campylobacter-Selektivnährboden n. Butzler
Clostridium perfringens u. andere Anaerobier	Leber-Bouillon
	Thioglycolat-Bouillon
	Hirn-Herz-Infusion-Agar

Mikroorganismen	Medium
	Modif. Willis u. Hobbs-Agar
	TSC-(Tryptose-Sulfit-Cycloserin) Agar
	Perfringens-Selektivagar
	RCM-(Reinforced-Clostridial)-Agar
	Nitrat-Beweglichkeits-Agar
	Laktose-Gelatine-Medium
Enterobacteriaceae	Pepton-Wasser, gepuffert
	Enterobacteriaceen-Anreicherungsbouillon n. Mossel
	VRBD-(Kristallviolett-Neutralrot-Galle-Glukose) Agar
	OF-Medium
Enterokokken	Hirn-Herz-Infusion-Bouillon + 6,5% NaCl
	M-*Enterococcus*-Agar
	KF-Streptokokken-Agar
	Enterokokken-Selektivagar n. Slanetz u. Bartley
	Kanamycin-Äsculin-Azid-Agar
Escherichia coli u. coliforme Keime	Pepton-Wasser, gepuffert
	Brilliantgrün-Galle-Laktose-Bouillon
	Gentianaviolett-Galle-Laktose-Bouillon n. Kessler u. Swenarton
	Laurylsulfat-Bouillon
	VRB-(Kristallviolett-Neutralrot-Galle) Agar
	Endo-Agar
	McConkey-Agar
	Simmons Citrat-Agar
	SIM-Nährboden
	MR-VP-(Methylrot-Voges Proskauer) Bouillon
Flat sour-Erreger	Glukose-Caseinpepton-Agar
Halophile, -tolerante Bakterien	Caseinpepton-Sojamehlpepton-Agar + entsprechende NaCl-Zusätze
Lipolyten	Tributyrin-Agar n. Anderson
Listerien	Caseinpepton-Sojamehlpepton-Bouillon + 6 g/l Hefeextrakt + entsprechende Hemmstoffzusätze
	Listeria-Anreicherungsbouillon I
	Listeria-Anreicherungsbouillon II
	McBride-Agar

Mikroorganismen	Medium
	Nährboden AC Bannermann & Bille + Supplement PALCAM-*Listeria*-Selektivagar n. van Netten + Supplement Oxford-Agar + Supplement Bromkresolpurpur-Bouillon Blutagar + 5–10% defibriniertes Schafsblut
Milchsäurebakterien	MRS-Bouillon MRS-Agar M 17-Agar n. Terzaghi
Osmophile-, tolerante Hefen	Glukose-Bouillon Fruktose-Bouillon Kartoffel-Glukose-Agar + entsprechende Kohlenhydratzusätze Würze-Agar + entsprechende Kohlenhydratzusätze
Proteolyten	Modif. Calcium-Caseinat-Agar n. Frazier u. Rupp
Pseudomonaden	GSP-(*Pseudomonas-Aeromonas* Selektiv) Agar n. Kielwein Cetrimid-Agar *Pseudomonas*-Agar-F [KING's B Agar] *Pseudomonas*-Agar-P [KING's A Agar] Arginindihydrolase-Test-Nährboden n. Thornley
Salmonellen	Pepton-Wasser, gepuffert Wäßrige Brilliantgrün-1% Lösung Caseinpepton-Sojamehlpepton-Bouillon Tetrathionat-Anreicherungs-Bouillon n. Müller-Kauffmann Selenit-Anreicherungs-Bouillon *Salmonella*-Anreicherungs-Bouillon (RV) n. Rappaport, modif. nach Vassiliadis BPLS-(Brillantgrün-Phenolrot-Laktose- Saccharose) Agar XLD-(Xylose-Lysin-Desoxycholat) Agar Wismut-Sulfit-Agar *Salmonalla-Shigella*-Agar Hectoen-Agar Dreizucker-Eisen-Agar

Mikroorganismen	Medium
	Harnstoffbouillon Lysindecarboxylase-Bouillon KCN-Bouillon
Säuretolerante Verderbnis-keime	Orangenserum-Agar
Shigellen	Pepton-Wasser, gepuffert GN-(gramnegativ) Anreicherungsbouillon n. Hajna Enterobacteriaceen-Anreicherungsbouillon n. Mossel *Salmonella-Shigella*-Agar XLD-(Xylose-Lysin-Desoxycholat) Agar Hectoen-Agar Dreizucker-Eisen-Agar Lysindecarboxylase-Bouillon Harnstoffbouillon
Staphylococcus aureus	Caseinpepton-Sojamehlpepton-Bouillon + 6,5% NaCl Staphylokokken-Anreicherungsbouillon n. Giolitti u. Cantoni Baird-Parker-Agar DNase-Testagar Hirn-Herz-Infusion-Bouillon
Vibrio parahaemolyticus	Pepton 0,1%-NaCl 3%-Verdünnungs-flüssigkeit Kochsalz-Polymyxin B-Bouillon TCBS-(Thiosulfat-Citrate-Bile-Salt-Sucrose) Agar Trypton-Soja-NaCl 10%-Bouillon Trypton-Soja-NaCl 8%-Bouillon Lysindecarboxylase-Bouillon + 3% NaCl Wagatsuma-Agar
Yersinia enterocolitica	Sorbit-Gallensalz-Phosphatpuffer Hefeextrakt-Bengalrosa-Bouillon Galle-Oxalat-Sorbose-Bouillon Enterobacteriaceen-Anreicherungsbouillon n. Mossel McConkey-Bouillon

Mikroorganismen	Medium
	Rappaport Medium, modif. n. Wauters
	McConkey-Agar
	Yersinia-(CIN) Selektivagar n. Schiemann
	Yersinia-Selektivagar n. Wauters
	Harnstoffagar n. Christensen
	Kligler's Zweizucker-Eisen-Agar
	Lysindecarboxylase-Bouillon

Untersuchung auf Hemmstoffe in	Nährboden	Sensibilitätsorganismus
Fleisch	Testagar, pH 6 Testagar, pH 8	*Bacillus subtilis* BGA[a]
Fleisch und andere vom Tier stammende Nahrungsmittel	Testagar für den Antibiotika-Sulfonamid Rückstandstest nach Kundrat	*Bacillus stearothermophilus*[a]
Milch	Plate-Count-Agar	*Bacillus stearothermophilus var. caldidolactis* Stamm C 953

[a] MERCK, 67421 Darmstadt

Seren und Plasma für die Diagnose von:

– Salmonellen
   Antigen-Testseren für die orientierende Salmonellendiagnose[a]

omnivalent	erfaßt dieSalmonellengruppen A - 60
polyvalent I	erfaßt die Salmonellengruppen A - E_4
polyvalent II	erfaßt die Salmonellengruppen F - 60
polyvalent III	erfaßt die Salmonellengruppen 61- 67

   Phagensuspension[b]
   polyvalenter 0-1-Phage

– Clostridien
   Clostridium perfringens Antiserum Typ A[c]

– Staphylokokken
   Kaninchenblutplasma[d] mit Ethylendiamintetraessigsäure (EDTA) für den Koagulase-Test auf *S. aureus* und andere koagulasepositive Staphylokokken.

[a]   Behringwerke AG, 35001 Marburg
[b]   Biochema SA, CH-1023 Crissier-Lausanne
[c]   Deutsche Wellcome, 30938 Burgwedel
[d]   Becton Dickinson BBL, 69126 Heidelberg

2.15
Nachweismethoden

Der Rat der Europäischen Gemeinschaft, Blatt Nr. C 252; 1981, schlug u.a. folgende Empfehlung vor

> „Methoden mit breitem Anwendungsgebiet sind denen vorzuziehen, die nur für bestimmte Waren geeignet sind. Methoden zur Untersuchung schnell verderblicher Nahrungsmittel sollten so konzipiert sein, daß die Ergebnisse vor Vermarktung der Ware vorliegen."

Fast alle bekannten Prüfmethoden ähneln sich, oft unterscheiden sie sich in beinahe unwichtig erscheinenden Nuancen, wobei die Vorschläge für die Untersuchung von Lebensmitteln nahezu ausschließlich für Einzelprodukte oder Rohstoffe gelten. So wird man bei differenzierten Fragestellungen auf internationale Literatur zurückgreifen, z.B.:

- Amtliche Sammlung von Untersuchungsmethoden nach § 35 LMBG;
- Methoden des Deutschen Institutes für Normung (DIN), Berlin
- Vorschriften der American Public Health Association, 2. Aufl. (APHA) Hrg. M.L. Speck 1984;
- Methoden der International Commission on Microbiological Specification for Foods (ICMSF) USA;
- Vorschriften der Food and Drug Administration, 8. Aufl. (FDA) USA, Hrg. AOAC 1995
- Schweizerisches Lebensmittelbuch, 5. Aufl., 2. Band, 1989 Bearbeitet vom Redaktionsausschuß der Subkommission 21 (Hygienisch-Bakteriologische Kommission).

Die nachstehenden Ausführungen und Darstellungen von Untersuchungen zeigen in kurzer Form bewährte und erprobte Möglichkeiten auf.

2.15.1
Gesamtkoloniezahl aerober Mikroorganismen

Als Synonyme für die Gesamtkoloniezahl sind folgende Begriffe in Gebrauch:

- Keimzahl
- Gesamtkeimzahl
- koloniebildende Einheiten
- Koloniezahl

Die Gesamtkoloniezahl umfaßt die koloniebildenden Einheiten aeroben und fakultativ anaeroben Bakterien (vegetative Keime und Sporen), von Schimmelpilzen und von Hefen pro Gramm Lebensmittel.

Der Bedeutung der Gesamtkoloniezahl sind in verschiedener Hinsicht Grenzen gesetzt; während sie bei Trinkwasser und Rohmilch unbestritten ist, wird sie bei Lebensmitteln allgemein streitig diskutiert, weil eine hohe Koloniezahl keineswegs ein gesundheitliches Risiko darstellen muß. Ebensowenig kann ein Lebensmittel mit einer niedrigen Koloniezahl als hygienisch unbedenklich angesehen werden.

Trotzdem kann der Gesamtkoloniezahl eine gewisse Indikatorfunktion zugesprochen werden. So erlaubt sie Rückschlüsse auf eine mögliche Kontamination qualitätsbekannter Rohstoffe, eine hygienisch fehlerhafte Herstellung oder eine unzureichende Zeit-/Temperatursteuerung z.B. während der Produktion oder der Lagerung.

Unter der Gesamtkoloniezahl und deren Synonymen – ohne Zusatzbezeichnung – wird i.a. die Zahl verstanden, die, bei Inkubation unter *mesophilen* aeroben Bedingungen, ausgezählt wird.

Je nach Lebensmittel bzw. Fragestellung kann auch die *thermophile* oder *psychrophile* Gesamtkoloniezahl von Interesse sein.

2.15.1.1
Nachweis der aeroben mesophilen Gesamtkoloniezahl

Nach der Homogenisation des Nahrungsmittels und dem Anlegen einer dezimalen Verdünnungsreihe, bei unbekanntem mikrobiologischem Status i.a. bis zur Verdünnungsstufe 10^{-6}, werden Nähragarplatten mit breitem Nährstoffprofil (Plate-Count-, Standard-I-Agar) im Plattenguß-, Oberflächenspatel- oder Plattentropf-Verfahren (s. Kap. 2.4.5.1 – 2.4.5.3) beimpft. Die beimpften Platten werden kopfstehend für 72 h bei 30 °C inkubiert.

Nach Beendigung werden alle Kolonien ausgezählt. Um die Zählung zu erleichtern, aber auch die Unterscheidung zwischen Kolonien und anderen vom Lebensmittel stammenden Partikel abzusichern, sollte eine Lupe mit 2–4 facher Vergrößerung verwendet werden.

Folgende Übersichtsuntersuchungen können durchgeführt und folgende Aussagen getroffen werden:

- Beschreibung der makroskopischen Koloniemorphologie;
- Pigmentierung der gewachsenen Kolonien;
- Beschreibung der mikroskopischen Keimmorphologie;
- evt. Ermittlung des Gramverhaltens mittels Färbung, KOH (Kalilauge), oder Aminopeptidase-Test.

Weiterführende Bestätigungstests sind in der Regel nicht vorzusehen.

2.15.1.2
Nachweis der aeroben thermophilen Gesamtkoloniezahl

Der Nachweis ist analog dem Verfahren der mesophilen Koloniezahl durchzuführen mit der Ausnahme, daß für 2–3 Tage bei 55 °C inkubiert wird.

Um einem Austrocknen der Nährbodenoberfläche zu begegnen, ist es sinnvoll, eine flache Schale mit Wasser im Brutschrank zu deponieren.

2.15.1.3
Nachweis der aeroben psychrotrophen Gesamtkoloniezahl

Psychrotrophe Mikroorganismen sind solche, die auch bei Kühlhaustemperaturen zu Wachstum und Vermehrung befähigt sind, was zum Verderb zahlreicher Lebensmittel führt. Dabei sind insbesondere proteinreiche Produkte wie Fleisch, Geflügel, Fisch und Milch zu nennen. Zu den typischen psychrotrophen Mikroorganismen zählen u. a. *Pseudomonas, Vibrio, Yersinia, Flavobacterium, Listeria, Lactobacillus, Bacillus, Micrococcus*, eine größere Zahl von Schimmelpilzen sowie einige Hefen.

Nach der Homogenisation des zu untersuchenden Lebensmittels und Anlegen einer dezimalen Verdünnungsreihe sollten die Plate-Count- oder CASO-Agar-Platten im Oberflächenspatelverfahren beimpft werden. Das Plattengußverfahren ist wegen der Gießtemperatur (bis ca. 45 °C) ungeeignet, da bei dieser Temperatur Zellschädigungen nicht auszuschließen sind. Die Bebrütung erfolgt bei 7 ± 1 °C für 10 Tage oder aber zunächst 16 h bei 17 °C und weitere 72 h bei 7 °C.

Selektiver Nachweis
Zur Abklärung, ob bei einer psychrotrophen Flora grampositive oder gramnegative Keime dominieren, dient der selektive Nachweis mit einem Mischnährboden aus 1/3 VRB- und 2/3 Plate-Count-Agar. Die Inkubation erfolgt für 5 Tage bei 22 °C. Rote Kolonien werden ausgezählt und quantitativ mit Kolonien des nichtselektiven Verfahrens verglichen.

2.15.1.4
Nachweis der aeroben mesophilen Bakterien

Je 1 ml der Verdünnungsstufen werden in sterile Petrischalen überführt und mit flüssigem, auf 45 °C Gießtemperatur abgekühltem APT-Agar (Merck 10454), dem 100 mg/l Cycloheximid zugesetzt wurde gut vermischt. Nach Erstarren der Gußkulturen werden die Platten umgekehrt im Brutschrank deponiert und für 3 Tage bei 30 °C bebrütet.

Durch die Cycloheximidzugabe zum Nährboden werden Hefen- und Schimmelpilzwachstum unterdrückt. Sollten bei der Auswertung Zweifel aufkommen, ist die mikroskopische Prüfung angezeigt.

2.15.2
Gesamtkoloniezahl anaerober mesophiler Keime

Insbesondere bei vakuumverpackten Lebensmitteln und Konserven kann der Nachweis anaerober mesophiler Keime interessant sein bzw. für erforderlich gehalten werden.

Für die quantitative Erfassung geht man analog dem Nachweis zur Ermittlung der aeroben mesophilen Mikroorganismen vor.

Nach der Homogenisation der Lebensmittelprobe und dem Anlegen einer dezimalen Verdünnunngsreihe werden je 1 ml der Probe bzw. Verdünnungsstufe mittels steriler Pipetten in sterile Petrischalen überführt.

Etwa 10–15 ml des frisch bereiteten und auf 40–45 °C abgekühlten Hirn-Herz-Infusion-Agars (z.B. Oxoid CM 375; Merck 13825) werden je Petrischale zugesetzt und gut eingemischt. Es muß beachtet werden, daß der Hirn-Herz-Infusion-Agar „sauerstofffrei" ist; ein Schütteln ist also zu vermeiden. Alternativ zum beschriebenen Plattengußverfahren kann auch mittels Oberflächenspatelverfahren kultiviert werden. Die Impfmenge beträgt dann allerdings bekanntlich 0,1 ml.

Um einem möglichen Schwärmen der Keime Einhalt zu bieten, kann nach dem Erstarren der Gußkultur ein Overlayer (Deckschicht) des Hirn-Herz-Infusion-Agars aufgebracht werden.

Die Platten werden umgekehrt in einem Anaerobier-Topf deponiert und unter anaeroben Bedingungen für 3 Tage bei 30 °C bebrütet.

Obligate Anaerobier können sehr sauerstoffempfindlich sein; aus diesem Grund ist für eine rasche Probenaufbereitung und -verarbeitung zu sorgen.

Beurteilung

Alle erkennbaren Kolonien werden ausgezählt. Um das Zählen zu erleichtern, kann man eine Lupe mit 2–4facher Vergrößerung verwenden. In Zweifelsfällen sollte mit einer stärkeren Lupe die Unterscheidung zwischen Kolonien und anderen Partikeln abgesichert werden.

2.15.3
Unterscheidung gramnegativer und -positiver Bakterien mittels KOH-Test

Wie schon im Kapitel Färbeverfahren (2.10.4) beschrieben, gilt die Gramfärbung als wichtigste Färbung für eine Bakterieneinteilung hinsichtlich gramnegativer und grampositiver Stämme.

Der KOH-Test soll und kann die Gramfärbung keinesfalls ersetzen, ist jedoch bei zweifelhaften Gramfärbungen eine zusätzliche Hilfe; auch als Schnellverfahren für eine grobe Übersichtsuntersuchung bietet dieser Test einen ausreichenden Aussagewert.

Gregersen (1978) prüfte diesen Test auf seine Eignung. Dabei wurden 55 gramnegative und 71 grampositive Stämme überprüft. Während alle gramnegativen Stämme eine positive KOH-Reaktion ergaben, wurde eine derartige Reaktion unter den als grampositiv bezeichneten Bakterien nur bei einem Stamm von *Bacillus macerans* beobachtet. Allerdings erwies sich auch dieser Stamm bei der Gramfärbung als gramnegativ.

Nach Untersuchungen von Otte et al. (1979) waren von 1435 grampositiven Milchstämmen 95,5% KOH-negativ, von 220 gramnegativen 175 bzw. 79,6% KOH-positiv.

2.15.3.1
Durchführung und Prinzip der Methode (Abb. 2.46.)

1–2 Tropfen einer 3%igen Kalilauge werden auf einem sauberen Objektträger mit einer oder mehreren Kolonien verrieben. Nach etwa 5–10 s hebt man die Impföse oder Impfnadel, mit der verrieben wurde, vorsichtig vom Tropfen ab. Kommt es zur Schleimbildung (Fadenziehen), so liegt eine positive Reaktion vor. Die aufgenommene Kolonie ist gramnegativ oder zumindest verdächtig, gramnegativ zu sein.

Die Schleimbildung kurz nach dem Verreiben von Koloniematerial in der Kalilauge ist vermutlich auf die Zerstörung der Bakterienzellwand und damit bedingten Freisetzung von Desoxyribonucleinsäure zurückzuführen.

2.15.4
Aminopeptidase-Test zur Uberprüfung des Gramverhaltens gramnegativer und grampositiver Bakterien

Cerny (1976, 1978) entwickelte den L-Alanin-Aminopeptidase-Test. Dieser Schnelltest basiert auf Unterschieden in der Zusammensetzung der Zellhülle von Bakterien. Untersuchungen an einer großen Reihe von Bakterien zeigten, daß die weitaus meisten gramnegativen Bakterien das Enzym L-Alanin-Aminopeptidase

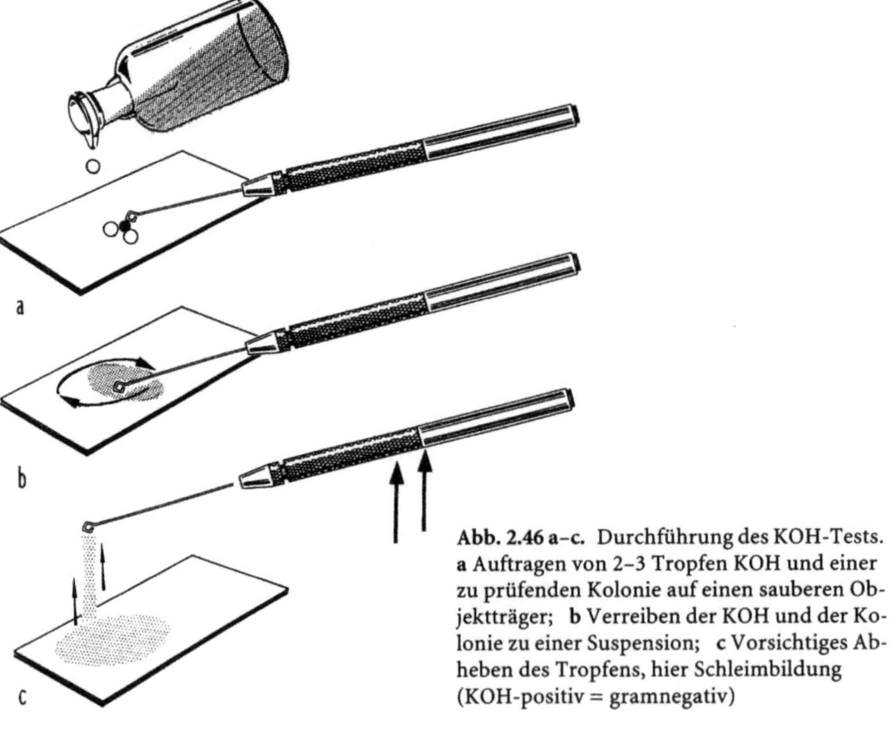

Abb. 2.46 a–c. Durchführung des KOH-Tests. **a** Auftragen von 2–3 Tropfen KOH und einer zu prüfenden Kolonie auf einen sauberen Objektträger; **b** Verreiben der KOH und der Kolonie zu einer Suspension; **c** Vorsichtiges Abheben des Tropfens, hier Schleimbildung (KOH-positiv = gramnegativ)

in relevanter Menge enthalten, während praktisch alle grampositiven oder gramvariablen Bakterien keine oder höchstens eine schwache Enzymaktivität zeigten.

Dies bedeutet, daß durch den Aminopeptidase-Test nahezu alle in der Praxis interessierenden Bakterien sich umgekehrt zur Gramreaktion verhalten, nämlich:

- grampositiv = Aminopeptidase-negativ
- gramnegativ = Aminopeptidase-positiv

2.15.4.1
Prinzip und Durchführung der Methode

Die L-Alanin-Arninopeptidase spaltet die Aminosäure L-Alanin aus unterschiedlichen Substraten ab. Bei den käuflich zu erwerbenden Bactident-Aminopeptidase-Teststäbchen (Merck 13301) wird das Substrat L-Alanin-4-nitroanilid bei Anwesenheit von Alanin-Aminopeptidase in 4-Nitroanilin und die Aminosäure L-Alanin gespalten. Auf Grund der Gelbfärbung durch das 4-Nitroanilin wird die Anwesenheit der L-Alanin-Aminopeptidase nachgewiesen.

Für den Aminopeptidase-Test sollten vor allem von indikator- oder farbstofffreien Nährböden abgenommene Kolonien verwendet werden. Von einer Durchführung des Tests mit Kolonien starker Eigenpigmentierung wird abgeraten.

Eine gut gewachsene Einzelkolonie wird in 0,2 ml dest. Wasser zu einer deutlichen Opaleszenz suspendiert. Das vorstehende Schema (Abb. 2.47.) verdeutlicht den weiteren Arbeitsgang.

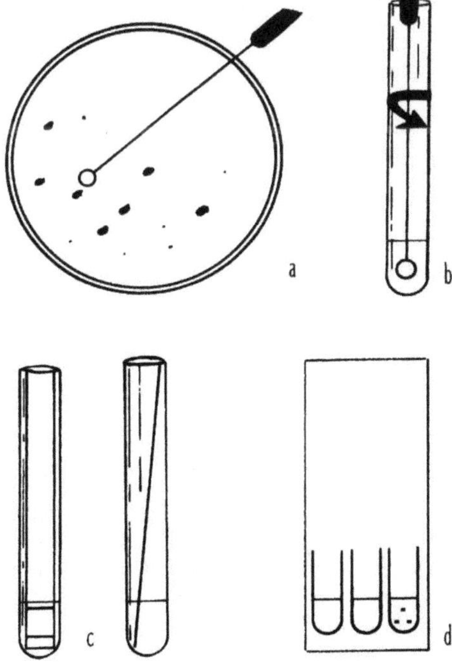

Abb. 2.47 a–d. Schema zum Aminopeptidase-Test. **a** Mit der ausgeglühten und abgekühlten Impföse einzeln liegende, gut gewachsene Kolonie dem Nährboden entnehmen; **b** Bakterienmasse in kleinem Reagenzröhrchen in 0,2 ml dest. Wasser gut suspendieren; **c** Aminopeptidase-Teststäbchen so in das Reagenzröhrchen einbringen, daß die Reaktionszone völlig in die Bakteriensuspension eintaucht; **d** Inkubation des Reagenzröhrchens im Wasserbad (oder Brutschrank) bei 37 °C über 10 bis max. 30 min (links); Ablesen der Reaktion durch Vergleich mit der Farbskala (rechts)

Eindeutige Aussagen werden bei praktisch allen in der Praxis vorkommenden Keimen erhalten, insbesondere bei Bakterien, die zu gramvariablen Reaktionen neigen, bspw. *Bacillus*-Species (Carlone et al. 1982).

2.15.5
Überprüfung der mikroskopischen und makroskopischen Keim- bzw. Koloniemorphologie

Unter Morphologie versteht man die Lehre von der Form und Struktur der Körper.

Neben der Formgebung und Gestalt der Mikroorganismen im mikroskopischen Bereich, welche eine erste grobe Einteilung ermöglicht, kennt man noch die sogenannte makroskopische Koloniemorphologie.

2.15.5.1
Formgebung im mikroskopischen Bereich

Nach der äußeren Gestalt, die starr und unveränderlich ist, werden unterschieden:

- Bakterien mit stäbchenförmiger Gestalt, wobei verschiedene Längen und die Dicke weitere Differenzierungen ermöglichen (Abb. 2.48.).
- Bakterien mit kugelförmiger Gestalt, wobei unterschiedliche Lagerungen bzw. Anordnungen eine weitere Unterteilung ermöglichen (Abb. 2.49. a–e)
- Bakterien mit komma- oder schraubenförmig gewundener Gestalt (Abb. 2.48. f, h, i)
- sporenbildende Bakterien mit typischer Sporenlage (Abb. 2.50.)
- Bakterien, von Schleimkapseln umgeben (Abb. 2.51.)

Die Abb. 2.48–Abb. 2.51 zeigen schematische Darstellungen des mikroskopischen Bildes.

2.15.5.2
Koloniemorphologie

Auf Nährbodenplatten gewachsene Kolonien haben ein charakteristisches Aussehen, wodurch sie sich voneinander unterscheiden lassen (Abb. 2. 52.)

Die Abb. 2.53–2.55 zeigen typische Darstellungen von Kolonierändern und -umrissen sowie Erhebungen auf Nährböden.

2.15.5.3
Keimwachstum in einer Bouillon

Auch in Flüssigkeiten können unterschiedliche Wachstumscharakteristika beobachtet werden. Die Abb. 2.56. zeigt die unterschiedlichen Wachstumsformen einer Flüssigkeitskultur.

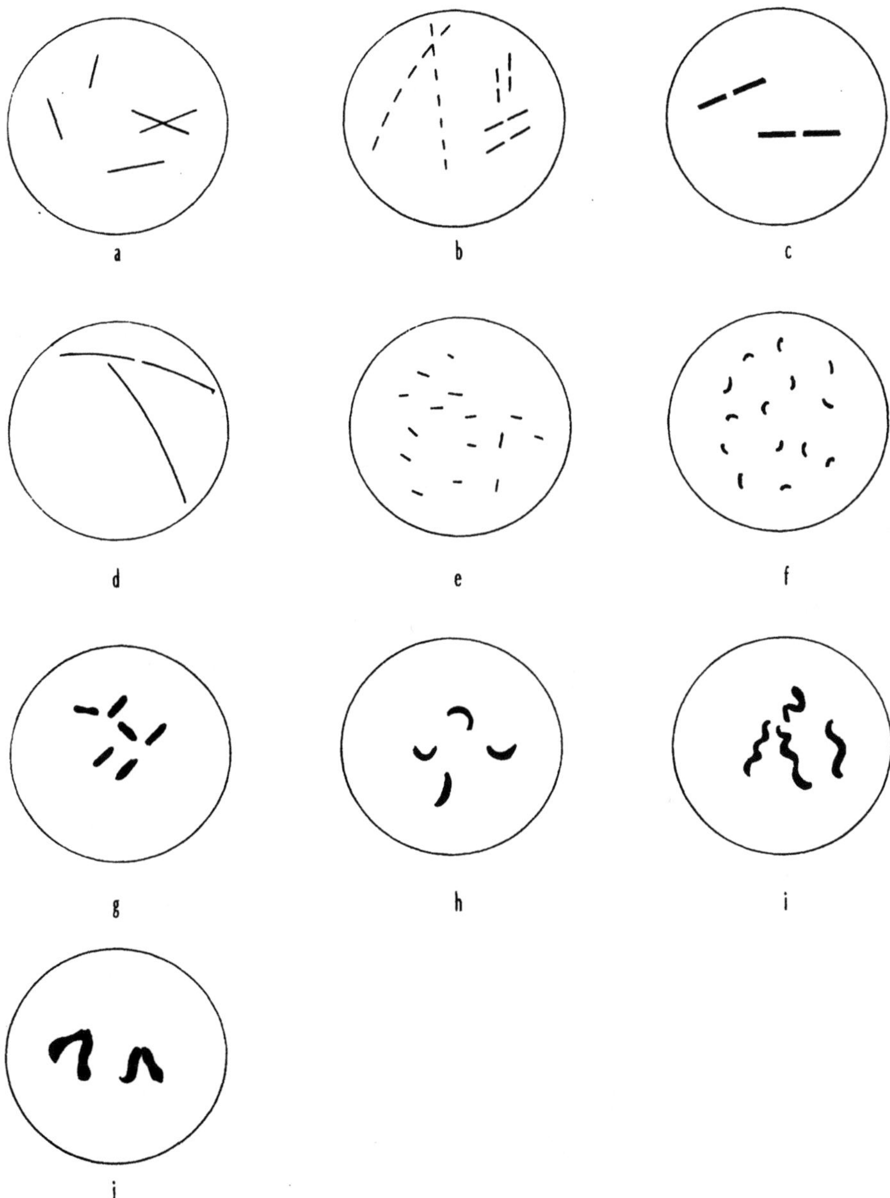

Abb. 2.48 a–j. Verschiedene Formen einiger Stäbchenbakterien. **a** Schlanke Stäbchen; **b** Stäbchenkette/Diplobakterien; **c** Dicke Stäbchen mit eckigen Enden; **d** Gekrümmte Fadenstäbchen; **e** Schlanke Kurzstäbchen; **f** Gekrümmte, schlanke Stäbchen; **g** Plumpe Stäbchen; **h** Gewundene Stäbchen (z.B. Vibrionen); **i** Plumpe Spirillen; **j** Coryneforme Stäbchen

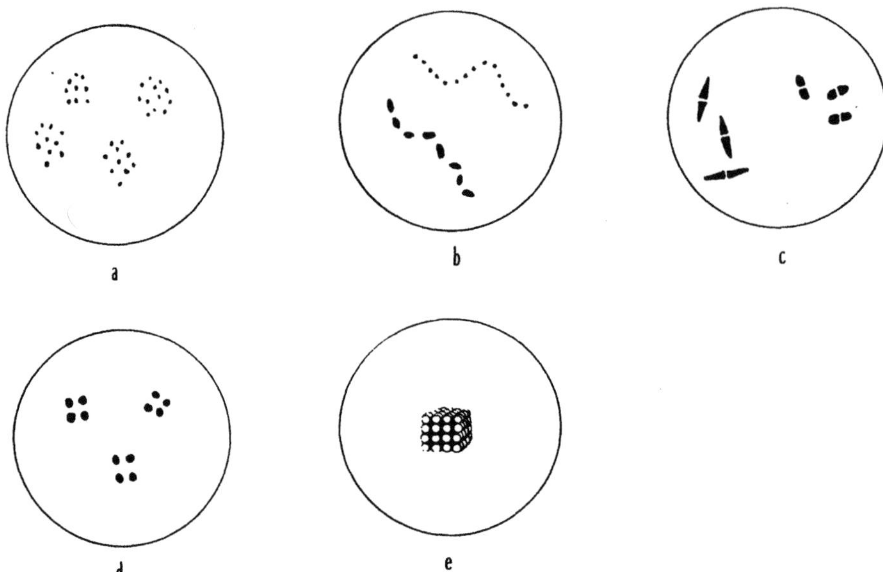

Abb. 2.49 a–e. Verschiedene Formen und Anordnungen einiger Kugelbakterien. **a** Kokken in unregelmaßiger Anordnung (Haufenkokken); **b** Kugelige/eiförmige Kokken in Kettenformation; **c** Lanzettförmige/semmelförmige Diplokokken; **d** Viererkokken; **e** Paketkokken

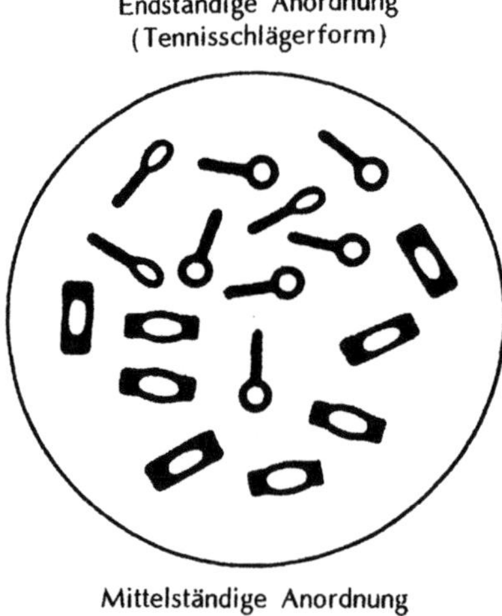

Abb. 2.50. Sporen unter dem Mikroskop

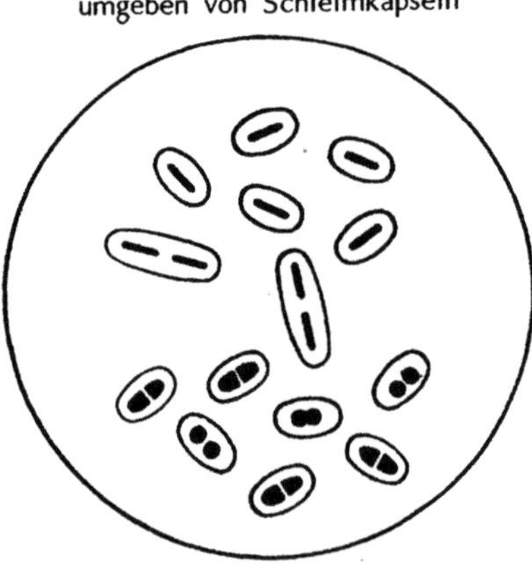

Abb. 2.51. Bakterien mit Schleimkapsel

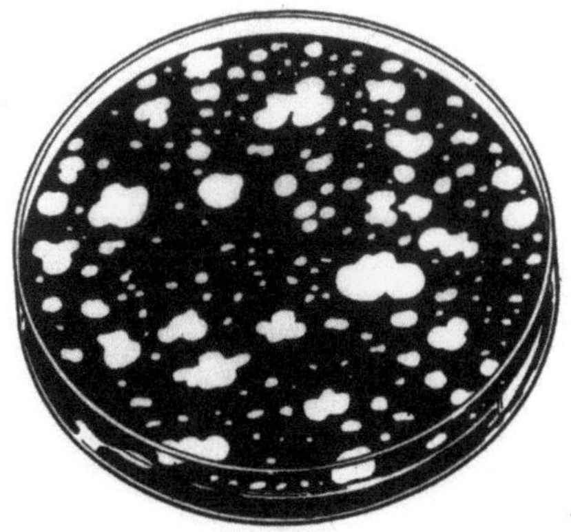

Abb. 2.52. Nähragarplatte mit Koloniewachstum

Abb. 2.53. Kolonieränder

Abb. 2.54. Kolonieformen; Aufsicht

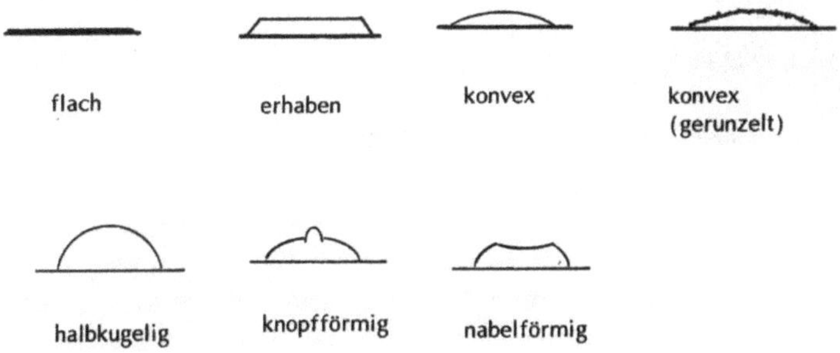

Abb. 2.55. Kolonieerhebung; seitliche Aussicht

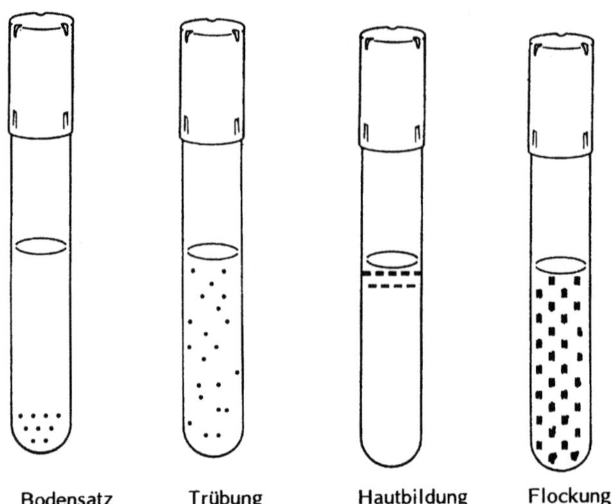

Abb. 2.56. Wuchsformen in einer Bouillon

2.15.6
Überprüfung des Verhaltens von Bakterien gegenüber Sauerstoff

Wie bereits beschrieben, lassen sich Bakterien hinsichtlich des Einflusses von Sauerstoff auf ihr Wachstum in 4 Gruppen einteilen, nämlich in:

- Aerobier   Wachstum nur in Gegenwart von O_2
- Anaerobier   Wachstum nur in Abwesenheit von O_2
- fakultative Anaerobier   Wachstum in Gegenwart und Abwesenheit von O_2
- Mikroaerophile   Wachstum in Gegenwart geringer O_2-Mengen, meist in CO_2-Atmosphäre

Da dieses Verhalten in vielen Fällen als diagnostisches Merkmal bei der systematischen Einordnung herangezogen wird, ist eine Überprüfung durch Anlegen von Hochschicht- und Stichkulturen notwendig (Abb. 2.57.).

2.15.6.1
Standkultur in Hochschichtröhrchen

Mit dieser Methode wird das anaerobe Wachstum von Bakterien im gesamten Nährboden überprüft. Dazu werden 10 ml eines sterilen, auf ca. 40 °C abgekühlten Standard-Agars in Reagenzgläschen gefüllt und anschließend 1 ml bzw. 0,1 ml der zu untersuchenden Probe oder Bakteriensuspension zugesetzt. Durch Rollen der Röhrchen zwischen den flachen Händen wird eine gute Durchmischung gewährleistet. Anschließend erfolgt eine Bebrütung von 3–5 Tagen bei 30–35 °C.

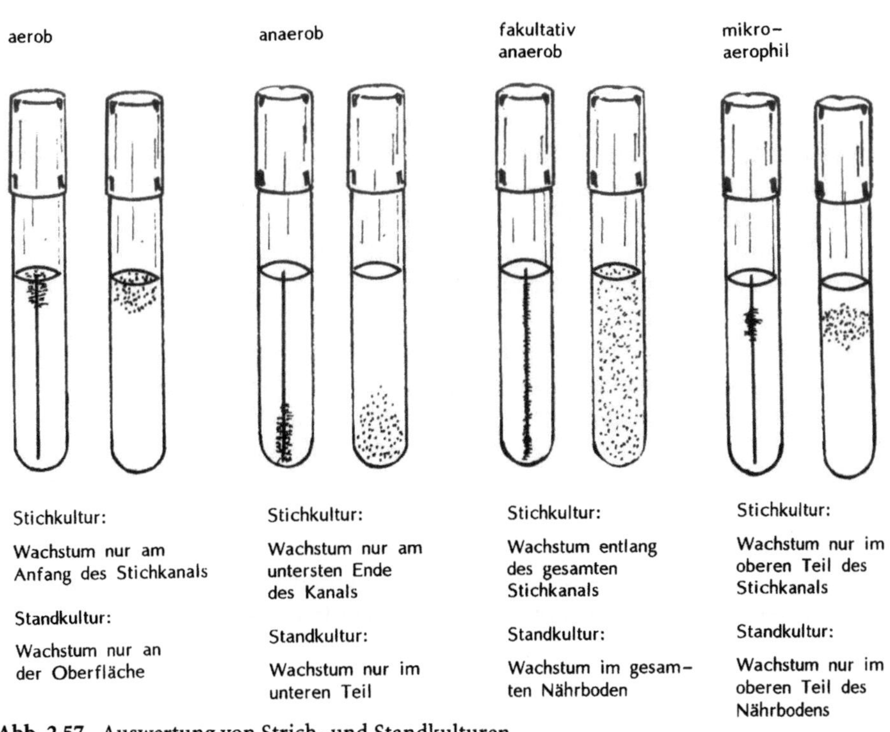

Abb. 2.57. Auswertung von Strich- und Standkulturen

2.15.6.2
Stichkultur in Hochschichtröhrchen

Reagenzröhrchen werden zu je 10 ml mit einem Kollektivagar-Nährboden gefüllt und sterilisiert. Nach Erkalten des Nährbodens erfolgt die Beimpfung durch einen Stich mit einer Platinnadel bis zum Boden des Röhrchens.

2.15.7
Oxidations-Fermentations-Test zum Nachweis der Kohlenhydratverwertung

Der OF-Test nach Hugh u. Leifson (1953) gibt darüber Aufschluß, ob ein Bakterium nur mit Hilfe von Sauerstoff (oxidativer Abbau) oder ohne Sauerstoff (fermentativer Abbau) Kohlenhydrate unter Säure- und evt. Gasbildung verwertet (Tab. 2.7.).

Als Testmedium dient der kohlenhydratfreie OF-Basis-Nährboden (z.B. Merck 10282 oder Becton Dickinson 11484). Nach dem Autoklavieren des Basisnährbodens setzt man diesem – nach erfolgter Abkühlung auf ca. 50 °C – 100 ml/l einer 10%igen sterilfiltrierten Glukose- (Laktose-, Saccharose-) Lösung zu. Nach einem guten Vermischen werden je 10 ml in Kulturröhrchen portioniert und diese bis zum Erstarren des Nährbodens stehen gelassen.

2.15.7.1
Durchführung und Auswertung

Eine mittels Impfnadel aufgenommene Reinkultur wird in jeweils zwei Röhrchen parallel im Stichverfahren überimpft. Eines der beiden Röhrchen wird nach Ausführung des Impfstiches sofort – um einen Sauerstoffzutritt zu verhindern – mit sterilem Paraffinöl etwa fingerbreit überschichtet.

Während einer Bebrütung von mindestens 48 h, in der Regel 2–4 Tagen bei 37 °C ist auf einen Farbumschlag des Nährbodens infolge der Bromthymolblau-Indikator-Zugabe sowie Gasbildung zu achten.

Eine Gelbfärbung des sonst grün gefärbten Nährbodens im offenen sowie im überschichteten Röhrchen ist als fermentativer Kohlenhydratabbau zu werten. Eine Gelbfärbung ausschließlich im offenen Röhrchen ist als oxidativer Abbau zu registrieren. Der oxidative Abbau findet an oder nahe der Nährbodenoberfläche, der fermentative Abbau sowohl an der Oberfläche als auch in der Tiefe des Nährbodens statt (Abb. 2.58.).

Neben den genannten Reaktionen erhält man noch Aufschluß darüber, ob ein unbeweglicher Stamm (Wachstumstrübung nur entlang dem Stichkanal) oder ein beweglicher Stamm (Wachstumstrübung im gesamten Nährboden) vorhanden ist.

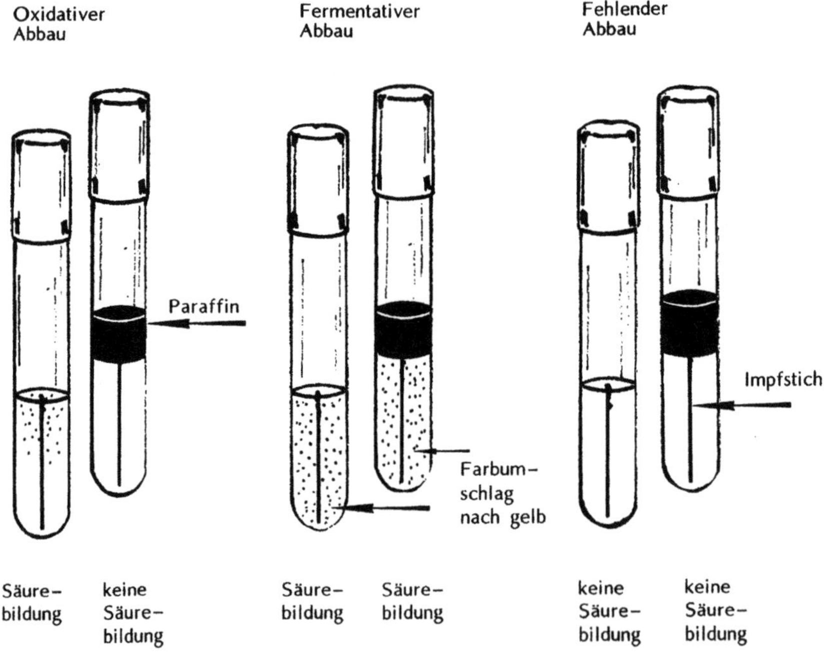

Abb. 2.58. Auswertung des OF-Tests

Tabelle 2.7. Reaktion einiger relevanter Mikroorganismen (OF-Test Glukose)

Fermentativer Abbau	Oxidativer Abbau	Fehlender Abbau
Enterobacteriaceae	*Micrococcus*	*Acinetobacter*
Staphylococcus	*P. aeruginosa*	*Campylobacter*
Streptococcus	*Flavobacterium*	
V. parahaemolyticus		
Y. enterocolitica		

2.15.8
Aerobe mesophile Fremdkeime

Als aerobe mesophile Fremdkeime sind solche Infektionskeime anzusehen, die bei
der Herstellung und Reifung von Nahrungsmitteln keine gärtechnologische Bedeutung haben und keine Reifungsorganismen sind; z.B.:

- *Pseudomonas*
- *Flavobacterium*
- *Alcaligenes*
- *Aeromonas*
- *Xanthomonas*
- *Acinetobacter*
- Enterobacteriaceae u.a.

Eine Untersuchung auf Fremdkeime ist insbesondere bei Produkten wie vergorenen bzw. fermentierten Milcherzeugnissen, Molkenpulver, Sauerrahm, Käse etc.
angezeigt.

2.15.8.1
Untersuchungsgang und Auswertung

1 ml aus jeder Stufe einer Verdünnungsreihe bzw. aus der zu überprüfenden Probe
wird in eine Petrischale pipettiert, 10–15 ml auf 40–4 °C abgekühlter zuckerfreier
PenicillinAgar (Sugar-free Penicillium-Agar) hinzugefügt und gut vermischt. Die
Plattengußkulturen werden umgekehrt 3 Tage bei 30 °C aerob bebrütet.

Sugar-free Penicillium-Agar

Basis:	35 g	Keimzahlagar zuckerfrei FIL-IDF (Merck 10878)
	1000 ml	dest. Wasser
	pH 7,5 ± 0,1	

Der Basis-Nährboden wird gelöst und 15 min. bei 121 °C autoklaviert.

Nach dem Abkühlen auf 50 °C werden 5.000 IE/I in Form einer sterilfiltrierten, wäßrigen Lösung von Penicillin G-Natrium zugesetzt.

Fertiges Supplement – 500 IE für 100 ml Basis – ist kommerziell erhältlich (BBL Mat. Nr. 6001).

Als aerobe mesophile Fremd- bzw. Infektionskeime gelten alle mit bloßem Auge sichtbaren Kolonien; sog. Pinpoint-Kolonien werden nicht gezählt.

Bestätigungsreaktionen sind im allgemeinen nicht notwendig.

2.15.9
Pseudomonaden

Für den Nachweis von Pseudomonaden haben sich zwei Selektivnährböden bewährt. Nach Vorbereitung der Probe und Anlegen einer Verdünnungsreihe kann auf GSP-Agar (*Pseudomonas-Aeromonas*-Selektivagar nach Kielwein) und/oder Cetrimid-Agar mit dem Oberflächenspatelverfahren kultiviert werden.

2.15.9.1
Auswertung, Identifizierung und Differenzierung

Die Auswertung der GSP-Platten erfolgt nach einer Bebrütung von drei Tagen bei 25 °C.

Pseudomonas spec.:	große, 2–3 mm Durchmesser, blau-violette Kolonien, Umgebung rot-violett
Aeromonas	große, 2–3 mm Durchmesser, gelbe Kolonien, Umgebung gelb

Die Cetrimid-Agarplatten werden nach einer Bebrütung von 24–48 h bei 37 und 42 °C ausgewertet.

Pseudomonas aeruginosa-Kolonien bilden einen blau-grünen Farbstoff (Pyocyanin) und fluoreszieren im UV-Licht.

Identifizierung

Um aus einer Anzahl gewachsener Kolonien die Species *Pseudomonas aeruginosa* zu identifizieren, bedient man sich der Elektivnährböden *Pseudomonas*-Agar-F und *Pseudomonas*-Agar-P.

Die Nährbodenoberflächen werden mit verdächtigen *Pseudomonas*-Kulturen so beimpft, daß sich möglichst einzeln liegende Kolonien entwickeln können. Nach einer Bebrütung von 24–48 h bei 37 °C, anschließend 72 h bei Raumtemperatur (*Ps.*-Agar-F) und 24–96 h bei 37 °C (*Ps.*-Agar-P) erfolgt die Auswertung.

Nur *Pseudomonas aeruginosa* bildet auf *Pseudomonas*-Agar-P Kolonien mit einer Zone blauer bis grüner Pigmentierung durch Bildung des Farbstoffes Pyocyanin.

Auf *Pseudomonas*-Agar-F erscheinen die *Pseudomonas aeruginosa*-Kolonien dagegen mit gelber bis grüngelber Zone durch Bildung von Fluorescein; die Fluoresceinbildung kann mit einer UV-Lampe bei 366 nm nachgewiesen werden.

Differenzierung
Sollen Pseudomonaden aus einer Reihe anderer gramnegativer Stäbchenbakterien differenziert werden, hilft der Oxidase- und der Arginindihydrolase-Test.

Oxidase-Test (Abb. 2.59. und 2.60.)
Reagenz nach Kovacs (1956).   1%ige wäßrige Lösung von
                                     Tetramethyl-1,4-phenylendiamindi-
                                     hydrochlorid

1. Methode. Man gibt einige Tropfen Oxidase-Test-Reagenz auf ein Stück Filterpapier. Mit einer Platinöse (ein anderes Metall würde den Test beeinflussen) oder einem Glasstab streicht man eine aufgenommene Bakterienkultur auf das reagenzgetränkte Filterpapier. Nach ca. 5–10 s bildet sich bei der Anwesenheit von Pseudomonaden eine Purpurfärbung.
2. Methode. Bei dieser Methode tropft oder überflutet man das Testreagenz auf die Oberfläche der Bakterienkultur eines festen Nährbodens. Oxidase-positive Kolonien färben sich dabei rosa und werden nach 10–20 min dunkelrot, purpur bis schwarz.

Prinzip. Verschiedene aerobe Bakterien, die ihre Energie aus aeroben Respirationsvorgängen gewinnen, benützen Sauerstoff als Wasserstoffakzeptor, ein Schritt, der durch das Enzym Oxidase katalysiert wird. Bei Anwesenheit molekularen Sauerstoffs können Elektronen durch das Cytochromoxidase/Cytochrom c-System auf eine ganze Reihe von organischen Substanzen, unter anderem das genannte Oxidasereagenz unter Bildung des Kondensationsmoleküls Indophenolblau übertragen werden.

Beachte. Die Oxidase-Reaktion darf nur auf Medien ausgeführt werden, die keine Kohlenhydrate enthalten.

Arginindihydrolase-Test (nach Thornley 1960)

Nährboden		
	Pepton	0,1 g
	K_2HPO_4	0,03 g
	Phenolrot	0,001 g
	NaCl	0,5 g
	L-Argininhydrochlorid	1,0 g
	Agar	0,3g
	dest. Wasser	100,0 ml
		(pH 7,2)

Alle zuvor genannten Bestandteile werden gelöst; die Lösung wird dann anschließend in Reagenzgläser verteilt und im Autoklaven bei 121 °C für 15 min sterilisiert.

Von jeder zu identifizierenden Kolonie injiziert man etwas Material in die Reagenzgläser mit dem ausgekühlten Medium. Die Hälfte der Reagenzgläser wird mit reinem, flüssigem, sterilem Paraffin überschichtet.

Eine Bebrütung erfolgt bei 20 °C für 7 Tage und bei 37 °C für 2 Tage.

Die Rotfärbung des Mediums (alkalische Reaktion) bedeutet ein positives Resultat (Argininhydrolase und Ammoniakbildung); es befinden sich *Pseudomonas* oder *Aeromonas* in den Reagenzgläsern.

Neben den zwei genannten orientierenden Tests sind auch handelsübliche Identifikationssysteme, wie z.B. OXI/FERM TUBE Becton Dickinson BLL oder API 20 NE, erhältlich.

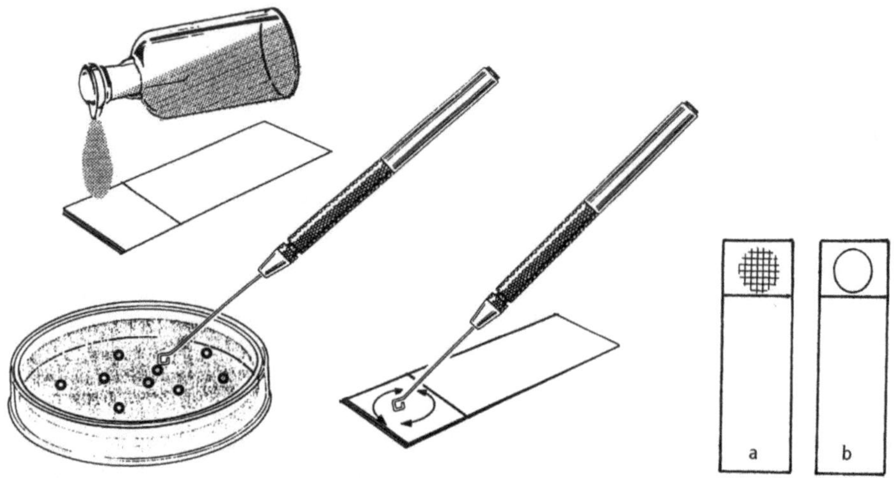

Abb. 2.59. Oxidase-Test, Filterpapiermethode. **a** positiver Befund (z.B. *Pseudomonas, Aeromonas*); **b** negativer Befund (z.B. Enterobacteriaceae)

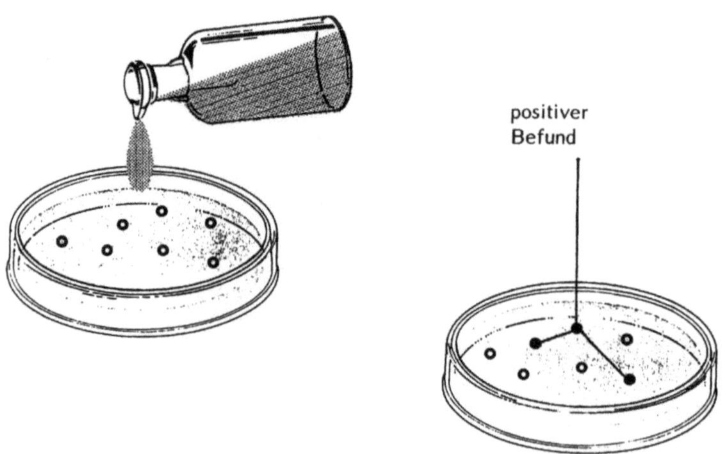

Abb. 2.60. Oxidase-Test, Überflutungsmethode

2.15.10
Enterobacteriaceen

Die Familie der Enterobakterien umfaßt pathogene und apathogene Arten, die auch außerhalb des Enterons von Tier und Mensch angetroffen werden können.

Sie dienen als Indikator-Organismen und können insbesondere bei thermisch behandelten Lebensmitteln eine ungenügende Zeit/Temperatur-Bedingung oder Rekontaminationen anzeigen.

Ein negativer Nachweis erlaubt jedoch keinesfalls einen sicheren Rückschluß auf die Abwesenheit von pathogenen Arten.

Sollen ein An-/Abwesenheits-Test von Enterobacteriaceen aus einer an Zahl überlegenen Begleitflora durchgeführt oder durch Hitze, Kälte, Salz, Säure u.ä. geschädigte Mikroorganismen dieser Familie nachgewiesen werden, so ist ein Anreicherungsverfahren anzuwenden.

Eine Schädigung der Keime erfolgt beispielsweise in Pökelwaren, bei unzureichender Pasteurisation von Eiprodukten, in tiefgekühlten Lebensmitteln.

Durch ein Anreicherungsverfahren soll eine Enterobacteriaceen-spezifische, selektive Wirkung durch das Anreicherungsmedium und durch eine geeignete Bebrütungstemperatur ein Milieu geschaffen werden, in dem sich Enterobacteriaceen optimal gegenüber anderen Mikroorganismen vermehren können.

Die Untersuchungsmenge für das Enterobacteriaceen-Anreicherungsverfahren sollte mindestens 25 g betragen.

Erfolgt der Nachweis direkt, d.h. von der Lebensmittelprobe über dezimale Verdünnungsstufen zur Gußkultur oder Oberflächenspatelverfahren auf Kristallviolett-Neutralrot-Galle-Glukose (VRBD)-Agar – also ohne Anreicherungsverfahren – so empfiehlt es sich, die in Petrischalen erstarrte Gußkultur bzw. die Oberflächenkultur mit ca. 4 ml des gleichen Nährbodens zu überschichten (Overlayer) und anschließend 20–24 h bei 30–32 °C zu bebrüten

Durch die Deckschicht wird der fakultativen Anaerobiose der Enterobacteriaceen Rechnung getragen. Zur Abgrenzung von insbesondere *Pseudomonas*- und *Aeromonas*-Arten, die im VRBD-Agar von Enterobacteriaceen nicht unterschieden werden können, dient der Oxidase-Test. Dieser Test ist mit einer angemessenen Anzahl der ausgezählten Kolonien durchzuführen, die jedoch zuvor auf einem kohlenhydratfreien Nährboden (z.B. Caseinpepton-Sojamehlpepton-Agar) subkultiviert wurden. Kohlenhydrathaltige Nährböden führen wegen Säuerung des Mediums zu falsch-negativen Reaktionen.

2.15.10.1
Anreicherungsmedien

Pepton-Phosphat-Puffer (Peptonwasser)
Dieses Medium dient nicht zur selektiven Enterobacteriaceen-Anreicherung, sondern allgemein zur Wiederbelebung hitze-, kälte-, NaCl-, säure- o.ä. geschädigter Keime.

Methode. Mindestens 25 g bzw. ml des vorzerkleinerten Lebensmittels werden in 225 ml Pepton-Phosphat-Puffer-Lösung steril überführt, falls erforderlich elektromechanisch homogenisiert und anschließend 6–12 h bei 30 °C bebrütet.

Danach entnimmt man 1 ml "Wiederbelebungskultur" und bringt diese zur selektiven Anreicherung in 10 ml Enterobacteriaceae-Enrichment-Brühe (EEB) ein.

Enterobacteriaceae-Enrichment (EE)

Bei diesem Anreicherungsverfahren wird das Wachstum der meisten Mikroorganismen, die nicht zu den Enterobacteriaceen gehören, unterdrückt. Subletal geschädigte Zellen von Enterobacteriaceen, die durch physikalische oder chemische Behandlung der Lebensmittel geschädigt sind, können nicht in wünschenswerter Weise durch das EEB-Medium vermehrt werden.

Methode. Mindestens 25 g oder ml vorzerkleinertes Untersuchungsmaterial werden in 225 ml EEB-Anreicherungsmedium steril überführt und unter gelegentlichem Umschütteln 18–24 h bei 30 °C bebrütet.

Anschließend entnimmt man aus der Anreicherungskultur mindestens eine Impföse Substrat und streicht dieses auf Selektivplatten aus.

2.15.10.2
Differenzierung von Enterobacteriaceen (Tab. 2.8.)

Für die Differenzierung von Enterobacteriaceen bis zur Art stehen biochemische, serologische und außerdem aufwendige Phagen-Typisierungs-Verfahren zur Verfügung. Meist genügen biochemische Differenzierungskriterien einer sogenannten „Bunten Reihe".

Schema einer Enterobacteriaceen-Untersuchung

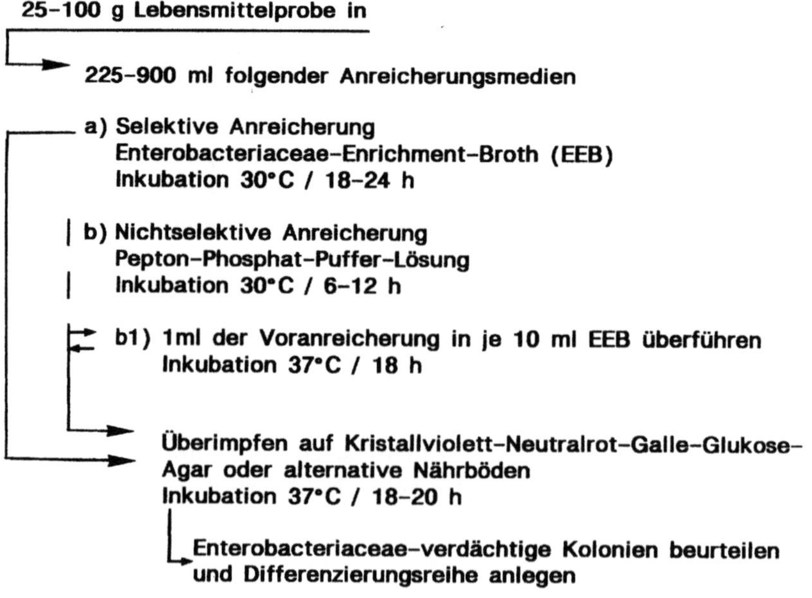

2.15.10.3
System-Differenzierung von Enterobacteriaceen

Die eigene Herstellung „Bunter Reihen" für die biochemische Differenzierung von Enterobacteriaceen ist arbeitsaufwendig und somit kostenintensiv.

In der Praxis haben sich daher fertige Enterobacteriaceae-Testbesteck-Systeme für die orientierende Identifizierung bzw. Differenzierung bestens bewährt. Diese Systeme wie bspw. API-bioMérieux-, ENTEROTUBE-Becton Dickinson BLL sind über den Fachhandel erhältlich. Die Systeme basieren auf Nährböden, aufgedampften Trockensubstraten in Reaktionskammern oder Reaktionstestblättchen.

Bei den „Trockensystemen" werden nach der Herstellung einer Suspension, z.B. physiologische NaCl-Lösung mit einer verdächtigen Kolonie, Kammern bzw. Testblättchen beimpft und nach entsprechender Bebrütung anhand von Indikatorfarbumschlägen eintretende Reaktionen ausgewertet. Die Auswertung mit Hilfe von Computer-Dateien erleichtert die Bestimmung des verdächtigen Keimes.

Tabelle 2.8. Typische Reaktionen zur Differenzierung von Enterobacteriaceen

	Säure aus Laktose	Säure aus Glukose	Gas aus Laktose	Gas aus Glukose	H_2S-Bildung	Harnstoffspaltung	Lysin decarboxylase	Indolbildung	Voges-Proskauer	KCN	ONPG-Spaltung
E. coli	+	+	+	+	−	−	+	+	−	−	+
Shigella	−	+	−	−	−	−	−	−−/+	−	−	V
Salmonella	−	+	−	++/−	++/−	−	+	−	−	−[a]	−
C. freundii	V		+	+	++	−	−	−	−	+	+
Enterobacter	+	+	+	+	−	−	−/+	−	++	+	+
Serratia		+	+/−	V	+	−	+	−	+	+	+
Proteus	−	+	−	+/−	++	+	−	+/−	+/−	+	−

+: überwiegend positive Reaktion; −: überwiegend negative Reaktion; +/−: überwiegend positive, auch negative Reaktion möglich; V: variable Reaktion; [a]Subgenus IV ist KCN-positiv.

Anmerkung: Die Röhrchen mit dem Kaliumcyanid-(KCN)-Substrat müssen gut verschlossen werden, weil sich sonst ein Teil des KCN bei der Bebrütung verflüchtigt und das Ergebnis verfälscht würde. Für den ONPG-(o-Nitrophenyl-ß-D-Galactopyranosid) Test, der dem ß-Galactosidasenachweis dient, sind gebrauchsfertige Disks erhältlich (Becton Dickinson, Art. 31249)

Das ENTEROTUBE-System (Abb. 2.61.) besteht aus einem Röhrchen, welches in 12 Kammern – jede Kammer ist mit einem Spezialnährboden gefüllt – unterteilt ist. Eine Nadel, die durch alle Kammern reicht, dient der Beimpfung.

Durch Aufnehmen einer Einzelkolonie, direkt von der Agarplatte, mit Hilfe der Impfnadel und anschließendem Ziehen dieser Nadel durch die Kammern, werden alle Nährböden beimpft.

2.15.11
Coliforme Keime und Escherichia coli

Escherichia coli ist in Lebensmitteln unerwünscht und bei deren Nachweis ein Indiz für eine eventuelle fäkale Kontamination. Im Gegensatz zu *E. coli* haben die übrigen coliformen Keime *(Escherichia Enterobacter, Klebsiella Citrobacter)* keine Indikatorfunktion für fäkale Verunreinigungen.

Obwohl zumindest in der Schweiz der Enterobacteriaceae-Nachweis den Coliformen-Nachweis abgelöst hat (Schweiz. Lebensmittelbuch 1989), ist der Nachweis der coliformen Bakterien in den Amtl. Methoden nach § 35 LMBG als auch in den Publikationen der FDA/AOAC (1995) und der APHA (1984) weiterhin aktuell.

Auch wenn dem Nachweis der coliformen Keime nur untergeordneter Wert beigemessen wird, sind dennoch in zahlreichen Lebensmittelspezifikationen und -standards die Coliformen aufgeführt.

Sollen auch geringe Keimzahlen nachgewiesen werden, bedient man sich wie beim allgemeinen Enterobacteriaceen-Nachweis einer Anreicherung; das Anreicherungsverfahren dient ebenfalls dem Nachweis gestreßter Keime.

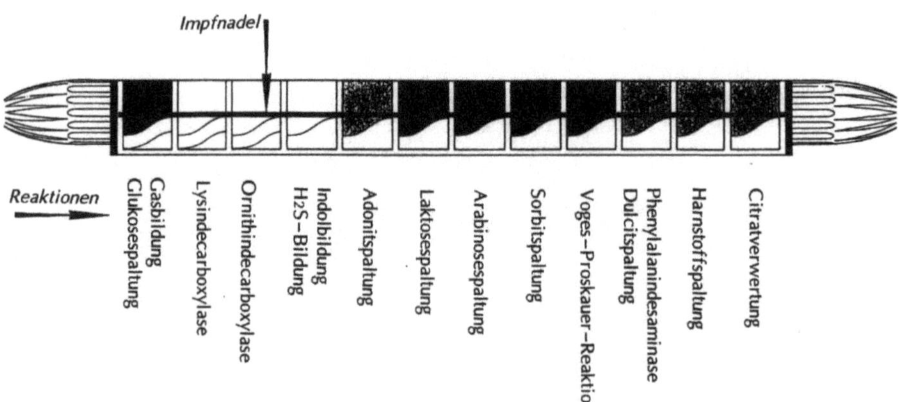

Abb. 2.61. Tube-System mit möglichen Reaktionen

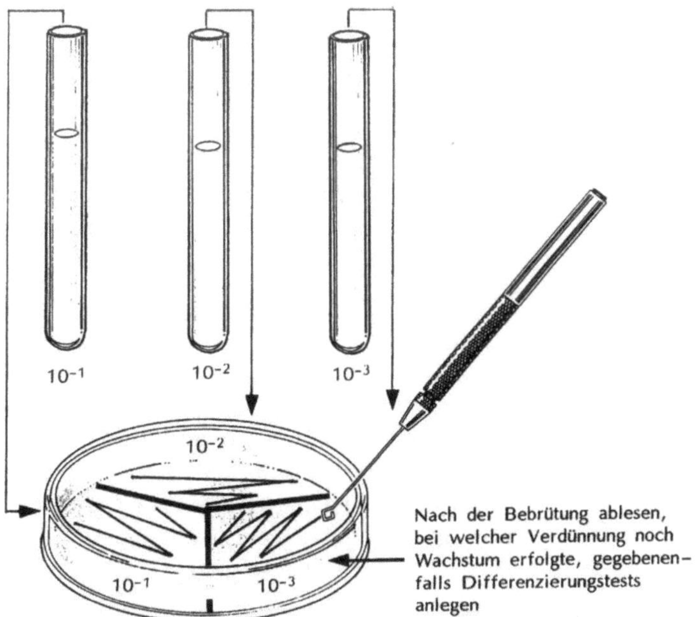

Abb. 2.62. Fraktionierter Ausstrich von drei Verdünnungsstufen auf einem Nährboden

2.15.11.1
Selektivanreicherung und fraktionierter Ausstrich

25 g Probematerial werden in 225 ml Brillantgrün-Galle-Laktose-Bouillon überführt und Verdünnungsstufen in fallenden Zehnerpotenzen angelegt. Nach einer
Bebrütung von 24–48 h bei 37 bzw. 44 °C *(E. coli)* erfolgt ein fraktionierter Ausstrich aus den einzelnen Verdünnungsstufen auf selektive Nähragarböden.

Je eine Impföse Material aus den einzelnen Verdünnungsstufen wird auf einen
selektiven Nähragarboden ausgestrichen. Dabei können bis zu drei Verdünnungsstufen auf eine in drei gleiche Felder aufgeteilte Platte fraktioniert ausgestrichen
werden (Abb. 2.62.)

Als selektive Nährböden kommen u.a. Endo-, Mc Conkey-, Kristallviolett-Neu-
tralrotGalle- oder Brillantgrün-Phenolrot-Laktose-Saccharose-Agar in Betracht.

Eine Inkubation von 24–48 h schließt sich an. Für eine Identifikation empfehlen
sich die anschließend beschriebenen Tests.

2.15.11.2
IMViC-Differenzierungs-Test (Tab. 2.9.)

- I = Indol-Test
- M = Methylrot-Test
- V = Voges-Proskauer-Test
- C = Citrat-Test

Ausführung der 4 Bestimmungen

Indol-Test

Nährmedium:

Pepton (tryptisch abgebaut)	10 g
NaCl	5 g
dest.Wasser	1000 ml

Lösen durch Aufkochen, pH auf 7,2 einstellen, je 10 ml in Kulturröhrchen abfüllen und 20 min bei 121 °C sterilisieren.

Reagenz:

p-Dimethylaminobenzaldehyd	5 g
n-Pentanol	75 ml
konz. HCl	25 ml

Der p-Dimethylbenzaldehyd wird in n-Pentanol bei 50 °C gelöst und dann mit konzentrierter Salzsäure versetzt. Die fertige Lösung sollte in einer dunklen Flasche abgefüllt und unter Lichtabschluß bei ca. 15 °C aufbewahrt werden.

Ausführung:

Nach Beimpfen des Peptonwassers mit einer jungen, 24 h alten Kultur wird 24–48 h bei 30 oder 37 °C inkubiert, sodann mit einigen Tropfen Kovacs-Reagenz überschichtet. Positive Reaktion: Rosa- bis Rotfärbung.

Methylrot-Test

Nährmedium:

Methylrot-Voges-Proskauer-Bouillon Die MR-VP-Bouillon wird zu 5 ml in Reagenzgläser abgefüllt und bei 121 °C für 20 min autoklaviert.

Reagenz:

Methylrot-Indikator

Methylrot	0,25 g
Ethanol	60 ml
dest. Wasser	100 ml

Methylrot wird im Ethanol gelöst und mit dest. Wasser aufgefüllt. Der pH-Wert soll auf 5,0 eingestellt werden. Dabei nimmt die Lösung eine orange Farbe an.

Ausführung:

Das MR-VP-Medium wird mit einer 24 h alten Kultur beimpft und während 24 h bei 30–37 °C inkubiert. Zum Medium fügt man 2 Tropfen der 0,5%igen Methylrot-Lösung zu. *Positive Reaktion:* Rotfärbung (pH < 4,4).

Voges-Proskauer-Test

Nährmedium: Methylrot-Voges-Proskauer-Bouillon

Reagenz: Reagenz nach Leifson (1932)

Kupfersulfat	0,25 g
konz. Amnmoniak	10 ml
NaOH-Lösung 15%ig	240 ml

Alle drei Komponenten werden gemischt und in Lösung gebracht.

Ausführung: Zum beimpften und bebrüteten Medium fügt man einige Kreatin-Kristalle (Kreatin-Monohydrat) sowie einige Tropfen Leifson-Reagenz hinzu.
Positive Reaktion: Rosa-bis Rotfärbung nach 2–3 min (Oxidation).

Citrat-Test

Nährmedium: Simmons Citrat-Agar
Das Medium wird durch Aufkochen gelöst und anschließend autoklaviert, in sterile Reagenzröhrchen abgefüllt und schräg gestellt (Schrägschichtröhrchen).

Ausführung: Beimpft wird nur die Schrägfläche, und zwar mit einem geraden Oberflächenstrich.
Positive Reaktion: gutes Wachstum und Blaufärbung der oberflächlichen Agarschicht durch den Indikator Bromthymolblau.

2.15.11.3
SIM-Differenzierungs-Test (Tab. 2.9.)

- S = Sulfidbildung.
- I = Indolbildung
- M = Motility (Beweglichkeit)

Der SIM-Nährboden gestattet die gleichzeitige Prüfung einer Kultur auf Schwefelwasserstoff- und Indolbildung sowie Beweglichkeit.

Ausführung

Der in Hochschichtröhrchen angelegte und erstarrte Nährboden wird mit Hilfe einer Platinnadel im Stichverfahren beimpft. Der zentrale Stich soll dabei bis zur Kuppe des Röhrchens hinab reichen.

Die so mit einer Reinkultur beimpften Röhrchen werden 24 h bei 37 °C bebrütet.

Auswertung

Eine Beweglichkeit wird durch eine diffuse Trübung des Nährbodens in der Umgebung des Stichkanals angezeigt; ein Wachstum nur entlang des Stichkanals weist auf die Unbeweglichkeit der Keime hin.

Eine Schwefelwasserstoff-Bildung tritt in Form einer Schwärzung entlang des Stichkanals (Keime unbeweglich) oder im gesamten Nährboden (Keime beweglich) auf.

Anschließend wird der Nährboden ca. 0,5 cm hoch mit Kovacs-Indolreagenz überschichtet. Bei Anwesenheit von freiem Indol nimmt das Reagenz nach wenigen Minuten eine purpurne Färbung an.

2.15.11.4
Bestimmung von Escherichia coli im flüssigen Medium

Eine ebenfalls vielfach angewandte Variante des Nachweises von Escherichia coli stellt die Methode mit einem flüssigen Medium dar. Als Medium der Wahl gilt Brillantgrün-Galle-Laktose-Bouillon (BRILA-Bouillon).

Dieses Nährmedium eignet sich besonders zur Prüfung des genannten Bakteriums in Milch und Milchprodukten sowie Wasser und Abwasser.

Der Trockennährboden wird nach Herstellvorschrift gelöst und nach Abfüllen in Kulturröhrchen in Mengen von 10 ml, unter Einsatz von Durham-Röhrchen, autoklaviert.

Das zu prüfende Untersuchungsmaterial wird in fallenden Konzentrationen in die Kulturröhrchen gegeben und 24–48 h bei 37 °C bebrütet.

Es wird die geringste Menge bestimmt, die sich noch gasbildend und somit als positiv erweist (Abb. 2.63.). Die Gasbildung wird durch die Gasblase im Durham-Röhrchen angezeigt.

Diese Methode eignet sich ebenfalls für die Ermittlung der wahrscheinlichsten Keimzahl gemäß der MPN (Most Probable Number) Technik.

Bei der Untersuchung größerer Probemengen, z.B. 10 g oder ml, ist folgendermaßen vorzugehen:

Mindestens 10 g bzw. 10 ml der Probe werden unter sterilen Bedingungen mit der neunfachen Menge einer Verdünnungsflüssigkeit durch intensives Schütteln vermischt. Das Anlegen einer Verdünnungsreihe in fallenden Zehnerpotenzen schließt sich an.

Tabelle 2.9. Typische Reaktionen zur Differenzierung von Enterobacteriaceen

	Indol	Methylrot	Voges-Proskauer	Citrat	H_2S	Beweglichkeit
Escherichia. coli	+	+	–	–	–	+
Citrobacter freundii	–	+	–	+	+	+
Klebsiella pneumoniae	–	–	+	+	–	–
Enterobacter spec.	–	–	+	+	–	+

Beimpfung

Drei Kulturröhrchen mit Durham-Röhrchen, welche jeweils 10 ml BRILA-Bouillon doppelter Konzentration enthalten, werden mit

a) 10 ml der 1 : 10 verdünnten Probe beimpft. Dieser Ansatz entspricht 1 ml bzw. 1 g Probe.
b) 1 ml der 1 : 10 verdünnten Probe beimpft. Dieser Ansatz entspricht 0,1 ml bzw. 0,1 g Probe.
c) 1 ml der 1 : 100 Verdünnungsstufe beimpft. Dieser Ansatz entspricht 0,01 ml bzw. 0,01 g Probe.

Die Flüssigkeit der so beimpften Kulturröhrchen wird durch behutsames Schwenken bzw. Rollen zwischen den Handflächen gut vermischt. Dabei ist darauf zu achten, daß keine Luftblasen in die Durham-Röhrchen gelangen.

Werden höhere Keimgehalte erwartet, ist ein weiteres Beimpfen mit höheren Verdünnungen in gleicher Weise durchzuführen. Es sollten so viele Verdünnungsstufen angelegt werden, daß die höchste Stufe einen negativen Befund anzeigt.

Der Kontaminationsgrad ergibt sich dann aus der höchsten, noch Gasbildung aufweisenden Verdünnungsstufe. Die übrigen Coliformen wachsen zwar auch, entwickeln jedoch in diesem Medium in der Regel kein Gas. In Zweifelsfällen ist eine Differenzierung der gewachsenen Keime unerläßlich.

2.15.11.5
Spezifische E. coli Identifikations-Tests

Mackenzie-Test.

Dieser Test nach Mackenzie et al. (1948) umfaßt zwei Bestimmungen, nämlich die

– Laktosefermentation unter Gasbildung in BRILA-Bouillon nach einer Bebrütung bei 44 °C während 24–48 h und ferner die

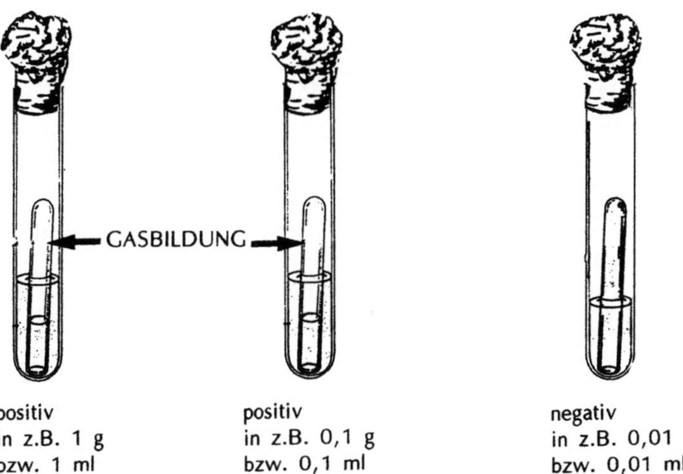

Abb. 2.63. Kulturröhrchen mit Durham-Gärröhrchen nach der Bebrütung

Tabelle 2.10. Weitere charakteristische Reaktionen von *E. coli*

Reaktion	Ergebnis	
Mackenzie-Test		
Laktosefermentation	Laktose:	positiv
und Indolbildung	Gas:	positiv
bei 44°C	Indol:	positiv

– Indolbildung in Peptonwasser (10 g Caseinpepton, S g NaCI, 1000 ml dest. H_2O pH 7,2), ebenfalls nach einer Bebrütung bei 44 °C während 24–48 h.

Kulturröhrchen mit 10 ml sterilem Peptonwasser und Kulturröhrchen mit 10 ml steriler BRILA-Bouillon und Durham-Gärröhrchen werden mittels Platinöse mit Material bzw. Inokulum von den zu prüfenden Kolonien beimpft. Der Nachweis von *E. coli* gilt dann als erbracht, wenn beide Tests positiv ausfallen (Tab. 2.10.).

Beachte: Da beim Mackenzie-Test die Bebrütung bei 44 °C strikt eingehalten werden muß, ist die Verwendung eines Wasserbades mit Umwälzthermostat dringend empfohlen.

Schnellidentifikation anhand ß-D-Glucuronidase-Nachweis
In der Familie der Enterobakterien ist die ß-D-Glucuronidase-Aktivität ein spezifisches Charakteristikum von *E. coli* und ist sonst nur noch bei vereinzelten *Salmonella-* und *Shigella-*Species nachweisbar
Das Enzym spaltet 4-Methylumbelliferyl-ß-D-Glucuronid (MUG), wobei eine im langwelligen (360 nm) UV-Licht fluoreszierende Verbindung entsteht. Wird eine MUG enthaltende Nährlösung nach der Bebrütung mit UV-Licht bestrahlt, so beobachtet man – falls *E. coli* vorhanden ist – eine Fluoreszenz (Abb. 2.64.). Zusätzlich kann im gleichen Ansatz der Test auf Tryptophanase (Indolbildung) werden.
Testkits und spezielle Nährböden sind im Handel erhältlich.
Hahn (1987) berichtet über die Identifizierung von verdächtigen *E. coli*-Kolonien innerhalb 2 min. Dazu werden verdächtige Kolonien mittels Öse vom Hammelblut-Agar aufgenommen und auf einem Filterpapier-Teststreifen, der mit MUG-Gebrauchslösung präpariert (getränkt und getrocknet) wurde, verrieben. Nach einer Einwirkzeit von ca. 1 min bei Raumtemperatur und Zugabe von 1 Tropfen 0,1 n NaOH wird der Teststreifen unter UV-Licht betrachtet. Eine deutlich hellblaue Fluoreszenz wird als positive Reaktion gewertet.
Anschließend wird 1 Tropfen Kovacs-Reagenz auf dieselbe Reaktionsstelle verbracht. Nach 1 min zeigt eine deutliche Rotfärbung eine positive Reaktion an.

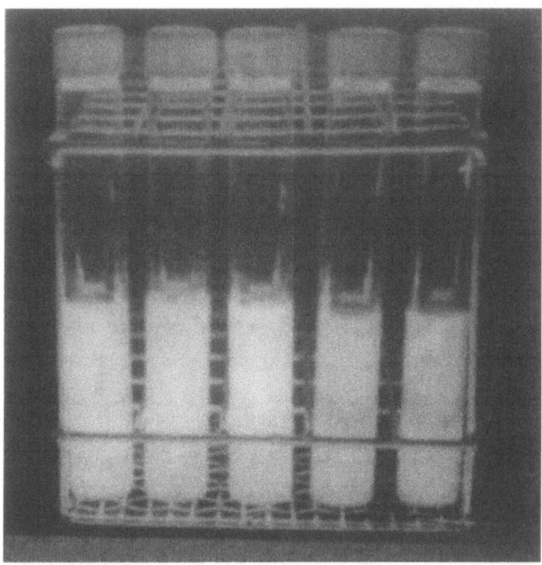

Abb. 2.64. Fluorcult-BRILA-Bouillon unter UV-Licht: 3 Röhrchen *(links)* mit *E. coli* (Merck 1987)

2.15.11.6
Schnellbestimmung von E. coli mittels Direkt-Platten-Methode

Die von Anderson und Baird-Parker 1975 modifiziert angewandte Methode nach Delaney et al. (1962) hat sich für den Nachweis von *E. coli* in Lebensmitteln in der Praxis bewährt. Bei diesem Verfahren handelt es sich um eine Plattenmethode, bei dem ein Cellulose-Acetat-Membranfilter beimpft, dieser dann auf einen Nährboden aufgelegt und nach 24-stündiger Bebrütung bei 44 °C das Indolverhalten der gewachsenen Kolonien überprüft wird. Eine genaue Beschreibung des Arbeitsablaufes ist in der Abb. 2.65. angegeben.

Das Verfahren zeichnet sich dadurch aus, daß verwertbare Ergebnisse innerhalb 24 h vorliegen. Nach Ewing (1972) sind nur etwa 90 % aller E. coli-Stämme befähigt, innerhalb von 2 Tagen aus Laktose Säure zu bilden. Das Vermögen, aus Tryptophan Indol zu bilden, ist dagegen 99 % aller *E. coli*-Stämme eigen. Somit gilt der Indolnachweis als besseres Differenzierungskriterium als die Säure- und Gasbildung aus Laktose.

Ein weiterer Vorteil stellt die Integration einer Resuszitationsphase dar. Holbrook et al. (1980, 1982) konnten belegen, daß von zahlreichen Nährböden für die 4-stündige Resuszitationsphase Minerals-Modified-Glutaminat-Agar (MMGA) die besten Ausbeuten ergab.

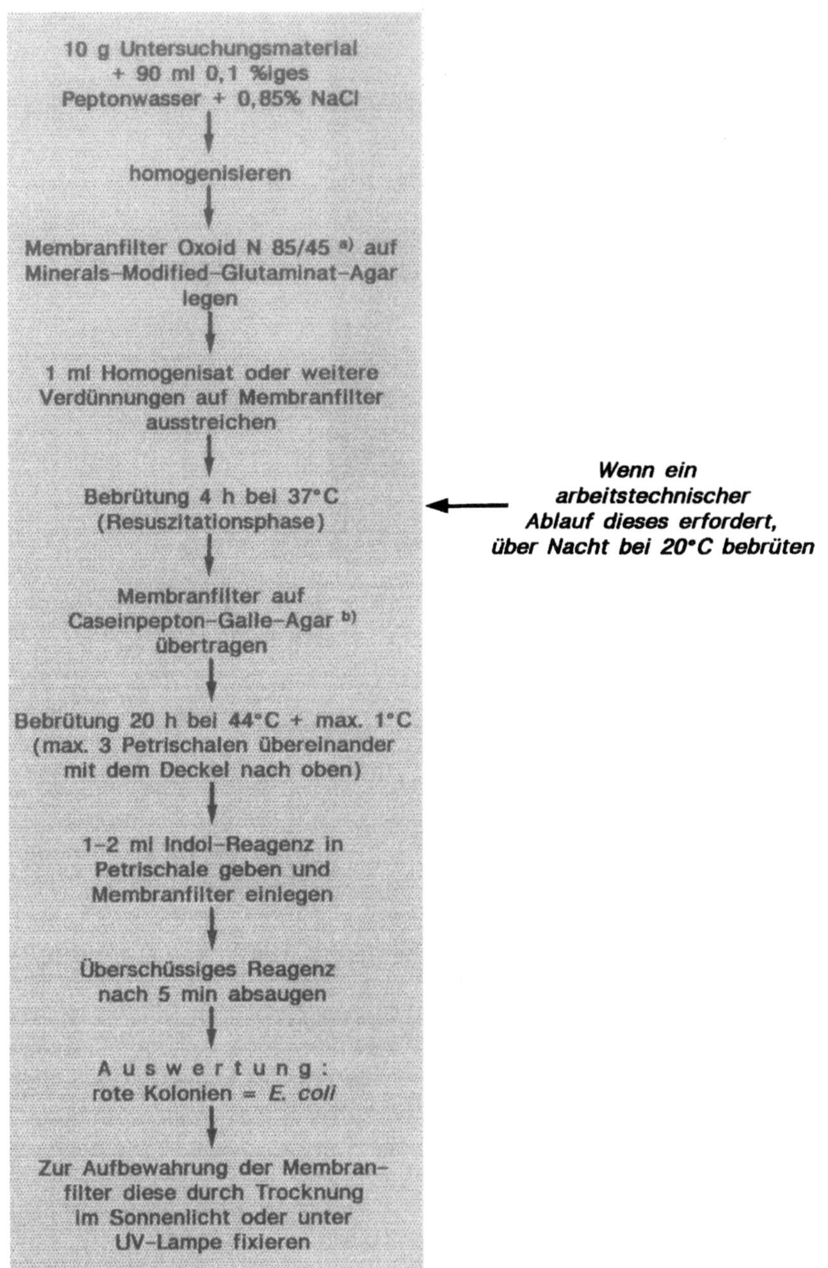

a) alternativ Schleicher & Schüll ME 25 oder Sartourius Membranfilter
b) Oxoid Art.-Nr. CM 595

Abb. 2.65. Schnellmethode zur Bestimmung von *E.coli* in Lebensmitteln.

Nährböden und Indol-Reagenz

Minerals-Modified-Glutaminat-Nährlösung (MMGA)

Glutaminat-Nährlösung (Basis)	12,4 g
(Oxoid CM 607)	
Agar	10,0 g
dest. Wasser	1000,0 ml
pH	6,7

Das dest. Wasser, in dem der Trockennährboden aufzulösen ist, soll 2,5g/l Ammoniumchlorid enthalten. Weiterhin werden dem Nährboden vor der Sterilisation (10 min bei 115 °C) 6,4 g/l Glutaminat (Oxoid L 124) zugesetzt.

Caseinpepton -Galle-Agar

Der Nährboden kann als Trockennährboden (Oxoid CM 595) bezogen werden; die Zubereitung erfolgt nach Vorschrift des Nährbodenherstellers.

Indol-Reagenz (Vracko und Sherris, 1963)

4-Dimethylamino-benzaldehyd	5,0 g
(Merck Art.-Nr. 3058)	
1 N Salzsäure	100,0 ml

Bei dunkler Aufbewahrung ist das Reagenz bis zu drei Monaten haltbar.

Indol-Reagenzien, die Alkohol enthalten, sind für den Nachweis der Indolbildung auf Membranfiltern ungeeignet. Daher ist das o.g. Indol-Reagenz zu benutzen.

Eine weitere Steigerung der Spezifität kann auch hier durch Ausnutzung der ß-D-Glucuronidase-Aktivität von *E. coli* unter Verwendung von MUG-haltigen Nährböden (vgl. 2.15.11.5) erreicht werden. Ein für Membranfilter geeigneter ECD-(*E. coli*-Direkt) Agar ist kommerziell erhältlich (Merck Art.-Nr. 4038).

Genauigkeit sowie Nachteil der Methode

Von Baird Parker wurde die Genauigkeit der Methode mit über 95% angegeben, wobei dieser Wert von Zschaler (1985) anhand verschiedener anderer Methoden sowie durch Nachbestimmung mittels IMViC-Test in mehr als 10.000 Untersuchungen von Lebensmitteln bestätigt wurde.

Die Tab. 2.11. gibt eine Übersicht über das Verhalten von verschiedenen Enterobakterien auf Tryptone-Bile-Agar (= Caseinpepton-Galle-Agar). Durch längere Versuchsreihen konnte mit Sicherheit festgestellt werden, daß nur *E. coli* I auf diesem Nährboden wächst und Indol bildet (Zschaler 1985).

Als nachteilig erweist sich der Umstand, daß nach Zugabe des Indol-Reagenzes zum Membranfilter die Mikroorganismen abgetötet werden. Daher müssen, falls weitere Bestätigungstests durchgeführt werden sollen, die auf den Membranen gewachsenen Kolonien vor der Färbung mittels geeigneter Replikationsverfahren abgeimpft werden.

Tabelle 2.11. Verhalten von Enterobacteriaceen (Zschaler 1985)

	Wachstum auf Tryptone-Bile-Agar bei 44 °C	Indolbildung auf Tryptone-Bile-Agar mit Membranfilter
Proteus morganii	–	–
Proteus mirabilis	+	–
Proteus rettgeri	–	–
Proteus vulgaris	+	–
Klebsiella pneumoniae	+	–
Klebsiella pn. oxytoca	+	–
Enterobacter agglomerans	–	–
Enterobacter hafnia	–	–
Enterobacter aerogenes	–	–
Enterobacter liquefaciens	–	–
Enterobacter cloacae	+	–
E. coli Typ I	+	+
Citrobacter freundii	–	–

2.15.12
Salmonellen

Salmonellen sind im allgemeinen in infizierten Lebensmitteln neben anderen, sehr zahlreich vorkommenden Bakterien, oft nur in geringer Zahl vorhanden.

Um beim Nachweis Erfolg zu haben, muß man sie zunächst in zweistufigen Anreicherungsverfahren – 1. Stufe: nichtselektive Anreicherung; 2. Stufe selektive Anreicherung – vermehren. Bei trockenen Produkten wie bspw. Caseinaten, Hühnereiklarpulver etc. liegen die Keime gestreßt bzw. subletal geschädigt vor. In diesen Fällen dient die nichtselektive Voranreicherung der „Wiederbelebung" (Resuszitationsphase). Die amtliche Sammlung nach § 35 LMBG (1990) hat nunmehr *ein* Untersuchungsverfahren, welches für allgemeine Lebensmittel anwendbar ist.

Folgende nichtselektive Voranreicherungsmedien sind gebräuchlich

– gepuffertes Peptonwasser
  zur Untersuchung von:
  Lebensmitteln, allg. (§ 35 LMBG - L 00.00-20; 1990)
  Eiprodukten, getrocknet
  Eiprodukten, pasteurisiert und gefroren
  Caseinaten

- dest. Wasser mit einem Zusatz von 2 ml einer 1%igen Brillantgrün-Lösung pro l
  zur Untersuchung von:
  Magermilchpulver
  Vollmilchpulver
- 1 l dest. Wasser + 100 g Magermilchpulver + 0,45 ml Brillantgrün-Lösung zur
  Untersuchung von:
  Kakaopulver
  Schokolade

Ein besonderes Augenmerk sollte während der Bebrütung der Voranreicherung von Produkten gelten. Kommt es zu einer pH-Senkung infolge Säurebildung durch eine dem pH-Wert entsprechende Mikroorganismenbegleitflora auf Werte von 4,5 und darunter, ist mit einer letalen Schädigung eventuell anwesender Salmonellen zu rechnen. Der Nachweis wird dann unmöglich bzw. fehlinterpretiert. Von der Voranreicherung werden anschließend definierte Mengen in selektive Hauptanreicherungsmedien überführt, diese dann ebenfalls bebrütet. Geringe Mengen der selektiven Hauptanreicherung werden mittels Impföse auf selektive Agarnährböden so ausgestrichen, daß sich Einzelkolonien bilden können.

Mengenverhältnis Voranreicherung zu Hauptanreicherung
Für das Mengenverhältnis gibt es in der Literatur verschiedene Empfehlungen:

- § 35 LMBG-Methode L 00.00 20 (1990)
  10 ml Voranreicherung in 100 ml selektiver Hauptanreicherung[9]
  0,1 ml Voranreicherung in 10 ml selektiver Hauptanreicherung[10]
- Schweizerisches Lebensmittelbuch (1989)
  1 ml Voranreicherung in 10ml selektiver Hauptanreicherung[8, 9]
  0,1 ml Voranreicherung in 10 ml selektiver Hauptanreicherung[10]
- Food and Drug Administration (1984); American Public Health Association (1984)
  1 ml Voranreicherung in 10 ml Hauptanreicherung[8, 9, 10]
- Busse et al. (1986)
  0,01 ml Voranreicherung in 10 ml selektiver Hauptanreicherung[10]
- Harvey und Price (1982)
  0,005 ml Voranreicherung in 10 ml selektiver Hauptanreicherung[10]

Busse et al. (1986) zeigten, daß ein modifiziertes Rappaport-Medium die besten Salmonella-Ausbeuten brachte. Die günstigen Ergebnisse wurden nicht allein auf das Medium, sondern auf die Kombination von Medium und Animpfmenge zurückgeführt.

Identifikationstechniken
Auf Selektivnährböden verdächtigt gewachsene Kolonien müssen mit einer vorläufigen Verdachtsdiagnose bestätigt werden.

---

[8] Tetrahionat-Medium
[9] Selenit-Medium
[10] modif. Rappaport-RV-Medium (Bebrütung bei 43 °C/LMBG bei 42 °C)

Nachfolgend werden die gebräuchlichsten Identifikationsmethoden

- biochemische Identifikation
- serologische Diagnosen
- Identifikation durch Phagolyse
- enzymimmunologische Nachweise

sowie Untersuchungsabläufe beschrieben.

2.15.12.1
Biochemische Identifikation (Screening)

Für die Identifikation verdächtig gewachsener Kolonien eignen sich fertige Systeme u.a. API 10 S, API 20 E, ENTEROTUBE – oder aber eine selbst hergestellte kleine „Bunte Reihe".

- Kleine „Bunte Reihe"
  Lysindecarboxylase-Bouillon
  Saccharose-Bouillon
  Harnstoff-Bouillon
  Dreizucker-Eisen-Agar

Die Reaktionsausfälle sind in Tab. 2.12. dargestellt. Weitere biochemische Identifikationen sind der Tab. 2.8. zu entnehmen.

Neben der reinen biochemischen *Kolonie*-Identifikation ist auf einen kommerziellen Salmonellen-Schnelltest hinzuweisen, welcher eine Elektivanreicherung, *Selective Motility Enrichment Technique* (SMET) sowie das biochemische Screening in einem Arbeitsschritt vereinigt (Abb. 2.67.).

Alle vier Reaktionsmedien werden in verschiedene Reagenzgläser gefüllt, die Menge sollte 7–10 ml betragen.

Während alle Medien als Trockennährböden erhältlich sind, muß die Saccharose-Bouillon selbst bereitet werden.

Saccharose-Bouillon
30 g kohlenhydratfreies Basalmedium (Becton Dickinson Nr. 11774),
12 ml Bromthymolblaulösung,
5 g Saccharose,
1000 ml dest. Wasser
Bromthymolblaulösung: 1 g Bromthymolblau
                         25 ml 0,1 n NaOH
                         475 ml dest. Wasser

Tabelle 2.12. Interpretation der Ergebnisse

	Verdacht auf Salmonellen	Reaktionswahr-scheinlichkeit	Kein Verdacht auf Salmonellen
Lysindecarboxylase Bouillon	violett Abbau von Lysin	94,6%	gelb kein Lysinabbau
Saccharose-Boillon	blau keine Vergärung von Saccharose		gelb Vergärung von Saccharose
Harnstoff-Bouillon	gelb-rosa kein Abbau von Harnstoff	100%	rot Abbau von Harnstoff
Dreizucker-Eisen-Agar	Schrägfläche: rot weder Laktose noch Saccharoseabbau	99,5%	Schräfläche: gelb Laktose- und/oder Saccharoseabbau
	Zapfen: gelb Glukoseabbau (Gasbildung)	91,9%	Zapfen: rot kein Glukoseabbau
	Zapfen: schwarz Schwefelwasserstoff-bildung	91,6%	--

Dreizucker-Eisen-Agar. Während die drei erstgenannten Reaktionsmedien flüssig sind, wird Dreizucker-Eisen-Agar so als Schrägschichtröhrchen angelegt, daß über einer etwa 3 cm langen Hochschicht (Zapfen) eine mindestens ebenso lange Schrägfläche entsteht.

Der Dreizucker-Eisen-Agar ermöglicht das Ablesen von drei Reaktionen, nämlich H_2S-Bildung, Säure- und Gasbildung.

Beimpfmethode. Mit einer Impfnadel wird Zellmaterial einer verdächtigen Kolonie von einer selektiven Nähragarplatte zur Beimpfung der vier Nährmedien aufgenommen.

Der Dreizucker-Eisen-Agar wird zuletzt durch Stich im Zapfen und Ausstrich auf der Schrägfläche beimpft.

Alle beimpften Kulturröhrchen werden für 24 h bei 37 °C im Brutschrank bebrütet.

Bei der Identifikation eines Keimes als *Salmonella* können u.U. Schwierigkeiten auftreten und zwar durch *Citrobacter*. Insbesondere *Citrobacter freundii* zeigt ähnliche biochemische Reaktionen, ähnliches Kolonieaussehen auf bspw. *Salmonella/Shigella*-Agar, außerdem existieren enge serologische Beziehungen.

Mit dem LDS (Lysindecarboxylase-Sulfhydrase)-Testagar nach Costin (Merck 5266) steht ein Medium zur Verfügung, welches den gleichzeitigen Nachweis der Lysindecarboxylase und der H_2S-Bildung gestattet.

Durchführung
Der LDS-Nährboden wird gemäß Angaben des Trockennährboden-Herstellers gelöst in Kulturröhrchen ca. 5 cm hoch abgefüllt und nach Möglichkeit ca. 5 mm hoch mit Paraffin überschichtet, dann autoklaviert (15 min/121 °C). Danach läßt man den Nährboden aufrecht stehend erstarren. Der fertige Nährboden ist klar und von gelber Farbe.

Eine *Salmonella*-verdächtige Kolonie wird mittels Impfnadel von einer Nährbodenplatte aufgenommen und als Stichkultur bis zum Boden des Röhrchens durch die Paraffinschicht hindurch angelegt.

Nach einer Bebrütung bei 37 °C für 24 bis evt. 48 h erfolgt die Auswertung.

Auswertung (Abb. 2.66.)
Lysindecarboxylase (LD)-positive Arten verschieben infolge Bildung von Kadaverin durch Decarboxylierung von Lysin den auf pH 5,6 eingestellten Nährboden gegen den Neutralpunkt. Es erfolgt ein Umschlag des pH-Indikators Bromkresolpurpur von Gelb nach Violett (*Escherichia, Serratia* u.a., einige seltene Salmonellen). Arten, die außerdem Thiosulfat zu H_2S zu reduzieren vermögen, verursachen zudem eine Schwärzung des bereits violetten Nährbodens durch Fällung von Eisensulfid (die meisten Salmonellen).

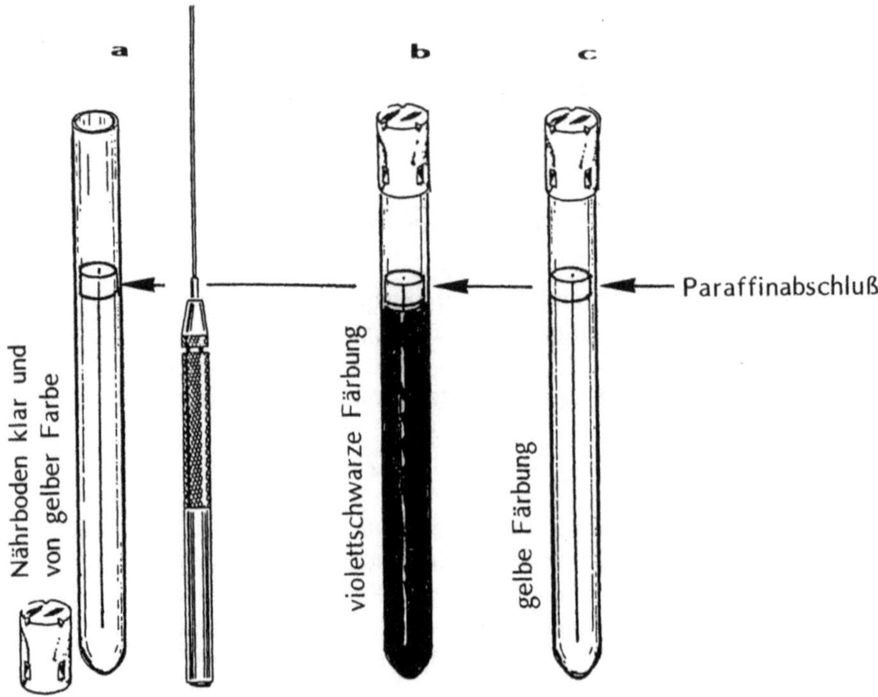

Abb. 2.66. LDS-Auswertung. **a** Beimpfung eines Hochschichtröhrchens mittels Impfnadel; **b** *Salmonella*-positive Wertung; **c** *Salmonella*-negative Wertung

LD-negative Arten bewirken dagegen keine Anhebung des pH-Wertes und somit keinen Umschlag des pH-Indikators. Aufgrund ihres hierdurch bedingten schwachen Wachstums weisen H_2S-positive Arten (*Citrobacter, Proteus*) auch keine Schwefelwasserstoffbildung auf.

Beachte. LD- und H_2S-negative Arten (einige sehr seltene Salmonellen) können nicht erkannt werden.

Salmonellen-Schnelltest

Der Schnelltest nach Holbrook et al. (1989 a 1989 b) basiert auf einer selektiven Anreicherungs-Beweglichkeits-Technik (SMET = *Selective Motility Enrichement Technique*) und führt nach einer vorherigen 18-stündigen nichtselektiven Anreicherung bereits nach 24 h zu ablesbaren Ergebnissen.

Der kommerziell erhältliche Test (Abb. 2.67.) ist in einem verschließbaren Kulturgefäß organisiert, welches zum einen eine spezielle *Salmonella*-Elektivbouillon aufnimmt und zum anderen zwei Röhrchen enthält, die jeweils mit Selektiv- und Indikatornährböden beschickt sind. Beide Nährböden sind durch ein permeables Material voneinander getrennt.

Aufgrund ihres Geißelapparates bewegen sich Salmonellen (*Salmonella* Galinarum und Pullorum [die Schreibweise der Salmonellenserovare erfolgt entsprechend den Empfehlungen von Le Minor et al. 1987, siehe auch 7.3.1.1] sind unbeweglich) – falls in der nichtselektiven Voranreicherung – nach Inokulation bei einer Bebrütung bei 41 °C für 14 h des Kulturgefäßes durch die unteren Selektivnährböden in die oberen Indikatornährböden und verursachen dort auf Grund von Indikatoren einen Farbumschlag.

Zeigt der Test eine positive Reaktion, so muß mit dem *Salmonella*-Latextest (Oxoid FT203) überprüft werden. Wird auch hier ein positives Ergebnis registriert, ist mit traditionellen kulturellen und serologischen Techniken der *Salmonella*-Verdacht zu bestätigen. Dabei ist von besonderem Vorteil, daß Subkulturen von dem Indikatornährboden des betreffenden Röhrchens angelegt werden können.

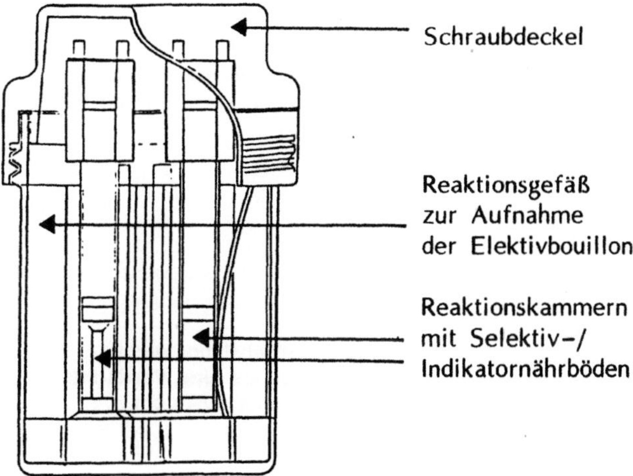

Abb. 2.67. *Salmonella*-Rapid-Test (Oxoid FT 201)

2.15.12.2
Serologische Diagnose

Salmonellen sind vorwiegend aus zwei Antigenkomplexen aufgebaut, nämlich den in der Zellwand lokalisierten O-Antigenen (Körper-, Lipopolysaccharid-Antigen) und H-Antigenen, welche mit den Geißeln assoziiert sind; die H-Antigene können wiederum in zwei Phasen (Strukturen) vorliegen.

Da identische O-Antigene auch bei *Citrobacter, Enterobacter, Escherichia coli* und anderen Enterobacteriaceen vorkommen, sind die Anti-O-Seren nicht ausschließlich *Salmonella*-spezifisch und keinesfalls allein für die Typisierung ausreichend.

Salmonellen werden nach dem Kauffmann-White-Schema in Gruppen eingeteilt. Die Gruppen tragen die Buchstaben A–Z und, weil das Alphabet nicht ausreicht, die Ziffern 51–67.

Schema der Salmonellen-Diagnostik (s.a. Abb. 4.4. und 4.5.)

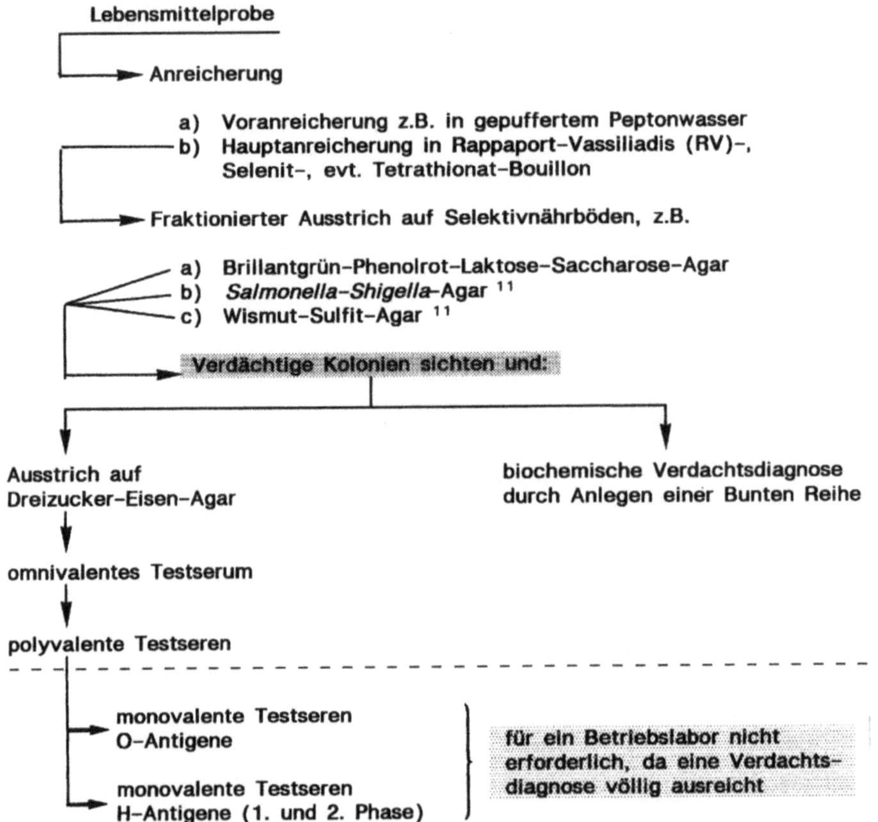

[11] oder alternative Selektivnährböden (z.B. XLD-Agar)

Für die orientierende Untersuchung, sie reicht für das Betriebslabor völlig aus, stehen drei polyvalente Seren und ein omnivalentes Serum zur Verfügung.

Die polyvalenten Seren enthalten Agglutinine gegen die Antigenfaktoren und -kombinationen folgender Gruppen:

- Serum polyvalent I Gruppen A–E$_4$
- Serum polyvalent II Gruppen F–60
- Serum polyvalent III Gruppen 61–67
- Serum omnivalent Gruppen A–60

Auf die Salmonellen-Species-Diagnose soll nur kurz eingegangen werden. Salmonellenstämme mit identischen O- und H-Antigenen gehören derselben Art an. Die H-Antigene (1. Phase) werden mit kleinen Buchstaben a–z und anschließend mit z_1-z_{61} bezeichnet, H-Antigene (2. Phase) werden sowohl mit Zahlen als auch mit Buchstaben bezeichnet, O-Antigene werden ausschließlich beziffert. Neben den monovalenten O- und H-Antiseren, die nur ein bestimmtes Agglutinin enthalten, sind, wie bereits erwähnt, sogenannte polyvalente Antiseren erhältlich, die mehrere O-Agglutinine enthalten. Mit diesem Pool-Antiserum können bereits die meisten Salmonellen-Gruppen orientierend erfaßt werden.

Agglutination, Durchführung und Interpretation
Kolonien mit einem positiven oder einem positiv-verdächtigen biochemischen Ergebnis werden anschließend orientierend mit poly- oder omnivalenten Seren überprüft.

Man bringt dazu einen großen Tropfen Serum, das bereits in der Gebrauchsverdünnung vorliegt, auf einen sauberen Objektträger. Mit einer Impföse wird etwas von dem verdächtigen Koloniematerial vom Dreizucker-Eisen-Agar entnommen. Die Entnahme von Bakterienmaterial direkt von Selektivnährböden ist nicht empfehlenswert; dieses kann, auf Grund eventuell wenig ausgebildeter Antigene, zu Fehlreaktionen führen. Die Bakterienmasse wird unmittelbar neben den Tropfenrand gesetzt und an Ort und Stelle wenige Sekunden verrieben. Erst dann nimmt man mit der Öse etwas Serum aus dem unmittelbar daneben liegenden Tropfen in die Bakterienmasse hinein uud verreibt nochmals ganz kurz. Es entsteht eine angefeuchtete Masse, die sich gut in den Tropfen hineinreiben läßt (Abb. 2.68.). Auf diese Weise gelingt es, selbst feinste Bröckelbildung zu vermeiden.

Sofort nach dem Vermischen wird der Objektträger vorsichtig, aber doch energisch zwischen den Fingern geschwenkt, so daß das Serum/Bakterien-Gemisch eine völlige Durchmischung erfährt.

Oftmals tritt bereits beim Einreiben des Koloniematerials eine mit dem bloßen Auge deutlich erkennbare Agglutination auf, die körnig oder flockig ausfallenen wird. Diese Reaktion ist als positiv zu beurteilen (Abb. 2.69). Um eine „Eigenagglutination" auszuschließen, wird eine Kolonie in physiologischer NaCl-Lösung verrieben; hierbei darf keine Reaktion eintreten.

Bevor die Untersuchung endgültig als negativ abgelesen wird, ist für die Beurteilung der Reaktion eine Lupe mit 6facher Vergrößerung heranzuziehen.

Nach Beendigung der Untersuchung wird der Objektträger in bereitstehende Desinfektionslösung gelegt.

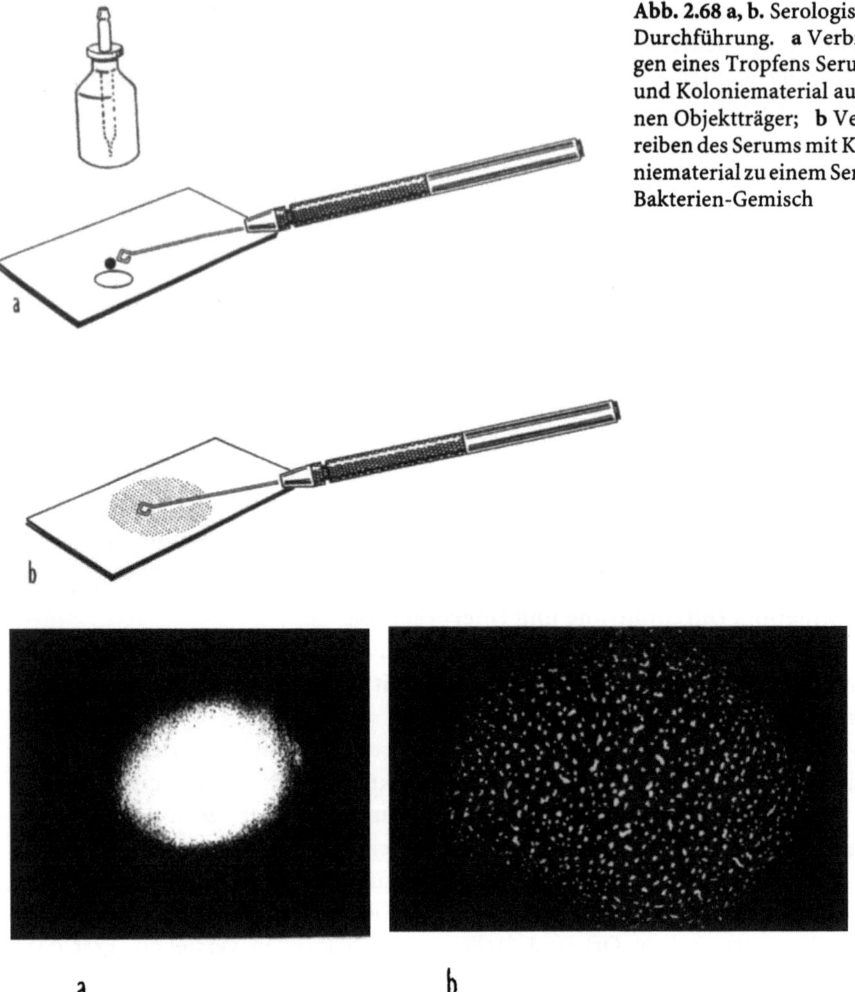

Abb. 2.68 a, b. Serologische Durchführung. **a** Verbringen eines Tropfens Serum und Koloniematerial auf einen Objektträger; **b** Verreiben des Serums mit Koloniematerial zu einem Serum Bakterien-Gemisch

Abb. 2.69 a, b. Interpretation. **a** negative Reaktion; **b** positive Reaktion

2.15.12.3
Identifikation durch Phagolyse

Um die Methodik besser verstehen zu können, bedarf es einer kurzen Erklärung bezüglich Phagen, ihrer Spezifität und deren Verhalten.

Phagen sind Viren und gehören somit zur Klasse der Microtatobiotes, den „allerkleinsten Lebewesen". Viren können als obligate Parasiten lebender Zellen charakterisiert werden, welche unter bestimmten Umständen für die Wirtszelle pathogen sind.

Da bestimmte Phagen bestimmte Bakterienarten im Sinne einer spezifischen Virus-Wirt-Beziehung zur Auflösung – der sogenannten Lyse – bringen, liegt es nahe, solche „Bakterienfresser" diagnostisch einzusetzen. Durch eine Salmonellen-spezifische Phagensuspension, d.h. Salmonellen werden als Wirtsbakterium akzeptiert und damit zerstört, können diese erkannt werden.

Untersuchungsvorbereitung – Untersuchungstechnik (Abb. 2.70.)
Steriler Dreizucker-Eisen-Agar wird in Petrischalen gegossen; nach Erstarren des Nährbodens werden die Schalen umgekehrt mit geöffnetem Deckel für 1–2 h bei 37 °C im Brutschrank getrocknet.

Anschließend zeichnet man auf der Unterseite des Petrischalenbodens 6–9 Kreisfelder mit einem Durchmesser von 10–15 mm ein. Es empfiehlt sich die Zuhilfenahme einer Schablone.

Methode
Ins Zentrum der von der Unterseite durchscheinenden vorgezeichneten Felder des Dreizucker-Eisen-Agars bringt man nun einen kleinen Tropfen Peptonwasser oder verdünnte Ringerlösung. Von einer auf Selektivplatten *Salmonella*-verdächtig gewachsenen Kolonie wird etwas Material mit Hilfe einer ausgeglühten Impföse aufgenommen, in den Tropfen gebracht und durch mehrere spiralige Bewegungen innerhalb des Kreises vorsichtig verrieben. Die übrigen leeren Felder sind analog mit anderen verdächtigen Kolonien zu beschicken. Das in der Mitte liegende Feld sollte zwecks Virulenzprüfung mit einem ATCC-*Salmonella*-Stamm beimpft werden.

Nach dem Antrocknen der Bakteriensuspension wird auf den Rand eines jeden Feldes – mit Hilfe einer Mikrospritze – ein kleiner Tropfen der 0-1-Phagensuspension gesetzt. Die Platten werden mit dem Deckel nach oben während 6 h bei 37 °C im Brutschrank bebrütet.

Auswertung
Durch die exzentrische Zugabe der Phagensuspension zeigt sich die Lyse in Form einer halbmondförmigen Plaque auf der Makrokolonie. Durch die günstige Substanzzusammensetzung des Dreizucker-Eisen-Agars läßt sich eine eventuell störende Begleitflora leicht erkennen und bei der Diagnose unschwer ausschalten. Coliforme Keime (Laktose/Saccharosevergärung) können anhand der Gelbfärbung des die Kolonie umgebenden Mediums erkannt werden, während Salmonellen das Medium nicht verändern oder höchstens den Rot-Ton etwas verstärken.

Der 0-1-Phage lysiert 97,2% der 8255 Stämme von 209 Salmonellenarten, welche von 1959–1970 in der schweizerischen Salmonellenzentrale untersucht wurden. Er lysiert ebenfalls 57,5% *Arizona* (193 Stämme), 10,2% *Escherichia coli* (118 Stämme) und 0,5% *Citrobacter* (202 Stämme). 366 andere gramnegative Keime (*Enterobacter, Proteus, Shigella, Hafnia, Pseudomonas, Alcaligenes, Achromobacter, Providentia*) werden nicht lysiert (Fey et al. 1971).

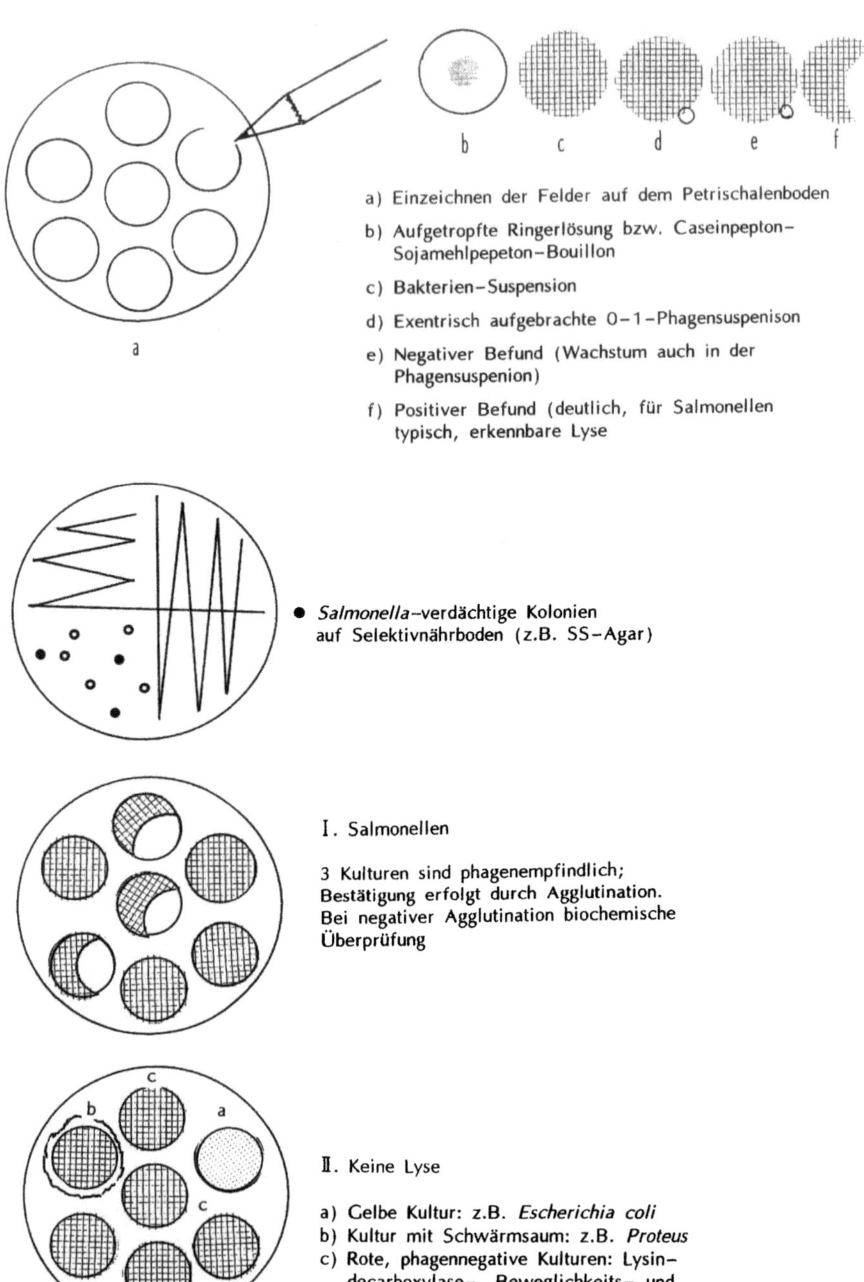

Abb. 2.70. Darstellung von Arbeitsgang und Auswertung bei der Verwendung von polyvalenten 0-1 Phagen. Bezugsquelle (0-1 Phagen): Biokema SA, CH-1023 Crissier-Lausanne, Schweiz

Schema der Salmonellen-Untersuchung bei Verwendung von polyvalenten 0-1-Phagen (für trokkene, pulverförmige Produkte)

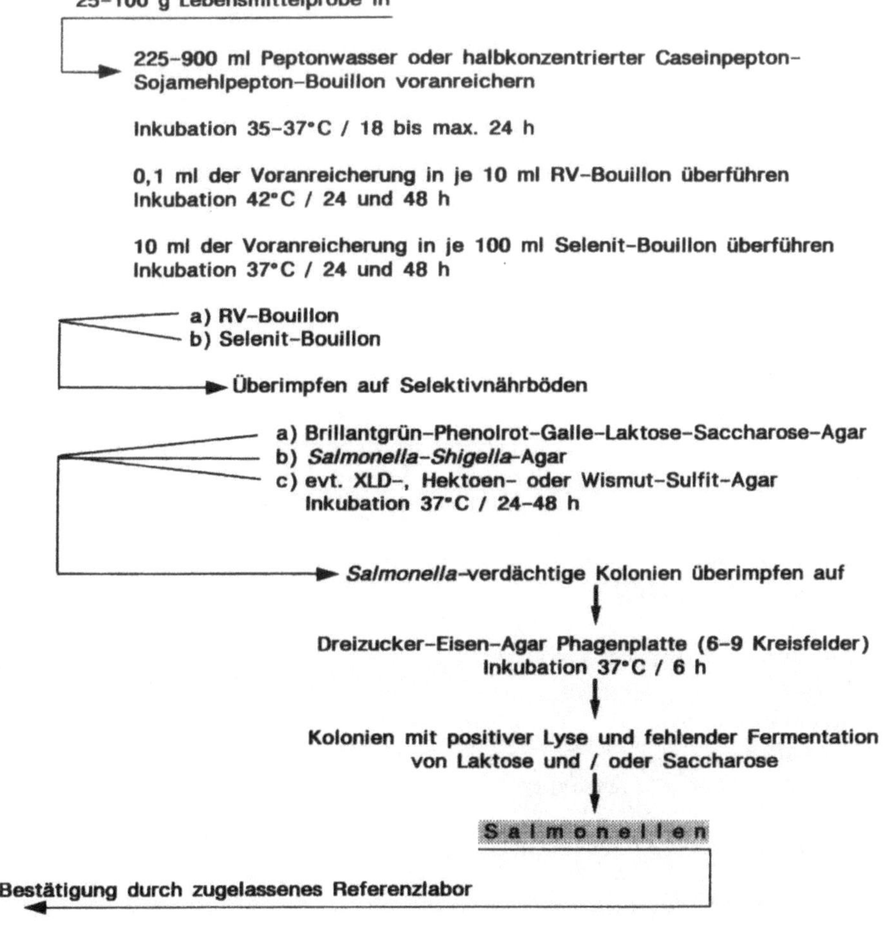

2.15.12.4
Enzymimmunologische Nachweise

Neben den zuvor genannten klassischen Identifikationsverfahren sind auch enzymimmunologische *Salmonella*-Testkits (u.a. 1–2 Test, Fa. BioControl System Inc., 19805 North Creek Parkway, Bothell, WA 98011, USA, Vertrieb: Bender & Hobein AG in CH-8042 Zürich; TECRA-*Salmonella*-Visual Immunoassay, Fa. Bioenterprises Pyt. Ltd., 28 Barcoo Street, Roseville NSW 2073, Australien, Info: Riedel-de Haën AG in 30926 Seelze) bereits kommerziell erhältlich.

Die Tests basieren auf monoklonalen Antikörpern und zählen zu den schnelleren Verfahren (Hughes et al. 1987; Jay and Comar 1988; Mattingly et al. 1985; d'Aoust and Sewell 1986).

Auch bei diesen Tests gehen zunächst nichtselektive Anreicherungen – je nach Lebensmittel und Test auch zusätzliche selektive Anreicherungen – voraus. Der eigentliche Zeitgewinn resultiert aus dem Verzicht des Ausstrichs auf Selektivnährböden und der damit verbundenen Bebrütungszeit. Durch Einsparung dieses Arbeitsschrittes sind allerdings koloniemorphologische Beurteilungen auf Selektivagarplatten verdächtig gewachsener Kolonien nicht möglich. Auch können keine serologischen Diagnosen mit Faktorseren durchgeführt werden.

Wenn auch monoklonale Antikörper und Antikörper-POD-Konjugat eine außerordentliche Spezifität und Sensitivität zeigen, so sind Kreuzreaktionen mit anderen Enterobacteriaceen – insb. *Citrobacter* spec. – nicht ausgeschlossen, was die Nachweisgenauigkeit beeinträchtigt.

2.15.13
Shigellen

Shigellen sind gramnegative, unbewegliche Stäbchen und gehören als Gattung V zur Familie Enterobacteriaceae. Durch fäkale Verunreinigungen können sie Trinkwasser oder Nahrungsmittel kontaminieren. Die Gattung *Shigella* umfaßt die serologischen Gruppen A–D mit den Arten

- *S. dysenteriae*
  Serum A_1; 5 Serotypen
- *S. dysenteriae*
  Serum A_2; 3 Serotypen
- *S. flexneri*
  Serum B; 6 Serotypen
- *S. boydii*
  Serum C_1, C_2, C_3; 12 Serotypen
- *S. sonnei*
  Serum D

Der Untersuchungsgang ist im nachstehenden Fließschema dargestellt. Eine nichtselektive Voranreicherung ist bspw. bei getrockneten, pulverförmigen, tiefgefrorenen Produkten erforderlich.

Falls auf eine nichtselektive Voranreicherung verzichtet werden kann, sind 25–50 g des zu prüfenden Lebensmittels der 9-fachen Menge der zwei genannten Anreicherungsbouillons zuzusetzen. Die Inkubation beträgt ebenfalls 18–24 h bei 35–37 °C.

2.15.13.1
Schema der Shigellen-Untersuchung

Alle auf Selektivplatten Shigella-verdächtig gewachsenen Kolonien sind durch das nachfolgende Verfahren (Screening) zu prüfen:

Dreizucker-Eisen-Agar	*Shigella*-positive Reaktion
Schrägfläche	rot

Hochschicht	gelb
H$_2$S-Bildung	–
Beweglichkeit	–
Gasbildung	a

Phenylalanin-Agar
Phenylalanindesaminase   –

[a] gewisse Biotypen von *S. flexneri* Serotyp 6 bilden Gas

Für den Phenylalanin-Test steht ein Fertignährboden (Oxoid CM 297) zur Verfügung. Der Nährboden wird als Schrägagar-Röhrchen angelegt.

Nach dem Ausstrich und einer anschließenden Inkubation von 18–24 h bei 37 °C werden 4–5 Tropfen einer 10%igen Eisenchlorid-Lsg. (10 g FeCl$_3$ · 6 H$_2$O + 100 ml dest. Wasser) zugesetzt und das Röhrchen mehrmals gedreht. Eine positive Reaktion zeigt sich durch Erscheinen einer grünen Verfärbung innerhalb 1–5 min.

Für weitere biochemische Merkmale vergleiche ((Tab. 2.8) befindet sich in 2.15.10.2)). Auch können im Handel erhältliche Differenzierungssysteme verwendet werden.

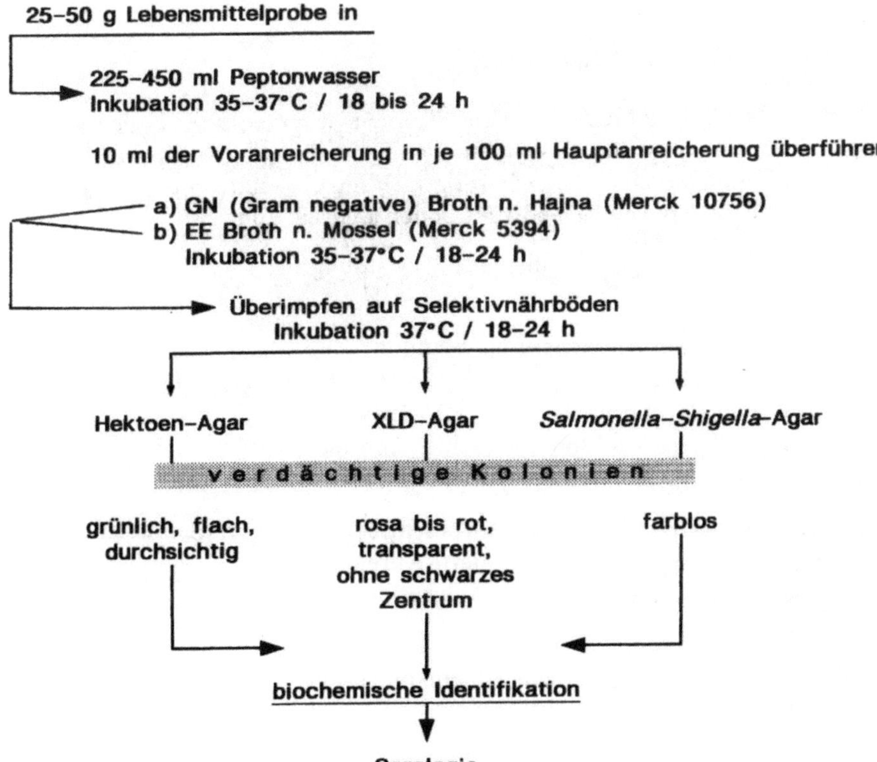

Serologische Typisierungen verdächtiger Kolonien – sie sind erforderlich, da infolge der komplexen biochemischen Eigenschaften von Shigellen biochemische Tests nicht zur Identifizierung, sondern nur zum Ausschluß anderer Keime dienen – erfordern einige Erfahrung und sollten daher nur in Speziallaboratorien durchgeführt werden.

2.15.14
Yersinia enterocolitica

Y. enterocolitica ist ein gramnegatives Stäbchen der Familie Enterobacteriaceae. Kokkoide Formen dominieren bei jungen Kulturen, welche bei 22–25 °C gezüchtet wurden. *Y. enterocolitica* hat die Fähigkeit, sich noch bei einer Temperatur von 4 °C zu vermehren. Auf Grund dieser Eigenschaft stellt dieses Bakterium auch bei kühl gelagerten Lebensmitteln, vor allem frischem Fleisch, Rohfleischprodukten wie Tartar, aber auch in Rohmilch ein Risiko dar.

Die außergewöhnliche Psychrotrophie nutzt man u.a. aus, um diesen pathogenen Infektionserreger selektiv zu kultivieren. Als humanpathogen gelten in Europa vor allem die Serotypen 0 : 3 und 0 : 9, in Nordamerika überwiegt der Serotyp 0 : 8. Der selektive Nachweis von *Y. enterocolitica* erfolgt in der Regel auf Nährböden, die zur Kultur von Enterobacteriaceen geeignet sind.

2.15.14.1
Anreicherungsmedien und Selektivnährböden

Es existieren zahlreiche Methoden, eine allgemein akzeptierte Methode ist allerdings bisher nicht vorhanden. Alle Methoden haben jedoch gemeinsam, daß das Lebensmittel zunächst in ein Anreicherungsmedium überführt wird, nach der Anreicherung Subkulturen auf Selektivnährböden angelegt und verdächtige Kolonien biochemisch bestätigt werden.

Als Anreicherungsmedien finden u.a. Anwendung:

- McConkey-Bouillon
- Enterobacteriaceen-Anreicherungs-Bouillon
- modif. Rappaport-Medium nach Wauters (1973) – Merck 11443 –
- Sorbit-Gallensalz-Phosphat-Puffer (FDA 1984)
- Hefeextrakt-Bengalrosa-Bouillon (Schiemann 1982)
- Galle-Oxalat-Sorbose-Bouillon (Schiemann 1982)

Nachstehend werden zwei Methoden beschrieben, und zwar die ausschließliche Kälteanreicherung sowie eine kombinierte Anreicherung.

Als Selektivnährböden finden u.a. Anwendung:

- McConkey-Agar
- CIN-*Yersinia*-Selektivagar nach Schiemann (1971)

2.15.14.2
Untersuchungsgang

Kälteanreicherung (Abb. 2.71.)
25 g Produkt werden in 225 ml Sorbit-Gallensalz-Phosphat-Puffer homogenisiert.

Sorbit-Gallensalz-Phosphat-Puffer

gepuffertes Peptonwasser (Merck 7228)	25,5 g
Gallensalzmischung No.3 (Oxoid L 56)	1,5 g
Sorbit	10,0 g
dest. Wasser	1000,0 ml
pH	7,6 ± 0,2
Sterilisation bei 121 °C / 15 min	

Danach erfolgt direkt ein Ausstrich mittels Impföse (Durchmesser der Impföse 3 mm) auf eine vorgetrocknete Selektivagarplatte. Das restliche Homogenisat wird bis zu drei Wochen bei 4 °C „bebrütet", wobei in zeitlich definierten Abständen ebenfalls auf Selektivagarplatten mittels Impföse subkultiviert wird. Die so beimpften Agarplatten werden bei 26 °C für 48 h aerob bebrütet.

Alkalibehandlung. Nach Aulisio et al. (1980) ist *Y. enterocolitica* weniger alkaliempfindlich als die übrigen Enterobacteriaceen. Aus diesem Grund wird eine Alkalibehandlung nach der Anreicherung bzw. vor dem Ausstrich auf einem Selektivagar empfohlen. Demnach werden 0,5 ml der Anreicherung in 4,5 ml KOH/NaCl-Lösung (0,5% KOH/0,5% NaCl) überführt, 3–5 s gut geschüttelt, dann mittels Impföse ausgestrichen.

Kombinierte Anreicherung
Bei der kombinierten Anreicherung werden 10 g Produkt bzw. 10 ml einer flüssigen Probe in 90 ml Hefeextrakt-Bengalrosa-Bouillon überführt und für 9 Tage bei 4 °C vorkultiviert.

Hefeextrakt-Bengalrosa-Bouillon

Hefeextrakt	5,0 g
Gallensalze	2,0 g
$Na_2HPO_4 \cdot 7\,H2O$	17,25 g
$MgSO_4 \cdot 7\,H_2O$	0,01 g
NaCl	1,0
dest. Wasser	790 ml

Die o. g. Zutaten werden gelöst und der pH-Wert mittels 5 N HCl auf 7,9 eingestellt. Nach der Sterilisation bei 121 °C für 15 min werden nach dem Abkühlen nachstehende sterilfiltrierte Lösungen zugegeben:

Sorbose 4%	100 ml
Natriumpyruvat 1%	100 ml
Bengalrosa 4 mg/ml	10 ml

0,1 ml der Voranreicherung werden in 10 ml Galle-Oxalat-Sorbose-Bouillon überführt und weitere 5 Tage bei 25 °C inkubiert.

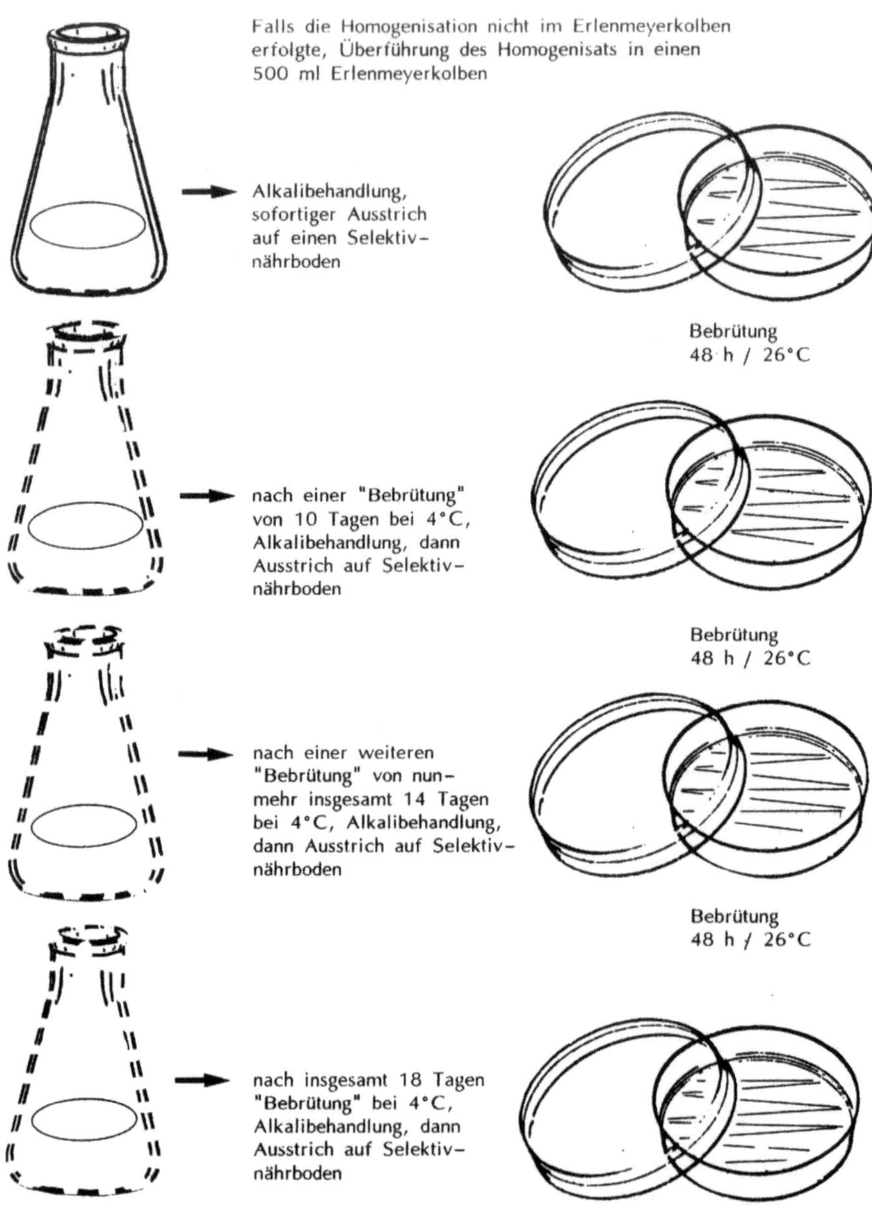

Abb. 2.71. *Yersinia enterocolitica*-Untersuchungsgang bei Kälteanreicherung

Galle-Oxalat-Sorbose-Bouillon

$Na_2HPO_4 \cdot 7\,H_2O$	17,25 g
Natriumoxalat	5,0 g
Gallensalze	2,0 g
NaCl	1,0 g
$MgSO_4 \cdot 7\,H_2O$	0,01g
dest. Wasser	659 ml

pH-Wert auf 7,6 einstellen, 15 min bei 121 °C sterilisieren. Nach dem Abkühlen sind folgende sterilfiltrierte Lösungen zuzugeben:

Sorbose 10%	100,0 ml
Asparagin 1%	100,0 ml
Methionin 1%	100,0 ml
Hefeextrakt 2,5 mg/ml	10,0 ml
Natrium-Pyruvat 0,5%	10,0 ml
Metanilgelb 2,5 mg/ml	10,0 ml

Am Tage des Gebrauchs müssen noch folgende sterilfiltrierte Lösungen zugesetzt werden:

Irgasan (Ciba-Geigy) 0,4% in 95% Ethanol	1,0 ml
Natrium-Furadantin 1,0 mg/ml	10,0 ml

Von der Hauptanreicherung werden McConkey-Agarplatten, vorzugsweise CIN-*Yersinia*-Selektivagarplatten mittels Impföse so beimpft, daß Einzelkolonien entstehen. Eine Bebrütung bei 25 °C für 48 h bzw. 30 °C für 18–24 h schließt sich an.

2.15.14.3
Auswertung verdächtiger Kolonien

Auf McConkey-Agar verdächtige Kolonien haben ein rosarotes/weißliches, halbdurchscheinendes Aussehen. Der Rand der Kolonie hat eine flach auslaufende Peripherie, wobei das erhabene Zentrum einen Durchmesser von 1–2 mm aufweist.

Die Yersinen-Kolonien auf dem *Yersinia*-Selektivagar mit CIN-Supplement nach Schiemann weisen eine typische „Spiegelei"-ähnliche Form auf, wobei das dunkelrote Zentrum von einem durchsichtigen Rand umgeben ist. Begleitende Mikroorganismen, die trotz der Selektivität auf diesem Nährboden wachsen, bilden meist größere Kolonien mit rosa gefärbtem Zentrum. Eine biochemische Differenzierung ist immer empfohlen, da *Citrobacter freundii*, *Enterobacter agglomerans* und *Serratia liquefaciens* Übereinstimmungen mit *Y. enterocolitica* zeigen.

Oxidasenegative, katalasepositive Kolonien werden auf Kligler's Eisen-Zweizucker-Agar und auf Harnstoff-Agar nach Christensen – beide als Schrägschichtröhrchen – überimpft. Nach einer Bebrütung bei 25 °C für 24 h zeigt *Y. enterocolitica* folgende Reaktionen:

Eisen-Zweizucker-Agar
- Schrägfläche Umschlag nach Rot durch Alkalibildung
- Stich in der Hochschicht nach Gelb durch Säurebildung
- keine Gas- und H_2S-Bildung

Harnstoff-Agar
- Harnstoffspaltung positiv (Farbumschlag des pH-Indikators Phenolrot von Gelb nach Purpurrot)

Bei *Y. enterocolitica*-entsprechenden Reaktionsausfällen dieses Screening-Verfahrens sind weitere biochemische Tests durchzuführen (vgl. Tab.2.13.). Für eine orientierende Diagnostik können auch fertige Systeme wie API 20 E u.ä. benutzt werden. Die Bebrütungstemperaturen beim biochemischen Screening sollten 28 °C nicht überschreiten. Isolierte Reinkulturen können auch zur serologischen Typisierung an Speziallaboratorien übergeben werden.

2.15.15
Vibrio parahaemolyticus

Dieses maritime, halophile Bakterium wurde als Erreger einer Nahrungsmittelvergiftung erstmals in Japan beschrieben und zwar nach Genuß von rohen Meeresfischen und Muscheln. Da *V. parahaemolyticus* sehr empfindlich ist, treten von ihm verursachte Lebensmittelvergiftungen wahrscheinlich nur in solchen Ländern auf, wo rohe Meeresprodukte verzehrt werden. Schon bei Kühllagerung und besonders beim Gefrieren stirbt ein großer Teil dieser Keime ab (Hechelmann et al. 1971).

2.15.15.1
Verdünnungsflüssigkeit und Selektivbouillon

Als Verdünnungsflüssigkeit wird eine Pepton-Kochsalz-Lösung mit 0,1% Pepton und 3% NaCl benutzt.

Als Selektivmedium dient eine Kochsalz-Polymyxin B-Bouillon.

Tabelle 2.13. Reaktionen von *Yersinia enterocolitica*

Test	Reaktion	Test	Reaktion
Saccharosefermentation	+	Beweglichkeit 25 °C	+
Salicinfermentation	–	Beweglichkeit 37 °C	–
Simmons Citrat	–	Lysindecarboxylase	–
Voges Proskauer 25 °C	+	Arginindihydrolase	–
Voges Proskauer 37 °C	–	Phenylalanindesaminase	–

Herstellung der NaCl-Polymyxin B-Bouillon

Hefeextrakt	3,00 g
Pepton	10,00 g
NaCl	30,00 g
dest. Wasser	900,00 ml

Alle Bestandteile werden bis zum völligen Lösen erhitzt, dann abgekühlt.

Polymyxin B	0,25 g
dest. Wasser	100,00 ml

Beide Lösungen werden vereinigt, gut durchmischt und sterilfiltriert. Die Bouillon darf nicht nochmals erhitzt werden; sie ist am Herstellungstag zu verwenden.

Die Kochsalz-Polymyxin B-Bouillon wird zu je 9 ml auf Kulturröhrchen verteilt, die ihrerseits mit Aluminiumkappen verschlossen werden.

2.15.15.2
Analysengang (Abb. 2.72.)

Das zu untersuchende Meeresprodukt wird unter aseptischen Bedingungen in einen sterilen Plastikbeutel überführt und mit der 9-fachen Menge Verdünnungsflüssigkeit versetzt. Die Homogenisation (Mazeration) erfolgt zweckmäßigerweise im „Stomacher".

Die selektive Anreicherung erfolgt in Kulturröhrchen, angelegt gemäß Most Probable Number-(MPN)Technik. Je 10 ml des Homogenisates werden in 10 ml doppelt konzentrierter Kochsalz-Polymyxin-B-Bouillon *(nur 1. Serie)* überführt. Von den dezimalen Verdünnungen werden je 1 ml in 10 ml Kochsalz-Polymyxin-B-Bouillon einfacher Konzentration überführt.

Die so beimpften MPN-Ansätze werden bei 35–37 °C für 15–24 h inkubiert. Von den gewachsenen Bouillonkulturen werden mittels Impföse Ausstriche auf TCBS-(Thiosulfate-Citrate-Bile-Salt-Sucrose) Agar angefertigt. TCBS-Agar ist als Trockennährboden erhältlich. Die so auf dem *Vibrio*-Selektivagar angelegten Subkulturen werden bei 35–37 °C für 18 h bebrütet.

Vibrio parahaemolyticus-verdächtige Kolonien haben einen Durchmesser von ca. 3 mm mit einem grünen oder blauen Zentrum ohne gelben Hof.

Eine Bestätigungsdiagnostik durch Feststellung biochemischer Merkmale ist erforderlich (Tab. 2.14. und 2.15.).

Durch die MPN-Technik ist gleichzeitig eine indirekte Keimzählung möglich.

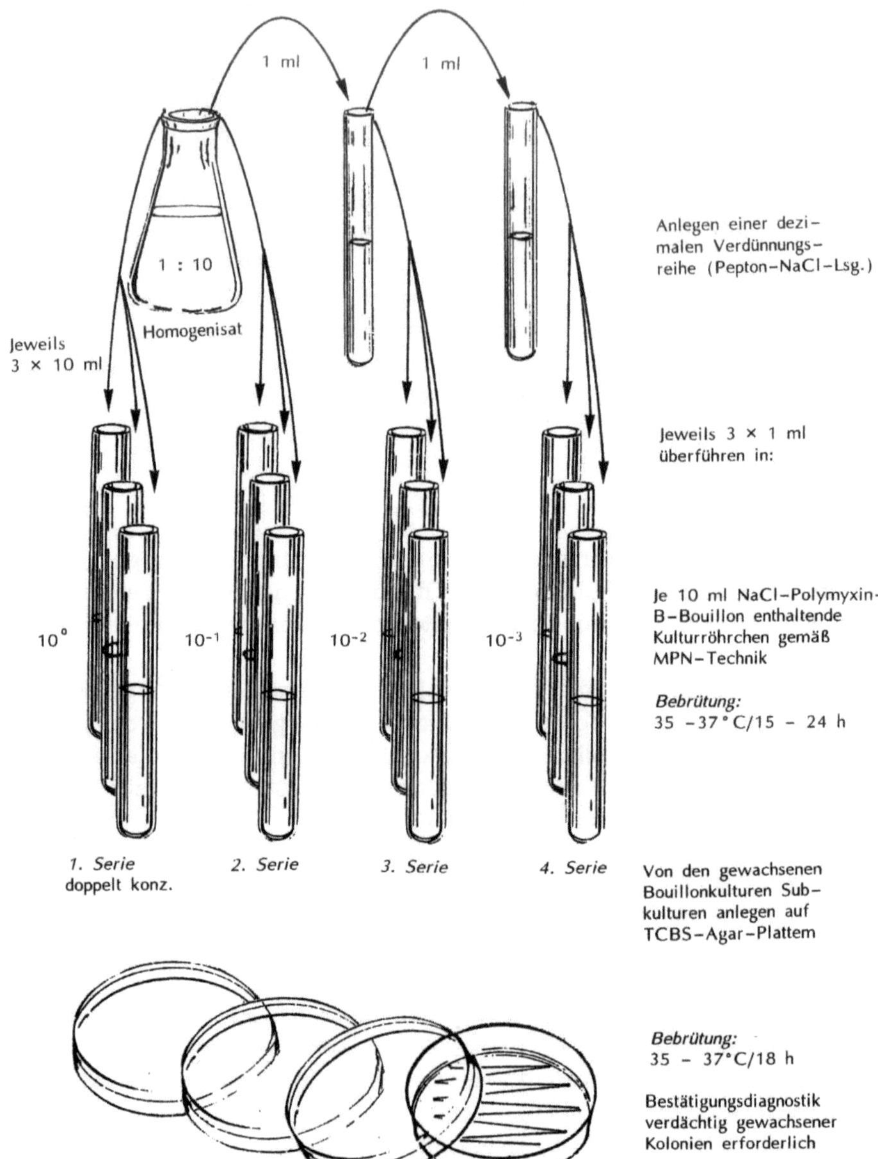

Abb. 2.72. Analysengang zum Nachweis von *Vibrio parahaemolyticus*

Tabelle 2.14. Unterschiede zwischen *Vibrio parahaemolyticus, Vibrio alginolyticus* u. *Vibrio anguillarum.* (Nach ICMSF 1978)

	V. parahaemolyticus	*V. alginolyticus*	*V. anguillarum*
8%ige NaCl-Resistenz in Trypton-Soja-Bouillon	+	+	–
10%ige NaCl-Resistenz in Trypton-Soja-Bouillon	–	+	–
Wachstum bei 42 °C	+	+	–
Acetoin-Reaktion (Voges-Proskauer)	–	+	+
Saccharosefermentation	–	+	+
Wachstum auf TCBS-Agar	+	+	–

Tabelle 2.15. Charakteristische Reaktionen zur Identifikation von *Vibrio parahaemolyticus*

Test	Reaktion
Oxidase-Reaktion	positiv
Katalase-Reaktion	positiv
Beweglichkeit	positiv
Wachstum in dest. Wasser mit 1% Caseinpepton (Trypton), 37 °C, schütteln über Nacht	
– ohne NaCl-Zugabe	negativ
– mit 6% NaCl-Zugabe	positiv
– mit 8% NaCl-Zugabe	positiv
– mit 10% NaCl-Zugabe	negativ
Wachstum in dest. Wasser mit 1% Caseinpepton (Trypton) und 2% NaCl, 42–43 °C über Nacht	positiv
Arginindihydrolase	negativ
Gelatineverflüssigung	positiv
Lysindecarboxylase	positiv
Kanagawa-Reaktion	positiv

Alle Testmedien müssen einen 3%igen NaCl-Zusatz erhalten.

2.15.15.3
Nährboden für die Diagnostik

Während für die Nachweise von Arginindihydrolase, Gelatineverflüssigung, Lysindecarboxylase etc. entsprechende Nährböden im Handel erhältlich sind (Ornithindecarboxylase-Arginindihydrolase-Testbouillon [Basis], Nährgelatine-Medium, Lysindecarboxylase-Bouillon etc.), muß der Wagatsuma-Agar für den Kanagawa-Test selbst bereitet werden.

Wagatsuma-Agar (FDA)

Heftextrakt	3,0 g
Penton	10,0 g
NaCl	70,0 g
K_2HPO_4	5,0 g
Mannit	10,0 g
Kristallviolett	0,001 g
Agar	15,0 g
dest. Wasser	1.000,0 ml

Alle Ingredienzien werden in dest. Wasser gelöst und der pH-Wert auf 8,0 eingestellt. Die Lösung wird entweder unter ständigem Schütteln vorsichtig bis zum Kochen oder für 30 min im Dampftopf erhitzt; *nicht* autoklavieren.

Nach Abkühlen auf 50 °C werden dem Nährboden 100 ml einer 20%igen Suspension gewaschener Humanerythrozyten zugesetzt. Nach gutem Vermischen des nun kompletten Nährbodens wird dieser in Petrischalen zu Platten ausgegossen.

2.15.15.4
Kanagawa-Test

Ausführung
- Mittels Impföse wird eine 18-stündige Subkultur aus einer Caseinpepton-Sojamehlpepton-3% NaCl-Bouillon punktförmig auf eine gut vorgetrocknete Wagatsuma-Blutagar-Platte aufgetropft.

Dabei können mehrere Subkulturen kreisförmig, in abgrenzbare Felder pro Platte überimpft werden.

- Die Bebrütungstemperatur der beimpften Platten beträgt 35 °C.
- Die Auswertung erfolgt nach höchstens 24-stündiger Bebrütung.

Achtung: Beobachtungen, die nach 24 h gemacht werden, sind ungültig.

- Ein positiv ausgefallener Test zeigt eine ß-Hämolyse; um die Kolonien erkennt man eine transparente, klare Zone.

Hämolyse-positive Kolonien sind Kanagawa-positiv.
Bei diesem Test wird dringend empfohlen, eine Referenzkultur zur Kontrolle zu verwenden.

2.15.16
Campylobacter jejuni

Campylobacter jejuni ist ein gramnegatives, sehr schlankes, komma-, spiral- oder S-förmiges Stäbchen, welches sich ausschließlich unter mikroaerophilen Bedingungen vermehren kann.

Für mikroaerobe Bedingungen stehen kommerzielle Systeme zur Verfügung (Merck Art.-Nr. 16275; Oxoid BR 56), die in Verbindung mit einem Anaerobiertopf (Abb. 2.23.) für reduzierte Sauerstoff- und erhöhte CO_2-Spannungen sorgen.

2.15.16.1
Selektivanreicherung

10 g Lebensmittelprobe werden in 90 ml *Campylobacter*-Anreicherungsbouillon überführt und 24–48 h bei 43 °C mikroaerob inkubiert.

Campylobacter-Anreicherungsbouillon

Nährbouillon Nr. 2	25,0 g
(Oxoid CM 68)	
Glukose	1,0 g
Hefeextrakt	2,0g
dest. Wasser	1000,0 ml
	(pH 7,2 ± 0,2)

Die Basisbouillon ist nach dem Lösen der Bestandteile für 15 min bei 121 °C zu sterilisieren. Nach dem Abkühlen auf 45–50 °C sind 60 ml defibriniertes Pferdeblut (Oxoid FSR 1056) sowie folgende Supplemente hinzuzufügen:

Campylobacter-Anreicherungssupplement

(Oxoid SR 84)	
Natriumpyruvat	250,0 mg
Natriumdisulfit	250,0 mg
($Na_2S_2O_5$)	
Eisen-II-sulfat	250,0 mg

Campylobacter-Selektivsupplement (Butzler)

(Oxoid SR 85)	
Bacitracin	25000 I.E.
Cycloheximid	50,0 mg
Colistinsulfat	15,0 mg
Cephazolinnatrium	10000 I.E.
Novobiozin	5,0 mg

2.15.16.2
Nachweis und Beurteilung

Als Selektivnährboden für *C. jejuni* sind verschiedene Rezepturen in Gebrauch, die sich im wesentlichen nur durch die Zusammensetzung der Hemmzusätze unterscheiden (Skirrow 1982).

Welcher Rezeptur der Vorzug eingeräumt wird, hängt letztendlich vom Anwender ab. Stellvertretend sei der Selektivnährboden auf Basis von Blutagar genannt, der auch den Vorteil hat, daß das gleiche Butzler's-*Campylobacter*-Selektivsupplement zum Einsatz kommt wie bei der Anreicherung.

Campylobacter-Selektivagar

Blutagar (Basis)	40,0 g
dest. Wasser	1000,0 ml
	(pH 7,0 ± 0,2)

Nach der Sterilisation und anschließendem Abkühlen auf 45–50 °C sind 60 ml defibriniertes Pferdeblut sowie Butzler's Selektivsupplement (s. 2.15.16.1) zuzufügen und nach gutem Durchmischen Platten zu gießen.

Mittels Impföse wird Anreicherungskultur auf *Campylobacter*-Selektivagar ausgestrichen. Die Inkubation der beimpften Platten erfolgt für 24–48 h ebenfalls unter mikroaeroben Bedingungen. Als Bebrütungstemperatur für *C. jejuni* hat sich allgemein 42/43 °C bewährt, da diese Temperatur zusätzlich selektiv auf die Begleitflora wirkt. Es kann auch bei 37 jedoch nicht bei 25 °C inkubiert werden.

Campylobacter bildet flache, glänzende, mitunter metallgrau gefärbte Kolonien, die bei frisch bereiteten Platten bis zu 6 mm Durchmesser erreichen können. Eine Haemolyse tritt nicht ein.

2.15.16.3
Bestätigung (Tab. 2.16.)

Alle verdächtigen Kolonien werden zunächst mikroskopisch beobachtet. *C. jejuni* bildet kommaförmige, z.T. S-förmig gewundene Stäbchen. 72 und mehr Stunden alte oder der Luft ausgesetzte Zellen können auch kokkoide Formen aufweisen.

Als schnelle Bestätigungsreaktionen dienen der Oxidase- und Katalase-Test (s. Abb. 2.59. und 2.73.). *C. jejuni* bildet sowohl Oxidase als auch Katalase.

Als weitere diagnostische Hilfsmittel sei die Hippurathydrolyse, Nalidixinsäure-Sensitivität sowie die Überprüfung auf aerobes Wachstum genannt.

C. jejuni hydrolysiert Natriumhippurat.

Hippurat-Medium

Natriumhippurat	0,5 g
dest. Wasser	50,0 ml

Nach dem Lösen wird das Medium durch einen 0,2 μm Membranfilter sterilfiltriert und zu je 0,5 ml in sterile Verschlußröhrchen abgefüllt.

Tabelle 2.16. Biochemisches Verhalten verschiedener *Campylobacter* spec.

	C. jejuni	*C. coli*	*C. fetus*
Katalase	+	+	+
Wachstum bei 25 °C	–	–	+
Wachstum bei 43 °C	+	+	–
Hippurat-Hydrolyse	+	–	–
Nalidixinsäureempfindlichkeit	S	S	R

+: positive Reaktion; –: negative Reaktion; *R:* resistent; *S:* sensitiv

Eine Impföse einer 24-stündigen Blutagar-Kultur wird in ein Röhrchen überimpft und neben einem unbeimpften „Kontrollröhrchen" 2 h bei 37 °C bebrütet.

0,2 ml Ninhydrin-Reagenz (1,5 g Ninhydrin, 25 ml Aceton und 25 ml Ethanol) werden nach dem Bebrüten zugesetzt. Nicht schütteln!

Innerhalb von 5-10 min zeigt eine tiefpurpurne Färbung eine positive Reaktion an; eine leicht bläuliche Färbung wird als negativ gewertet.

Für die Prüfung der Empfindlichkeit gegenüber Nalidixinsäure werden einige Tropfen einer frischen Bouillonkultur auf einer Blutagaroberfläche gleichmäßig ausgespatelt und anschließend ein Nalidixinsäure-Testplättchen (30 μg) aufgelegt.

Nach einer mikroaeroben Bebrütung von 48–72 h bei 37 °C erfolgt die Auswertung.

C. jejuni reagiert sensitiv gegen Nalidixinsäure.

Auch die Überprüfung auf aerobes Wachstum erfolgt auf Blutagarplatten. Inokulum wird im Oberflächenausstrich auf zwei Platten aufgebracht, wobei dann eine Platte aerob, die andere mikroaerob inkubiert wird.

C. jejuni ist streng mikroaerophil; daher wird nur auf der mikroaerob bebrüteten Platte ein Wachstum beobachtet.

Weitere charakteristische Merkmale von *C. jejuni:*

- keine H$_2$S-Bildung im Drei-Zucker-Eisen-Agar
- keine Fermentation von Glukose
- keine Vermehrung bei 3,5% NaCl

2.15.17
Enterokokken

Die Gattung *Streptococcus* wird nach moderner Nomenklatur nunmehr in die Gattungen *Streptococcus, Lactococcus* (ehemals Str. *lactis*) und *Enterococcus* untergliedert.

Gemäß Bergey's Manual of Systematic Bacteriology, Vol. 2 (1986) zählen zu den Enterokokken Str. *faecalis, faecium,* „avium" und *gallinarum,* wobei der Vorschlag von Schleifer u. Klipper-Balz (1984) berücksichtigt wurde, die genannten Arten der nunmehr neuen Gattung *Enterococcus* zuzuordnen. Die ehemals praktikable Formulierung „alle D-Streptokokken sind Enterokokken" ist nicht mehr haltbar – allerdings besitzen alle Enterokokken das Gruppenantigen D und gehören somit zu den D-Streptokokken.

Enterokokken, insbesondere *Enterococcus faecalis,* können, wenn sie in hoher Anzahl nachgewiesen werden, in einigen Produkten als Indikator für eine unzureichende Prozeßtechnologie gewertet werden. Das trifft besonders für Trockenprodukte wie Hühnereiklarpulver, Milchpulver etc. zu. Auch weisen sie eine hohe Resistenz gegenüber Gefrieren, Wärme und chemischen Desinfektionsmitteln auf. Ein Befund bspw. in Rohwürsten und anderen naturgereiften Lebensmitteln wird allgemein als produktspezifisch angesehen.

Für den quantitativen Nachweis wird vom Lebensmittelhomogenisat bzw. dessen Verdünnungsstufen ausgegangen. Für die Kultivierung ist das Oberflächenspatelverfahren anwendbar, die ICMSF (1978) empfiehlt das Plattengußverfahren.

- Nährböden
  M-*Enterococcus*-Agar nach Slanetz und Bartley (1957)
  KF-*Streptococcus*-Agar (ICMSF 1978)
  Packer's Crystal-Violet Azide Blood-Agar (ICMSF 1978)

Nach einer Inkubation von 24–48 h bzw. 48 h bei Verwendung von Packer's Agar erscheinen Enterokokken als hellrote, violette bis dunkelrote Kolonien.

Bei subletaler Schädigung, hervorgerufen durch Hitze, Trocknung, Gefrieren, Fermentation bis zu niedrigen pH-Werten u.ä, ist der Einsatz eines Wiederbelebungsmediums erforderlich.

- Wiederbelebungsmedien
  6,5%ige NaCl-Bouillon
  Streptokokken-Anreicherungsbouillon
  Glukosebouillon

Das Untersuchungsmaterial wird in eines der Wiederbelebungsmedien überführt; für den halbquantitativen Nachweis beispielsweise 1 g, 0,1 g und 0,01 g Probematerial. Nach einer Inkubation bei 37 °C für 24 h wird aus der bebrüteten Wiederbelebungsbouillon fraktioniert auf Selektivnährböden ausgestrichen und die so beimpften Nährböden dann bebrütet.

Eine Bestätigung der gewachsenen Keime als Enterokokken bzw. Differenzierungen kann anhand der Tab. 2.17. erfolgen.

Die ICMSF (1978) empfiehlt folgende Bestätigungsdiagnostik:

- Gramfärbung
- Katalaseprüfung
- Wachstum bei 44–46 °C
- Wachstum in einer 6,5%igen NaCl-haltigen Bouillon

Das Schweizerische Lebensmittelbuch (1989) empfiehlt zusätzlich:

- Wachstum auf Äsculin-Galle Agar (Merck 11432)

Tabelle 2.17. Identifizierung von „D-Streptokokken"

	E. faecalis	E. faecium	E. „avium"	E. galli- narum	Str. bovis	Str. equinus
Wachstum bei:						
10 °C	+	+	+	+	–	–
45 °C	+	+	+	+	V	+
pH 9,6	+	+	+	+	–	–
6,5% NaCl	+	+	+	+	–	–
40% Gallenzusatz	+	+	+	+	+	+
NH_3-Bildung aus Arginin	+	+	–	V	–	–

V: Variable Reaktion; +: positive Reaktion; –: negative Reaktion

Verdächtige, typisch pigmentierte Kolonien werden von den Selektivnährböden aufgenommen und in Kulturröhrchen, welche Hirn-Herz-Infusion-Bouillon enthalten, überführt. Die beimpften Röhrchen werden bei 35–37 °C bis 24 h oder bis eine Trübung sichtbar wird inkubiert.

– Von jeder getrübten Bouillonkultur wird eine Gramfärbung durchgeführt und das gefärbte Präparat mikroskopiert.

In allen Fällen gilt eine lebhafte Entwicklung von Sauerstoffblasen als positiver Katalase-Nachweis. Eine ausbleibende Gasentwicklung wird als negativer Nachweis gewertet.

Anwendung. Der Nachweis dient als Hilfsmittel bei der Differenzierung von Bakterien-Gattungen, wie z.B. zur Abgrenzung von Streptokokken (–), von Mikrokokken (+) und Staphylokokken (+) sowie Bazillen (+) gegenüber Clostridien (–).

Prinzip. Die meisten Cytochrom-bildenden aeroben und fakultativ anaeroben Bakterien besitzen das Enzym Katalase, das Wasserstoffperoxid in Wasser und Sauerstoff spaltet. Das sofortige Auftreten feinster Gasbläschen ist mit bloßem Auge gut erkennbar.

Beachte. Die zu prüfenden Kolonien dürfen nicht älter als 24 h sein. Sie dürfen nicht auf Blutagarplatten getestet werden, da in Erythrozyten Katalase vorhanden ist und somit Ergebnisse verfälscht würden. Auch azidhaltige Medien führen zu Fehlschlüssen Platin- oder eisenhaltige Impfösen dürfen nicht mit H_2O_2 in Berührung kommen.

– 3 ml der Bouillonkulturen werden in Röhrchen, welche 0,5 ml 3%iges Wasserstoffperoxid (H_2O_2) enthalten, überführt (alternative Methode s. Abb. 2.73.). Ein Ausbleiben von Gasblasen zeigt an, daß die Kolonie Katalase-negativ ist.

- Beimpfen von im Wasserbad auf 44–46 °C erwärmter Hirn-Herz-Infusion-Bouillon mit anschließender Inkubation bei gleicher Temperatur für 48–72 h.
- Beimpfen von 6,5% NaCl-haltiger Hirn-Herz-Infusion-Bouillon und anschließender Inkubation bei 37 °C für 72 h.
- Ösenausstrich auf Äsculin-Galle-Agar und bei 37 °C für 72 h bebrüten.

Katalase-negative, grampositive Kokken, welche bei 44–46 °C in einer 6,5%igen NaCl-Konzentration wachsen, sind Enterokokken. Enterokokken sind von oval-kokkoider Gestalt und liegen paarig in Kettenformation vor.

Auf Äsculin-Galle-Agar gewachsene Kolonien bilden olivgrüne bis dunkelbraune Höfe (Hydrolyse des Glukosids Äsculin in Glucose und Äsculetin, welches mit Fe-III-Ionen einen olivgrünen bis schwarzen Komplex bildet).

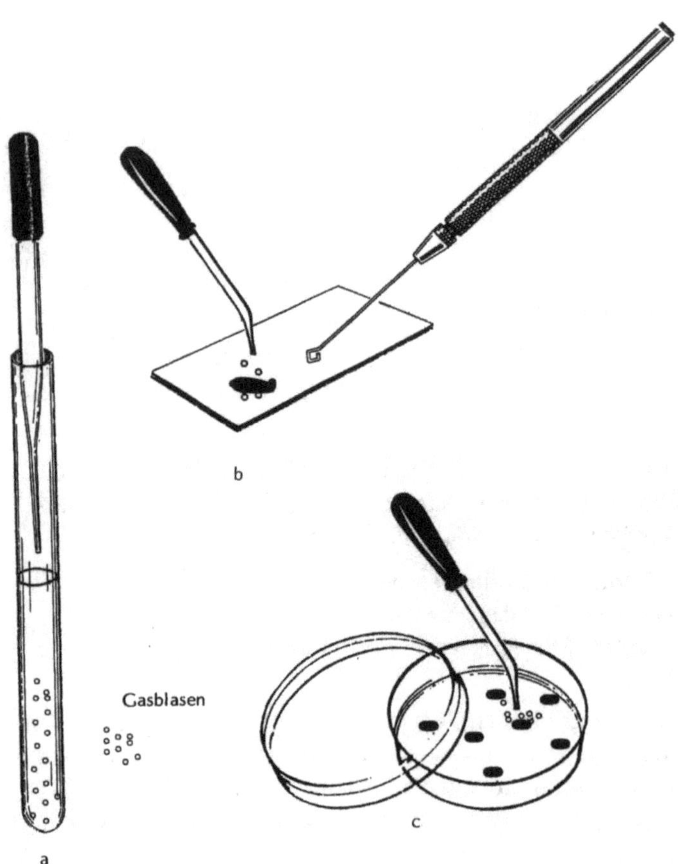

Abb. 2.73 a, b,c. Möglichkeiten der Überprüfung auf Katalase. **a** Zugabe von ca. 1 ml 3%igem H_2O_2 zu einer zu prüfenden Bouillonkultur; **b** Kolonie mittels Impföse auf einen Objektträger übertragen und H_2O_2 auftropfen; **c** Auftropfen von H_2O_2 auf eine Agarplattenkolonie

2.15.17.1
Streptokokken-Latex-Agglutination

Nach Lancefield weist die Mehrzahl der Streptokokken spezifische Kohlenhydrat-Antigene auf, die eine Klassifizierung in Gruppen erlaubt. Diese Streptokokken-gruppen-Antigene werden aus den Zellen extrahiert und können mit Hilfe von Latexpartikeln nachgewiesen werden, welche mit gruppenspezifischen Antikörpern beschickt wurden. Da die Latexpartikel in Gegenwart von homologen Antigenen agglutinieren, bei deren Abwesenheit jedoch in Lösung bleiben, stellt dieser Test einen einfachen und sicheren Nachweis dar. Dies gilt insbesondere für den serologischen Nachweis von Streptokokken der Lancefield-Gruppe D.

Test-Kits sind kommerziell erhältlich; z.B. Streptokokken-Identifizierungs-Test, Oxoid Art.Nr. DR 585; Slidex-Strepto-Kit, bioMérieux Bestell-Nr. 58811; Streptex, Wellcome Art. Nr. ZL 54.

2.15.18
Staphylococcus aureus

Werden hohe *S. aureus*-Gehalte ermittelt, zeigt dies die Gefahr an, daß sich im betreffenden Lebensmittel u.U. auch toxigene Stämme vermehren konnten. Ferner kann *S. aureus* ein Indiz für Kontaminationen sein, die auf eine unzureichende Personalhygiene schließen lassen.

Da die meisten Anforderungen eine Abwesenheit von *S. aureus* in 1 g oder 0,1 g verlangen bzw. die Zahl 10^2/g Lebensmittel nicht überschreiten sollen, ist eine Anreicherung erforderlich. Eine Anreicherung ist insbesondere bei Trockenprodukten (Milchpulver, Kindernährmittel, Rekonvaleszenznahrung) für einen besonders anfälligen Konsumentenkreis angezeigt.

Neben der nachstehend beschriebenen Anreicherung nach dem Titerprinzip wird auch vielfach das MPN-Verfahren durchgeführt (Schweiz. Lebensmittelbuch, 1989 Methode L02.07.-2 nach § 35 LMBG, 1987).

2.15.18.1
Anreicherung und direkter quantitativer Nachweis

Zu je 10 ml Anreicherungsmedium, z.B. Caseinpepton-Sojamehlpepton-Bouillon mit 6,5–10% NaCl-Zusatz, werden 1 g, 0,1 g oder 0,01 g Untersuchungsmaterial steril überführt und bei 35 °C für 48 h bebrütet.

Nach der Bebrütung wird von jedem Kulturröhrchen ein Ausstrich auf Baird-Parker-Agarplatten, welche eine Eigelb-Tellurit-Emulsion enthalten, angefertigt. Die Bebrütung bei 37 °C für 30–48 h schließt sich an.

Bei vermuteten hohen Keimzahlen von > 100/g in einer Untersuchungsprobe bzw. bei Frischprodukten, wird diese mit der 9-fachen Menge einer physiologischen NaCl-Lösung homogenisiert und eine Verdünnungsreihe angelegt.

Der Baird-Parker-Nährboden wird im Oberflächenspatelverfahren beimpft.

– Auswertung des bebrüteten Baird-Parker Agars (mit Eigelb-Tellurit-Emulsion): Kleine, konvexe, glänzende, intensiv schwarze Kolonien mit einem Durchmesser von ca. 1–5 mm und einer schmalen weißen Randzone, die von einem Aufhellungshof des Mediums umgeben sind, können pathogene Staphylokokken sein.

Beachte: Falsch sind die Hinweise mancher Handbücher, *S. aureus*-Kolonien seien stets schwarz, glänzend und von einem Hof umgeben. Die Koloniefarbe kann in allen Schattierungen zwischen schwarz, grau und bräunlich liegen. Der eine Hofbildung bedingende Eigelbfaktor ist ebenfalls nicht *S. aureus*-spezifisch. Daher sind immer Bestätigungstests anzuschließen.

2.15.18.2
Bestätigungstests

Katalase-Test
Mit einer Platindrahtöse wird ein Teil der betreffenden Kolonie aufgenommen und mit einem Tropfen einer 3%igen Wasserstoffperoxidlösung auf einen Objektträger aufgetragen. Bei Gasbildung wird für die entsprechende Kolonie der Koagulase-Test durchgeführt.

Koagulase-Test
Einige Staphylokokken besitzen die Fähigkeit, flüssiges Kaninchenblutplasma mit ihrem Enzym Koagulase zu koagulieren.

Der Koagulase-Test kann auf zwei Arten durchgeführt werden.

Röhrchen-Test.
Bei diesem Test wird 0,1 ml einer 24 h alten Kultur aus einer Hirn-Herz-Dextrose-Bouillon in kleine Kulturröhrchen, welche 0,3 ml Kaninchenblutplasma mit EDTA (Ethylendiamintetraessigsäure, 1%ig) enthalten, aseptisch überführt, gründlich vermischt und bei 37 °C bebrütet.

In den ersten 24 h wird stündlich kontrolliert, ob eine Gerinnung aufgetreten ist. Ist dieses nicht der Fall, wird nach weiteren 24 h nochmals geprüft.

Nur eine deutliche, beim Kippen des Röhrchens erkennbare Verklumpung ist als Koagulase-positiv zu bewerten (Abb. 2.74.).

Klumpungsfaktor. Der Objektträger-Koagulase-Test – auch Clumping-Factor (CF)-Test – erfaßt die gebundene Koagulase. Dazu wird ein Tropfen EDTA-Kaninchenblutplasma mit einer *S. aureus*-verdächtigen Kolonie auf einem Objektträger verrieben. Im positiven Fall tritt sehr rasch, oft während des Verreibens, eine Klumpenbildung auf. Für das schnelle, orientierende Screening ist das Verfahren gut geeignet. Bei negativer oder zweifelhafter Reaktion muß der Röhrchen-Test durchgeführt werden.

Agglutination-Tests
S. aureus vermag stabilisierte und durch Fibrinogen sensibilisierte Schaferythrozyten zu agglutinieren, andere Staphylokokken-Stämme beeinflussen die Erythrozyten-Suspension nicht.

Test-Kits sind kommerziell erhältlich, z.B. Staph-Rapid-Test Roche, Art. Nr. 0730386 bzw. Staphyslide-Test bioMérieux Bestell-Nr. 55081.

Vorgehen. Auf Baird-Parker- oder Blutagar gewachsene verdächtige Kolonien werden mit einer Impföse aufgenommen, auf einen geeigneten Objektträger ver-

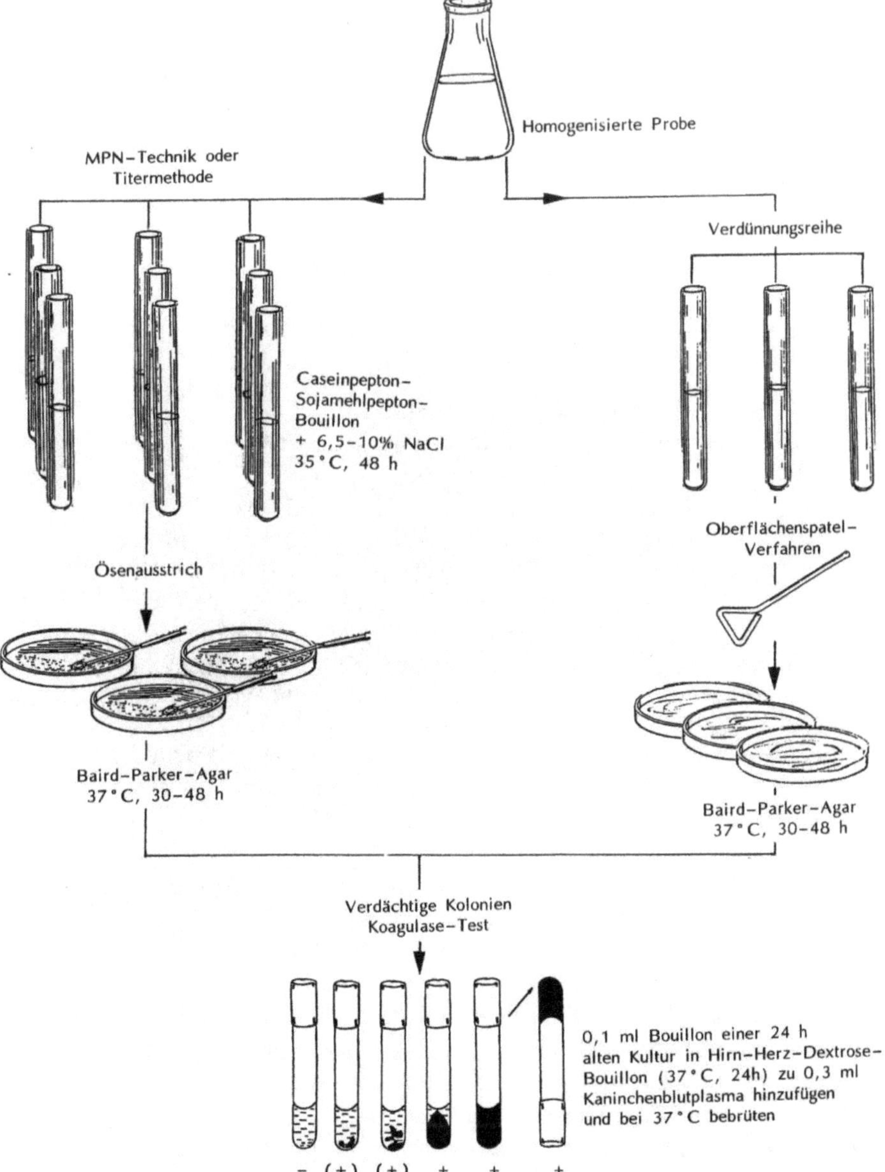

Abb. 2.74. Staphylokokken-Nachweis. Koagulase-Auswertung: – = negative; + = positive Reaktion; (+) = wenige unorganisierte Klumpen werden als negative Reaktion gewertet.

bracht und je in 1 Tropfen sensibilisierte Erythrozyten-Suspension und 1 Tropfen Kontrollerythrozyten-Suspension verrieben. Der Objektträger soll leicht rotierend bewegt werden.

Beachte. Tritt innerhalb von 15 s bei der sensibilisierten Erythrozyten-Suspension eine deutliche Agglutination ein, während die Kontrollerythrozyten fein verteilt bleiben, handelt es sich um einen *S. aureus*-Stamm.

Da einige Staphylokokken-Stämme Spontanagglutinationen verursachen können – auch Kontrollerythrozyten werden agglutiniert – muß in einem solchen Fall ein Koagulase-Test durchgeführt werden.

Beachte. Benutzte Objektträger sind gefahrlos zu vernichten.

2.15.18.3
ELISA-Test zum Nachweis von Staphylokokken-Enterotoxinen

Der ELISA-(Enzyme Linked Immuno Sorbent Assay) Test nach Fey (1983) ermöglicht auf einfache Weise auch in nicht spezialisierten Laboratorien Staphylokokken-Enterotoxine (SET) in Lebensmittelextrakten und Kulturüberständen nachzuweisen (Biru et al. 1985; Windemann et al. 1985).

Von den bisher bekannten sechs, mit den Buchstaben A bis F gekennzeichneten SET, lassen sich mittels Test-Kit die vier Enterotoxintypen SET-A, SET-B, SET-C und SET-D nachweisen.

Das Prinzip des diagnostischen Kits[12] besteht darin, daß Lebensmittelextrakte – gewonnen durch Homogenisation des Lebensmittels, Zentrifugieren, pH-Wert-Absenkung zur Entfernung löslicher Eiweißsubstanzen, pH-Wert-Korrektur oder je nach Lebensmittel durch Fettextraktion mit Hilfe von Chloroform (Abzug benutzen!) – mit farblich codierten Polystyrolperlen über Nacht inkubiert werden, welche mit entsprechenden Antikörpern gegen SET-A bis SET-D beschichtet sind und die Anwesenheit von SET mit einem Phosphatase-markierten Zweitantikörper anzeigen. Als Negativkontrolle dienen Perlen, die mit Kaninchennormalserum beschichtet sind.

Die Bildung einer intensiv gelben Farbe (Phosphatase wandelt das farblose p-Nitrophenylphosphat in das gelbe Nitrophenolat um) ist mit bloßem Auge sichtbar; die genaue Auswertung verlangt eine photometrische Messung bei 405 nm. Die Extinktion ist proportional zur Konzentration des an die Perle gebundenen Enterotoxins.

Die Empfindlichkeit des Tests liegt bei 0,1–1 ng SET/ml, was unterhalb der klinischen Relevanz liegen soll.

Für gewisse Lebensmittel und je nach Extraktionsverfahren kann die Nachweisgrenze bei 1-10 ng SET/ml liegen.

Gemäß der eidgenössischen Verordnung vom 1. Juli 1987 über die hygienisch-mikrobiologischen Anforderungen an Lebensmittel, Gebrauchs- und Verbrauchs-

---

[12]Bezugsquellen: Bela-Pharm GmbH & Co. KG, Lohner Straße 19, 49377 Vechta; Dr. Bommeli AG, Längass Straße 7, CH-3012 Bern

gegenstände (Anhang 1, Art.2, Abs.1) dürfen Staphylokokken-Enterotoxine in allen Lebensmitteln nicht nachweisbar sein.

2.15.18.4
Nachweis der Thermonuclease bei Staphylokokken-Kulturen

Bestimmte Bakterien produzieren Desoxyribonuclease (DNase), ein Enzym, das DNA spalten kann. *S. aureus* bildet neben der thermolabilen auch eine thermostabile DNase.

Beim Schnelltest nach Lachia (1976) werden bebrütete Baird-Parker-Agarplatten mit gleichmäßigem, nicht zu starkem Bewuchs für 2h bei 60–70 °C im Wärmeschrank behandelt. Dadurch wird die hitzelabile DNase inaktiviert. Nach Abkühlung werden die Platten mit 10 ml Toluidinblau-O-DNA-Agar überschichtet und während 3 h bei 37 °C inkubiert. Thermonuclease-positive Stämme zeigen einen rosafarbigen Ring um die Kolonien.

Beachte. Die Selektivnährböden nach Vogel-Johnson und nach Chapman sind wegen der selektiven Zusätze nicht geeignet.

Toluidinblau-O DNA-Agar (Herstellungsanleitung)

Tris-Puffer

Tris(hydroxymethyl)aminomethan	6,06 g
Calciumchlorid	0,11 g
dest. Wasser	1000,00 ml

Tris(hydroxymethyl)aminomethan und Calciumchlorid werden in etwa 980 ml Wasser gelöst. Der pH-Wert der Lösung wird bei 20 °C auf 9,0 ± 0,1 eingestellt, anschließend mit Wasser auf 1 l aufgefüllt.

Grundmedium

Desoxyribonucleinsäure (Difco)	0,30 g
Natriumchlorid	10,00 g
Agar	10,00 g
Tris-Puffer	1000,00 ml

Die Bestandteile werden in Tris-Puffer suspendiert und im Dampftopf bis zum völligen Lösen der DNA und des Agars erhitzt (ca. 1,5 h).

Toluidinblau-O-Lösung

Toluidinblau-O	0,31 g
dest. Wasser	10,00 ml

Toluidinblau-O unter leichtem Erwärmen in Wasser lösen, dann durch Faltenfilter filtrieren.

Reaktionsmedium

Grundmedium	1000,00 ml
Toluidinblau-O-Lsg.	3,00 ml

Zum auf etwa 50 °C abgekühlten Grundmedium wird die entsprechende Toluidinblau-O-Lösung hinzugegeben. Eine Sterilisation ist nicht erforderlich.

Anmerkung. Der zubereitete Nährboden kann in dicht verschlossenen Schraubflaschen bis 4 Monate bei Kühlschranktemperaturen aufbewahrt werden. Auch ein mehrmaliges Aufkochen ist möglich.

Beim Aufkochen farblos gewordenes Medium erhält nach Schütteln die blaue Farbe wieder.

Für den Nachweis von Staphylokokken-Thermonuclease in Milch, siehe § 35 LMBG-Methode L 01.00-33 (1988).

2.15.19
Bacillus cereus

B. cereus ist ein aerober Sporenbildner von ubiquitärer Präsenz und besonders reichlich im Erdboden vorhanden, so daß als Träger alle pflanzlichen Roh- und Folgeprodukte und auch Fleischwaren zu beachten sind. *B. cereus* bildet zwei Enterotoxine, ein hitzelabiles (Hitzeinaktivierung bei 60 °C innerhalb weniger Minuten) und ein hitzestabiles.

Wegen der Fähigkeit zur Sporenbildung sind besonders erhitzte Lebensmittel von Bedeutung. Bei unsachgemäßen Heißhaltezeiten in Thermobehältern oder Wasserbädern (Bain marie), auch bei unsachgemäßer Aus- oder Abkühlung von Speisen, können sich die aus überlebenden Sporen hervorgegangenen bzw. durch Rekontamination hineingelangten *B. cereus*-Zellen rasch vermehren. Puddings, Suppen, Gemüse, Hackfleisch etc. sind potentiell gefährdet. Lebensmittelvergiftungen treten i. d. R. erst bei Keimzahlen von 10^6/g auf.

Gemäß der VO über diät. Lebensmittel der Bundesrepublik Deutschland sind Untersuchungen bei Säuglings- und Kleinkindernahrung – sofern sie Milch oder Milchbestandteile enthalten – auf *Bacillus* (Proteolyten) vorgeschrieben.

2.15.19.1
Nährböden und Untersuchungsgang, Identifikation (Tab. 2.18.)

Für die Routineuntersuchung im Betriebslaboratorium bewähren sich die beiden kommerziell erhältlichen Basis-Selektivnährböden:

- Cereus Selektivagar n. Mossel (Merck, 5267)
  Synonym: MYP-(Mannitol-egg yolk-polymyxin) Agar
- *Bacillus-cereus*-Selektivagar n. Holbrook u. Anderson (Oxoid, CM 617)
  Synonym: PEMBA (Polymyxin-egg yolk-mannitol-bromthymol blue-agar)

Relevante quantitative Unterschiede zwischen den beiden Selektivnährböden bestehen nicht. Die Bereitung erfolgt nach Angaben der Nährbodenhersteller. Den Basisnährböden werden nach dem Autoklavieren und Abkühlen auf ca. 45 °C noch die Supplemente Eigelb-Emulsion und Polymyxin B-Lösung beigefügt und nach gründlichem Mischen erfolgt das Gießen zu Platten.

0,1 ml der Probe oder der entsprechenden dezimalen Verdünnung mit Drigalski-Spatel ausstreichen auf

→ **PEMBA, Bebrütung 24 h / 37°C und weitere 24 h bei Zimmertemperatur oder MYP-Agar, Bebrütung 24–48 h / 32°C**

↓

Auswertung: ***B. cereus*** **bildet auf PEMBA rauhe, wachsartige, türkisblaue Kolonien, welche von einem gleichfarbigen Präzipitathof (Lecithinase) umgeben sind.**

Auf MYP-Agar wächst ***B. cereus*** **in Form rauher, trockener Kolonien mit einem deutlichen rosa bis purpurfarbenen Untergrund, welche von einem Präzipitathof (Lecithinase) umgeben sind.**

↓

Identifizierung: **s. Tab. 2.18**
Lipidkörperfärbung
(s. Färbeverfahren, 2.10.5)

Beachte. Auf MYP-Agar gewachsene Kolonien mit gelbem Hof sind mit Sicherheit keine Cereusbazillen. Allerdings kann es auf dem ungepuffertem MYP-Agar vorkommen, daß saure Impflösungen den Nährboden gelb werden lassen. Mannit verwertende Fremdkolonien sind aus gleichem Grund rasch von einer gelben Zone umgeben. In beiden Fällen könnte *B. cereus* übersehen werden.

2.15.19.2
Ermittlung der aeroben Sporenzahl

Bei den erfaßten Keimen wird es sich überwiegend um Sporen der Gattung *Bacillus* handeln. Eine Abgrenzung der Sporen von vegetativen Formen erfolgt entweder durch eine Hitze- oder Ethanolbehandlung.

Tabelle 2.18. Identifizierung von *B. cereus*

Gramfärbung und biochemische Reaktionen	Ergebnisse von *B. cereus*
Gramfärbung	grampositive, lange Stäbchen, oft mit zentralen oder parazentralen Sporen, z. T. fadenbildend
Anaerober Abbau von Glukose [a]	positiv
Gelatineverflüssigung [b]	positiv
Nitratreduktion [c]	positiv

[a] z.B. Nitrat-Bouillon (Merck Art. Nr. 10204).
[b] z.B. Nährgelatine (Merck Art. Nr. 4069, Oxoid CM 135a).
[c] z.B. OF-Testnährbodenbasis (Merck Art. Nr. 10282).

Hitzebehandlung

Da die Sporen der einzelnen *Bacillus*-Arten eine unterschiedliche Hitzeresistenz besitzen, sollten zur genaueren Bestimmung der Hitzeresistenz die einzelnen Verdünnungsstufen nach folgendem Schema erhitzt werden:

1. Röhrchen	1 Minute bei 80 °C
2. Röhrchen	5 Minuten bei 80 °C
3. Röhrchen	5 Minuten bei 90 °C
4. Röhrchen	5 Minuten bei 100 °C
5. Röhrchen	unerhitzte Kontrolle

Die Hitzebehandlung erfolgt in Wasserbädern. Danach werden 0,1 ml oder bei niedrig zu erwartenden Sporenzahlen 1 ml je nach Untersuchungszweck auf Glukose-Trypton Agar, saurem Proteose-Pepton-Agar (für *B. coagulans*), Plate Count-Agar ausgespatelt oder alternativ eine Gußkultur angelegt und bei 30–32 °C für 2–3 Tage und bei 55 °C 2 Tage lang bebrütet.

Oftmals ist es angezeigt, die Analyse auf sogenannte resistente aerobe mesophile Sporen auszuweiten. Das gilt insbesondere für Rohstoffe, die in Produkten eingesetzt werden, die einen UHT-Prozeß durchlaufen. Um auch geringste Sporenzahlen zu erfassen, geht man folgendermaßen vor:

2 g des zu untersuchenden Rohstoffs werden in 18 ml Caseinpepton-Sojamehlpepton-Bouillon gelöst. Diese Suspension wird dann für 30 min bei 100 °C im Dampftopf erhitzt. 4 x 0,5 ml werden auf 4 Plate Count-Agarplatten plattiert und anschließend 48–72 h bei 30 °C inkubiert.

Auswertung. Wenn auf allen 4 Parallelplatten insgesamt eine Kolonie anwächst, beträgt die Anzahl „resistenter aerober mesophiler Sporen" 5 pro g.

Ethanolbehandlung (Hotz 1984)

5–10 ml oder g einer Lebensmittelprobe oder deren Verdünnungs-Stammlösung wird in ein steriles Erlenmeyerkölbchen überführt, die gleiche Menge sterilfiltriertes absolutes Ethanol sowie ein Magnetrührstäbchen hinzugeben.

Nachdem die Proben-Alkoholsuspension für 1 Stunde unter langsamem Rühren auf einem Magnetrührer verweilte, wird 1 ml der Suspension als Gußkultur, alternativ als Oberflächenkultur angesetzt.

Die beimpften Platten werden umgekehrt bei 30–32 °C für 2–3 Tage und 55 °C 2 Tage inkubiert.

Beim Berechnen der Koloniezahl ist der durch den Ethanolzusatz bedingte Verdünnungsfaktor von 2 zu berücksichtigen.

2.15.20
Clostridium perfringens

C. perfringens ist ein obligat anaerobes, grampositives und unbewegliches Stäbchen, wobei von den bekannten 5 serologischen Typen nur A und C, davon Typ A recht häufig, Lebensmittelvergiftungen hervorrufen.

Da das hitzelabile Enterotoxin bei der Sporulation der vegetativen Zelle frei wird – was sich im Darm, nicht aber bereits im Lebensmittel abspielt – ist nur der Nachweis von vegetativen Zellen oder Sporen von *C. perfringens* im Nahrungsmittel sinnvoll, nicht aber der Toxinnachweis.

Eine Lebensmittelvergiftungsgefahr ist dann gegeben, wenn ca. 10^8 *C. perfringens* aufgenommen werden. Die kritische Grenze im Lebensmittel liegt bei etwa 10^5–10^6 Keimen/g.

Zur Frage Sporennachweis oder Nachweis der vegetativen Zellen ist abzuklären bzw. zu überlegen, ob das zu beurteilende Lebensmittel direkt konsumiert wird oder aber vorher gekocht, gegart oder anderweitig erhitzt wird oder erhitzt werden muß. So werden im Falle eines direkten Verzehrs die vegetativen Keime, nach Hitzebehandlungen allenfalls überlebende Sporen von Bedeutung sein.

2.15.20.1
Untersuchungsgang, Auswertung und Bestätigung

Nach Anlegen einer dezimalen Verdünnungsreihe werden je 1 ml des Homogenisates in Petrischalen pipettiert und mit 10–15 ml auf 45 °C abgekühlten TSC-(Tryptose-Sulfit-Cycloserin) Agar (Merck 11972, Oxoid CM 587 + SR 88) im Plattenguß-Verfahren gut vermischt. Die Platten werden im Anaeroben-Topf während 20–24 h bei 37 °C inkubiert.

Schwarze Kolonien auf TSC-Agar sind als verdächtig anzusehen und zu zählen. Mit etwa 10 Kolonien sind Bestätigungstests durchzuführen. Die mit den Bestätigungstests als *C. perfringens* verifizierten Kolonien werden im Verhältnis zur Anzahl der geprüften auf die Gesamtmenge der pro Verdünnung bestimmten Anzahl verdächtiger Kolonien aufgerechnet.

Die nachstehend aufgeführten Reaktionsmedien werden mittels Stich beimpft (Stichkultur) und für 1–2 Tage bei 37 °C bebrütet, dann ausgewertet (Tab 2.19.).

Nitrat-Beweglichkeits-Medium (Speck 1984)

Fleischextrakt	3,0 g
Pepton	5,0 g
Kaliumnitrat	1,0 g
Di-Natriumhydrogenphosphat	2,5 g
Agar	3,0 g
Galaktose	5,0 g
Glycerin	5,0 g
dest. Wasser	1.000,0 ml
	pH 7,4 ± 0,2

Die Bestandteile werden gelöst, in hoher Schicht in Schraubverschluß-Röhrchen abgefüllt und 15 min bei 121 °C autoklaviert.

Laktose-Gelatine-Medium (Speck 1984)

Tryptose	15,0 g
Hefeextrakt	10,0 g

Tabelle 2.19. *C. perfringens*-Bestätigungstest

Test auf	Erwartete Reaktion
Beweglichkeit	–
Nitratreduktion	+
Laktoseverwertung	+
Gelatineverflüssigung	+

Laktose	10,0 g
Di-Kaliumhydrogenphosphat	5,0 g
Phenolrot (als wäßrige Lsg.)	0,05 g
Gelatine	120,0 g
dest. Wasser	1000,0 ml
	pH 7,5 ± 0,2

Alle Bestandteile – außer der Gelatine – werden in 400 ml dest. Wasser gelöst. Die Gelatine wird in die verbliebene Menge von 600 ml kalten dest. Wassers gegeben und im Wasserbad bei 50–60 °C unter mehrfachem Schütteln ebenfalls gelöst. Beide Lösungen werden vereinigt, gut durchmischt, in Schraubverschluß-Röhrchen abgefüllt und 15 min bei 121 °C autoklaviert.

Das Medium ist bei 4 °C ca. 2 Wochen haltbar.

Der Nitratnachweis erfolgt durch Zugabe mehrerer Tropfen des Nitritreagenz nach Griess-Ilosvays (Merck 9023) zum bebrüteten Nitrit-Beweglichkeits-Medium.

Bei Anwesenheit von Nitrit erscheint innerhalb etwa 1 Minute eine intensive rote Farbe. Bei starken Nitritbildnern schlägt die anfangs rote Farbe nach gelb um.

2.15.21
Clostridium perfringens-Sporen

Es sind zahlreiche Verfahren der Isolierung von *C. perfringens*-Sporen und zum quantitativen Nachweis bekannt. Hier soll nur ein bewährtes Verfahren beschrieben werden.

2.15.21.1
Analysengang (Abb. 2.75)

Abtötung der vegetativen Zellen durch Hitzebehandlung

Das Abtöten vegetativer Zellen erfolgt zunächst durch eine Hitzebehandlung der entsprechenden Lebensmittelverdünnungsstufen. Dazu wird die 1 : 10, 1 : 100 etc. Probesuspension in sterile Reagenzgläser pipettiert und im Wasserbad 10 min bei 80 °C gehalten, anschließend sofort unter fließendem Wasser abgekühlt.

Es ist vorher zu schätzen, wie lange es dauert, bis die Probesuspension in den Reagenzgläsern 80 °C erreicht hat, diese ermittelte Aufheizzeit muß zu den 10 min Haltezeit bei 80 °C zugeschlagen werden.

Beimpfung von Hirn-Herz-Infusion-Agar
Vier Röhrchen mit je 20 ml geschmolzenem Hirn-Herz-Infusion-Agar (mit Na-Sulfat und Eisencitrat) werden bei 44 °C folgendermaßen beimpft:

Zu 2 Röhrchen kommen jeweils 5 ml der erhitzten Suspension.
Zu 1 Röhrchen kommt 1 ml der erhitzten Suspension.
Zu 1 Röhrchen kommt 0,1 ml der erhitzten Suspension.

Die Röhrchen werden durch vorsichtiges Rollen zwischen den Handfächen unter Vermeidung von Luftzufuhr gemischt und dann unter fließendem Wasser gekühlt.
Im Anschluß erfolgt eine Bebrütung, vorzugsweise im Wasserbad, für 18–48 h bei 44 °C.

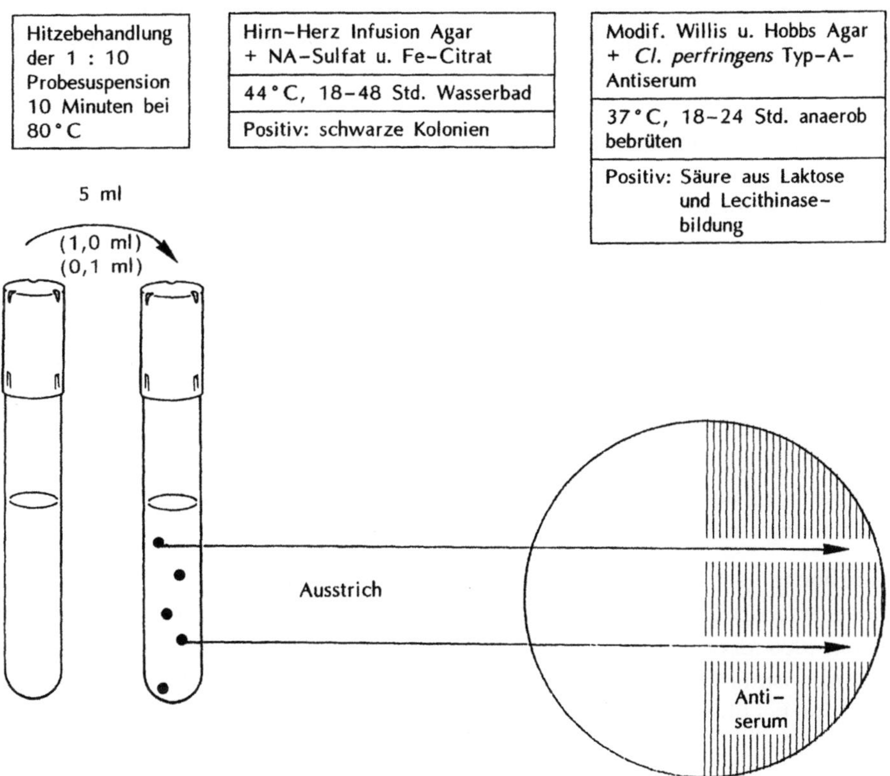

Abb. 2.75. Darstellung des Analysenganges. Empfehlung der AIIBP (Association Internationale de l'Industrie de Bouillons et Potages)

Auszählung

Nach einer Bebrütungszeit von 18, 24 bzw. 48 h wird ausgewertet. Die Anzahl der möglicherweise vorhandenen *Clostridium perfringens* kann an der Menge der sichtbar schwarz gefärbten Kolonien abgeschätzt werden.

Bestätigung der Kolonie als Clostridium perfringens

Eine genaue Diagnose von *C. perfringens* ist serologisch auf modifiziertem Willis u. Hobbs-Agar mit *Clostridium perfringens*-Typ-A-Serum möglich.

Nach Erstarren des Willis u. Hobbs-Agars wird auf der Unterseite des Petrischalenbodens mit einem Filzstift eine Halbierung eingezeichnet. Auf eine Hälfte des getrockneten Agars werden 3 Tropfen bzw. 0,05 ml Antiserum mit Hilfe eines Spatels gleichmäßig verteilt. 2–3 Kolonien werden dem Hirn-Herz-Infusion-Agar entnommen und nacheinander senkrecht zur Halbierungslinie mit einer Impföse auf den Willis u. Hobbs-Agar ausgestrichen.

Dabei ist so vorzugehen, daß der Ausstrich auf der nicht mit Antiserum-Typ-A behandelten Plattenhälfte begonnen und von dort auf die mit Antiserum behandelte Seite ausgezogen wird.

Nach einer anaeroben Bebrütung von 18–24 h bei 37 °C erfolgt die Auswertung.

Als *C. perfringens*[13] solche Stämme identifiziert, die Säure aus Laktose bilden sowie eine Lecithinaseproduktion zeigen. Das charakteristische Merkmal der Lecithinasewirkung wird da neutralisiert, wo Antiserum-Typ-A vorhanden ist.

2.15.21.2
Beschreibung der Nährböden

Hirn-Herz-Infusion-Agar mit Sulfit und Eisen

Der Basisnährboden kann als Trockengranulat erworben werden. Die Bereitung erfolgt nach Angaben der Nährbodenhersteller.

Jeweils 20 ml des gelösten Mediums werden in 200 x 20 mm Röhrchen abgefüllt und bei 121 °C 15 min lang autoklaviert.

Vor Verwendung des Agars wird dieser im Wasserbad auf 55 °C abgekühlt. Nun wird 1 ml Natriumsulfitlösung (0,625 g $Na_2SO_3 \cdot 7H_2O$ in 100 ml sterilem dest. Wasser) und vier Tropfen 5%ige Eisencitratlösung zu jeweils 20 ml des abgefüllten Mediums gegeben.

Eine Sterilisation beider Lösungen ist normalerweise nicht nötig, wenn für ihre Herstellung steriles dest. Wasser verwendet wird.

Nährboden nach Willis u. Hobbs (modifiziert)

33 g eines Azid-Blutagar-Grundmediums, 10 g Laktose und 0,03 g Neutralrot werden in 1000 ml dest. Wasser eingerührt und zum Kochen gebracht; dadurch wird eine Auflösung der Bestandteile gewährleistet. Im Anschluß daran erfolgt eine Sterilisation bei üblicher Temperatur und Zeit.

---

[13] Hinweis: *C bifermentans* bildet eine dem Alpha-Toxin des *C. perfringens* serologisch nahestehende Lecithinase. *C. bifermentans* ist anhand seiner Sporenbildung abgrenzbar.

Nach dem Abkühlen auf etwa 45–50 °C gibt man 10% einer Eigelb-Emulsion zu, mischt vorsichtig durch und gießt Petrischalen aus.

Nach dem Erstarren werden 3 Tropfen *Clostridium perfringens*-Typ-A-Antiserum auf jeweils einer halben Plattenhälfte ausgespatelt.

2.15.22
Qualitativer Anaerobier-Nachweis

Für diesen einfachen qualitativen Nachweis findet Leberbouillon Verwendung. Während früher in Kulturröhrchen mit Nährbouillon jeweils 2–3 erbsengroße, durch Autoklavierung sterilisierte Leberstückchen eingelegt wurden, benutzt man heute Fertignährböden.

Die Fertignährböden enthalten pulverisiertes Lebergewebe bzw. Leberstückchen. Die im Lebergewebe enthaltenen reduzierenden Substanzen bauen in ihrer Umgebung ein selbst für anspruchsvolle Anaerobier genügend anaerobes Milieu auf. Die enthaltene Glukose wird von Clostridien unter Gasbildung vergoren. Gasbildung legt den Verdacht auf Clostridien nahe. Der Nachweis ist durch Anfertigung eines Ausstrichpräparates und anschließende Färbung nach Gram zu bestätigen.

2.15.22.1
Durchführung (Abb. 2.76.)

Vier Kulturröhrchen werden mit 10 ml Leber-Leberbouillon gefüllt und 5 min bei 100 °C aufgekocht. Dadurch wird der noch vorhandene Luftsauerstoff entfernt.

Zwei Röhrchen werden auf 30 °C abgekühlt und mit einem erbsengroßen Stück Lebensmittel beimpft.

Zwei Röhrchen gibt man in ein 80 °C Wasserbad und beimpft diese, nachdem sie von 100 auf 80 °C abgekühlt wurden, ebenfalls mit einem erbsengroßen Stück Lebensmittel. Um eine Aktivierung der Sporen zu erreichen, beläßt man diese beiden Kulturröhrchen 10 min lang im 80 °C heißen Wasserbad.

Der Inhalt aller vier Röhrchen wird mit verflüssigtem, sterilem Paraffin fingerbreit überschichtet und anschließend 2–3 Tage bei 30–37 °C bebrütet.

Bei einem positiven Nachweis ist die Leber-Leberbouillon getrübt und der Paraffinstopfen in den Kulturröhrchen in Folge einer Gasbildung hochgeschoben.

2.15.23
Quantitativer Nachweis anaerober Sporen (Hotz 1984)

Bei diesem Nachweisverfahren wird auf eine Hitzebehandlung verzichtet und statt dessen 5–10 ml bzw. g der zu untersuchenden Lebensmittelprobe oder Verdünnungs-Stammlösung in ein steriles Erlenmeyerkölbchen überführt.

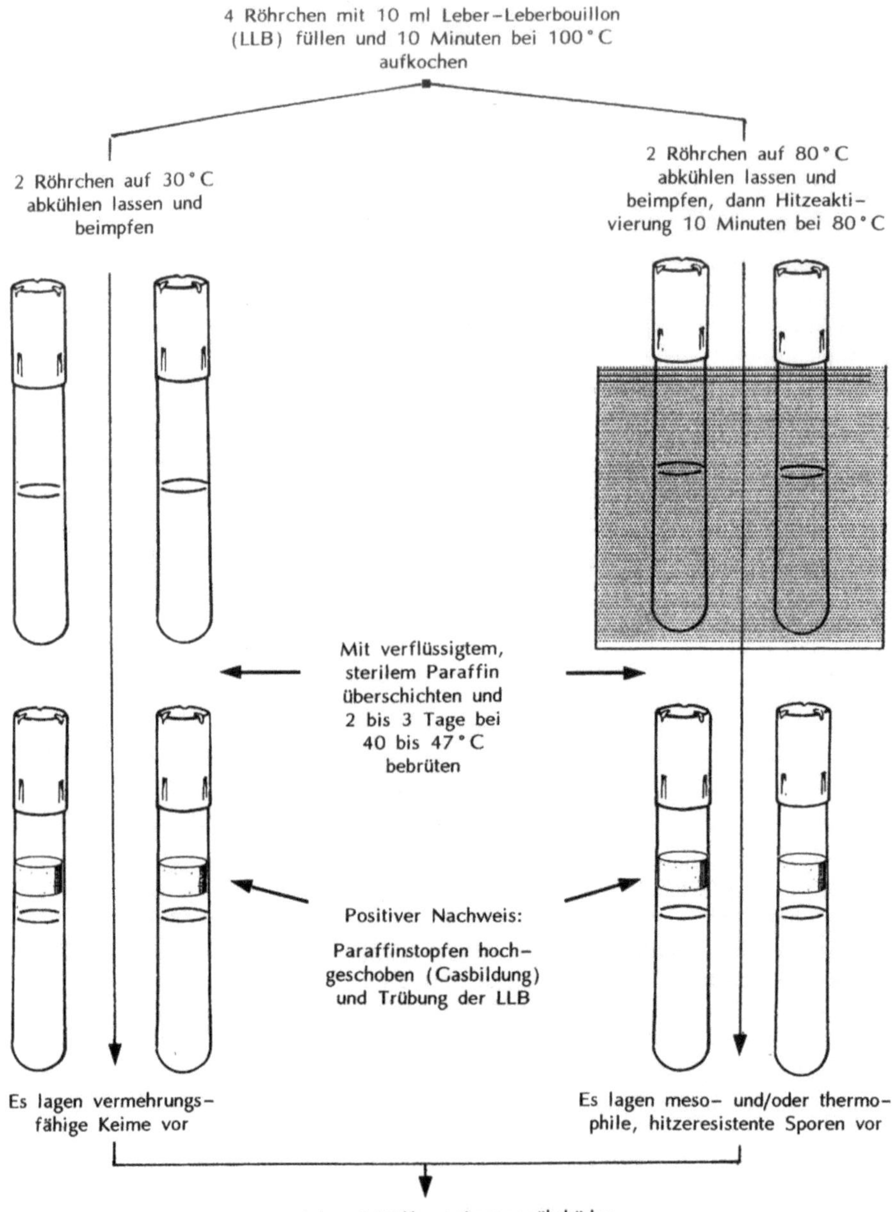

Abb. 2.76. Schema zum qualitativen Anaerobiernachweis

Nach Zugabe der gleichen Menge sterilfiltriertem absolutem Ethanol sowie eines Magnetrührstäbchens läßt man die Suspension für 1 Stunde unter langsamem Rühren auf einem entsprechenden Magnetrührer stehen.

Nachdem durch die Alkoholbehandlung vegetative Zellen abgetötet wurden, wird je 1 ml der Proben-Ethanolsuspension bzw. deren dezimaler Verdünnungsstufen in sterile Petrischalen überführt.

Nach dem Zusatz von ca. 15 ml eines frisch bereiteten, sauerstofffreien, auf 45 °C Gießtemperatur abgekühlten Hirn-Herz-Infusion-Agar werden die Platten gut gemischt. Alternativ ist auch das Oberflächenspatelverfahren einsetzbar. Insbesondere bei Anwendung des Oberflächenspatelverfahrens sollte – um einem Schwärmen der Keime vorzubeugen – nach dem Ausplattieren eine dünne Deckschicht (Overlayer) mit dem gleichen Agarnährboden aufgegossen werden.

Die beimpften Platten werden kopfstehend in einen Anaerobier-Topf deponiert und unter anaeroben Bedingungen 3 Tage bei 30 °C inkubiert.

Nach Bebrütungsende werden die gewachsenen Kolonien ausgezählt. Bei der Berechnung der Koloniezahl ist der Ethanolzusatz zu berücksichtigen und somit das Ergebnis mit dem Faktor 2 zu multiplizieren.

2.15.24
Listerien

Listerien sind ubiquitär verbreitet; im gegenwärtigen System der Bakterien sind sie nicht sicher einer Familie zuzuordnen. *Listeria monocytogenes* ist ein nichtsporenbildendes, grampositives Stäbchen und gilt gegenüber den anderen Listerien als uneingeschränkt pathogen. Die Krankheit Listeriose wirkt sich üblicherweise als Hirnhautentzündung oder Blutvergiftung aus. Mit *L. monocytogenes* kontaminierte Produkte bilden nach allgemeiner Auffassung für gesunde, nichtschwangere Konsumenten kein gesundheitliches Risiko. Als Risikogruppe gelten Personen mit geschwächter Abwehrkraft, Schwangere und deren un- und neugeborene Kinder.

L. monocytogenes wachsen aerob bis mikroaerob, ihr Wachstumsoptimum liegt zwischen 30 und 37 °C; sie vermehren sich allerdings auch bei niederen, selbst Kühlschranktemperaturen. Charakteristisch ist, daß der gleiche Stamm bei 20 °C inkubiert gut beweglich (begeißelt), bei 37 °C kultiviert unbeweglich ist.

Durch Hitzebehandlung (oberhalb etwa 72 °C) sterben *L. monocytogenes* ab. In stark sauren Lebensmitteln (pH $\leq$ 4,5) können sie sich nicht mehr vermehren und sterben ebenfalls ab. Sie benötigen für ihr Wachstum und damit für das Überleben – wie alle Bakterien – eine hohe Feuchtigkeit (a_w > 0,8). Trockene Lebensmittel, Vollkonserven, Sauerkonserven und verarbeitete Lebensmittel, bei denen die Listerien durch Hitze- oder Säurebehandlung abgetötet wurden und bei denen eine Sekundärinfektion durch eine „Gute Herstellpraxis" ausgeschlossen ist, kommen daher als Überträger nicht in Frage.

Als besonders gefährdet gelten Milchprodukte, Fleisch (insb. Hackfleisch), fertige Mischsalate, welche in Folie verpackt in Kühltheken angeboten werden. Untersuchungen von Jemmi (1990) zeigten, daß *L. monocytogenes* recht häufig in geräucherten und fermentierten Fischen gefunden wurden. So konnten aus 111 (12,2%) von 909 Proben *L. monocytogenes* isoliert werden, wobei die Kontaminationsraten bei 8,9% für heißgeräucherte, bei 13,6% für kaltgeräucherte und bei 25,8% für fermentierte Fische lagen. Ob solche kontaminierten Produkte eine potentielle Infektionsquelle für den Verbraucher darstellen können, ist fraglich. Ebenfalls fraglich ist, ob derartige Produkte überhaupt listerienfrei herzustellen sind.

Für die Bekämpfung dieses Krankheitserregers gilt daher, in den Herstellungsbetrieben auf strengste Hygiene und konsequente Einhaltung der GMP-Richtlinien zu achten, um die Kontaminationsquote auf einem kleinen Niveau zu halten um eine potentielle Gefährdung des Verbrauchers möglichst ausschließen zu können. Die reine Endproduktkontrolle ist von untergeordneter Bedeutung.

Die Nachweise von Listerien sind relativ zeitraubend und aufwendig; die Identifizierung von *L. monocytogenes* ist zudem an hohe persönliche Erfahrungen des Untersuchers geknüpft. Orientierende Ergebnisse müssen daher durch spezialisierte Institute[14] mit Hilfe von Pathogenitätsnachweisen sowie der Serologie bestätigt werden.

2.15.24.1
Nachweise und Nährböden, Prüfung verdächtig gewachsener Kolonien

Eine Unzahl immer neuer Publikationen bzgl. Nährböden und Methodenvariationen verdeutlicht, daß bisher keine Methode gefunden wurde, die ganz befriedigende Ergebnisse liefert. Derzeit kann zwischen einem 1-stufigen und 2-stufigen Listerien-Nachweis unterschieden werden.

Die Methodik des 1-stufigen Nachweises gemäß FDA ist in der Abb. 2.77. wiedergegeben; sie entspricht im Prinzip auch dem provisorischen IDF-Standard (Ausnahme: Anreicherung nur 48 h / 30 °C; Nährboden Oxford-Agar).

Für die Anreicherung dient ein hochwertiges Nährmedium wie Caseinpepton-Sojamehlpepton-Bouillon (CASO) mit einem Zusatz von 6 g/l Hefeextrakt. Dem autoklavierten Grundmedium werden unmittelbar vor Gebrauch sterilfiltrierte Lösungen von Hemmstoffen zugesetzt.

Als Hemmstoffe werden u.a. eingesetzt:

- Acriflavin   1,5 ml/l CASO   (Unterdrückung von Enterokokken)
  10 mg/ml
- Cycloheximid   2,0 ml/l CASO   (Unterdrückung von Hefen und
  25 mg/ml 40% Ethanol   Schimmelpilzen)
- Nalidixinsäure   1,6 ml/l CASO   (Unterdrückung der gramnegativen
  25 mg/ml 0,1 NNaOH   Begleitflora)

---

[14]Institut für Hygiene und Mikrobiologie, Josef-Schneider-Str. 2, 97080 Würzburg

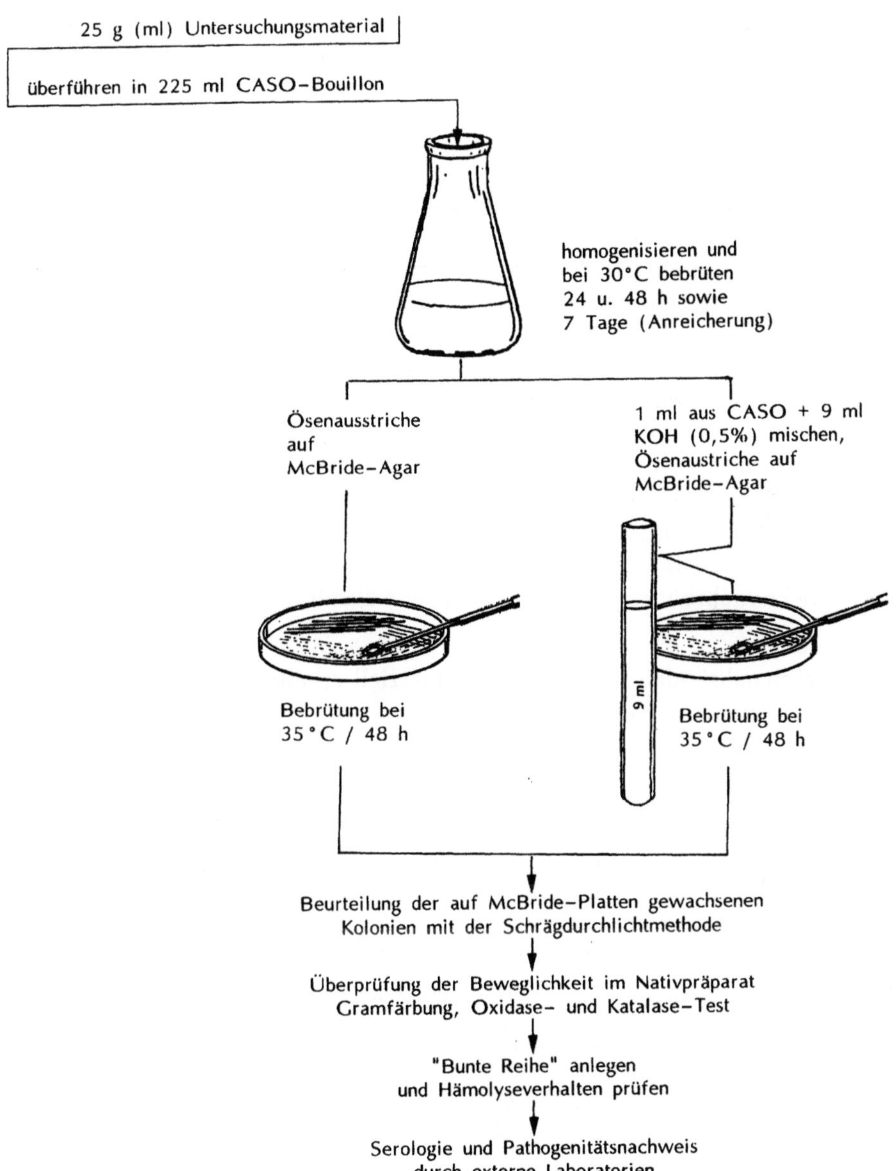

Abb. 2.77. Schematischer Ablauf zum Nachweis für Listerien

Kälteanreicherung

Auffällig ist, daß Listerien sich noch bei 4 °C vermehren. Diese Eigenschaft kann zu Anreicherung dieser Mikroorganismen aus Untersuchungsmaterial ausgenutzt werden. Allerdings dauert die Kälteanreicherung bis zu mehreren Wochen und dürfte somit für die Praxis wenig geeignet sein.

Bebrütung unter reduzierter Sauerstoffspannung
Listerien sind aerob, bevorzugen jedoch mikroaerobe Bedingungen. Daher werden auch Bebrütungen der Agarplatten unter reduzierter O_2-Spannung in möglichst 10% CO_2 enthaltender Luft beschrieben (Gaskit wie für *Campylobacter*).

2-Stufen-Anreicherung
Götz (1987) berichtete über die Erprobung einer 2-stufigen Anreicherung bei der Untersuchung von Käse. Die Erst- und Zweitanreicherung ist auch im Schweizerischen Lebensmittelbuch (1989) vorgeschrieben, und zwar für Fleisch, Milchprodukte und andere Lebensmittel.

Als Anreicherungsmedien für Fleisch werden die beiden Listeria-Anreicherungsbouillons I und II (LAB I/II; syn. UVM I/II) gemäß U.S. Food Safety and Inspection Service sowie die zuvor beschriebene selektive CASO-Hefeextrakt-Bouillon für Milch und andere Lebensmittel empfohlen.

Die *Listeria*-Anreicherungsbouillon LAB I/II (UVM I/II) sowie die erforderlichen Selektivzusätze sind kommerziell erhältlich (Oxoid CM 863, SR 142 und 143).

Die Durchführung der qualitativen Nachweise sind in den nachstehenden Schemata dargestellt. Die Isolierungen erfolgen durch Ösenausstriche auf 2 verschiedene Selektivnährböden; Isolationsraten der Nährböden s. Tab. 2.20.

Nährböden
Als Selektivnährböden kommen 4 kommerziell erhältliche Agarmedien in Betracht; bei einer Untersuchung sollten 2 davon zur Anwendung kommen:

- McBride-Agar, McBride u. Girad (1960)   (Oxoid CM 819)
- AC-Agar, Bannermann u. Bille (1988)   (Biokema, CH-1023
                                              Crissier-Lausanne)
- PALCAM-Agar, van Netten et al. (1989)   (Merck 11755)
- Oxford-Agar, Curtis et al. (1989)   (Oxoid CM 856)

Tabelle 2.20. Isolationsraten und Medien bei Fleisch und Fleischerzeugnissen. Aus Jemmi (1990)

Medien und Nährböden	Isolationsraten für *Listeria* spp.	Isolationsraten für *L. monocytogenes*
Flüssige Anreicherungsmedien		
Medium nach FSIS[a]	68/76 = 89,5%	30/34 = 88,2%
Medium nach FDA[b]	45/76 = 59,2%	23/34 = 67,6%
Feste Selektivnährböden		
McBride-Agar modified	33/68 = 48,5%	10/18 = 55,5%
AC-Agar	37/68 = 54,5%	8/18 = 44,4%
Oxford-Agar	55/68 = 80,8%	15/18 = 83,3%
PALCAM-Agar	50/68 = 73,5%	16/18 = 88,9%

[a] Listerea-Anreicherungsbouillon I/II (LAB bzw. UVM I/II).
[b] Selektive CASO-Hefeextrakt-Bouillon.

Schema zum qualitativen Nachweis von L. monocytogenes in Fleisch und Fleischwaren (2-Stufen-Anreicherung)

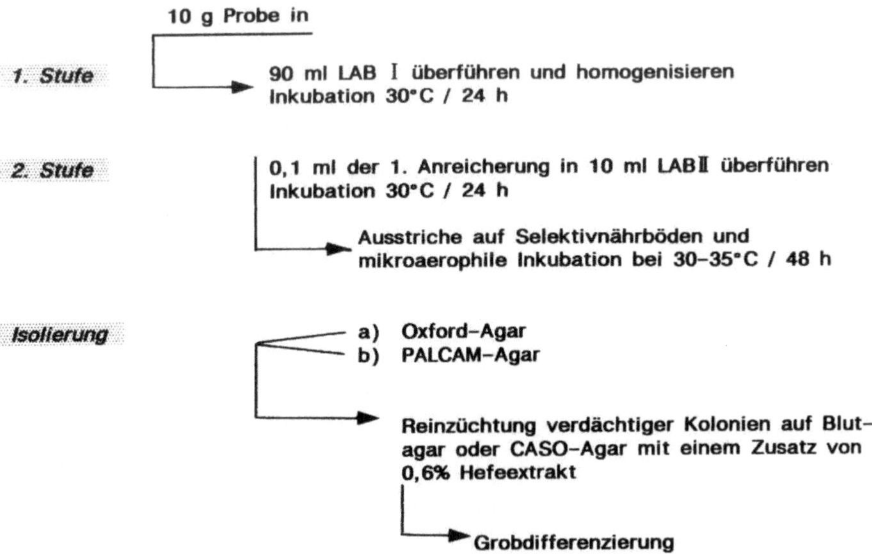

Schema zum qualitativen Nachweis von L. monocytogenes in Milchprodukten und anderen Lebensmitteln (2-Stufen-Anreicherung)

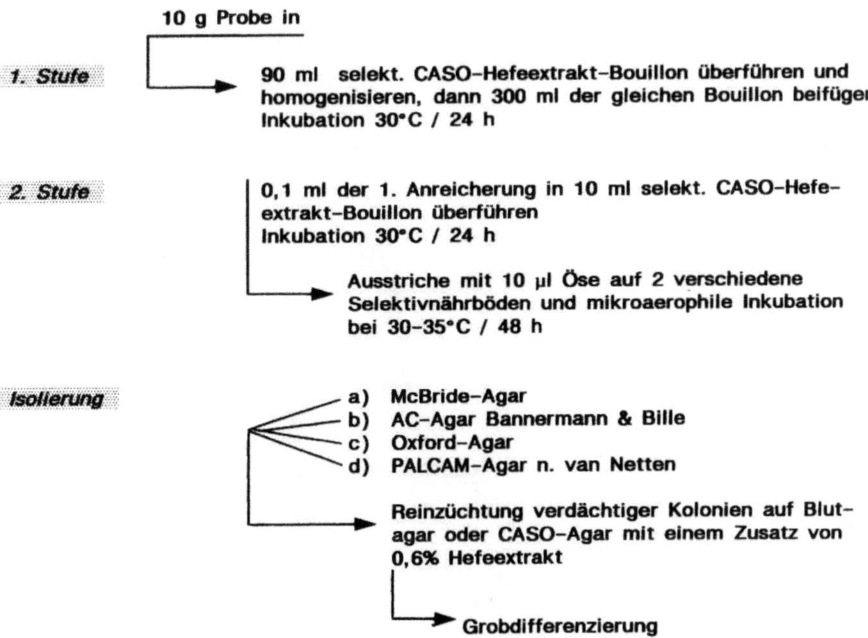

Die vier genannten Nährböden unterscheiden sich hinsichtlich ihrer Selektivität (Tab. 2.20.), was auf die Basisnährböden, hauptsächlich aber auf die unterschiedlichen Hemmstoff-Supplemente zurückzuführen ist.

PALCAM- und Oxford-Agar enthalten neben selektiven Hemmstoffen die beiden Komponenten Äsculin und Ammoniumeisencitrat zur differentialdiagnostischen Aussage. *L. monocytogenes* hydrolisiert Äsculin zu Glukose und Äsculetin. Letzteres bildet mit Eisenionen einen olivgrünen bis schwarzen Komplex; dadurch bilden sich schwarze Höfe um die Kolonien. Während bei beiden Nährböden die Isolationsraten annähernd gleich sind, wird auf PALCAM-Agar die Begleitflora allerdings deutlich stärker unterdrückt.

Für die Subkultivierung bzw. Reinzüchtung verdächtig gewachsener Kolonien eignet sich ein Blutagar oder der CASO-Agar mit einem Zusatz von 0,6% Hefeextrakt.

Schrägdurchlichtmethode (Abb. 2.78.)
Auf McBride- und AC-Agar gewachsene Kolonien werden mittels Schrägdurchlichtmethode nach Henry überprüft.

Beachte. Die Gießmenge der beiden Selektivagars sollte max. 10 ml betragen. Ein zu dick gegossener Nährboden behindert die Schrägdurchlichtmethode.

Die Petrischale wird auf den Tisch eines Stereomikroskops aufgelegt, der Schalendeckel abgenommen. Die Lichtquelle wird auf einen (vor dem Mikroskop horizontal liegenden) Spiegel gerichtet, der in einem Winkel von ca. 45 °C von unten (durch den Schalenboden hindurch) die Kolonien beleuchtet, die man bei etwa 15-facher Vergrößerung langsam am Auge vorbeiführt.

Verdächtige Kolonien sehen wie folgt aus:

- McBride-Agar: Matte, feinstrukturierte, leicht gewölbte, blaugraue bis blaugrüne Kolonien.
- AC-Agar: Gelblich-grüne Kolonien mit bläulichem Saum.

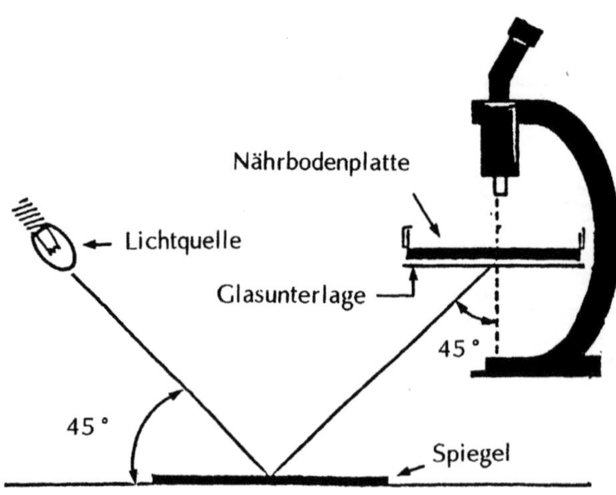

Abb. 2.78. Anordnung der Schrägdurchlichtmethode nach Henry

2.15.24.2
Grobdifferenzierung

Verdächtige Kolonien werden auf Blutagarplatten (5–10% defibriniertes Schafs-blut) abgeimpft und 24 h bei 35–37 °C bebrütet, dann das Hämolyseverhalten über-prüft. Eine β-Hämolyse zeigt sich durch einen farblosen, durchsichtigen Hof um die Kolonien durch Auflösen der Erythrozyten.

Für die Überprüfung der Kohlenhydratverwertung dient eine Bromkresolpur-pur-Bouillon (1% Pepton; 0,3% Fleischextrakt; 0,5% NaCl; 0,003% Bromkresol-purpur). Die Lösung wird zu Portionen à 9ml in Kulturröhrchen überführt und au-toklaviert (15 min/121 °C). Nach dem Abkühlen werden pro Röhrchen 1 ml einer sterilfiltrierten 5% igen Kohlenhydratlösung (Rhamnose bzw. Xylose) zugesetzt. Der End-pH-Wert muß 6,9 ± 0,1 betragen. Die jeweilige Kohlenhydratfermentati-on wird durch den Indikator Bromkresolpurpur angezeigt, der bei Säurebildung nach Gelb umschlägt.

Reaktionsausfälle sind im nachstehenden Schema wiedergegeben (s. S. 194).

CAMP-Test
Der CAMP-Test, genannt nach den Autoren Christie, Atkins und Munch-Petersen, ermöglicht die Erkennung von B-Streptokokken (*Str. agalactiae*) und *L. mono-cytogenes*, die beide die β-Hämolyse von *S. aureus* verstärken, was zu einer raschen und vollständigen Hämolyse führt.

Technik. Ein β-Hämolysin-bildender *S. aureus*-Teststamm wird strichförmig, quer über eine Schafblutagarplatte geimpft und die *Listeria*-verdächtigen Isolate im rechten Winkel von der Peripherie her so aufgeimpft, daß die Impfstriche knapp vor dem Staphylokokken-Impfstrich enden. (Abb. 2.79.)

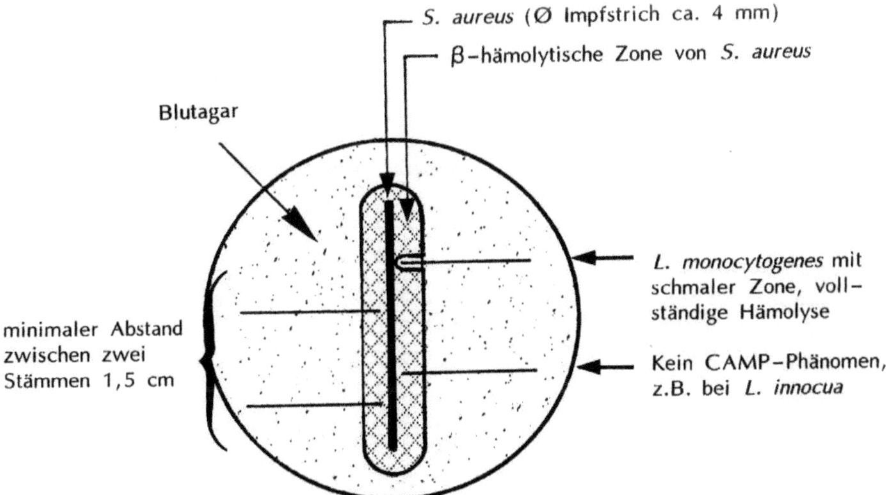

Abb. 2.79. Interpretation des CAMP-Tests

Bei *L. monocytogenes* ist stets ein positiver Kontrollstamm mitzuführen. Die so inokulierte Platte ist bei 37 °C für 24 h zu inkubieren, anschließend zu interpretieren. *L. monocytogenes* zeigt eine vollständige Hämolyse in einer *schmalen* Zone; *Str. agalactiae* dagegen eine vollständige Hämolyse in einer *trapezförmigen* Zone.

Schema zur Grobdifferenzierung von Listerien

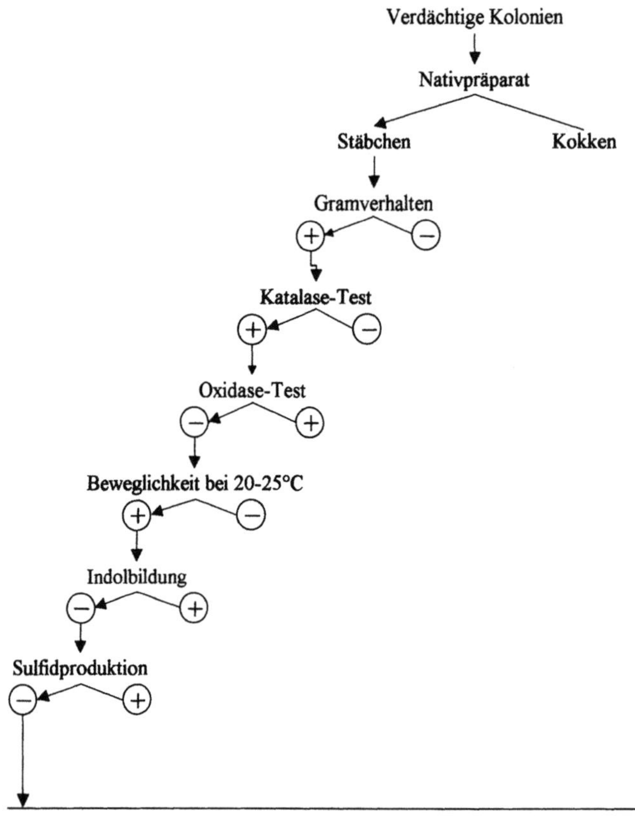

Species	β-Hämolyse	Nitratreduktion	D-Mannit	L-Rhamnose	D-Xylose	CAMP mit S. *aureus* (s. Abb. 2.7.9.)
L. *monocytogenes*	+	−	−	+	−	+
L. *ivanovii*	++	−	−	−	+	−
L. *seeligeri*	+	−	−	−	+	+
L. *innocua*	−	−	−	+/−	−	−
L. *welshimeri*	−	−	−	+/−	+	−
L. *grayi*	−	−	+	−	−	−
L. *murrayi*	−	+	+	−	−	−

+: Positive Reaktion;   −: Negative Reaktion;   +/−: Variable Reaktion

2.15.25
Milchsäurebakterien

Zu den Milchsäurebakterien zählen die Gattungen *Lactobacillus, Leuconostoc, Pediococcus, Streptococcus, Lactococcus* und *Enterococcus*.

Diese Säurebildner führen zum Verderb zahlreicher Nahrungsmittel wie bspw. Fleisch, Milch und daraus hergestellten Produkten, Frucht- und Gemüseerzeugnissen. Anderseits dienen Milchsäurebakterien jedoch als Nützlinge der Lebensmitteltechnologie, so als Starterkulturen für die Herstellung vieler Erzeugnisse wie Sauerkraut, Sauerteig, Joghurt, Käse, Rohwurst etc.

2.15.25.1
Nachweisverfahren, Auswertung und Bestätigung

Für den Nachweis der Laktobazillen allgemein gilt der MRS-Agar als Nährboden der Wahl; er wird vor dem Autoklavieren mittels 1 N Milch- oder Essigsäure auf einen End-pH-Wert von 5,6 ± 0,1 eingestellt. Wegen der geringen Selektivität können neben den Laktobazillen auch *Pediococcus-* und *Leuconostoc*-Arten wachsen. Weitere bevorzugte Nährböden sind

- APT-Agar (insb. für Fleischwaren und Konserven)
- Tomatensaftagar
- Orangenserum-Agar (insb. für Fruchtsäfte und Limonadenpremix etc.)
- M17-Agar n. Terzaghi (insb. für Milchstreptokokken und Laktokokken)

Die MRS-Platten werden mittels Plattengußverfahren beimpft und 3 Tage bei 37 °C bzw. bis 5 Tage bei 30 °C anaerob (90% N_2 + 10% CO_2-Atmosphäre) inkubiert.

Es ist darauf zu achten, daß die Oberflächen der Platten nicht austrocknen, da sonst die Zunahme der Acetatkonzentration an der Oberfläche das Wachstum der Laktobazillen hemmt. Als günstig erweist sich daher eine Bebrütung in einer sogenannten „feuchten Kammer".

Die im MRS-Nährboden suspendierten und an der Oberfläche liegenden Kolonien sind klein, weiß und undurchsichtig. Sogenannte Pin-Point-Kolonien werden nicht gewertet bzw. ausgezählt.

Laktobazillen sind katalase-negativ und unter dem Mikroskop als asporogene Stäbchen erkennbar. Zur Differenzierung bedient man sich entweder fertiger Systeme wie MINITEK oder API 50 CHL-Laktobakterien oder konventioneller Methoden.

2.15.26
Proteolyten

Proteolytische Mikroorganismen vermögen durch Hydrolyse einen Proteinabbau durchzuführen. Der Abbau führt bei proteinhaltigen Nahrungsmitteln zu Veränderungen im Geschmack und Geruch. Viele Proteolyten sind den psychrotrophen

Mikroorganismen zuzuordnen, die bei hoher Anwesenheit zum Verderb von Fleisch, Fisch, Geflügel und Milch sowie Milchprodukten führen können. Andererseits tragen Proteolyten aber auch zu gewünschten Reifungsprozessen und Aromabildungen, so zum Beispiel zur Käse und Rohwurstreifung bei.

2.15.26.1
Nachweis

Für den Nachweis, insbesondere bei Milch und Milchprodukten, hat sich der modifizierte Calcium-Caseinat-Agar nach Frazier und Rupp bewährt. Dieser hemmstofffreie Nährboden enthält Casein, welches von Proteolyten abgebaut werden kann.

Die Kultivierung erfolgt über das Plattenguß- oder Oberflächenspatelverfahren. Nach einer Inkubation von 2–3 Tagen bei 30 °C (für Psychrotrophe 10 Tage bei 7 °C) erfolgt die Auswertung.

Die gewöhnlich einzeln liegenden Kolonien mit gut erkennbaren Aufhellungshöfen im sonst trüben Nährboden werden als Proteolyten gewertet. Sind Höfe nicht eindeutig erkennbar, werden die Platten mit verdünnter Essigsäure überflutet. Dadurch wird das Casein ausgefällt und die Höfe treten besser hervor.

Zu den Proteolyten zählen u.a. Species der Genera:

- *Bacillus*
- *Clostridium*
- *Micrococcus*
- *Pseudomonas*
- *Proteus*
- *Streptococcus*

Für den Proteolytennachweis bei Fisch empfiehlt Karnop (1982) einen Universalnährboden mit einem abgesenkten Peptidgehalt auf 0,1% (z.B. Trypton-Casein-pepton-Hefeextrakt-Glucose-Agar), welcher mit Proteinquellen aus hitzedenaturiertem Magerfischhomogenisat bzw. hitzegefälltem Eiweiß aus wäßrigem Magerfischpreßsaft versetzt wird.

2.15.27
Lipolyten

Lipolytische Mikroorganismen führen entsprechend ihrer Stoffwechselleistung zu hydrolytischem oder oxidativem Fettverderb.

– Lipolytische Schimmelpilze:	Species der Gattungen *Aspergillus, Penicillium, Rhizopus, Cladosporium, Fusarium, Alternaria* u.a.
– Lipolytische Hefen:	Species der Gattungen *Candida, Rodotorula, Hansenula* u.a.

– Lipolytische Bakterien: Species der Gattungen *Pseudomonas,*
                                             Serratia Staphylococcus, Micrococcus,
                                             Alcaligenes u.a.

Besonders von einem Verderb betroffen sind pflanzliche Öle, Margarine, Mayonnaise, Molkereiprodukte wie Butter und Milcherzeugnisse sowie andere fetthaltige Nahrungsmittel.

2.15.27.1
Nachweis

Tributyrin-Agar nach Anderson ist ein Elektivagar zum Nachweis und zur Keimzählung lipolytischer Mikroorganismen in Butter und anderen fetthaltigen Lebensmitteln. Der Nährboden enthält Tributyrin als Reaktionskörper. Es hat sich erwiesen, daß die meisten fettspaltenden Mikroorganismen auch Tributyrin abbauen. Dieser Abbau verläuft wesentlich schneller als der des Butterfettes. Bei Abbau des Tributyrins entstehen Aufhellungshöfe um die Lipolyten-Kolonien, somit ist ein unschweres Erkennen gewährleistet.

Vom fetthaltigen Probematerial wird mit einer verdünnten Ringerlösung, die Tween 80 als Emulgator enthält eine Verdünnungsreihe in fallenden Zehnerpotenzen angelegt. Um eine bessere Löslichkeit zu gewährleisten, sollte auf 40 °C temperiert werden. Nach kräftigem Schütteln wird sofort je Petrischale 1 ml einpipettiert und etwa 10 ml des auf ca. 45 °C abgekühlten Nährbodens eingegossen und gut vermischt. Die Bebrütung erfolgt über 72 h bei 30 °C.

Neben dem beschriebenen Einmischverfahren als Gußkultur ist alternativ auch die Beimpfung von fertig gegossenen Platten im Oberflächenausstrich möglich.

2.15.28
Halophile – Halotolerante

Als halophil bzw. halotolerant werden solche Mikroorganismen bezeichnet, die eine erhöhte Konzentration an Natriumchlorid für ihre Vermehrung benötigen bzw. tolerieren.

Aufgrund ihrer Vermehrung in bzw. Tolerierung von bestimmten Kochsalzkonzentrationen lassen sich derartige Organismen in folgende Gruppen einteilen:

– Schwach Halotolerante: Tolerierung von 2–5% NaCl z.B.
                                             Pseudomonas spec., *Acinetobacter*
                                             spec., *Flavobacterium* spec.

– Mäßig Halotolerante: Tolerierung von 5–10% NaCl
                                             Species der Gattungen *Bacillus*
                                             und *Micrococcus*

– Schwach Halophile: Vermehrung bei 2–10% NaCl
                                             z.B. *Vibrio parahaemolyticus*
                                             (bis 8% NaCl)

– Stark Halophile: Vermehrung bei 10–30% NaCl
                                   z.B. *Halobacterium, Halococcus*

In Praxi wird selten eine Klassifizierung in Halophile und Halotolerante vorgenommen. Meist werden beide Begriffe synonym benutzt.

Halophile und halotolerante Mikroorganismen werden bei gepökelten Fleisch- und Fischerzeugnissen, in Laken und Marinaden sowie deren mit Salz konservierten oder vergorenen Produkten angetroffen.

2.15.28.1
Nachweis

Ein quantitativer Nachweis erfolgt über Verdünnungsstufen und anschließende Kultivierung im Plattenguß- oder Oberflächenspatelverfahren auf Caseinpepton-Sojamehlpepton-Agar mit einer entsprechenden NaCl-Zugabe.

Der Verdünnungsflüssigkeit und dem Nährboden ist – je nach Bedarf – 2–5% bzw. bis 10% Natriumchlorid zuzusetzen.

Die Bebrütung erfolgt bei mesophilen Keimen bei 25 °C für 4 Tage, bei psychrotrophen Mikroorganismen bei 7 °C für 7 Tage.

Werden stark halophile Keime vermutet, beträgt die NaCl-Zugabe zur Verdünnungsflüssigkeit und zum Nährboden 25–30%. Die Inkubationszeit verlängert sich dann auf 10 Tage bei 25 °C.

2.15.28.2
Halotoleranz-Test

Der Grad einer Halotoleranz kann für die Identifikation eines Keims von Bedeutung sein *(Vibrio parahaemolyticus)* oder aber sie gilt als Aufschluß über zu treffende Maßnahmen, um entsprechende Produkte gegenüber halotoleranten bzw. halophilen Mikroorganismen zu stabilisieren.

Zu überprüfende Kolonien werden in Kulturröhrchen, welche mit Caseinpepton-Salz-Bouillon steigender NaCl-Konzentration gefüllt sind, überführt. Ein beimpftes Kulturröhrchen ohne Natriumchloridzusatz läuft als „Kontroll- bzw. Null"-Probe. Nach der Bebrütung werden die Röhrchen auf Wachstum (Trübung) gesichtet und ausgewertet.

Caseinpepton-Salz-Bouillon (Basis)

Caseinpepton (Trypton)	10 g
Hefeextrakt	3 g
dest. Wasser	1000 ml
NaCl-Zugabe	0, 1, 2, 5, 8% und > per 100 ml
Sterilisation	12 °C / 15 min
End-pH-Wert	7,5

Vibrio parahaemolyticus hat bspw. enge Grenzen hinsichtlich des halophilen Verhaltens. Nach einer Bebrütungszeit von 24 h bei 35–37 °C ist bei einer 6 und

8% igen NaCl-Konzentration gutes, bei einer Konzentration von 0 und 10% kein oder nur sehr spärliches Wachstum erkennbar.

2.15.29
Hefen und Schimmelpilze, Gesamtzahl

Hefen und Schimmelpilze wachsen bevorzugt auf Nährmedien mit pH-Werten von 5,5 und darunter. Die relativ niedrigen pH-Werte fördern eine Selektion gegenüber einer Bakterienbegleitflora. Durch Einstellen auf extreme pH-Werte, etwa 3,5–4, ist ein Selektionseffekt erzielbar.

Sollen Pilze aus stark mit Bakterien kontaminierten Nahrungsmitteln isoliert werden, ist ein Zusatz selektiv hemmender Stoffe zum Nährboden empfehlenswert, mitunter zwingend.

Solche Hemmstoffe sind in der Regel Antibiotika wie:

	Zusatz pro Liter Nährboden
– Penicillin	20.000 I.E.
– Streptomycin	40 mg
– Chloramphenicol	bis 400 mg
– Oxytetracyclin	0,1 g

Für die Isolierung von Hefen und Schimmelpilzen in Milch und Milchprodukten eignet sich der YGC-Agar (Yeast Extract Glucose Chloramphenicol Agar FIL-IDF, Merck 16000).

Für die Isolierung von Hefen und Schimmelpilzen aus Rohstoffen bzw. Nahrungsmitteln wird vom Homogenisat bzw. dessen Verdünnungsstufen ausgegangen. Da Schimmelpilze aerobe Verhältnisse benötigen und nur an der Oberfläche charakteristisch fruktifizieren, ist das Oberflächenspatelverfahren der Plattengußmethode vorzuziehen.

Mit ausreichender Übung, Einhalten der Gußtemperatur des Nährmediums (schnelles Abkühlen unter 40 °C) sowie einer 1–2 Tage längeren Bebrütungszeit können mit Gußkulturen ebenso gute Resultate erzielt werden.

Nach einer Bebrütung der beimpften Platten bei 22–25 °C für 5–7 Tage werden die Platten auf Wachstum gesichtet und ausgewertet.

Die als Hefen gesichteten Kolonien müssen mikroskopisch als solche bestätigt werden. Eine Grobdifferenzierung der typisch gewachsenen Schimmelpilzkolonien kann ebenfalls mit Hilfe eines Mikroskopes durchgeführt werden.

2.15.30
Osmotolerante Hefen

Osmotolerante Hefen gefährden Produkte mit hohen Zucker- oder Salzgehalten, also mit niedrigen Wasseraktivitäten. Die Osmotoleranz ist kein Artenmerkmal; zahlreiche Hefen mit osmotoleranten Stämmen sind bekannt. *Zygosaccharomyces rouxii*, die wohl bekannteste osmotolerante Hefe, ist ein Schädling in Honig, Süß-

und Schokoladenerzeugnissen mit Füllungen, Marmeladen und Pulpen, Trockenfrüchten, aber auch Feinkosterzeugnissen. Sie wächst auf Nährböden jeder Zuckerkonzentration.

2.15.30.1
Quantitativer Nachweis

Dieser Nachweis erfolgt über die Zählung der koloniebildenden Einheiten. Als Nährboden dient der Würzeagar, der im Plattenguß- oder Oberflächenspatelverfahren beimpft wird. Dieser Nährboden wird nicht in dest. Wasser, sondern in einem Sirup, welcher aus 35% Saccharose und 10% Glukose besteht, gelöst.

Durchführung. Nach Anlegen einer Verdünnungsreihe in Kulturröhrchen wird beim Plattengußverfahren je 1 ml aus den Verdünnungsstufen in Einmal-Petrischalen pipettiert, mit ca. 15 ml noch flüssigem Würzeagar gut vermischt und beim Oberflächenspatelverfahren 0,1 ml ausgespatelt.
Die Verdünnungsflüssigkeit ist eine 50%ige (G/G) Glukosebouillon.
Die Bebrütung erfolgt für 3–6 Tage bei 25–28 °C.

2.15.30.2
Qualitativer Nachweis

Der Nachweis wird als Gärtest mit Gärröhrchen nach Einhorn durchgeführt. Ein Gärröhrchen wird mit einer Probe, welche zuvor mit einer Fruktoselösung homogenisiert wurde, so gefüllt, daß sich die Lösung im gesamten Schenkel befindet (Abb. 2.80.).

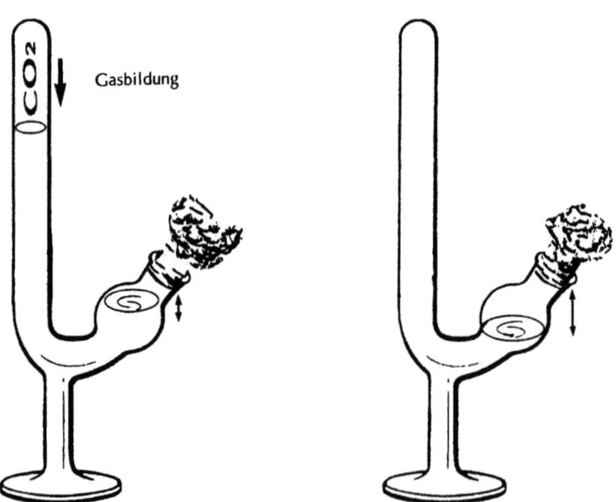

Abb. 2.80. Gärröhrchen nach Einhorn vor und nach der Bebrütung. *Rechts:* Ansatz; *links:* positive Reaktion

Fruktose-Lösung

40–75 g	Fruktose (je nach Ermittlung der Osmotoleranz)
0,06 g	Pepton
0,03 g	Hefeextrakt
100 ml	dest. Wasser

Nach einer Bebrütung von 3–5 Tagen bei 25–28 °C wird bei Anwesenheit osmotoleranter Hefen eine Gasbildung im Gärröhrchen sichtbar.

2.15.30.3
MPN-Zählung hoch osmotoleranter Hefen

Eine Homogenisation bzw. Verdünnung der zu untersuchenden Lebensmittelprobe erfolgt direkt in einer 60%igen (Gew./Gew.%)[15] Glukoselösung. Danach erfolgt eine Verteilung auf Kulturröhrchen mit Zugabe weiterer Glukoselösung, eine Überschichtung mit verflüssigtem, sterilem Paraffin schließt sich an.

Nach einer Bebrütung von 4–7 Tagen bei 25–28 °C wird auf Gasbildung kontrolliert.

Ein hochgeschobener Paraffinpfropf zeigt eine Gasbildung (Abb. 2.81.), also ein Vorhandensein osmotoleranter Hefen an.

Soll die MPN-Zählung aus einer größeren Menge Probematerial erfolgen, so müssen anstelle der Reagenzröhrchen Gärkolben (Abb. 2.82.) verwendet werden. Auf die Gärkolben werden Gäraufsätze gesteckt, die mit Barytwasser beschickt

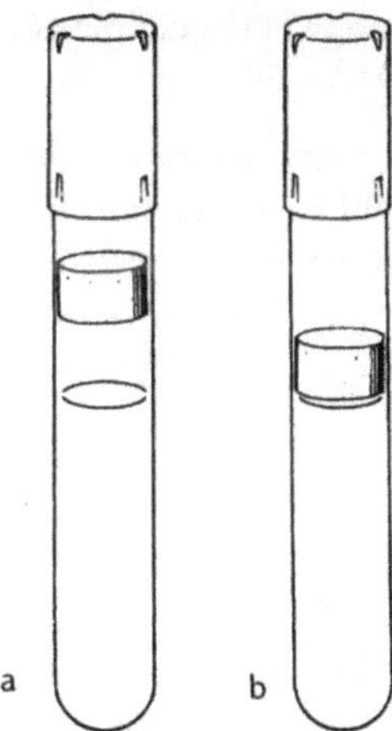

Abb. 2.81 a, b. Röhrchen mit positivem und negativem Ergebnis. **a** positiver Befund, Paraffinpfropf aufgrund von Gasbildung hochgeschoben; **b** negativer Befund, Paraffinpfropf verbleibt auf dem Flüssigkeitsspiegel

---

[15] Anmerkung: In der Literatur werden oft unterschiedliche Angaben bzgl. der Zuckerkonzentration verwendet. Um Vergleiche zu ermöglichen und Mißverständnisse zu vermeiden, werden nachfolgend die gebräuchlichsten Angaben vorgestellt:
- Gew./Gew-% (x g Zucker in 100 x g Wasser)
- Gew./Vol-Gesamtlösung (x g Zucker in 100 ml Gesamtlösung)
- Gew./Vol-Wasser (x g Zucker in 100 ml Wasser)

sind. Das durch Hefen gebildete CO_2 läßt Bariumcarbonat ausfallen, was als positiver Nachweis gewertet wird.

2.15.31
Aspergillus flavus und Aspergillus parasiticus

Beide Schimmelpilzarten bilden Aflatoxine und kommen auf zahlreichen Lebensmitteln vor. Besonders gefährdet sind Nußkerne jeglicher Art und daraus hergestellte Produkte.

Toxische und nichttoxische *Aspergillus*-Stämme können kulturell nicht unterschieden werden.

2.15.31.1
Nachweis

Das Probematerial wird mit der neunfachen Menge Peptonwasser in einen Stomacherbeutel überführt und ca. 1–3 min im Stomachergerät homogenisiert. Nach Anlegen einer dezimalen Verdünnungsreihe werden je 0,1 ml des Homogenisates auf *Aspergillus flavus/parasiticus*-Agar (z.B. AFPA, Oxoid CM731 + Choramphenicol-Supplement SR78) nach Bothast und Fennell (1974) ausplattiert und 3 Tage bei 25 °C oder 42–48 h bei 30 °C inkubiert.

Kolonien von *A. flavus* und *A. parasiticus* entwickeln aufgrund der Nährbodenzusammensetzung – optimale Konzentration eines löslichen Eisensalzes und Hefeextrakt – an ihrer Kolonieunterseite eine intensive gelb/orange Färbung, die als differentialdiagnostisches Charakteristikum für die beiden Arten gilt.

Beachte. *Aspergillus niger* ist eine mögliche Fehlerquelle wegen ähnlicher Koloniegröße und Struktur wie *A. flavus* bei 30 °C Bebrütung. Obwohl Kolonien nie eine gelb/orange Färbung aufweisen, können sie an der Kolonieunterseite blaß gelb er-

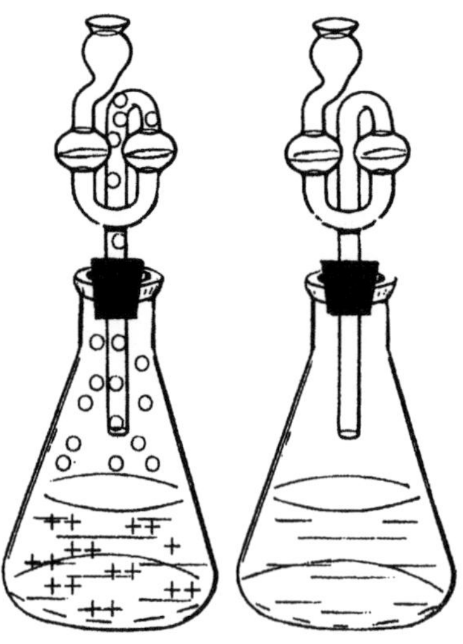

Abb. 2.82. Gärkolben. *Links:* positiver Befund; *rechts:* negativer Befund

scheinen. Nach einer längeren Bebrütung zeigt *A. niger* typische schwarze konidiale Köpfe, die eine klare Differenzierung von *A. flavus* ermöglichen.

A. oryzae kann allerdings auch eine gelb/orange Pigmentierung aufweisen. Dieser Schimmelpilz wird bei der Fermentation asiatischer Produkte (z.B. Soja) eingesetzt und ist selten aus anderen Lebensmitteln isoliert worden.

2.15.32
Penicillium expansum

Penicillium expansum ist als Fäulniserreger von Gemüsen und Früchten, insbesondere von Äpfeln bekannt. Bei Äpfeln führt dieser Schimmelpilz zur sogenannten Braunfäule.

Penicillium bildet neben den Schimmelpilzarten *Aspergillus clavatus* und *Byssochlamys nivea* das Mycotoxin Patulin.

2.15.32.1
Nachweis

Von den angelegten dezimalen Verdünnungsstufen werden je 0,1 ml auf Czapek-Dox-Nähragarböden im Oberflächenspatelverfahren ausplattiert.

Nach einer Bebrütung von 2–4 Tagen bei 25 °C bildet *Penicillium expansum* gelbgrüne bis blaugrüne Kolonien mit einem fruchtig-aromatischen Geruch. Die Rückseite der Kolonie, welche durch den durchsichtigen Petrischalenboden betrachtet werden kann, ist farblos, gelb bis gelbbraun.

Zur weiteren Bestätigung wird von einer Kolonie der grünen, asymmetrisch wachsenden *Penicillium*-Art mit einer Platinnadel etwas Conidienmaterial aufgenommen und in einen gesunden, reifen Apfel, dessen Oberfläche mit 70%igem Alkohol desinfiziert wurde, eingestochen.

Auswertung. *Penicillium expansum* bildet als einzige Art in ca. 10 Tagen bei 25 °C braune Faulstellen von 3–4 cm Durchmesser. Die Faulstellen sind durch grüne Conidienpolster charakterisiert.

Einige Stämme der nahe verwandten Art *Penicillium verrucosum* können Faulstellen von 1–2 cm Durchmesser bilden.

2.15.33
Byssochlamys-Ascosporen

Die Ascosporen des Schimmelpilzes *Byssochlamys nivea* und *fulva* können aufgrund ihrer Resistenz gegen Hitze und verschiedener chemischer Einflüsse, insbesondere in sauren Obstkonserven, Fruchtsäften und Konzentraten mit pH-Werten unterhalb 4,5–4,0 vorkommen und durch ihr anspruchsloses Sauerstoffbedürfnis auch in geschlossenen Behältnissen zum Verderb führen.

Die *Byssochlamys*-Arten kommen vor allem auf Obst vor. Mit Ascosporen kontaminierte Rohware stellt für die einer schonenden Hitzebehandlung unterzogenen Fruchtsäfte und Obstkonserven eine ernste Gefahr dar. Die Ascosporen tolerieren 70 °C über mehrere Stunden. Nicht abtötende Hitzebehandlungen aktivieren sogar die Keimfähigkeit der Ascosporen.

2.15.33.1
Nachweis

50–100 g Untersuchungsmaterial wird direkt in den sterilen Aufsatz eines Homogenisators eingewogen. 100 ml einer sterilen, 5%igen Hefeextraktlösung, welche mit HCl auf einen pH-Wert von 3,5 eingestellt wurde, wird hinzugefügt. Nach einer gründlichen Homogenisation wird das Homogenisat in eine sterile Steilbrustflasche überführt und 2 h im Wasserbad auf 70 °C gehalten.

Nach dem Abkühlen der Probe werden 10 ml Portionen in sterile Petrischalen gegossen und mit 10 ml doppeltkonzentriertem, mit 10%iger Weinsäure auf pH 3,5 eingestelltem, Kartoffel-Glukose-Agar vermischt.

Die Bebrütung erfolgt bei 30–32 °C für 2–5 Tage. Die Koloniefarbe von *Byssochlamys nivea* ist weiß, die von *Byssochlamys fulva* gelbgrün.

2.15.34
Flora-Analyse von Konserven

Vollkonserven, die eine Stabilitätsprüfung nicht bestanden haben (s. 2.13), sollten mikrobiologisch untersucht werden.

Es muß Klarheit daruber bestehen, ob die Instabilitäten zurückzuführen sind auf:

- unzureichenden Sterilisationsprozeß (Untersterilisation) oder
- Rekontaminationen durch Leckagen (Falzdefekte an Dosen).

Zunächst aber soll nochmals auf Sicherheitsvorkehrungen beim Öffnen bombierter Dosen aufmerksam gemacht werden (vergl. 2.13.1.2). Grundsätzlich ist das Öffnen von Bombagen in Fabrikationsräumen zu unterlassen, da Spritzinfektionen den Betrieb kontaminieren können, was eine rückwärtige Gefahr für weitere Produktionen bedeutet.

Auch die kulturelle Untersuchung erfordert gerade bei Konserven äußerste Vorsichtsmaßnahmen, da in Bombagen meist *Clostridium* spec. gefunden werden. Beim Öffnen entweichende Aerosole können toxinhaltig sein (*C. botulinum*!) und über die Atemwege/-organe resorbiert werden.

Merke. Bombagen nur mit äußerster Vorsicht öffnen! Sicherheitskabine benutzen! Auf Selbstschutz achten – potentielles Gesundheitsrisiko durch Aerosole!

Die kulturelle Untersuchung soll Aufschluß geben über:

- Mesophile und thermophile, gramnegative und grampositive Aerobier, inkl. sporogene Formen der grampositiven Keime
- „flat-sour"-Erreger (*Bacillus coagulans* und *B. stearothermophilus*)
- Mesophile und thermophile Anaerobier inkl. Sporen
- Hefen (evt. Schimmelpilze)

Dabei ist die Untersuchung auszurichten auf:

- Schwach saure Konserven, pH > 4,5
- Saure Konserven, pH < 4,5

Eine Untersuchung auf thermophile Mikroorganismen ist im allgemeinen nur dann vorzusehen, wenn es sich bei den Produkten um sog. Tropenkonserven handelt bzw. die Lagertemperaturen 40 °C überschreiten.

2.15.34.1
Nährmedien und Inkubationsbedingungen – Untersuchungsschema

Schwachsaure Konserven, pH-Wert > 4,5

Aerobe mesophile Mikroorganismen
- *Standard-Nährbouillon*
- *Caseinpepton-Sojamehlpepton (CASO)-Agar*
  Bebrütungszeit/-temperatur: Bouillon 3–10 Tage/30 °C
                                     Agarnährboden 3–5 Tage/30 °C

Anaerobe mesophile und thermophile Mikroorganismen
- *Kochfleischbouillon*
  Die Bouillon ist unmittelbar nach Herstellung und Abkühlung zu verwenden, andernfalls muß zur Austreibung des gelösten Sauerstoffs kurz aufgekocht werden. Ein Aufschütteln muß unterbleiben. Nach der Beimpfung Paraffinabschluß.
- *Clostridium (RCM)-Agar*
  Bebrütungszeit/-temperatur:Bouillon   3–10 Tage/30 °C/anaerob
                                            4–5 Tage/55 °C/anaerob
                       Agarnährboden 3–5 Tage/30 °C/anaerob
                                            3–5 Tage/55 °C/anaerob

Aerobe thermophile Mikroorganismen
- *Bromkresolpurpur-Dextrose-Bouillon* (FDA 1984)

Dextrose (Glukose)	10 g
Fleischextrakt	3 g
Pepton	5 g
Bromkresolpurpur (1,6% in Ethanol)	2 ml
dest. Wasser	1000 ml
End-pH 7	7,5

(Dieser Nährboden eignet sich auch für den Nachweis von aeroben mesophilen Mikroorganismen.)

– *Standard-I-Nähragar*
  Bebrütungszeit/-temperatur: Bouillon 5–10 Tage/55 °C
                                                 Agarnährboden 3–4 Tage/55 °C
                                                         > 4 Tage
                                                         „Feuchte
                                                         Kammer"

Förderung der Sporenbildung
– *Sporulationsnährboden* (APHA, Speck 1984)
  Standard-Nähragar + 35 mg Mangansulfat
  (Der Nährboden dient der Sporenbildung von Bazillen unter aeroben Bedin-
  gungen und somit der Identifikation vorliegender vegetativer Formen.)
  Bebrütungszeit/-temperatur: 3–10 Tage/35 °C

Saure Konserven, pH-Wert < 4,5

Säuretolerante Mikroorganismen
– *Pepton-Hefeextrakt-Dextrose-Bouillon* (FDA 1984)

Proteose-Pepton	5 g
Hefeextrakt	5 g
Dextrose (Glukose)	5 g
Di-Kaliumphosphat (K_2HPO_4)	4 g
dest. Wasser	1000 ml

  End-pH 5,0 mit HCl einstellen.
– *Thermoacidurans-Agar*
  Pepton-Hefeextrakt-Dextrose-Bouillon + 2% Agar (APHA 1984)
  (Dieser Nährboden wird für die Untersuchung auf *B. coagulans* –Flat sour-Er-
  reger – empfohlen.)
– *Orangenserum-Bouillon*
– *Orangenserum-Agar*
  Bebrütungszeit/-temperatur: Bouillon   3–10 Tage/30 °C
                                                       3–8 Tage/55 °C
                                         Agarnähr-   3–5 Tage/30 °C
                                         böden   3–5 Tage/55 °C
                                                       > 5 Tage „Feuchte
                                                       Kammer"

Hefen und Schimmelpilze
– *Malzextraktbouillon*
– *Kartoffel-Glukose-Agar, pH 3,5*
  Bebrütungszeit/-temperatur: Bouillon 3–4 Tage/30 °C
                                                 Agarnährböden 8–10 Tage/55 °C

Die Darstellung (Abb. 2.83.) zeigt den Untersuchungsablauf mit flüssigen und festen Nährböden inkl. Subkultivierungen.

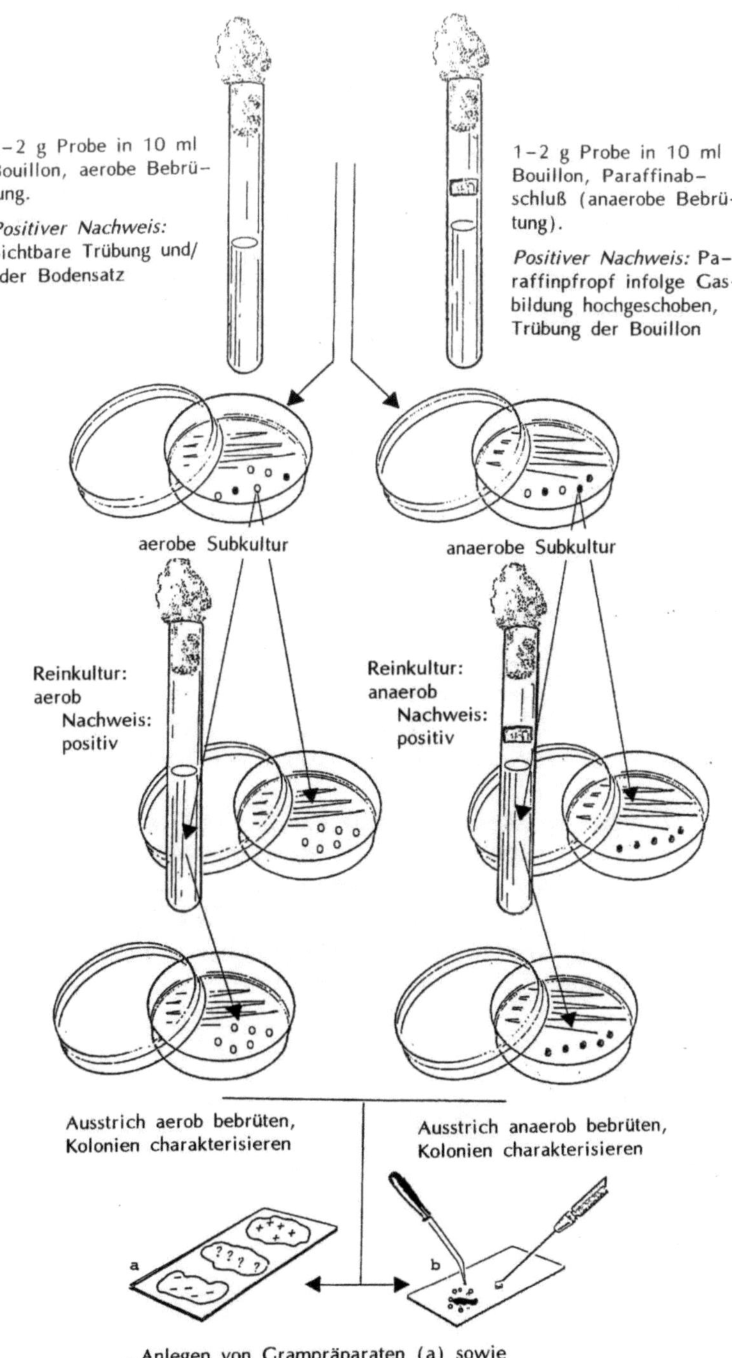

Abb. 2.83. Darstellung der kulturellen Floraanalyse

2.15.34.2
Interpretation von Ergebnissen

– Schwach saure Konserven, pH-Wert > 4,5

Der Nachweis von aeroben mesophilen Mischkulturen gramnegativer und grampositiver Bakterien (Stäbchen, kokkoide Formen, Kokken), Hefen, Schimmelpilze, aber auch eine Reinkultur eines asporogenen Bakteriums ist als Indiz für eine Lekkage zu werten.

Eine unzureichende Prozeßführung, d.h. Untersterilisationen/-erhitzungen sind durch den Nachweis von Sporenbildnern, die sich auch bei 55 °C vermehren – i.d.R. mesophile und thermotolerante *Bacillus* spec. –, durch Katalase-positive Stäbchen, die auf dem Sporulationsnährboden Sporen bilden sowie durch anaerobe thermophile Katalase-negative Stäbchen und Sporen (*Clostridium* spec.) charakterisiert.

Proteolytische Anaerobier (*C. sporogenes, C. bifermentans, C. butyricum*) bilden CO_2, der Doseninhalt ist mit Gasblasen durchsetzt und weist einen strengen fäkalartigen Geruch auf.

– Saure Konserven, pH-Wert < 4,5

Der Nachweis von Mischkulturen säuretoleranter Mikroorganismen und Hefen gilt auch hier als Indiz für eine Leckage.

Ein Wachstum bei 55 °C ohne Gasbildung deutet auf den „Flat sour"-Erreger *B. coagulans* hin – insb. bei einer unzureichenden Prozeßführung bei Tomatenerzeugnissen.

Zur weiteren Verderbnisflora zählen Laktobazillen, die Gattungen *Leuconostoc* und *Pediococcus*, Hefen und Schimmelpilze (insb. *Byssochlamys fulua* und dessen Ascosporen bei Obstkonserven und Konzentraten).

Zu den saccharolytischen Clostridien zählen u.a. *C. thermosaccharolyticum* und *C. pasteurianum*. Diese Saccharolyten bilden in Kochfleischbouillon schnell Säure und Gas ohne Verdauung des Fleisches (saurer Geruch bei häufiger Rötung des Fleisches).

2.16
Physikalische Hilfsuntersuchungen

2.16.1
Wasseraktivität

Alle Organismen, also auch Mikroorganismen, sind ohne Wasser nicht lebensfähig. Nährstoffe werden erst durch Wasser in gelöste Formen gebracht; der Transport von Nährsubstraten und Stoffwechselprodukten ist nur in gelöster Form möglich.

Bei Entzug des lebensnotwendigen Wassers kommt der Stoffwechsel der Mikroorganismen zum Erliegen, Wachstum und Vermehrung werden eingestellt.

Empfindliche, vegetative Zellen sterben ab. Nur Mikroorganismen, welche zur Sporenbildung befähigt sind, können überleben. Sporen sind in der Lage, eine mehrjährige Trockenheit zu überdauern.

Die Entwicklung und Lebensfähigkeit von Mikroorganismen ist weniger vom absoluten Feuchtigkeitsgehalt im Lebensmittel abhängig als vom Gehalt an mobilem, d.h. verfügbarem oder aktivem Wasser. Die physikalische Größe für aktives Wasser wird im a_w-Wert[16] ausgedrückt.

Alle Mikroorganismen wachsen ungehemmt bei a_w-Werten zwischen 1,0 und 0,98. Bei Werten um 0,90 werden die meisten bereits in ihrem Wachstum gehemmt. Mikroben, die bei a_w-Werten zwischen 0,60 und 0,90 noch entwicklungsfähig sind, wachsen allerdings nur noch sehr langsam. Unter einem a_w-Wert von 0,60 ist kein Wachstum mehr möglich (Tab. 2.22.).

Der a_w-Wert gibt das Verhältnis des Dampfdruckwertes eines bestimmten Substrates zu dem des reinen Wassers an.

$$a_w = \frac{p}{p_0}$$

wobei $p =$ Wasserdampfdruck des Lebensmittels
                $p_0 =$ Dampfdruck des reinen Wassers bei gleicher Temperatur

                Die Wasseraktivität kann also Werte bis maximal 1,0 einnehmen

Durch bestimmte Zusätze kann die Wasseraktivität eines Nahrungsmittels herabgesetzt und dadurch die Gefahr eines Verderbs durch Mikroben verringert werden. Als Zusätze für die a_w-Wertsenkung eignen sich Kochsalz, Phosphate, Säuren und Zucker, Fette und Milcheiweiß. Sie senken die Wasseraktivität, weil sie sich im Wasser des Lebensmittels lösen und dadurch einen Teil des Wassers an sich binden. Auf diese Weise wird der Anteil mobilen Wassers, der den Mikroorganismen zur Verfügung stehen würde, verringert und so ihr Wachstum gehemmt.

Es ist daher sinnvoll, den a_w-Wert des zu untersuchenden Lebensmittel zu bestimmen. Ein einfaches a_w-Meßgerät besteht aus einer Dose mit einem Thermometer und einem Hygrometer. In die Dose wird beispielsweise eine Probe Fleisch von etwa 100 g eingefüllt. Über der Lebensmittelprobe muß ein Luftraum bleiben. Mittels Bajonettverschluß wird das Gerät verschlossen. Nach einer Wartezeit von 2,5–3 h stellt sich der a_w-Wert ein. Der Wert kann direkt auf einer Skala abgelesen werden (Tab. 2.21.).

Das Prinzip der Methode besteht darin, daß während der Wartezeit aus dem Nahrungsmittel Feuchtigkeit austritt, welche sich mit der relativen Luftfeuchtigkeit in der Dose vermischt. Wenn die Feuchtigkeit aus der zu untersuchenden Probe und die Luftfeuchtigkeit in der Dose sich ausgeglichen haben, steht der a_w-Wert fest. Die Messung muß bei 20 °C vorgenommen werden, da die relative Luftfeuchtigkeit temperaturabhängig ist.

---

[16] a_w: Activity of water (Wasseraktivität)

Tabelle 2.21. Angenäherte a_w-Werte einiger Lebensmittel

Produkt	a_w-Wert
Brühwurst	0,97
Christstollen (2 Monate alt)	0,56
Dauerbackwaren	0,1
Eier	0,97
Frischgemüse	0,97
Fleisch	0,98
Hartwurst	0,70
Käse	0,96
Leberwurst	0,96
Marzipan	0,7
Marmelade	0,86
Mischbrot (1 Tag alt)	0,93
Mehl	0,55
Obst	0,9
Trockenfrüchte	0,75
Trockensuppen	0,2
Zucker	0,1

2.16.2
pH-Wert

Die meisten Mikroorganismen entwickeln sich am besten in Medien um den Neutralbereich, d.h. bei pH-Werten von 6,5–7,5. Je niedriger der pH-Wert, desto langsamer verläuft das mikrobielle Wachstum (Tab. 2.23.).

Viele Eubakterien, vor allem die Darmbakterien und Fäulniserreger bevorzugen pH-Werte von 7,0–8,5; Milch- und Essigsäurepilze bevorzugen ein saures Milieu und ertragen pH-Werte bis 3,0.

Drastische pH-Verschiebungen im Lebensmittel können durch mikrobielle Zersetzungsvorgänge hervorgerufen werden. Der pH-Wert allein ist jedoch in den seltensten Fällen, insbesondere bei Fleisch und Fisch, geeignet, um den Beurteilungsmaßstab einer mikrobiellen Zersetzung festzulegen; er ist immer nur als ein Hilfskriterium anzusehen (Tab. 2.24.).

Tabelle 2.22. Angenäherte Minimum-a_w-Werte für ein Mikroorganismen-Wachstum

Organismus		a_w-Bereich
– Gruppe		
die meisten Bakterien		0,95 – 0,91
die meisten verderbniserregenden Hefen		0,88 – 0,65
die meisten verderbniserregenden Schimmelpilze		0,80 – 0,60
gramnegative Stäbchenbakterien		0,97 – 0,96
grampositive Kokken		0.90 – 0,86
		Minimum a_w
halophile Bakterien		0,75
xerophile[a] Schimmelpilze		0,65
osmophile Hefen		0,60
– *Spezielle Organismen*		
Acinetobacter	[-B] [b]	0,95
Aspergillus flavus	[S]	0,78
Aspergillus niger	[S]	0,89
Bacillus cereus	[+B]	0,95
Bacillus subtilis	[+B]	0,90
Clostridium spec.	[+B]	0,95
Enterobacter aerogenes	[-B]	0,95
Escherichia coli	[-B]	0,96
Halobacterium spec.	[-B]	0,75
Lactobacillus spec.	[+B]	0,94
Micrococcus spec.	[+B]	0,95
Mucor spec.	[S]	0,93
Penicillum expansum	[S]	0,83
Pseudomonas spec.	[-B]	0,97
Rhizopus nigricans	[S]	0,93
Saccharomyces cerevisiae	[H]	0,90
Salmonellen	[-B]	0,95
Shigellen	[+B]	0,96
Staphylococcus aureus	[+B]	0,86
Vibrio parahaemolyticus	[-B]	0,94
Wallemia sebi	[S]	0,75
Zygosaccharomyces rouxii	[H]	0,62

[a] xeros (griech.) = trocken;
[b] [+B] = grampositive Bakterien   [-B] = gramnegative Bakterien   [S] = Schimmelpilze   [H] = Hefe

Tabelle 2.23. Angenäherte pH-Wert-Bereiche für ein Mikroorganismen-Wachstum

Organismus	pH-Bereich
Bacillus spec.	4,5 – 8,5
Escherichia coli	4,4 – 9,0
Lactobacillus spec.	3,3 – 7,2
Pseudomonas spec.	4,8 – 9,8
Proteus vulgaris	4,4 – 9,2
Salmonellen	4,4 – 9,6
Staphylococcus aureus	4,0 – 10,0
Streptococcus lactis	4,3 – 9,2
Vibrio parahaemolyticus	4,8 – 11,0
Hefen	1,8 – 8,6
Schimmelpilze	1,6 – 11,0

Tabelle 2.24. Angenäherte pH-Werte einiger Nahrungsmittelprodukte

pH-Bereich	Lebensmittel	pH-Wert
alkalisch	Hühnereiklar	bis 9, 2
pH > 7,0	Kakaopulver[a]	6,5 – 8,1
	Sojaisolat[a]	6,9 – 7,3
neutral	Milch	7,0 – 6,8
pH 7,0 – 6,5	Magermilchpulver[a]	
	Natriumcaseinat[a]	7,0 – 6,6
	Calciumcaseinat[a]	7,0 – 6,5
	Geflügel	6,7 – 6,3
	Krabben	7,1 – 6,8
	Miesmuscheln	6,9 – 6,5
	Fruktose[a]	7,0 – 5,0
schwach sauer	Fisch	6,6 – 5,7
pH 6,5 – 5,3	Fleisch	5,8 – 5,4
	Butter	6,4 – 6,1
	viele Gemüsesorten	6,5 – 5,0
	– Bohnen	5,5 – 4,9
	– Broccoli	6,5 – 5,5
	– Grünkohl	5,4 – 6,0
	– Kartoffeln	5,8 – 5,3
	– Möhren	5,6 – 5,3
	– Spinat	5,3 – 6,0
mittelsauer	Dosenkonserven	4,5 – 5,5
pH 5,3 – 4,5	Maltodextrin[a]	4,9 – 5,8
	Puderzucker[a]	
sauer	Sauergemüse	4,5 – 3,5
pH 4,5 – 3,7	Tomaten	4,4 – 4,0
	Buttermilch	4,5 – 4,3
	Joghurt	4,2 – 3,8
	Sauermolkenpulver[a]	4,7 – 4,3
	Mayonnaise	4,1 – 3,0
	Obstsorten	4,5 – 3,0
	– Bananen	4,6 – 4,3
	– Birnen	4,6 – 3,8
	– Orangen	4,3 – 3,6
	– Trauben	4,5 – 3,5
	– Pfirsiche	4,2 – 3,5
stark sauer	Sauerkraut	3,7 – 3,1
pH < 3,7	Obstsorten	2,4 – 3,8
	– Äpfel	3,5 – 3,3
	– Erdbeeren	3,0 – 3,8
	– Grapefruit	2,8 – 3,0
	– Pflaumen	3,0 – 2,8
	– Stachelbeeren	3,1 – 2,8
	– Zitronen	2,0 – 2,4
	Rhabarber	3,1 – 3,4

[a] in einer 10%igen Lösung gemessen.

Kapitel 3

Gute Herstellungspraxis (GHP), HACCP- und Produktrückrufkonzept als Präventivmaßnahmen

3.1
Gute Herstellung

Um den Konsumenten den wirksamsten Schutz gewähren zu können, wäre es notwendig, allen gefährlichen Kontaminationen so vorzubeugen, daß gefährliche Befunde überhaupt nicht auftreten können. Dieses wird jedoch nie realisierbar sein. Bei gewissenhafter Einhaltung von präventiven und operativen Maßnahmen (Abb. 3.1.) unter Einhaltung einer „Guten Herstellungspraxis" sowie Bearbeitung einer Riskoanalyse gemäß dem HACCP-Konzept können potentielle Gefahren ausgeschaltet oder aber so minimiert werden, daß ein unvermeidliches Restrisiko kalkulierbar ist bzw. bleibt.

Die Gute Herstellungspraxis, abgekürzt GHP *(engl.: Good Manufacturing Practice, GMP)* ist ein „Werkzeug" für eine umfassende Qualitätsbeherrschung auf allen Stufen der Herstellung, Behandlung und Lagerung von Lebensmitteln; also eine Festlegung und Beschreibung von Maßnahmen, die das Erreichen einer vorgegebenen Qualität gewährleisten.

Obwohl es kein international verbindliches Regelwerk der Guten Herstellungspraxis für den Lebensmittelbereich und auch keine Rechtsgrundlage weder auf europäischer Ebene noch in Deutschland hierfür gibt, wird unter dem Begriff die *„Verpflichtung des Unternehmens zur Sorgfalt"* auf allen Stufen der Herstellung, Behandlung oder Lagerung (Abb. 3.2.) eines Produktes verstanden. Unter dem Begriff GMP wurden von der WHO bereits 1968 Grundregeln zur Herstellung von Arzneimitteln und zur Sicherung ihrer Qualität bekanntgegeben, die im wesentlichen als PharmBetrV vom 8. März 1985 in geltendes Recht umgesetzt wurden (BGBl. I S. 548-551). In Abwandlung sind die Aussagen der PharmBetrV auch für den Lebensmittelbereich anwendbar.

3.1.1
GHP-interne Richtlinien

Die Gute Herstellungspraxis ist ein Zentralpunkt eines umfassenden Qualitätsmangementsystems und somit ein wesentlicher Bestandteil der unternehmerischen Qualitätspolitik, die da lauten muß: Was unter GHP-Bedingungen nicht als

„sicher" produziert werden kann, muß aus dem Herstellungsprogramm gestrichen werden (Sinell 1996). Somit wird auch deutlich, daß die Voraussetzungen zur Schaffung und Aufrechterhaltung eines Systems zur Sicherung der hygienischen Sicherung der Produktequalität im Verantwortungsbereich des Top-Managements zu liegen hat.

Unternehmen, die ein Qualitätsmanagementsystem gemäß der international gültigen Normenreihe DIN EN ISO 9000ff. einrichten oder bereits eingerichtet haben, folgen praktisch dem Gedanken einer Guten Herstellungspraxis, denn GHP heißt: *Gute, bewährte und anerkannte Verfahren gemäß dem Stand der Wissenschaft und Technik bei der Herstellung, Behandlung und Lagerung von Lebensmittel anwenden und dokumentieren.*

Die Beachtung der intern aufgestellten Regeln einer Guten Herstellungspraxis sowie die Risikoanalyse nach dem HACCP-Konzept sind zudem wirkungsvolle Instrumentarien Produkthaftungsrisiken – wenn diese auch nie völlig auszuschließen sind – deutlich zu minimieren. Oftmals sind Erkrankungen, die auf den Konsum von Lebensmitteln zurückzuführen sind, Kontaminationen mikrobiologisch/ hygienischen Ursprungs. Allerdings sollte man sich bei einer Risikoanalyse auch mit dem ungewollten Mißbrauch (anstatt 10 Minuten kochen, wird das Produkt nur erwärmt) eines Lebensmittel durch einen Kosumenten intensiv auseinandersetzen.

3.2
HACCP-Konzept

HACCP (*engl.: Hazard Analysis and Critical Control Point*), ein ursprünglich in den USA in den 60er Jahren durch Industrie (Pillsbury), Weltraumbehörde (NASA) und Armee (Natick Laboratories of the U.S. Army and of the U.S. Air Force Space Laboratory Project Group) entwickeltes System wird im Deutschen mit Gefahrenabschätzung bzw. -analyse und Festlegung von kritischen Kontroll-(*Anm.:* im Sinne von Lenkungs-)punkten übersetzt.

Aufgrund seiner Effizienz hat das HACCP-Konzept in der „Richtlinie 93/43/ EWG des Rates vom 14. Juni 1993 über Lebensmittelhygiene" (ABl. Nr. L 175) Eingang gefunden. Im Vorwort heißt es dazu:

> „Die Betreiber von Lebensmittelunternehmen müssen sicherstellen, daß nur nichtgesundheitsschädliche Lehensmittel in den Verkehr gebracht werden, und den zuständigen Behörden sind zum Schutz der Verbrauchergesundheit die erforderlichen Befugnisse übertragen. Dabei sind jedoch die schutzwürdigen Rechte der Lebensmittelhersteller zu wahren."

Zudem heißt es:

> „Zur Durchführung der allgemeinen Hygienevorschriften für Lebensmittel und Leitlinien für eine gute Hygienepraxis wird die Anwendung der Norm der EN-29000-Reihe (*Anm.:* jetzt DIN EN ISO 9000) empfohlen."

Die Integration von HACCP als präventiv wirkendes Konzept innerhalb eines Qualitätsmanagementsystems erfolgt bei der DIN EN ISO 9001 und 9002 im phasenbezogenen Element 14 (Korrektur- und Vorbeugemaßnahmen) als Vorbeugemaßnahme sowie insbesondere in den phasenübergreifenden Elementen 5 (Lenkung von Daten und Dokumenten), 10 (Prüfungen), 16 (Lenkung von Qualitätsaufzeichnungen) und 18 (Schulungen).

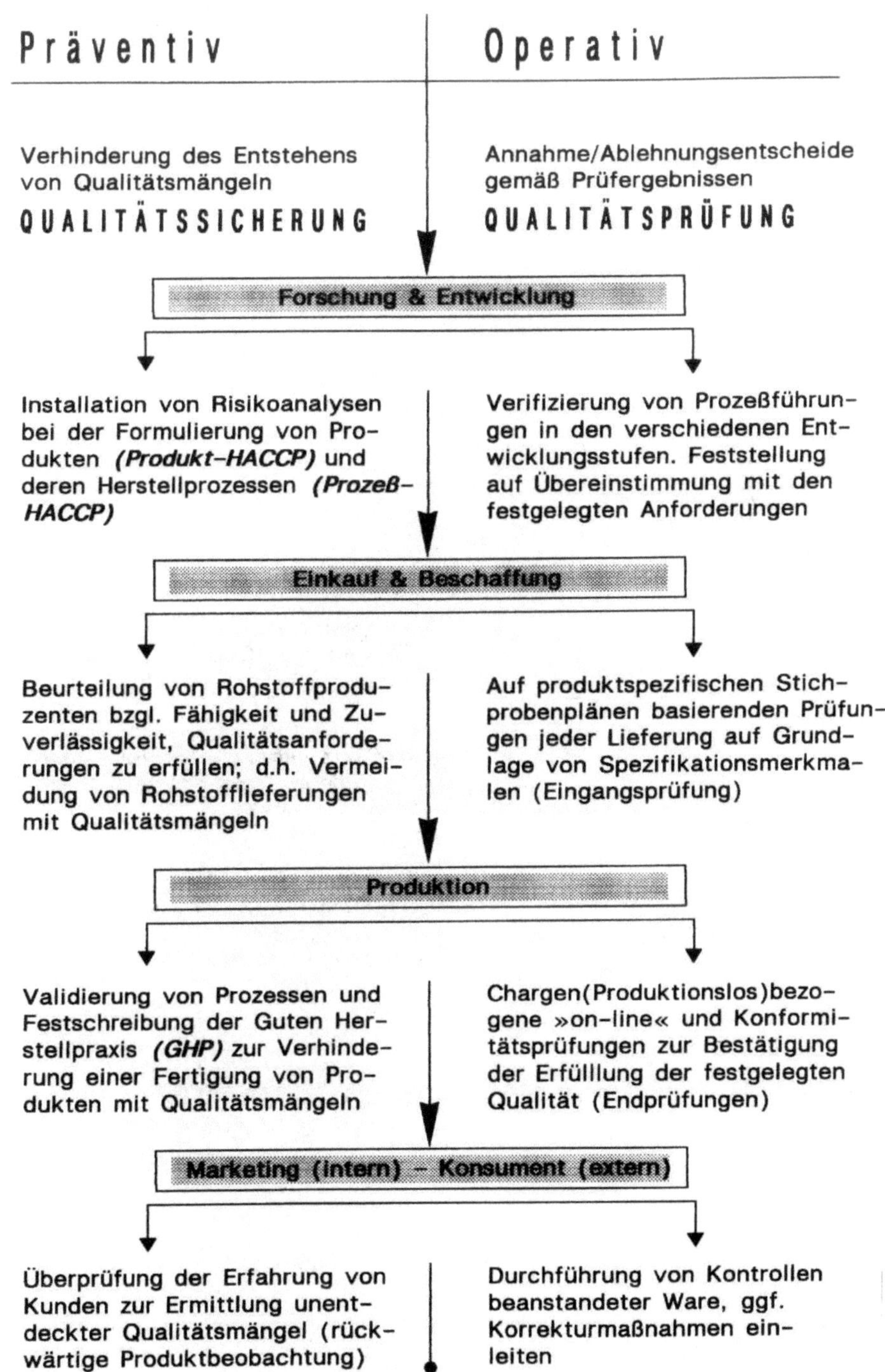

Abb. 3.1. Präventive und operative Qualitätssicherungsmaßnahmen

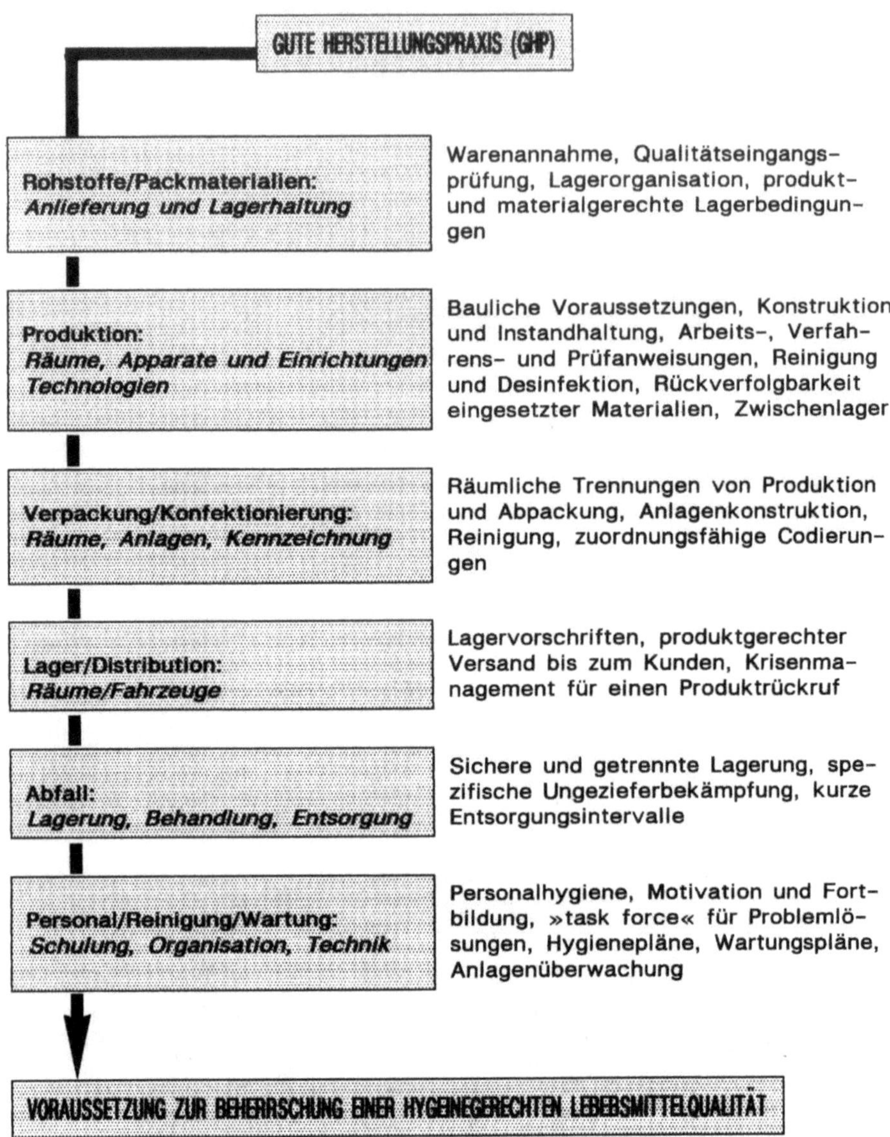

Abb. 3.2. Lebensmittelqualität durch Sorgfaltpflicht auf allen Produktionsstufen

Der Artikel 3, Absatz 2 der Richtlinie 93/43/EWG präzisiert:

„Die Lebensmittelunternehmen stellen die für die Lebensmittelsicherheit kritischen Punkte
im Prozeßablauf fest und tragen dafür Sorge, daß angemessene Sicherheitsmaßnahmen festgelegt, durchgeführt, eingehalten und überprüft werden, und zwar nach folgenden, bei der
Ausgestaltung des HACCP-Systems (Hazard Analysis and Critical Control Points) verwendeten Grundsätze:

- Analyse der potentiellen Risiken für Lebensmittel in den Prozessen eines Lebensmittelunternehmens;
- Identifizierung der Punkte in diesen Prozessen, an denen Risiken für Lebensmittel auftreten können
- Festlegung, welche dieser Punkte für die Lebensmittelsicherheit kritisch sind – die „kritischen Punkte"
- Feststellung und Durchführung wirksamer Prüf- und Überwachungsverfahren für diese kritischen Punkte und
- Überprüfung der Gefährdungsanalyse für Lebensmittel, der kritischen Kontrollpunkte und der Prüf- und Überwachungsverfahren in regelmäßigen Abständen und bei jeder Änderung der Prozesse in dem Lebensmittelunternehmen. „

Im Artikel 8, Absatz 2 heißt es weiter:

„Die zuständigen Behörden achten insbesondere auf von den Lebensmittelunternehmen festgestellte kritische Kontrollpunkte, um zu beurteilen, ob die erforderlichen Überwachungs- und Überprüfungskontrollen durchgeführt werden."

Die Gültigkeit dieser EG-Richtlinie ist mit der Umsetzung in nationales Recht vollzogen.

Allerding hat die EG-Richtlinie nicht nur das HACCP-Konzept zu Inhalt - sie regelt im weitern Sinne die Gute Herstellungspraxis bzgl. hygienischer Belange eines Lebensmittelunternehmens (Abb. 3.3.).

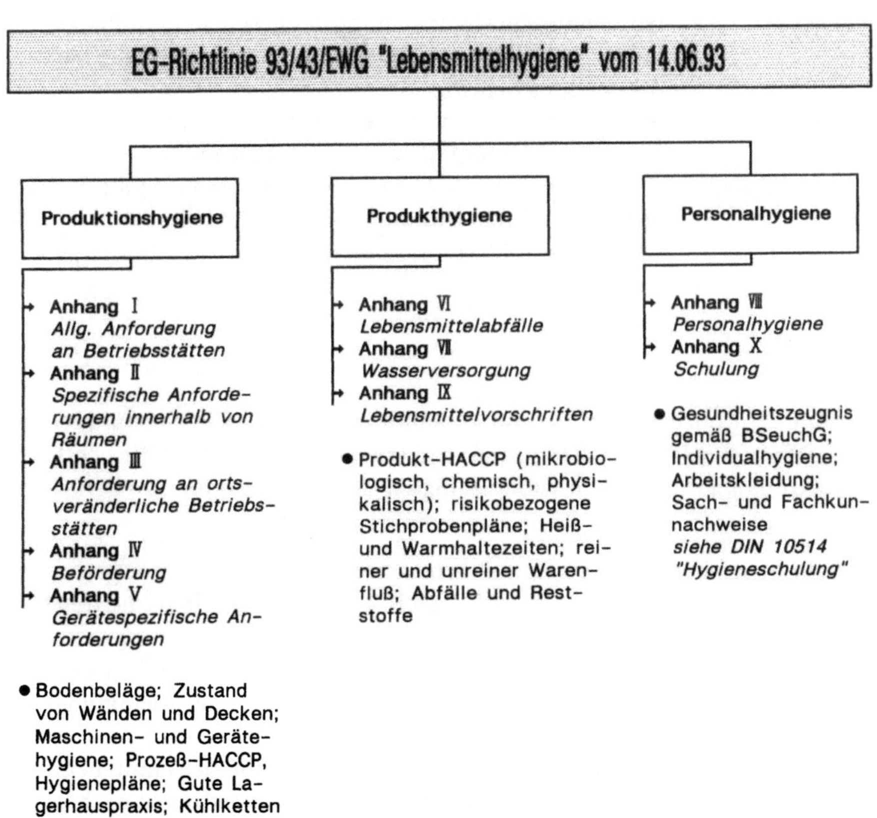

Abb. 3.3. Zuordnung der Anlagen der EG-Richtlinie 93/43 zu Hygienebereichen

Das HACCP-Konzept diente ursprünglich der Minimierung bzw. Eliminierung mikrobiologisch/hygienisch bedingter Gefahrenmomente. Nun läßt sich aber das Konzept nicht nur allein für mikrobiolgische Betrachtungsweisen einsetzen, sondern auch für andere Gefahrenpotentiale, z.B. solche chemischen und physikalischen Ursprungs.

Die Zielsetzung eines HACCP-Konzeptes lautet allerdings immer: *Risiken erkennen und beherrschen, um den Konsumenten vor gesundheitlichen Beeinträchtigungen zu bewahren* (Abb. 3.4.); dabei sind folgende Begriffe dieser Risikoanalyse zuzuordnen:

● Gefahr	Ereignis oder Umstand, welches(r) ein Produkt derart negativ beeinflußte, daß dadurch die Gesundheit des Verbrauchers gefährdet wird
● Risiko	Wahrscheinlichkeit des Auftretens einer Gefährdung, die einen Schaden an einem Konsumenten hervorrufen kann; das schließt die Klassierung (Grad) der Schwere eines potentiellen Schadens mit ein
● Schaden	Physische Verletzung und/oder Schädigung der Gesundheit
● Gefährdung	Potentielle Schadensquellen biologischen, chemischen und/oder physikalischen Ursprungs
● Analyse	Systematische Untersuchung des jeweiligen Produktes hinsichtlich aller einzelnen Komponenten sowie dessen Herstellungsschritte
● Sicherheit	Freiheit von unvertretbaren Schadensrisiken
● kritischer Kontrollpunkt	Ort (Maschine, Apparatur) oder Gegebenheit (Verfahrensstufe an dem eine Gefahr erkannt und diese mit gezielten Mitteln eliminiert oder zumindest auf ein akzeptables Niveau minimiert wird

3.2.1
Grundsätze

Ein HACCP-Konzept kann nur unter multidisziplinären Gesichtspunkten verwirklicht werden. Dabei sind folgende Schlüsselfragen und Schritte hinsichtlich einer mikrobiologisch/hygienischen bedingten Gefahrenbewertung zu berücksichtigen:

- Welche Gefahren gehen von der Produktrezeptur aus (Rohstoffgewinnung, Rohstoffeinsatz, spezielle mikrobiologisch bedingte toxikologische Gefahrenpotentiale der Rohstoffe)?
- Für welche Konsumentengruppe ist das Produkt gedacht (gesunde Jugendliche und Erwachsene, Senioren, Kranke oder Rekonvaleszente, Kleinkinder und Säuglinge)?
- Mit welchen „Hygienefehlern" (auch ungewollter Mißbrauch) muß beim Verbraucher gerechnet werden (z.B. Zubereitungsfehler, Standzeiten nach der Zubereitung, unzureichende Kühlung)?

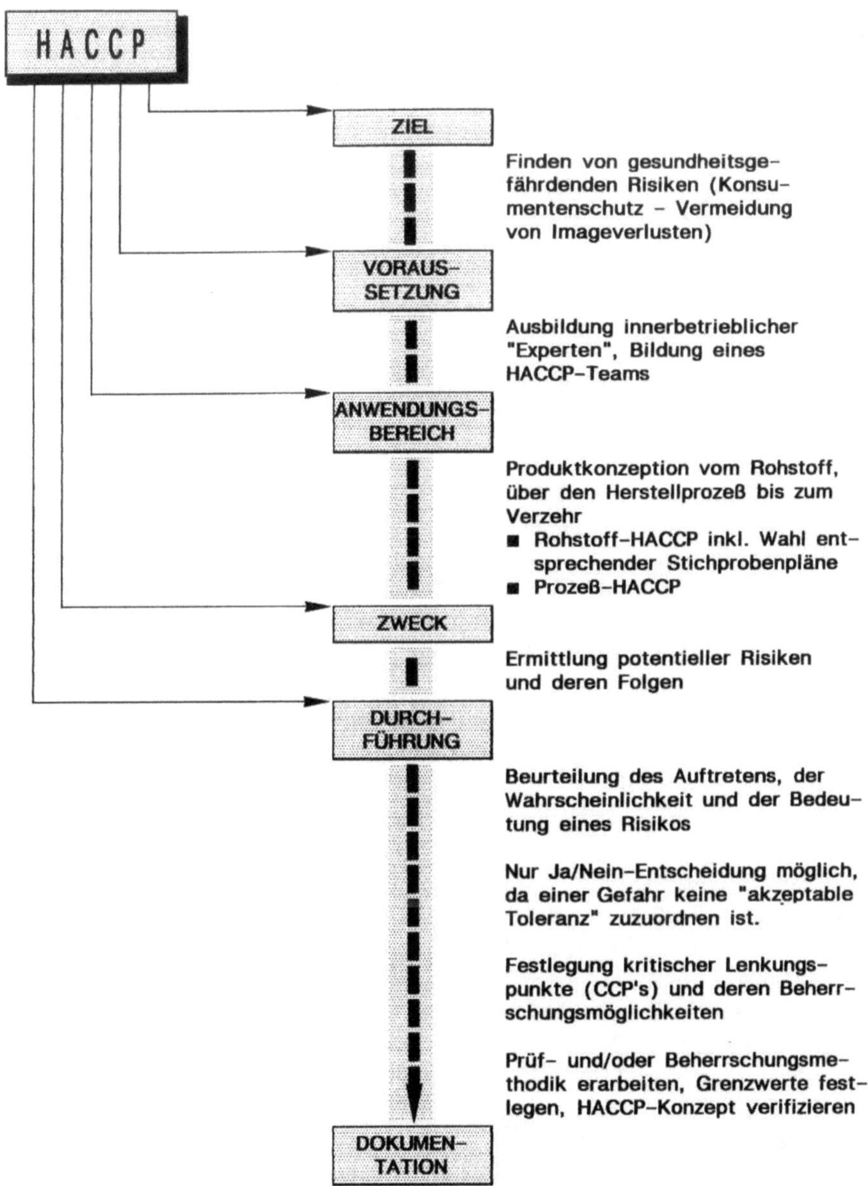

Abb. 3.4. Ziel- und Voraussetzung einer HACCP-Studie

- Gewährleisten die Anlagen, Einrichtungen und das gesamte Umfeld das quali-
  tätskonforme Behandeln und Herstellen von Produkten im Hinblick auf Kreuz-
  kontaminationen?
- Bieten die Packmittel eine ausreichende Schutzfunktion?

- Festlegung effizienter Prüfmethoden an den lokalisierten Kontroll-(Beherr-schungs-)punkten (CCP's) inkl. ausreichender Prüf- und Monitoringintervalle.
- Festlegung von Limits für die einzelnen Qualitätsmerkmale (Annahme/Sperr-entscheide).
- Auswahl geeigneter Stichprobenpläne im Hinblick auf das Gefährdungspotential der Rohstoffe und des Fertigproduktes.
- Übersichtliches und nachvollziehbares Dokumentationswesen.

Die übersichtliche und nachvollziehbare Dokumentation gemäß Artikel 5, Abs. 5 der „Richtlinie 89/397/EWG vom 14. Juni 1989 über die amtliche Lebensmittelüberwachung" (ABl. Nr. L 186) wird zukünftig ein Kriterium der Lebensmittelüberwachung sein.

Die NACMCF (1989) definiert ihr stark mikrobiologisch ausgerichtetes HACCP-Konzept als den systematischen Weg zur Lebensmittelsicherheit in sieben Grundsätzen:

1. Grundsatz

Beurteilung der von einem Lebensmittel ausgehenden Risiken über dessen gesamten Werdegang, d.h. von der Rohstoffgewinnung über Be- und Verarbeitungsprozesse, der Herstellung und Verteilung, bis hin zum Verzehr beim Konsumenten. In diesem Grundsatz werden Lebensmittel in sechs Gefahrengruppen (Gefahr A bis F) unterteilt und danach sieben Risikogruppen (Risikogruppen VI - O) gebildet.

Diese Konzept erinnert stark an die Einteilung der Risiko- und Gefahrenbeurteilung für eine Kontamination mit Salmonellen (Foster 1971, FDA 1990). Damit wird deutlich, daß das HACCP-Konzept mikrobiologisch/hygienischen Ursprungs ist. Auch der BLL (1995) zeigt in seiner beispielhaften Aufzählung, daß weit über die Hälfte aller genannten Risikomerkmale auf eine mikrobiologische Gefährdung zurückzuführen sind.

Die *Gefahr A* bezieht sich auf Lebensmittel, die für eine bestimmte Gruppe von Verbrauchern (Kleinkinder, Senioren, Kranke, Rekonvaleszente) hergestellt werden und daher besondere mikrobiologische Voraussetzungen (z.B. mikrobiologisch empfindliche Zutaten, Produktionsschritte zur effektiven Eliminierung von Mikroorganismen) mitbringen müssen. Produkte selbst oder deren Zutaten, die aus mikrobiologischer Sicht kritisch sind, werden mit der *Gefahr B* belegt.

Lebensmittel, die bei den Be- und Verarbeitungsprozessen keine ausreichenden bzw. beherrschbaren Schritte zur Eliminierung pathogener Mikroorganismen enthalten (z.B. Erhitzungsprozesse, deutliche Absenkung des pH-Wertes < 3,5), sind der *Gefahr C* zugeordnet. Die *Gefahr D* bezieht sich auf Produkte, die nach der Verarbeitung und vor dem Verpacken Rekontaminationen ausgesetzt sind.

Bestehen erhebliche Möglichkeiten, daß das betreffende Lebensmittel während des Vertriebes (z.B. Unterbrechung der Kühlkette) oder durch fehlerhafte Zubereitung durch den Konsumenten für den Verzehr gefährlich werden könnte, findet die *Gefahr E* Anwendung. Produkte, die nach dem Verpacken oder nach der haushaltsüblichen Zubereitung keine Hitzebehandlung (kochen, durchbraten, backen) erfahren, sind der *Gefahr F* zuzuordnen.

Die nachstehend gebildeten Risikogruppen resultieren aus der Einteilung der zuvor genannten Gefahren.

Zur *Risikogruppe VI*, der risikoreichsten, zählen Lebensmittel für die zuvor genannte Konsumentengruppe der Kleinkinder, Senioren, Kranken und Rekonvaleszenten. Lebensmittel, die fünf Gefahreneigenschaften der Gefahrenklassen B, C, D, E und F aufweisen, zählen zur *Risikogruppe V*. Zu den *Risikogruppen IV–I* zählen Produkte mit vier, drei, zwei bzw. einer Gefahreneigenschaft(en). Die *Risikogruppe O* weist keine Gefahreneigenschaft auf.

Beinhaltet bspw. ein Rohstoff oder ein Lebensmittel ein (+) Risiko, zwei (++) oder mehrere (+++ bis ++++) Risiken innerhalb der Gefahreneigenschaften (A bis F), so ergibt sich daraus die Risikogruppe, wobei die Gefahr A *immer* der Risikogruppe VI zuzuordnen ist.

2. Grundsatz

Festlegung der kritischen Kontrollpunkte, die ein Beherrschen (eliminieren oder minimieren) der erkannten Risiken ermöglichen.

4. Grundsatz

Festlegen von Grenzwerten für die ermittelten kritischen Parameter eines Beherrschungspunktes (z.B. maximal tolerierte Keimzahlwerte, untere (obere) Temperaturgrenze).

5. Grundsatz

Eingreifplan für Korrekturmaßnahmen, der dann zu greifen hat, wenn beim Überwachen Abweichungen zu den Grenzwerten festgestellt werden. Unter Korrektur ist allerdings kein Nacharbeiten zu verstehen, sondern eine Maßnahme, die ein Wiederholen des Fehlers endgültig ausschließt.

6. Grundsatz

Festlegung von Überwachungsverfahren (Verifizierung) aus denen die Effizienz und Schlüssigkeit des HACCP-Konzeptes hervorgeht.

7. Grundsatz

Dokumentation, was die stetige Verifizierung eines einmal etablierten HACCP-Konzeptes beinhaltet.

Die nachstehende Abb. 3.5. zeigt einen Ablaufplan zu einer HACCP-Studie

3.2.2
Erkennung kritischer Kontrollpunkte

Ein kritischer Kontrollpunkt ist jeder Punkt in einem Prozeß, dessen Verlust an Beherrschung zu einer potentiellen Gesundheitsgefährdung für den Konsumenten führen kann. Hinsichtlich mikrobiologischer Risiken ist es empfohlen, zwischen zwei Arten von kritischen Kontrollpunkten zu unterscheiden (ICMSF 1988; Sinell 1990, 1995 und 1996; ILSI 1993 und 1995):

- CCP₁ →   garantiert die Beherrschung eines Risikos
- CCP₂ →   mindert ein Risiko, das jedoch nicht völlig unter
              Kontrolle gebracht werden kann

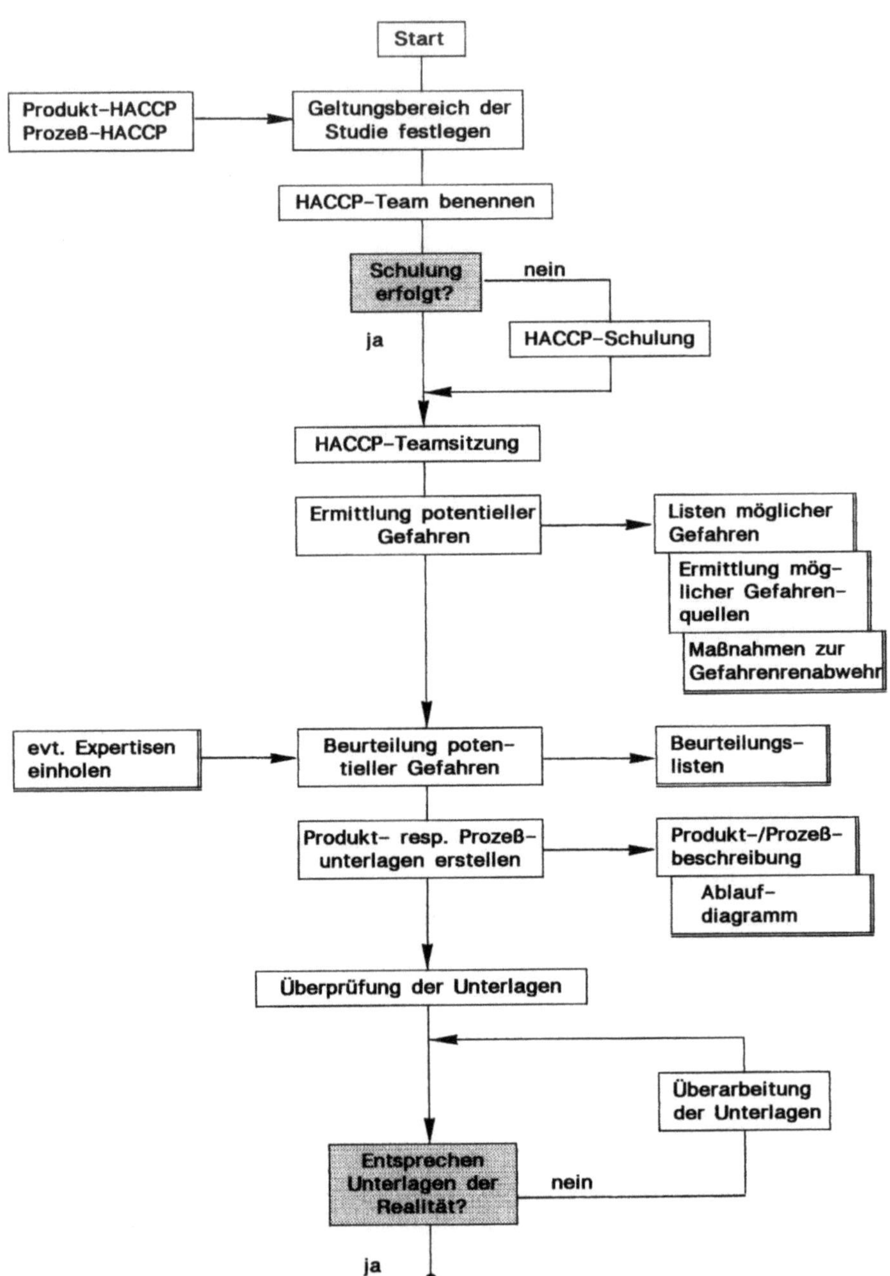

Abb. 3.5. Ablaufschema einer HACCP-Studie

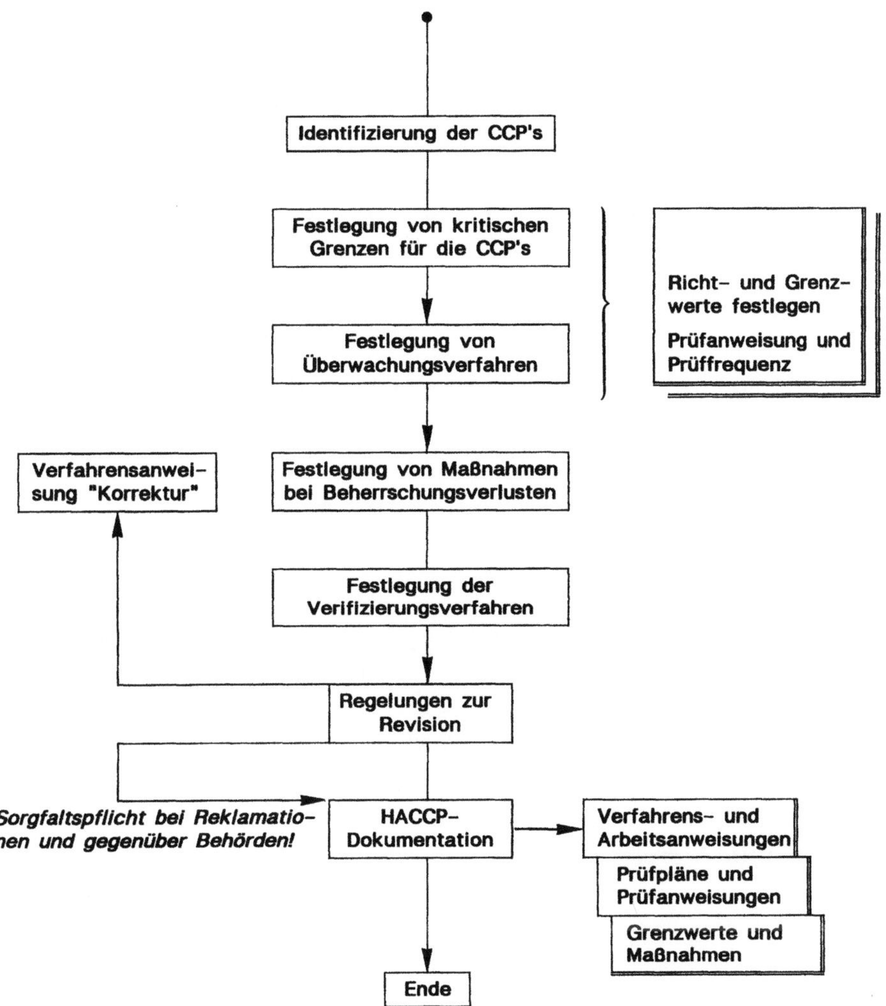

Abb. 3.5. Fortsetzung

In der Regel ist einem CCP1 nur ein Erhitzungsprozeß zuzuordnen, evt. bei spezifischen Produkten eine deutliche pH- oder a_w-Wertsenkung. Diese technologischen Prozeßschritte sind durch permanente Aufzeichnungen zu beobachten und zu dokumentieren.

Das Kühlen oder Gefrieren ist zweifelsfrei ein CCP2; mit diesen Prozeßschritten ist ein Teilrisiko beherrschbar, nämlich die Vermehrung von mesophilen Organismen, jedoch wird es keinesfalls unter Kontrolle gebracht (z.B. Salmonellenkontaminationen bei Eiprodukten bzw. Gefriergeflügel).

Nach Untermann (1995) liegt der Verzicht auf eine Unterteilung in CCP1 und CCP2 darin begründet, daß in der Praxis die Einhaltung eines CCP2 weniger beachtet wird, weil ein solcher Lenkungspunkt nicht „voll" wirksam zu sein scheint und daher häufig vom Personal als unwichtig angesehen wird.

Jedes lokalisierte Risiko, ob rohstoff- oder verfahrensseitig bedingt, ist nach folgenden Kriterien zu analysieren:

Beispiel Rohstoff
- Kann ein identifizierbares Risiko über einen Rohstoff in das Produkt eingebracht werden?

Wird durch die Prozeßführung der Rohware das betrachtete Risiko eliminiert oder auf ein akzeptables Niveau minimiert?

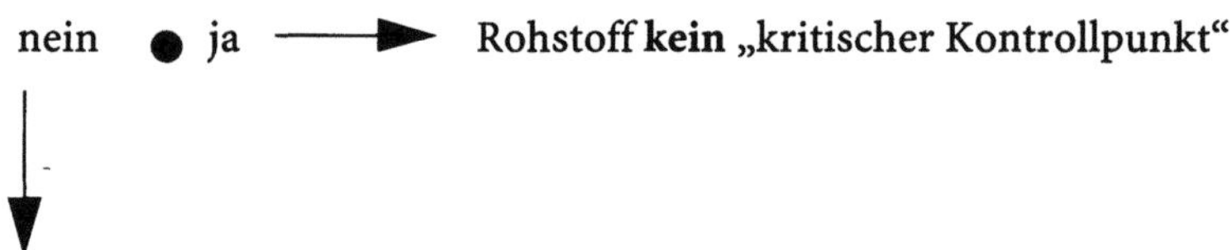

Der Rohstoff ist für das lokalisierte Risiko **ein** „kritischer Kontrollpunkt"!

Beispiel Herstellprozeß
- Kann ein identifiziertes Risiko innerhalb des Herstellverfahrens durch einen Prozeßschritt eingebracht werden oder zu einem nicht tolerierbaren Niveau ansteigen?

Wird durch die nachfolgenden Be- und Verarbeitungsschritte das lokalisierte Risiko eliminiert oder auf ein tolerierbares Niveau minimiert?

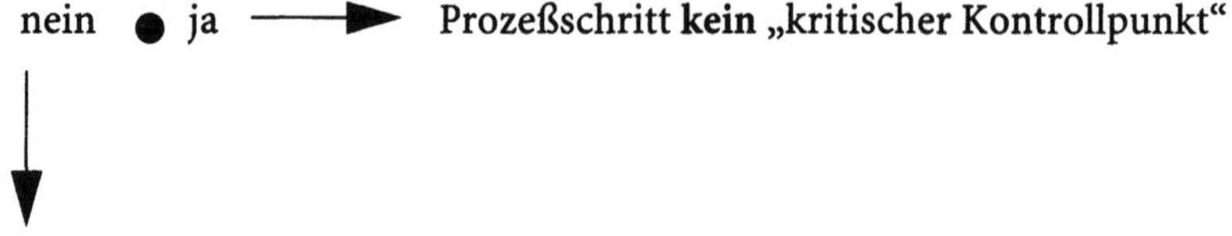

Der Prozeßschritt ist für das lokalisierte Risiko **ein** „kritischer Kontrollpunkt"!

3.2.2.1
Gefahrenarten

Die Gefahren sind in der Regel folgenden Ursprungs:

Biologie:
- Mikroorganismen selbst und deren Vermehrungsmöglichkeit
- Bakterien- und Schimmelpilztoxine (Aflatoxine)
- Viren
- Parasiten und/oder deren Ausscheidungen

Kontrollmechanismen: Rohstoffbeurteilung und Qualitätsqualifikation der Rohstofflieferanten; aussagekräftige, d.h. dem Rohstoff oder dem Fertigprodukt an Schärfe gerechte Stichprobenpläne; Mensch und Maschine (Anlagen-GHP); Reinigungs- und Desinfektionsmittelpläne

Physik:
- Zeit, Temperatur, Licht, Druckverhältnisse
- Schutzgas bzw. Evakuierung von Verpackungen
- Staub, Schmutz, Fremdkörper

Kontrollmechanismen: Kontinuierliche Verlaufsmessungen von Zeit und Temperatur; Lichtschutzfaktoren; Dichtigkeitsprüfungen (z.B. Rest-O_2-Messungen bei mit Schutzgas beaufschlagten Verpackungen), Metallabscheider, Siebpassagen und deren Maschenweiten

Chemie:
- Oxidation
- Umweltkontaminaten (Schwermetalle, Nitrat etc.)
- Schädlingsbekämpfungsmittel (Insektizide und Pestizide)
- Detergenzienrückstände

Kontrollmechanismen: Apparative und naßchemische Analytik

Technik:
- Membranpumpen
- Wirbelbett
- Armaturen, Schleusen
- Rohr- und Förderanlagen

Kontrollmechanismen: Primärkonstruktion (Ingenieurwesen), mikrobiolgische Prüfungen durch Stufenkontrollen vor Ort

Die ISLI Europe (1993) nennt die nachstehenden Daten, die für eine HACCP-Studie notwendig sind:

Epidemologische Daten über pathogene Mikroorganismen, Toxine und chemische Stoffe
- Ursachen lebensmittelbedingter Erkrankungen
- Resultate aus Überwachungsprogrammen und -studien

Daten über das Rohmaterial, das Zwischen- und Endprodukt
- Rezepturformel
- Acidität (pH-Wert)
- Wasseraktivität (a_w-Wert)
- Struktur des Produktes
- Prozeßbedingungen
- Lager- und Versandbedingungen
- Mindesthaltbarkeitsdaten
- Zubereitungs- und Verzehrsbedingungen

Daten über die Verarbeitung
- Anzahl und Art der Prozeßstufen
- Temperatur-/Zeitbedingungen
- wiederverwendete Überschußmengen aus dem Produktionsprozeß („Rework")
- Abgrenzung von risikoreichen zu weniger risikoreichen Roh- und Fertigmaterialien
- Stand- und Verweilzeiten
- produktionsanlagenseitige Risiken (Schleusen, Flansche)
- Wirksamkeit von Detergenzien

Daten zur Produktsicherheit
- Vermehrungsraten von gefährlichen Mikroorganismen in Lebensmitteln (Lebensmittel als „Anreicherungsmedium")
- inhibitive Wirkmechanismen auf gefährliche Mikroorganismen (*Intrinsic parameters, extrinsic parameters, Hürdenkonzepte*)

Intrinsic parameters
Diese „inneren Faktoren" bezeichnen chemische, physikalische und biochemische Eigenschaften, die einem jeden Lebensmittel zu eigen sind und somit bereits über die Mikroflora bestimmend sein können. Folgenden Parametern ist besondere Aufmerksamkeit zu widmen:

pH-Wert. Maß für die Acidität bzw. Basizität und somit Einflußgröße auf Vermehrungsfähigkeit und -geschwindigkeit von Mikroorganismen sowie das Auskeimungsverhalten von Mikroorganismensporen (s. auch 2.16.2)

a_w-Wert. Maß für verfügbares Wasser zur Vermehrung bzw. Wachstum von Mikroorganismen (s. auch 2.16.1)

Redoxpotential. Maß für den Grad einer Oxidation in einem Lebensmittel, wobei die auftretende Potentialdifferenz (Elektronenaufnahme → Reduktion/Elektronenabgabe → Oxidation) zur Bezugselektrode in Millivolt gemessen und als *Eh*-Wert ausgedrückt wird. Das Redoxpotential ist abhängig von der chemischen Zusammensetzung und vom Sauerstoffpartialdruck, also vom Grad des Luftsauerstoffzutrittes. Aerobes Mikroorganismenwachstum erfordert einen positiven *Eh*-Wert (Oxidation), anaerobes Wachstum dagegen einen negativen *Eh*-Wert

(Reduktion). Einige Aerobier wachsen besser unter leichten Reduktionsbedingungen, sie werden als mikroaerophil bezeichnet. Antioxidierend wirken bspw. Ascorbinsäure, Schutzgas etc.

Spezifische Inhaltsstoffe. Bestandteile, die einem Lebensmittel nativ innewohnen und selektiv auf die Mikroflora wirken können. Wachstumsfördernd: Stickstoffquellen, Vitamine, Mineralstoffe, Spurenelemente. Antimikrobielle Wirkung: Lysozym im Eiklarprotein, Benzoesäure in Preiselbeeren, Laktenine in Milch.

Textur/Struktur. Einige Lebensmittel verfügen über natürliche Schranken, die ein Vor- bzw. Eindringen von Mikroorganismen – wenn auch nicht völlig verhindern – zumindest für eine gewisse Zeit einschränken, z.B. Eischale, Haut von Tieren, Obstschalen etc. Eine besondere Gefahr geht von zerkleinertem Material aus; typisches Beispiel ist Hackfleisch/Separatorenfleisch, welches selbst bei Kühllagerung nach ca. 2 Tagen verdirbt – Stückware ist bei gleicher Temperatur dagegen bis 3 Wochen haltbar.

Extrinsic parameters
Unter den „äußeren Faktoren" faßt man beeinflussende Entwicklungen einer begleitenden Lebensmittelflora zusammen, die bei der Lagerung relevant sind, nämlich Temperatur, atmosphärische Einflüsse sowie Partialdrücke von Gasen.

Temperatur. Da Mikroorganismen über eine weite Temperaturspanne zur Vermehrung fähig sind, werden die Lagerbedingungen zu einem bedeutenden Faktor. Hierzu sei auf die Temperaturansprüche für ein Wachstumoptimum hingewiesen (s. 1.1.5).

Besondere Aufmerksamkeit bzgl. Temperaturverläufen ist dort angebracht, wo Konserven einen ordnungsgemäßen Sterilisationsprozeß durchlaufen haben, die Auskühlung der Kerntemperatur aber ungenügend war. Beim engen Palettieren wird es zu Hitzestaus kommen, thermoresistente Sporen werden auskeimen und somit zum Verderb führen.

Atmosphärische Einflüsse. Hier ist in erster Linie die relative Luftfeuchtigkeit zu nennen – insbesondere bei unverpackten oder mit Feuchtigkeit durchlässigen Packstoffen umhüllte Erzeugnisse, Produkte mit oberflächlichen Abtrocknungen. Die Folge wäre eine Verschiebung der Wasseraktivität. Auch das „Schwitzen" von kühler Ware beim Einbringen in Lager mit höherer Temperatur wird einem mikrobiellen Verderb Vorschub leisten.

Partialdrücke. Die Lagerung von Lebensmitteln erfolgt oftmals unter einer kontrollierten Schutzgasatmosphäre, wobei die wachstumshemmende Wirkung von CO_2 eine wichtige Rolle spielt. Aber auch die Evakuierung von i. d. R. Weichkunststoffpackungen hemmt obligate Aerobier, begünstigt jedoch Anaerobier und Mikroaerophile.

Hürdenkonzept
Bereits bei der Entwicklung – das trifft für Rezeptur und Technologie neuer Produkte zu – sind geeignete Abwehrmaßnahmen für mikrobiologische Gefährdun-

gen zu installieren. Hier sei u.a. auf das Hürdenkonzept von Leistner (1979) aufmerksam gemacht (Abb. 3.6.)

Bei diesem Konzept wird davon ausgegangen, daß Hürden in einem Produkt vorhanden sind (Intrinsic factors, Extrinsic factors, stabilitätsbeeinflussende Zusatzfaktoren wie Konservierungsmittel), die von Mikroorganismen „übersprungen" werden müssen, wenn ein Lebensmittelverderb einsetzen soll.

Besondere Aufmerksamkeit verdienen Produkte mit einem hohen Gehalt an Nährstoffen (z.B. Vitaminzusätze), die dadurch ein Mikroorganismenwachstum in besonderer Weise fördern können, was einem leichteren „Überspringen" von Hürden entgegenkommt.

Eine wenig beachtete Gefahr kann von einer Rezeptänderung eines bisher stabilen Produktes ausgehen; so bspw. ein Austausch von Saccharose gegen einen Süßstoff. Der a_w-Wert erhöht sich zu Ungunsten der Stabilität.

Zu den jüngeren Verfahren der Minderung eines Hygienerisikos gehören der Einsatz von Schutzkulturen (Cerny u. Hennlich 1991; Hennlich u. Cerny 1990) sowie die enzymatische Lebensmittelkonservierung (Lösche 1991).

3.2.3
Abgrenzung kritischer Kontrollpunkte von In-Prozeß-Kontrollpunkten

Wie bereits erläutert, dienen die sog. „kritischen Kontrollpunkten" zu einer vorbeugenden Maßnahme um den Konsumenten vor einer möglichen Gesundheitsgefährdung – ausgehend durch einem Lebensmittelgenuß – zu bewahren.

In-Prozeß-Kontrollpunkte (IPK's) sind ebenfalls Beherrschungspunkte. Dazu zählen z.B. Messungen, Prüfungen und Beobachtungen zur Steuerung einer fehlerlosen Produktion und im Hinblick der festgeschrieben Qualitätsanforderungen. Ein Verlust der Beherrschung an solchen In-Prozeß-Kontrollpunkten führt allerdings nicht zu einer Gefährdung des Konsumenten und stellt somit kein Risiko im Sinn des HACCP-Konzeptes dar (Abb. 3.7.).

3.3
Produktrückrufkonzept

Ein jegliches Tun beinhaltet und schafft Risiken, zumindest Restrisiken. So kann auch das Herstellen und Vertreiben von Nahrungs- und Genußmitteln Risiken auslösen – echte und vermeintliche.

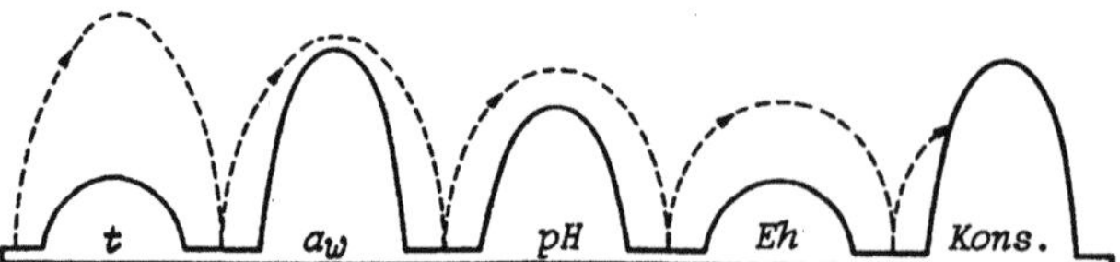

Abb. 3.6. Hürdenkonzept. Kumulativer Hemmeffekt mehrer mikrobiologischer Hürden in einem Lebensmittel nach Leistner (1979). *t* Temperatur; a_w Wasseraktivität; *pH* pH-Wert; *Eh* Redoxpotential; *Kons.* Konservierungsstoffzusatz

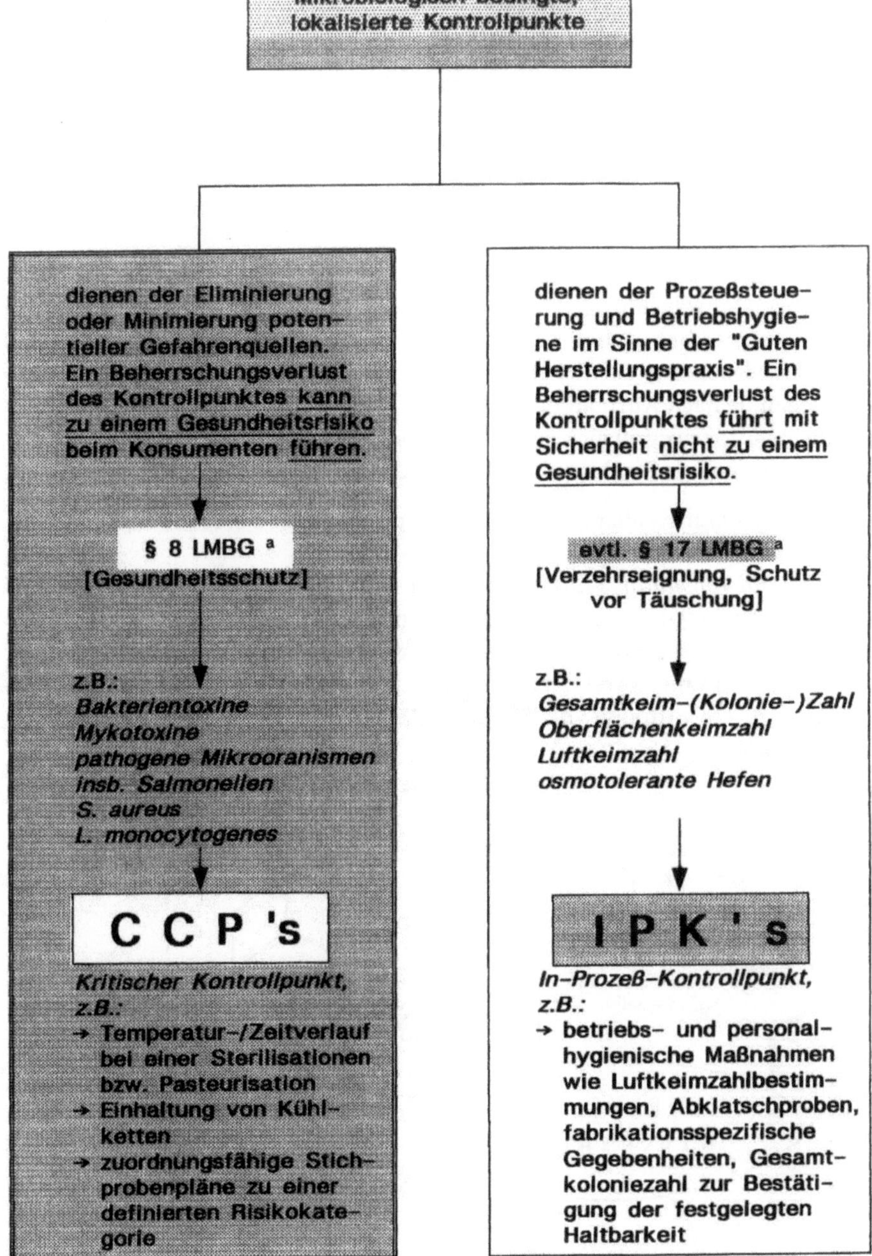

[a] Lebensmittel- und Bedarfsgegenständegesetz

Abb. 3.7. Abgrenzung kritischer (CCP's) von In-Prozeß-Kontroll-Punkten (IPK's)

Selbst bei einer GHP-gerechten Fertigung, trotz seriöser HACCP-Studien und deren gewissenhaften Durchführung, trotz Technologien zur Keimverminderung sowie die Listung ausgesuchter Rohstofflieferanten sind Kontamination mit Problemkeimen nie auszuschließen.

Sollte sich trotz aller präventiven Maßnahmen herausstellen oder angezeigt werden, daß sich ein bereits außerhalb des Unternehmens befindliches Produkt als über das tragbare Maß hinaus als kontaminiert erweist, so ist es zwingend angezeigt, über einen Aktionsplan zu verfügen der Handlungsweisen und Verantwortlichkeiten regelt, um etwaige Gefahren vom Konsumenten noch rechtzeitig abwenden zu können.

Alle Partner des Lebensmittelherstellers sind gefordert; es muß über die Betriebsgrenzen hinweg informiert, koordiniert und kooperiert werden. Um sich von einer Krise nicht überraschen zu lassen, die sich schnell zur Existenzfrage für das einzelne Unternehmen entwickeln könnte, sind Aktionspläne zu erstellen, die es ermöglichen, je nach Ausmaß der Gefährdung, die Ware gar aus einem vielkanaligen Distributionsweg zurück zu rufen (Abb. 3.8.).

Die Zielsetzung eines Produktrückrufs lautet daher:

- *Rasche Information* aller Instanzen, die den Schutz der Verbraucher gewährleisten können.
- *Rasche und vollständige Entfernung* eines Produktes aus dem Handel und aus den Verteilungs- und Verbraucherkanälen.
- *Zweifelsfreie, zuordnungsfähige Codierung* (vergl. Richtlinie 89/396 EWG über Loskennzeichnung sowie deren Umsetzung in nationales Recht der Loskennzeichnungs-Verordnung vom 23. Juni 1993)

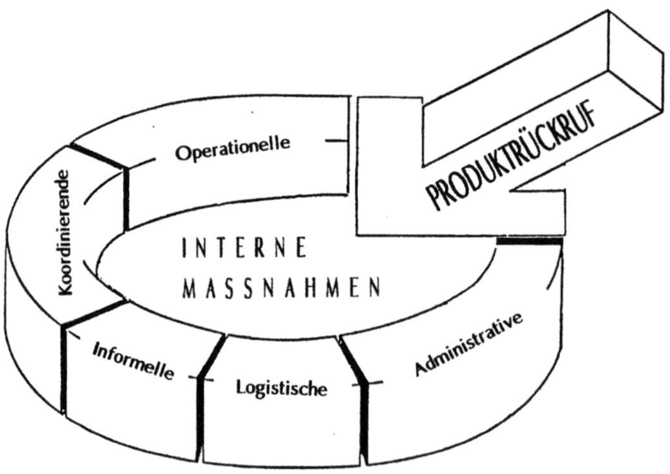

Abb. 3.8. Inhalte eines Produktrückruf-Konzepts

3.3.1
Beispiel einer Fehlereinteilung in Gefahrengruppen

Produktfehler – es sind Fehler gemeint, die über eine tolerierbare Normabweichung hinausgehen – lassen sich in wenigstens drei Gefahrengruppen unterteilen, wobei nicht die durchschnittliche, sondern stets die größtmögliche Gefahr für eine Gruppierung entscheidend ist.

Totaler Fehler I: Gefahr von Menschenleben bzw. andauernde Gesundheitsschäden.
- *Beispiel:* Botulismus; Salmonellen, insbesondere bei Säuglings- und Seniorenkost; Überdosierung von Vitaminen, Mineralstoffen/Spurenelementen; Kontamiantion mit Detergenzien und Reinigungsmitteln
- *Risiken:* Fabrikationsverbot bis Fabrikschließung
- *Aktivitäten:* Einschalten von Massenmedien und amt. Kontrollorganen

Totaler Fehler II: Erkrankungsgefahr beim Konsumenten bzw. vorübergehende Gesundheitsschäden
- *Beispiel:* Pathogene Keime in Lebensmitteln für gesunde, körperlich stabile Erwachsene; Metallionen etc.
- *Risiken:* Beschlagnahmung, Negativpublikation
- *Aktivitäten:* Verkaufsverbot aussprechen, Information amtl. Kontrollorgane, Rücknahme und Austausch aus Verkaufsstellen und Lagern durch Außendienst, Rundschreiben (Fax, Telex)

Gradueller Fehler: Keine Gesundheits- aber massive Beanstandungsgefahr durch den Konsumenten
- *Beispiel:* Falsche Kennzeichnung, Fehler, die zu einem Verderben führen können
- *Risiken:* Amtl. Beanstandungen und gehäufte Kundenreklamationen, Imageeinbußen
- *Aktivitäten:* Sperren von Waren, Auslieferungsverbot

3.3.2
Checkliste für einen Produktrückruf

Keine Krisensituation wird wie die andere ablaufen, daher wird man sie ohne Improvisation und Flexibilität nicht bewältigen können. Entscheidend aber ist, daß man nicht völlig unvorbereitet überrascht wird, sondern über einen dokumentierten und auf seine Effizienz und Schlüssigkeit überprüfbaren Aktionsplan für einen Warenrückruf verfügt, der zumindest nachstehende vorsorglichen Kriterien berücksichtigt:
- Mögliche Ansatzpunkte/Auslöser von Krisen?
- WER ist im Kriesenfall WOFÜR zuständig?
- Mit welchen Mitteln wird informiert?

- Sind alle Verantwortlichen jederzeit erreichbar?
- Sind alle Namen, Adressen, Rufnummern vorhanden?
- Sind Grundsatzinfos/Sprachregelungen festgelegt?
- Ist ein Krisenstab vorsorglich nominiert?
- Mögliche Abwendungen von Krisen?

Die nachstehende Checkliste gibt weitere Detailinformationen für den Aufbau eines eigenen Krisenaktionsplanes.

Krisenstab/Krisendateien

Vorsorgliche Bildung eines Krisenstabes, in dem alle Bereiche und die Geschäftsleitung vertreten sind. *Aufgabe vor der Krise:* Benennung eines Krisenkoordinators, Festlegung von Aufgaben und Kompetenzen, Anlage und Pflege von Dateien und Checklisten. *Während einer Krise:* Selbständige Bewertung der Gefahr, Feststellung der betroffenen Produkte und, davon ausgehend, Anordnung der zu treffenden Maßnahmen:

- Welche Stellen sind zu informieren?
- Welche Anweisungen sollen/müssen gegeben werden?
- Welche Identifikationshilfen bei der Selektion der Gefahrenprodukte sind vorhanden? (z.B. Mindesthaltbarkeitsdatum, Lieferdatum, -schein, Produktionsdatum, Chargen- bzw. Lotnummer)
- Adressen aller Abnehmer, gegliedert nach:
  - Handelsgruppen
  - Vertriebslinien
  - geographischen Räumen
- Adressen der logistischen Zwischenstationen:
  - Lagerhalter
  - Spediteure
  - Transportführer
- Liste der persönlichen Ansprechpartner bei den belieferten Firmen:
  - Geschäftsleitung
  - Einkaufsleitung
  - falls vorhanden, Krisenkoordinator

sowie Polizei, Presse, Radio/Fernsehen, Gesundheitsamt, Aufsichtsbehörde, Verbände.

Warendurchgriff

Der Aufforderung an den Handel, bestimmte Artikel aus einem Sortiment zu nehmen und diese vor jedem Zugriff sicher zwischenzulagern, ist unverzüglich Folge zu leisten.

Identifikationshilfen

Für den Hersteller gilt:
- Einheitliche klarschriftliche oder maschinenlesbare (Strichcode) Kennzeichnung aller Verkaufs- und Transporteinheiten nach folgenden Durchführungsregeln:

- EAN-Code als Artikelidentifikation
- Chargen-Bz., Mindesthaltbarkeitsdatum, Produktionsdatum etc. als logistische Zusatzinformation

Für den Handel gilt:
- Unterweisung der entsprechend Verantwortlichen in Gebrauch und Handhabung dieser Identifikationshilfen

Informationfluß „nach oben"
Feststellung des Schadensverursachers
- Rohstofflieferant
- eigene Produktionslinie

Informationsfluß „nach unten"
Warninformation hinsichtlich:
- Gefahrenursache
- Gefahrenquelle
- Identifikationshilfen
- Gefahrengrad (daraus folgt, ob die Öffentlichkeit und ggf. Behörden zu informieren sind; d.h. Warnung vor dem Verzehr, Warnung zur Aussonderung, Weitergabe der Warninformation)
- Gefahrenbeschreibung (Auswirkung beim Verzehr)
- Notwendige Sofortmaßnahmen
- Information über die Identifikation des Produktes wie Produktname, Hersteller/Inverkehrbringer sowie bereits o.g. Hilfen
- Verkaufsstop und Zwischenlagerung

Warenrücktransport
Es sollte grundsätzlich veranlaßt werden, daß die betroffene Ware an den Hersteller retourniert wird. Der Rückversand sollte geschlossen ab Sammelstelle des Handels erfolgen. Die Maßnahmen sind zwischen Handel und Hersteller abzusprechen. In besonderen Fällen sind die Behörden bei der Entscheidung mit einzubeziehen.

Beachte. Rechtliche Aspekte zur Warnung und zum Warenrückruf
- Richtlinie 92/59/EWG des Rates vom 26.06.1992 über die allgemeine Produktsicherheit *(Abl. EG Nr. L 228/24)* **umgesetzt durch**
- Produktsicherheitsgesetz – ProdSG vom 22.04.1997 *(BGBl. I, Nr. 27 S. 934)*

Für den Bereich der Lebensmittel gilt dieses Gesetz nur in Bezug auf das Aussprechen von Warnungen und Rückrufaktionen.
Ansonsten ist die Sicherheit von Lebensmitteln durch:

- das Lebensmittel- und Bedarfsgegenständegesetz (LMBG),
- durch die dazu erlassenen Verordnungen, insbesondere
- die Lebensmittelhygiene-Verordnung (LMHV)
gewährleistet.

Aufgrund dieses Gesetzes darf die zuständige Behörde anordnen, daß alle, die einer von einem Produkt ausgehenden Gefahr ausgesetzt sein können, rechtzeitig in geeigneter Form, insbesondere durch den Hersteller auf diese Gefahr hingewiesen werden.

Auch die Behörde selbst darf die Öffentlichkeit warnen, wenn Gefahr in Verzug ist und/oder andere ebenso wirksame Maßnahmen insbesondere Warnungen durch den Hersteller nicht getroffen wurden oder getroffen werden können.

Die Behörde kann ferner den Rückruf eines nicht sicheren Produktes anordnen, darf solche Produkte sicherstellen und soweit die Gefahr für den Verbraucher auf andere Weise nicht zu beseitigen ist, die Vernichtung veranlassen.

Sie sieht von dieser Maßnahme ab, wenn die Abwehr der von dem Produkt ausgehenden Gefahr durch eigene Maßnahmen des Herstellers oder Händlers sichergestellt wird.

Kapitel 4

Stichprobenpläne – Produktklassifizierung

4.1
Aspekte zu mikrobiologischen Stichprobenplänen

Die Aussage über die mikrobiologische Beschaffenheit eines Rohstoffes oder Fertigproduktes wird u.a. durch die Anzahl der untersuchten Muster pro Fabrikationseinheit mitbestimmt.

Obwohl Probenahmepläne auf statistischen Grundlagen beruhen, besteht immer noch das Mißverständnis, daß ein Konsumentenschutz mittels mikrobiologischer Stichprobenkontrolle von Fertigprodukten erreichbar wäre.

Hart ins Gericht mit der bakteriologischen Einzelstichprobenkontrolle ging Mossel (1985) auf der Tagung der Schweizerischen Gesellschaft für Lebensmittelhygiene, wo er erklärte:

> „Negative Befunde bei der medizinisch-bakteriologischen Lebensmittelkontrolle sind deshalb an sich ohne jeden Wert."

Mit einer einfachen Berechnung zeigt er, daß zu einer zuverlässigen Bestandsaufnahme eines Lebensmittelpostens etwa 3.000 Proben ohne Befund sein müssen, damit die betreffende Charge mit einer genügenden Sicherheit als akzeptabel angesehen werden kann.

Die auch heute noch vielfach gebrauchte Formulierung, daß ein Lebensmittel „frei von pathogenen Keimen" sein müsse, ist unsachlich, weil eine solche Forderung methodisch nicht überprüfbar ist.

Die Kommission der Europäischen Gemeinschaften, Blatt C 252/9 (1981), bemerkt treffend:

> „Verlangt eine Norm, daß ein bestimmter Mikroorganismus nicht vorhanden ist, so ist die Größe der Probe anzugeben. In der Praxis allerdings kann kein durchführbarer Probenahmeplan das Fehlen eines bestimmten Organismus absolut garantieren"

Weiter heißt es:

> „Probenahmepläne müssen verwaltungsmäßig und wirtschaftlich durchführbar sein und angeben, nach welchen Entscheidungskriterien eine Partie für zulässig erklärt wird. Insbesondere ist die heterogene Verteilung der Mikroorganismen in Rechnung zu stellen."

Wie schon erwähnt, ist jede mikrobiologische Prüfung stets mit einem unvermeidlichen Restrisiko behaftet. Die ICMSF prägte und erläuterte die Begriffe:

– *Consumer risk*
Damit wird das Risiko bezeichnet, daß eine nicht einwandfreie Charge freigegeben wird.

– *Producer risk*
Die zufallsbedingte unangebrachte Beanstandung einer tatsächlich akzeptablen Charge.

Im Falle eines Salmonellennachweises spielt das „producer risk" jedoch keine Rolle, da man einem Nahrungsmittel keinen „akzeptablen Salmonellengehalt" zuordnen kann, der zufallsbedingt scheinbar überschritten werden könnte.

Aufgrund der mikrobiologischen Gefährdung sowie im Hinblick auf den Konsumentenkreis ist es sinnvoll, Lebensmittel bzw. Lebensmittelgruppen in sogenannte Gefahrenklassen zu unterteilen. Je nach Gefahrenklasse ist der Stichprobenplan zu gestalten.

In der Bundesrepublik Deutschland gibt es bisher keine verbindlich empfohlenen Stichprobepläne; eine Ausnahme bildet der Probenahmeplan innerhalb der Eiprodukte-VO sowie der Probenahmeumfang laut Trinkwasser-VO.

4.1.1
Grundlagen

Die lebensmittelmikrobiologische Qualitätskontrolle hat statistischen Charakter. Ist der Kontaminationsgrad mit unerwünschten Keimen sehr hoch, so nähert sich die Wahrscheinlichkeit eines positiven Befundes. Bei geringfügiger Kontamination hingegen sind Aussagen über den mikrobiologischen Status grundsätzlich zufallsbehaftet. Diese Erkenntnis gibt immer wieder Anlaß zu intensiven Diskussionen über Stichprobenpläne im Rahmen der lebensmittelmikrobiologischen Kontrolle. Das entscheidende Ergebnis ist zweifellos darin zu sehen, daß die Zusammenhänge zwischen Stichprobenumfang und Risiko statistisch bearbeitet wurden (ICMSF 1986, FDA 1995, Foster 1971, Habraken et al. 1986). Weiterhin ist es wesentlich, Qualitätsaussagen, sofern möglich, auf einzelnen Losgrößen (Chargen, Lot, Batch) zu begrenzen.

Heutige Bemusterungspläne basieren auf sogenannten 2- und 3-Klassen-Stichproben, wobei das Ergebnis der mikrobiologischen Prüfung stets und unvermeidlich mit einem Restrisiko behaftet ist, dem sogenannten „consumer risk", demgegenüber das „producer risk" (ICMSF 1974) steht.

Unter Berücksichtigung des Konsumentenkreises und des Risikos, das sich aus den verarbeiteten Rohstoffen und der Zubereitung des Nahrungsmittels zum Verzehr ergibt, sind Grenz- und Toleranzwerte, Richt- und Warnwerte sowie Spezifikationen von Keimen bzw. Mikroorganismen-Gruppen festgelegt oder festzulegen.

4.1.2
Losgröße

Eine Losgröße, oftmals auch mit den Synonymen Charge, Partie, Lot, Batch etc. belegt, ist eine bestimm- und abgrenzbare Gesamtheit von Erzeugnissen, die aufgrund ihrer Kennzeichnung, wie beispielsweise Chargennummer, Fabrikationsdatum, ihrer Herkunft und ihrer Rohstoffe, als zusammenhängend erkannt oder vom Hersteller als zusammengehörend bezeichnet wird.

Das Wesentliche einer Produktionslosgröße oder -charge sind ihre Homogenität bzw. diejenigen Produktionsabschnitte, die nach technologischem Ablauf und Rohstoffeinsatz als zusammenhängend gelten können. Dabei ist die mengenmäßige Größe einer Charge irrelevant. So können sich Losgrößen auf Stunden-, aber auch auf Tagesproduktionen beziehen. Von Bedeutung dagegen ist, daß Losgrößen fabrikationstechnisch durch keinerlei Maßnahmen, wie Maschinenstillstand aufgrund von Reinigungsmaßnahmen, längerem Schichtwechsel etc., unterbrochen wurden.

Wie bereits erwähnt, kann eine Losgröße aus Einzelgebinden bestehen, die wiederum eine Chargenbezeichnung tragen, aus der die Zusammengehörigkeit hervorgeht.

4.1.3
Mikrobiologische Normen

Die Normen dienen als Beurteilungsmerkmale für die mikrobiologische und hygienische Beschaffenheit (Status) eines Lebensmittels. Bei einem Vergleich solcher mikrobiologischer Normen sind methodische Besonderheiten sowie inhomogene Verteilungen von Mikroorganismen innerhalb eines Produktes zu berücksichtigen (vergl. 5.2).

Auf die Problematik bei der Festlegung mikrobiologischer Normen gehen Sinell (1985) und Reuter (1984) näher ein.

Mikrobiologische Normen dürfen nicht isoliert betrachtet werden, ohne das Problem des Stichprobenumfanges zu erwähnen (ICMSF 1986).

4.1.3.1
Grenz- und Toleranzwerte

Hierzu sagt die schweizerische VO über die hygienisch-mikrobiologischen Anforderungen an Lebensmittel, Gebrauchs- und Verbrauchsgegenstände vom 1. Juli 1987:

„Der Grenzwert bezeichnet die Menge von Mikroorganismen oder mikrobiellen Stoffwechselprodukten, bei deren Überschreitung ein Produkt gesundheitsgefährdent, verdorben oder unbrauchbar ist.

Der Toleranzwert bezeichnet die Menge von Mikroorganismen oder mikrobiellen Stoffwechselprodukten, die erfahrungsgemäß nicht überschritten wird, wenn die Rohmaterialien sorgfältig ausgewählt werden, die gute Herstellungspraxis eingehalten und das Produkt sachgerecht aufbewahrt wird. Wird der Toleranzwert überschritten, so ist der Gebrauchswert eines Produktes wegen der hohen Keimbelastung und der eingeschränkten Haltbarkeit und Verwendungsmöglichkeit stark vermindert."

4.1.3.2
Richt- und Warnwerte

Bundesgesundheitsblatt 31 Nr.3, März 1988 (Auszug):

> „Proben mit Keimgehalten unter oder gleich den Richtwerten sind stets verkehrsfähig.
>
> Eine Richtwertüberschreitung hat bei ihrer Feststellung im Rahmen der amtlichen Lebensmittelüberwachung einen Hinweis oder eine Belehrung zur Prävention oder die Entnahme von Nachproben oder eine außerplanmäßige Betriebskontrolle zur Folge.
>
> Der Warnwert gibt den Keimgehalt eines Parameters an, bei dessen Überschreitung die amtliche Lebensmittelüberwachung die erforderlichen Maßnahmen unter Wahrung der Verhältnismäßigkeit der Mittel ergreift.
>
> Die Richt- und Warnwerte sind keine allgemeinverbindlichen Rechtsnormen; sie können daher auch keine allgemeinverbindlichen Ge- und Verbote enthalten und bestehende Rechtsvorschriften weder aufheben noch ändern. Sie sind als Gutachten über den Stand der Hygiene und Lebensmitteltechnologie anzusehen und sind als Orientierungshilfe bestimmt."

Der erwähnte Richtwert entspricht dem Wert »m«, der Warnwert dem Wert „M" gemäß ICMSF (1986), vergl. dazu Fußnote in Tab. 4.2.

Richt- und Warnwerte wurden von der Deutschen Gesellschaft für Hygiene und Mikrobiologie (DGHM) für diverse Lebensmittel bzw. Lebensmittelgruppen bekanntgegeben (vergl. Tab. 5.1.).

4.1.3.3
Spezifikationen

Spezifikationen dienen dem internen Gebrauch und werden zwischen Lieferant und Abnehmer als Produkteigenschaft vereinbart.

Sie enthalten meist maximal akzeptierte Zahlen von Mikroorganismen oder Mikroorganismengruppen (z.B. Total-Enterobakterienzahl) und Mengenangaben mikrobieller Stoffwechselprodukte, wobei die Anforderungen im allgemeinen strenger gehandhabt werden als gesetzliche Vorgaben – falls vorhanden.

4.1.4
Klassenplan

Die von der International Commission on Microbiological Specification for Foods erstmals 1974 vorgeschlagenen Stichprobenpläne basieren auf unterschiedlichen Risikogruppen der hygienischen Gefährdung der einzelnen Nahrungsmittel. Die Lebensmittel sind nach statistischen 2- oder 3-Klassen-Probeplänen zu bemustern. Je nach Risikostufe sind 5, 10, 15, 20, 30 oder 60 Parallel-Analysen als differenzierte Grenzwerte anzugeben (Tab. 4.1.).

Während bei den 2-Klassen-Plänen nur Anwesenheit/Abwesenheit-Tests durchgeführt werden, zeichnen sich die 3-Klassen-Pläne durch quantitative Nachweise aus; es werden also Koloniezahlen bestimmt. Der 2-Klassen-Plan findet bei der Untersuchung auf hochpathogene Mikroorganismen, wie beispielsweise Salmonellen, Anwendung, da man einem Nahrungsmittel keinen „akzeptablen bzw. tolerierbaren Salmonellengehalt" zuordnen kann (Abb. 4.1.).

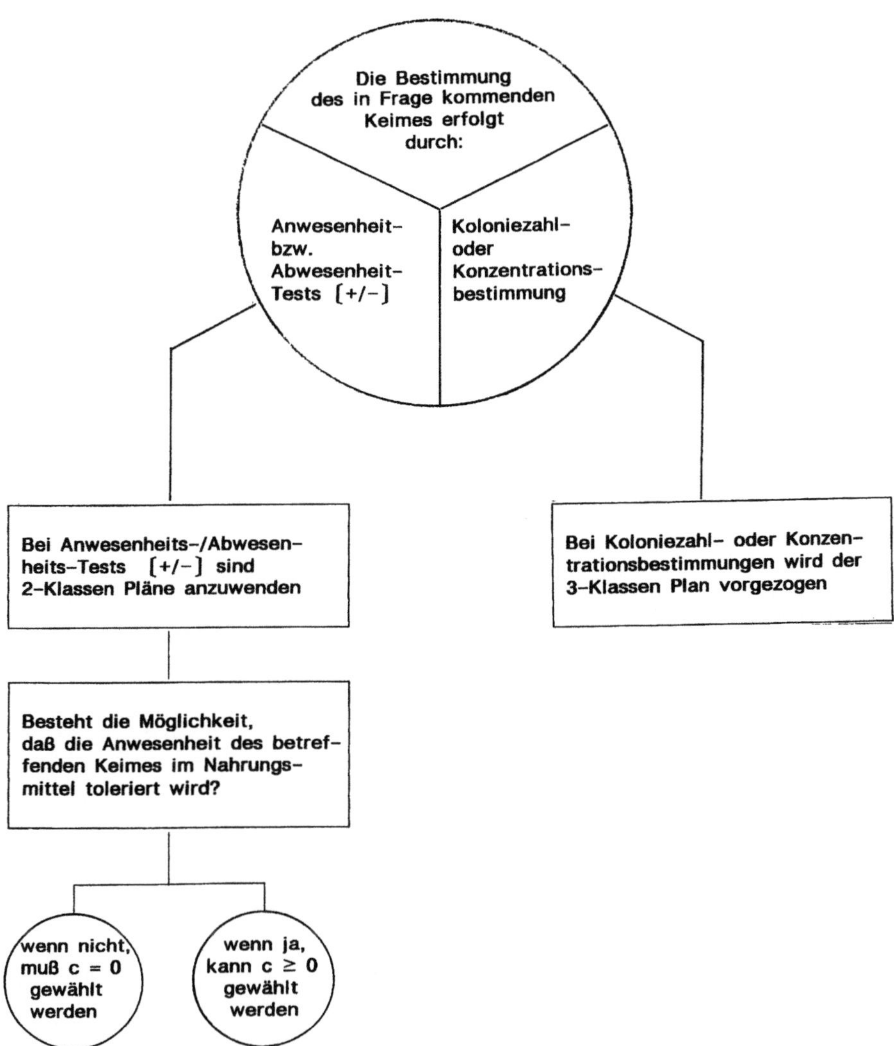

Abb. 4.1. Auswahlkriterien zwischen 2- und 3-Klassen-Plänen

Der 3-Klassen-Plan läßt dagegen einen Spielraum offen, nämlich den der differenzierten Eignung, wobei eine erlaubte und eine höchstzulässige Keimzahl pro g oder ml Nahrungsmittel zugrunde gelegt wird. Dabei ist jedoch zu beachten, daß nur eine bestimmte Anzahl an Proben die höchstzulässige Keimzahl erreichen, jedoch nicht überschreiten darf.

Zur Verdeutlichung sei das nachstehende Beispiel genannt (Tab. 4.2.).

Eine weitere, unabdingbare Voraussetzung für die Beurteilung des mikrobiologischen Status eines Rohstoffes oder Fertigproduktes ist die objektive Bemusterung, d.h. die repräsentative Stichprobe. Ist die sequentielle Fabrikationsstichprobe vor Ort, verteilt über eine Losgröße nicht möglich, helfen sogenannte Zufallszahlen (s. Anhang, 7.4). Als Zufallsstichprobe wird die Stichprobe bezeichnet, bei der vor der Entnahme jede Loseinheit die gleiche Chance hat, in die Stichprobe zu gelangen. Es darf nämlich nicht geduldet werden, daß bspw. ein zu bemusterndes Gebinde ausgelassen wird, nur weil es vielleicht an einer schlecht zugänglichen Stelle der Palette steht.

Tabelle 4.1. Stichprobensystem des 3- und 2- Klassenplans (ICMSF 1986)

Art der Gesundheits-gefahr	übliche Weiterbehandlung und Verzehrsform des Lebensmittel nach der Probennahme		
	verminderte Gesundheitsgefahr	unveränderte Gesundheitsgefahr	gesteigerte Gesundheitsgefahr
keine direkte Gesund-heitsgefahr, jedoch Änderung der Lagerfä-higkeit möglich	verbesserte Lagerfähigkeit *Risikokategorie 1* 3-Klassen Plan [a] n = 5; [b] c = 3	unveränderte Lagerfähigkeit *Risikokategorie 2* 3-Klassen Plan n = 5; c = 2	verminderte Lagerfähigkeit *Risikokategorie 3* 3-Klassen Plan n = 5; c = 1
gering, indirekt (Indikatorkeime)	*Risikokategorie 4* 3-Klassen Plan n = 5; c = 3	*Risikokategorie 5* 3-Klassen Plan n = 5; c = 2	*Risikokategorie 6* 3-Klassen Plan n = 5; c = 1
mäßig, direkt, geringe Verbreitungstendenz	*Risikokategorie 7* 3-Klassen Plan n = 5; c = 2	*Risikokategorie 8* 3-Klassen Plan n = 5; c = 1	*Risikokategorie 9* 3-Klassen Plan n = 5; c = 1
mäßig, direkt, weite Verbreitung möglich	*Risikokategorie 10* 2-Klassen Plan n = 5; c = 0	*Risikokategorie 11* 2-Klassen Plan n = 5; c = 0	*Risikokategorie 12* 2-Klassen Plan n = 5; c = 0
erheblich, direkt	*Risikokategorie 13* 2-Klassen Plan n = 15; c = 0	*Risikokategorie 14* 2-Klassen Plan n = 30; c = 0	*Risikokategorie 15* 2-Klassen Plan n = 60; c = 0

Tabelle 4.2. Erläuterung des 2- und 3-Klassen-Probeplans

Produkt	Risiko-Kategorie[a]	Kriterium	k	n	c	Limit/g m	M
Instant		aerobe Keimzahl	3	5	1	10.00	100.000
Pulver		*S. aureus*	3	5	1	10	100
	hohe	*B. cereus*	3	5	1	100	1.000
	Gefährdung	*C. perfringens*	3	10	1	100	1.000
		Coliforme	3	5	2	10	1.000
		E. coli	3	5	2	<3[b]	10
		Salmonella	2	60	0	0	–

[a] Die Risikokategorie basiert auf der Annahme, daß Rohstoffe tierischen Ursprungs, z.B. Caseinate oder Eiklarpulver, verarbeitet wurden, sowie auf der Zielgruppe der Konsumenten, nämlich kranke Personen bzw. Rekonvaleszente.
[b] gemäß der MPN-Technik.
k = Klasse; n = Zahl der zu bemusternden und zu untersuchenden Proben je Losgröße; c = beim 2-Klassen-Probeplan die höchste Anzahl an Proben, bei denen „M" überschritten sein darf; beim 3-Klassen-Probeplan die höchste Anzahl, bei denen „m" jedoch nicht „M" überschritten sein darf; *m* = erlaubte Keimzahl pro g oder ml; *M* = höchstzulässige Keimzahl pro g oder ml

4.1.5
Kriterien zur Klassierung von Rohstoffen und Fertigwaren

Nahrungsmittel lassen sich in 3 Hauptproduktgruppen unterteilen:

- *Konserven und Sterilprodukte*
- *genußfertige Lebensmittel*
  a) Lebensmittel und Lebensmittelzubereitungen, die ohne weitere Zubereitung verzehrt werden;
  b) Lebensmittel und Lebensmittelzubereitungen, die zum Genuß mit warmer oder kalter Flüssigkeit angerührt werden (Instantprodukte);
  c) fertig vorbereitete Lebensmittel oder Lebensmittelzubereitungen, die vor dem Verzehr nur noch erwärmt werden;
  d) pasteurisierte Lebensmittel oder Lebensmittelzubereitungen.
- *nicht genußfertige Lebensmittel*
  Lebensmittel und Lebensmittelzubereitungen, die vor dem Genuß bzw. Verzehr gekocht, gebacken, gebraten oder auf eine andere Art erhitzt oder vorbereitet werden müssen.

4.1.5.1
Gefährdung der Produkte

Entscheidende Kriterien für die Beurteilung der Gefährdung von Nahrungsmitteln für eine nach verschiedenen Gesichtspunkten mögliche Qualitätsbeeinträchtigung sind:

- Formel der Produkte
- Herstellverfahren
- Indikation
- Zubereitung zum Konsum

Um die Gefährdung gemäß der Formel erfassen zu können, ist es erforderlich, daß Rohstoffe ebenfalls nach verschiedenen Gesichtspunkten der Gefährdung beurteilt werden; diese Beurteilungen setzen gute technologische und warenkundliche Kenntnisse voraus bezüglich:

- Herkunft der Rohstoffe (pflanzlich, tierisch, synthetisch)
- Herstellung, Gewinnung, Verarbeitung
- Antimikrobielle Eigenwirkung oder Keimvermehrung

Die Beurteilung der Gefährdung gemäß Herstellverfahren richtet sich, je nach Produktion, nach den üblicherweise angewandten Prozessen wie:

- Mischen, Mahlen, Kneten, Schroten
- Sprüh-, Walzen-, Band- oder Gefriertrocknen
- Extrahieren (wäßrig/organische Lösungsmittel, heiß/kalt)
- Fermentieren (kurz/lang, heiß/kalt)

- Sterilisieren, Pasteurisieren
- Begasen, Bestrahlen, Kühllagern
- (eine Bestrahlung von Lebensmitteln ist in der Bundesrepublik Deutschland derzeit nur über eine Ausnahmegenehmigung erlaubt)

Um die Beurteilung der Gefährdung gemäß der Indikation vorzunehmen, ist die Unterscheidung folgender Konsumentengruppen entscheidend:
- Säuglinge und Kleinkinder
- Gesundheitlich beeinträchtigte Personen
- Ältere Personen
- Gesunde Kinder und Erwachsene

Bei der Beurteilung der Gefährdung gemäß der Zubereitung zum Konsum spielen zwei Zubereitungsarten eine wesentliche Rolle:

- Kalt oder warm anrühren
- Kochen

Aus dieser Art der Erfassung eines jeden Produktes resultiert ein bestimmter Grad der Gefährdung und daraus letztlich der Entscheid, welche Kontrollen in welchem Umfang beziehungsweise in welcher Häufigkeit durchzuführen sind, damit eine ausreichende Sicherheit der Produktqualität gewährleistet werden kann (Hauert 1982).

4.1.6
Durchführung von Kontrollen

Kontrollen zur ausreichenden Sicherung der Produktqualität sollten in verschiedenen Stufen der Produktherstellung durchgeführt werden (Abb. 4.2.).

Die Stufen, in denen nach ausgewählten Gesichtspunkten entsprechend der Gefährdung eine mikrobiologische Qualitätsüberprüfung erfolgen sollte, sind:

- Rohstoff-Eingangskontrolle
- Fabrikationskontrolle (Halbfertigwaren, Produktionsanlagen, Fabrikationsprozesse, Personalhygiene)
- Ausgangskontrolle-Fertigprodukte

Zur lebensmittelmikrobiologischen Überprüfung der Qualität in den verschiedenen Fertigungsstufen werden Produktmuster, die für die betreffende Losgröße als repräsentativ beurteilt werden, erhoben und untersucht.

Die Wahl der zu überprüfenden Anforderungen sowie Umfang und Häufigkeit ist variabel und richtet sich stets nach der Beurteilung gemäß der Gefährdungskriterien.

Dabei kann nach ausgewählten Gesichtspunkten anhand eines oder mehrerer Muster von Rohstofflieferungen bzw. Produktionslosgrößen der mikrobiologische Status festgestellt werden. Je nach Erfahrung ist auch eine periodische Kontrolle möglich.

In extremen Fällen sollten zur Prüfung besonders kritischer Spezifikationen Bemusterungspläne zur Anwendung kommen, die eine statistisch einwandfreie Aussage über die Erfüllung der geprüften Qualitätsmerkmale erlauben (s.a. Tab. 4.6.).

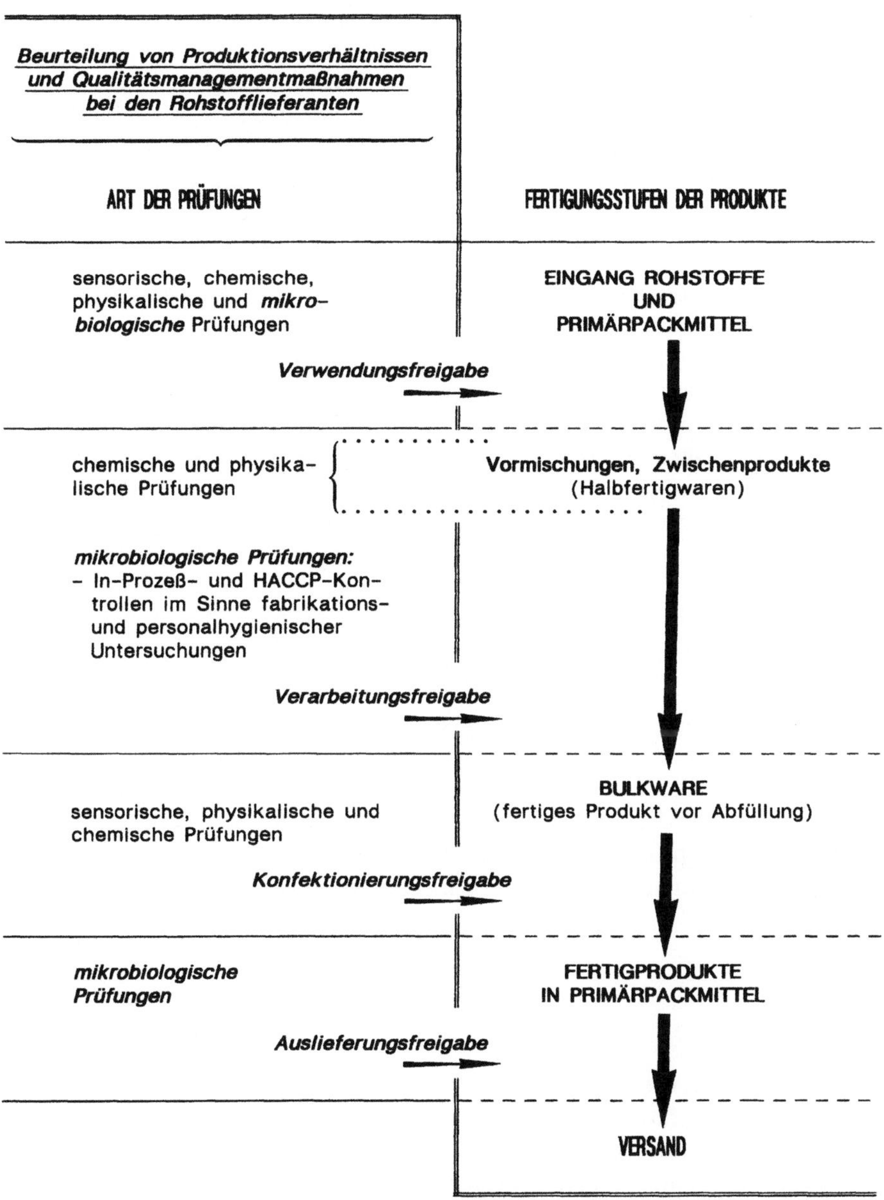

Abb. 4.2. Schema eines internen Qualitätssicherungsablaufs

4.2
Produktklassifizierung und Stichprobenpläne

Eine ausreichende mikrobiologische Qualität von Lebensmitteln ist nur dann erreichbar, wenn hygienische Risikofaktoren erkannt und beherrscht werden.

Aus diesem Grunde ist die Beachtung nachstehender Maßnahmen zwingend:

- Auswahl möglichst keimarmer Rohstoffe,
- Kenntnis über das Qualitätsbewußtsein des Vorlieferanten,
- Prophylaktische Maßnahmen zur Verhütung mikrobieller Kontaminationen,
- Eliminierung potentiell pathogener und verderbniserregender Mikroorganismen durch geeignete lebensmitteltechnologische Verfahren sowie Vermeidung sog. Sekundärkontaminationen,
- Mikrobiologische Kontrollmaßnahmen.

Die ausschließliche Fertigprodukt-Kontrolle ist zur Erfassung von pathogenen Mikroorganismen, zur wirksamen Verhütung bakterieller Lebensmittelinfektionen und Intoxikationen sowie zur Erhaltung einer befriedigenden mikrobiologischen Produktequalität jedoch weitgehend ungeeignet.

International hat sich daher allgemein die Erkenntnis durchgesetzt, daß die Vorbeugung auf allen Stufen inklusive einer ständigen mikrobiologischen Überwachung der gesamten Produktion, einschließlich des Vertriebs- und Verteilungsweges entscheidend und weit effektiver ist als alle stichprobenartigen Fertigprodukt-Kontrollen.

4.2.1
Klassifizierung von Rohstoffen und Fertigwaren

Basierend auf einer Risikobeurteilung, sowohl bei Rohstoffen als auch fertigen Produkten (vgl. 4.1.5 u. 4.1.6 teilt Hauert (1982, 1984) Rohstoffe und Fertigwaren in verschiedene Klassen der Gefährdung für eine mikrobielle Kontamination ein. Je nach Gefährdung der Rohstoffe bzw. Fertigwaren oder aber im Hinblick auf die Konsumentengruppe ist der Umfang einer Bemusterung festzulegen. Das Konzept sowie die (nicht statistisch) erstellten Tabellen haben sich über viele Jahre in der Praxis bewährt.

4.2.1.1
Rohstoffe

Klasse I: Rohstoffe, die stark gefährdet sind
- Rohstoffe, die aufgrund der Herkunft oder Bearbeitung für eine starke mikrobielle Kontamination gefährdet sind.
- Rohstoffe, die gemäß Literatur, Erfahrungsaustausch und eigenen Erfahrungen stark gefährdet sind.
- Rohstoffe neuer bzw. unbekannter Lieferanten und neue Rohstoffe bis zum Vorliegen genügender Erfahrungswerte für die Beurteilung der Klassifizierung.

Beispiele: Milch und Milchprodukte, Eier und Eiprodukte, Fleisch und Fleischprodukte, Gemüse und Früchte (Säfte, Extrakte, Konzentrate), Mehle, Gelier- und Verdickungsmittel natürlicher Herkunft, Gewürze, Kräuter u.a.

Klasse II: Rohstoffe, die wenig gefährdet sind
- Rohstoffe, die erfahrungsgemäß aufgrund der Art und Herstellung keimarm sind und die keine mikrobielle Vermehrung ermöglichen.
- Rohstoffe, die während der Herstellung einen ausreichend keimvermindernden Prozeß durchlaufen und anschließend weder mikrobiell rekontaminiert werden noch eine mikrobielle Vermehrung ermöglichen.

Beispiele: Fette, Öle, Aromastoffe (Konzentrate), Konzentrate von Früchten und Gemüsen, Extrakte, Stärke, Vitamine, natürliche Farbstoffe u.a.

Klasse III: Rohstoffe, die nicht gefährdet sind
- Rohstoffe, die eine ausreichende antimikrobielle Wirkung aufweisen.

Beispiele: Salze, Säuren, Zucker, Extrakte, synthetische Produkte (wie Konservierungsmittel Aromastoffe, Farbstoffe, Antioxidantien, Emulgatoren) u.a.

4.2.1.2
Fertige Produkte

Klasse I: Fertige Produkte, die stark gefährdet sind
- Sie enthalten einen oder mehrere Rohstoffe der *Klasse I* trocken beigemischt oder sind aus anderen Gründen erfahrungsgemäß für eine mikrobielle Kontamination gefährdet.
    - *Klasse Ia:*   Fertige Produkte für besonders anfällige Personen mit hohem Risiko für eine Kontamination mit Salmonellen.
    - *Klasse Ib:*   Fertige Produkte für gesunde Kinder (außer Kleinkinder) und Erwachsene mit hohem Risiko für eine Kontamination mit Salmonellen.
    - *Klasse Ic:*   Fertige Produkte für gesunde Kinder und Erwachsene, die nur einen Rohstoff der *Klasse I* enthalten, der zu dem von einem erfahrungsgemäß sehr zuverlässigen, guten Lieferanten stammen muß oder aber erfahrungsgemäß gute mikrobiologische Befunde aufweist *sowie* Produkte, die aus anderen Gründen erfahrungsgemäß für eine mikrobielle Kontamination (außer Salmonellen) gefährdet sind.

Klasse I: Fertige Produkte, die wenig gefährdet sind
- Sie enthalten keine Rohstoffe der *Klasse I* oder haben einen ausreichenden keimvermindernden Prozeß erfahren.
- Eine Rekontamination, ferner eine Vermehrung noch vorhandener Keime und von Keimen einer Rekontamination ist sehr unwahrscheinlich.
    - Klasse IIa: Fertige Produkte für besonders anfällige Personen.
    - Klasse IIb: Fertige Produkte für gesunde Kinder und Erwachsene.

Klasse III: Konserven und Sterilprodukte, pasteurisierte Produkte, Backwaren ohne Füllung und weitere, auf mindestens 100 °C erhitzte Produkte, ferner andere Produkte

- Klasse IIIa: Fertige Produkte, die pasteurisiert oder UHT-behandelt und aseptisch abgefüllt worden sind.
- Klasse IIIb: Konserven und Sterilprodukte, die in den verschlossenen Originalpackungen hitzebehandelt wurden, ferner Backwaren ohne Füllung.
- Klasse IIIc: Andere Produkte.

4.2.2
Umfang und Häufigkeit von Bemusterungen

Die Häufigkeit sowie der Umfang für eine Bemusterung sind abhängig von dem zu untersuchenden Produkt und zwar immer im Hinblick auf die Gefährdung für eine mikrobielle Kontamination.

Während Rohstoffe und fertige Produkte einer kritischen Klasse bei jedem Eingang bzw. jeder Produktfertigstellung bemustert werden, kann bei Rohstoffen und fertigen Produkten mit wenigen Risiken auf eine permanente Bemusterung verzichtet werden; die Beurteilung betreffend Bemusterung hängt bspw. von der Häufigkeit der Eingänge bzw. Produktionen, Konstanz der Befunde etc. ab.

4.2.2.1
Rohstoffe

Besonders stark gefährdete Rohstoffe der *Klasse I* (z.B. Hühnereiklarpulver) werden gemäß dem Foster-Plan (Foster 1971) bemustert und zwar in Übereinstimmung mit der Risikobeurteilung – bezogen auf Salmonellen – gemäß FDA (vgl. 4.2.5). Als Einheit für die Bemusterung gilt immer die Losgröße (s. 4.1.2).

Die übrigen Rohstoffe der *Klasse I* werden gemäß einer nicht statistisch erstellten Tabelle bemustert, die in Anlehnung an bestehende Tabellen erstellt wurde (Tab. 4.3.).

Rohstoffe, die wenig gefährdet sind, also solche der *Klasse II*, werden nur nach jedem zweiten bis fünften Eingang bemustert, wobei aus mindestens fünf Gebinden Proben erhoben und als Mischmuster mikrobiologisch untersucht werden.

4.2.2.2
Fertige Produkte

Fertigwaren der *Klasse Ia* werden gemäß Foster-Plan (s. 4.2.5) bemustert.

Die fertigen Produkte der *Klasse Ib* werden entsprechend der Produkt-Kategorie II gemäß FDA bzw. ebenfalls gemäß Foster bemustert; d.h., es sollten 30 Muster pro Losgröße bzw. Fabrikation (s. Tab. 5.1.) erhoben werden, sofern alle Risiken für eine Kontamination mit Salmonellen gegeben sind:

Tabelle 4.3. Umfang der Bemusterung von Rohstoffen für mikrobiologische Qualitätskontrolle. (Aus Hauert W (1984) Mitt Gebiete Lebensm Hyg 75 : 143–156)

Anzahl Packungen pro Lieferung bzw. Produktionseinheit	Anzahl Muster, zufällig verteilt über die ganze Lieferung bzw. Produktionseinheit entnommen
1	1
2 – 4	2
5 – 8	3
9 – 20	4
21 – 30	5
31 – 40	6
41 – 50	7
51 – 70	8
71 – 100	9
101 – 200	12
201 – 1.000	15
1.001 – 2.000	20
2.001 – 5.000	25
5.001 – 10.000	30
über 10.000	40

- Das Produkt ist potentiell für eine Salmonellen-Kontamination gefährdet.
- Der Herstellprozeß des Produktes schließt keinen ausreichend keimvermindernden Prozeß ein.
- Die mißbräuchliche Anwendung oder Zubereitung des Produktes kann eine Vermehrung von Mikroorganismen zur Folge haben.

Als mißbräuchliche Anwendung oder Zubereitung eines Lebensmittels sind insbesondere Warmhaltephasen bei Instantprodukten anzusehen, welche als unzulässige Hygienemangel einzustufen sind.

Die anderen Produkte der *Klasse Ib*, mit weniger als den drei genannten Risiken für eine Kontamination mit Salmonellen, werden wiederum gemäß einer speziellen, nicht statistischen Tabelle bemustert (Tab. 4.4.).

Produkte der übrigen Klassen können gemäß festgelegter Regeln in geringerem Umfang bemustert werden.

4.2.3
Bemusterung von Konserven und UHT-Produkten

Bei Konserven oder UHT-behandelten aseptisch abgefüllten Produkten steht nicht die Ermittlung bestimmter Mikroorganismen-Arten oder deren Anzahl im Vordergrund, sondern die kommerzielle Sterilität. Dies bedeutet daher auch eine völlig andere Bemusterung.

Tabelle 4.4. Umfang der Bemusterung von fertigen Produkten der *Klasse 1b* („übrige Produkte") für die mikrobiologische Qualitätskontrolle. (Aus Hauert W (1984) Mitt Gebiete Lebensm Hyg 75:143–156)

Anzahl Packungen pro Fabrikation	Anzahl Muster, gleichmäßig verteilt über die ganze Fabrikation
1 – 4	1
5 – 20	2
21 – 50	3
51 – 100	4
101 – 500	5
501 – 1.000	10
über 1.000	15

4.2.3.1
Konserven in starren Behältnissen

Wohl einen der gründlichsten Bemusterungspläne für Konserven schlug die ICMSF (1974) vor; dieser Plan soll dann Anwendung finden, wenn keine oder ungenügende Herstellungs-/Kontrolldaten vorliegen. Die Annahmewahrscheinlichkeit für eine Partie (Charge, Lot, etc.) mit 0,025 Fehlern liegt bei 95%.

Diesem Plan liegt ein *4-Stufen-Konzept* zugrunde. Handelt es sich bspw. um importierte Ware, kann angenommen werden, daß sich überlebende Mikroorganismen während des Transportes vermehrt haben. Nach Abschätzen der Risiken könnte in einem solchen Fall auf eine Vorbebrütung verzichtet werden. Frisch produzierte Waren sind einer Vorbebrütung zu unterwerfen.

In der *1. Stufe* sind 200 Packungen, wahllos verteilt, aus einer Partie einer Kontrolle auf Bombagen und Falzdefekte zu unterziehen. Sind alle Packungen ohne Befund, erfolgt die Annahme, > 3 defekte Packungen führen zur Ablehnung. Bei 1–2 fehlerhaften Packungen ist nach Stufe 2 weiterzuprüfen.

In der *2. Stufe* wird die ganze Partie einer Kontrolle auf Bombagen und Falzdefekte unterzogen. Bei > 1% Defekten erfolgt die Ablehnung; bei 1% Defekten ist nach Stufe 3 weiterzuprüfen.

200 Packungen, wahllos verteilt, werden zunächst in der *3. Stufe* einer 10-tägigen Bebrütung bei 30–37 °C unterzogen und dann auf Bombagen kontrolliert. 1 defekte Packung führt zur Ablehnung; sind alle Packungen ohne fehlerhaften Befund, ist nach Stufe 4 weiterzuprüfen.

In der *4. Stufe* sind 20 Packungen aus Stufe 3 auf Falzdefekte sowie pH-Wert-Änderungen des Füllgutes zu prüfen. Bei > 1 defekte Packung erfolgt die Ablehnung. Sind alle 20 Packungen ohne fehlerhaften Befund, führt dieses zum endgültigen Annahmeentscheid der gesamten Partie.

Wie bei jedem Bemusterungsplan, kann auch dieser keine Garantien hinsichtlich Abwesenheit spezifischer Mikroorganismen geben.

Tabelle 4.5. Probenzahl und zu prüfendes Defektniveau. Aus von Bockelmann (1985)

maximal akzeptable Defektrate	Wahrscheinlichkeit[a]		
	90%	95%	99%
1: 100	225	300	460
1: 1.000	2.250	3.000	4.600
1: 10.000	22.500	30.000	46.000
1: 100.000	225.000	300.000	460.000
1: 1.000.000	2.250.000	3.000.000	4.600.000

[a] Wahrscheinlichkeit, mit der wenigstens 1 defekte Verpackung in der gezogenen Probe gefunden wird, wenn die totale Unsterilität bei der maximal akzeptablen Defektrate liegt.

4.2.3.2
UHT-Produkte in Kartonverpackungen

Dem heutigen Stand der Technik folgend, liegen die realistischen Anforderungen für gewisse Produkte bei ≤ 1 unsterile Packung pro 1.000 Packungen (angestrebter Wert); der Grenzwert beträgt 1 unsterile Packung auf 500 geprüfte Packungen (Teuber 1983, Hauert 1985). Bei Produkten für Kleinkinder und besonders anfällige Erwachsene (Kranke und Rekonvaleszente) liegen die anzustrebenden Werte bei < 1 sterile Packung pro 10.000 Packungen; der Grenzwert bei maximal 1 unsterile Packung pro 1.000 Packungen.

In der Tabelle 4.5 ist eine Zusammenstellung über die Anzahl der Proben (Packungen) gegeben, die statistisch notwendig wären, um gegebene Zielsetzungen zu erfüllen.

Aus der Tabelle 4.5. wird deutlich, daß eine Endproduktkontrolle allein für die meisten aseptisch verpackten Lebensmittelprodukte ökonomisch nicht durchführbar ist, wenn die maximal akzeptable Defektrate unter dem Wert von 1 : 100 liegt. Daraus ist zu folgern, daß eine Endproduktkontrolle (Stabilitätsprüfung durch Bebrütung der Packungen) allein nicht ausreicht, sondern durch andere Qualitätskontrollaktivitäten (Rohwarenkontrolle und -vorbereitung, Prozeßsteuerung, Transportführung in Rohrsystemen, Abfüllstation etc.) zu ergänzen ist.

Bei einem zu erstellenden Stichprobenplan ist zu unterscheiden, ob dieser für die Routineuntersuchung einer evaluierten Rezeptur- und Fertigungstechnologie oder für die Validierung eines Gesamtprozesses – beginnend in der Entwicklungsphase über Produktionsphase bis zum Kontrollverfahren – dienen soll.

Für die Erstellung eines Stichprobenplans, welcher einer Validierung eines Gesamtprozesses dienen soll, sind Publikationen zu mathematisch-statistischen Grundlagen zur Abklärung von Sterilitätsprüfung, u.a. von Cerf (1987), Spicher u. Peters (1975) und Wasserfall (1973), empfohlen.

Für Routineproduktionen kann unter Berücksichtigung einer lückenlosen In-Prozeß-Kontrolle, sie beinhaltet insb. H_2O_2-Messung zur Sterilisation der Papier-

Verbund-Rollen, über Bypass bemusterte Wasser- und Produktproben etc., gemäß Abb. 4.3. verfahren werden:

Mit diesem Kontrollplan wird sichergestellt, daß keine größeren technischen Mängel während der Produktion aufgetreten sind.

4.2.4
Bemusterung und Anforderung nach international anerkannten Richtlinien

In allen Fällen, in denen aufgrund von Untersuchungsergebnissen Unsicherheiten bestehen, sollte *immer* eine Bemusterung für weitere bzw. Nachuntersuchungen nach international anerkannten Richtlinien (Tab. 4.6.) durchgeführt werden.

4.2.5
Überprüfung auf Abwesenheit von Salmonellen

Die berechtigte Forderung der Konsumenten nach hygienisch einwandfreien Lebensmitteln hat zur Folge, daß die Palette der angewandten Methoden und die erfüllenden Normen erweitert werden müssen. Beschränkt man sich manchmal auch heute noch darauf, die mikrobiologische Qualität an Hand sogenannter Indikatorkeime kontrollieren zu wollen, so zwingt sich die Frage auf, ob dies bei allen Produktgruppen noch ausreicht. Denkt man beispielsweise an Nährmittel für Säuglinge und Kleinkinder, Rekonvaleszenznahrung für Kranke, Spezialkost für Alte,

Tabelle 4.6. Hinweise für Bemusterungen und Anforderungen gemäß international anerkannter Richtlinien

Mikroorganismen	Literaturquelle	
	Bemusterungstabellen	Ergebnisse / Entscheide
Salmonellen	FDA (1984), Bact. Analy. Manual 6th Ed.	FDA und FosrER E.M.(1971) J. of the AOAC 54
Gesamtkoloniezahl	ICMSF (1986) Microorganisms in Foods 2	angestrebte Werte (m) Grenzwerte (M)
Coliforme Keime	dto.	dto.
Enterobacteriacea-Gesamtzahl	dto.	dto.
B. cereus	dto.	dto.
C. perfringens	dto.	dto.
E. coli	dto.	dto.
S. aureus	dto.	dto.
V. parahaemolyticus	dto.	dto.
Enterokokken	dto.	dto.
Osmophile Hefen	dto.	dto.
Schimmelpilze	dto.	dto.

Rohstoffe wie Casein oder Hühnereiklarpulver für die menschliche Ernährung und vergleichbare Produkte, die eventuell vor dem Verzehr keine Erhitzung erfahren, so ergeben sich hier erhebliche Bedenken. Heute zielen Stichprobenpläne

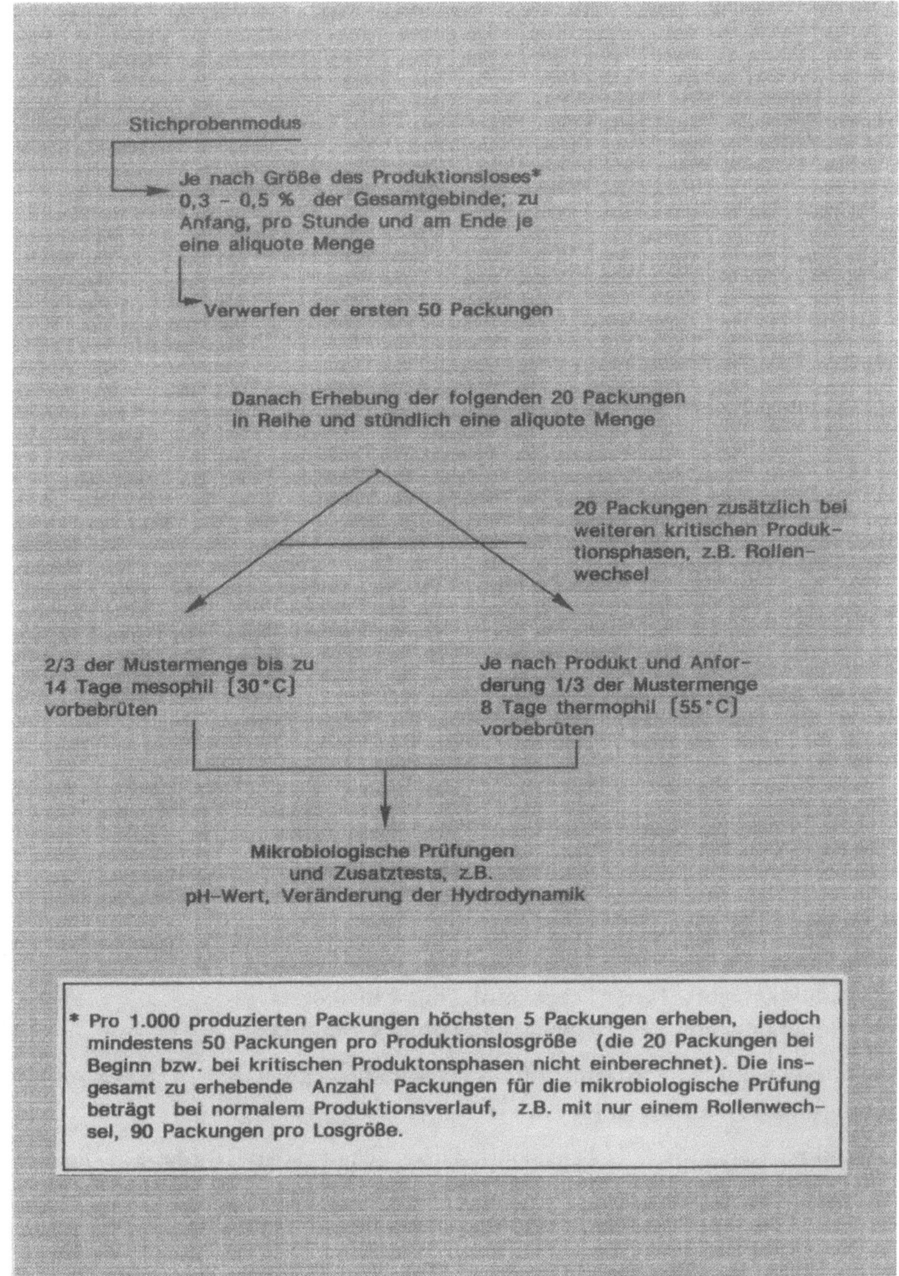

Abb. 4.3. Beispiel für einen Stichprobenplan von Routineproduktionen

darauf ab, daß bei derartigen Produkten 500 g des Materials frei von Salmonellen sind (ICMSF, FDA). Dies ist ein Standard, den man unmöglich durch Ansätze auf Indikatororganismen Escherichia coli oder Coliforme einhalten kann.

Foster veröffentlichte 1971 einen Stichprobenplan für die Untersuchung von Lebensmitteln auf Salmonellen, welcher im Prinzip von der Food and Drug Administration (FDA) im Bacteriological Analytical Manual als verbindlich vorgeschrieben wurde.

Der sogenannte Foster-Plan stützt sich auf die beiden folgenden grundlegenden Faktoren:

1. unterschiedliche Lebensmittelarten besitzen auch unterschiedliche Risiken einer Salmonellen-Kontamination.
2. Mit einem Stichprobenverfahren kann eine Salmonellenkontamination nie absolut sicher ausgeschlossen werden.

Diese beiden vorher genannten Fakten führen zur Differenzierung der drei folgenden produktabhängigen Risikofaktoren:

a) Das Produkt selbst oder einer seiner Bestandteile ist häufig mit Salmonellen kontaminiert.
b) Während der Herstellung eines Lebensmittels erfolgt keine Salmonellenabtötung.
c) Eine Vermehrung eventuell vorhandener Salmonellen ist bei unsachgemäßer Behandlung des Lebensmittels möglich.

Es ist verständlich, daß ein Lebensmittel, welches alle drei produktabhängigen Risikofaktoren vereinigt, gefährdeter ist als andere ohne bzw. mit ein oder zwei Risikofaktoren. Außerdem wurde berücksichtigt, daß insbesondere Säuglinge, Alte und Kranke eine höhere Anfälligkeit gegenüber einer Salmonelleninfektion aufweisen.

Alle Fakten zusammen ergeben die Aufstellung eines Schemas mit folgenden Produktkategorien:

- Produktkategorie I: Nichtsterile Lebensmittel für Kleinkinder,
                          Alte und Kranke
- Produktkategorie II: Lebensmittel mit 3 Risikofaktoren
- Produktkategorie III: Lebensmittel mit 2 Risikofaktoren
- Produktkategorie IV: Lebensmittel mit 1 Risikofaktor
- Produktkategorie V: Lebensmittel ohne Risikofaktor

Die Food and Drug Administration (FDA 1984) schlüsselt die Lebensmittel in drei Produktkategorien auf:

- Produkt-Kategorie I: Lebensmittel, welche normalerweise der Kategorie II
                          zuzuordnen wären, ausgenommen jene, die zum
                          Verzehr für Säuglinge, Alte und Kranke bestimmt
                          sind.

Tabelle 4.7. Prüf- und Bewertungsplan für 25-g-Stichproben. (Nach Foster)

	Anzahl der Stichproben		
Produktkategorie	alle Proben negativ	nicht mehr als 1 Probe positiv	Signifikant: 95% Wahrscheinlichkeit, daß nicht mehr als 1 Salmonelle enthalten ist in
I	60 Proben (= 1500 g)	95 Proben (= 2375 g)	500 g
II	30 Proben (= 750 g)	48 Proben (= 1200 g)	250 g
III–V	15 Proben (= 375 g)	24 Proben (= 600 g)	125 g

- Produkt-Kategorie II: Lebensmittel, welche normalerweise keinem Prozeß zwischen Herstellung und Verzehr unterworfen werden, der Salmonellen abtötet.
- Produkt-Kategorie III: Lebensmittel, die normalerweise einem Prozeß unterworfen werden, der Salmonellen abtötet.

Der Untersuchungsschlüssel sowie die Bewertungstabelle (s. Tab. 4.7.) basiert auf Einzelproben von 25 g, die über eine Losgröße verteilt zu erheben sind.

Die für die Praxis sehr aufwendige Untersuchung von 60 Einzelmustern à 25 g läßt sich durch das Herstellen von Mischmustern wesentlich vereinfachen (Abb. 4.4. und 4.5.).

Dabei kann erfahrungsgemäß folgendermaßen vorgegangen werden (s. Abb. 4.4.):

- 60 Muster werden so aufgeteilt, daß jeweils ca. 190 g Material pro Kolben zur Voranreicherung gelangen.
- Jedes 190-g-Muster wird separat in 1,6 l Caseinpepton-Sojamehlpepton-Bouillon (je nach Produkt evtl. halbkonzentriert) nichtselektiv vorangereichert.
- Von jedem der acht vorangereicherten Mischmuster werden 10 ml in zwei sterile 200–250 ml Kolben überführt.
- Anschließend werden 80 ml (doppelt-konzentrierte) sterile Tetrathionat- bzw. Selenitbouillon zu je einem Kolben mit den 80 ml Voranreicherung zugefügt.
- Nach der Bebrütung der selektiven Hauptanreicherung wird aus jedem Kolben mit Hilfe einer Impföse Material entnommen und z.B. auf Brillantgrün-Phenolrot-Laktose-Saccharose-, *Salmonella/Shigella-*, Wismut-Sulfit-Agar oder ähnlich selektiven Nährböden fraktioniert ausgestrichen und diese Ausstriche anschließend bebrütet.

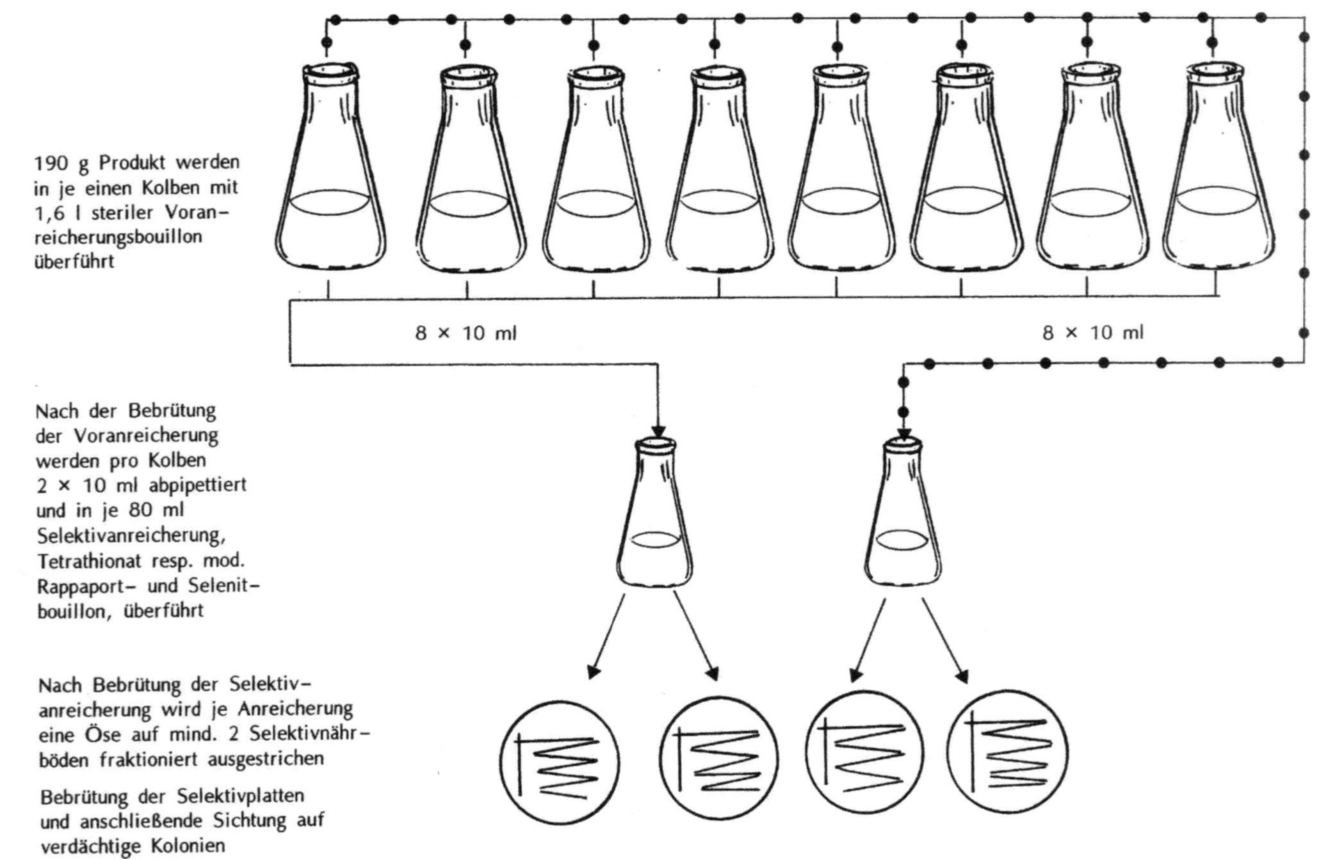

Abb. 4.4. Vereinfachtes Schema für den Nachweis der Abwesenheit von Salmonellen in mikrobiologisch kritischen, instantisierten Nahrungsmitteln

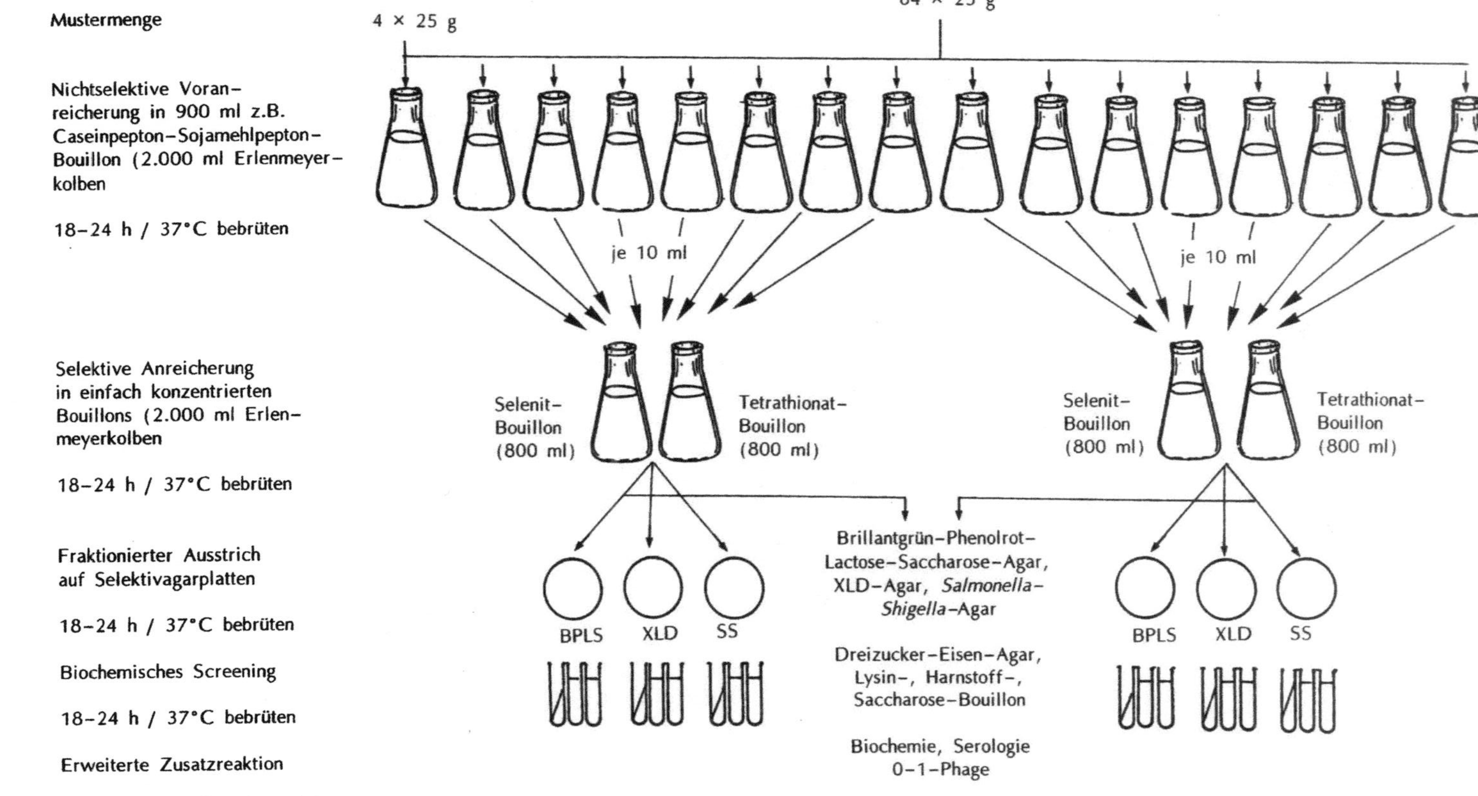

Abb. 4.5. Salmonellen-Abwesenheitsprüfung bei besonders kritischen Lebensmitteln in bezug auf den Konsumentenkreis, z.B. Säuglingsnahrung (Flury 1985, pers. Mitt.)

Eine Materialersparnis an Nährböden und Petrischalen ist möglich, wenn auf einer Nährbodenplatte die Ausstriche aus den zwei Hauptanreicherungskulturen angefertigt werden (Abb. 4.6.). Bei besonders kritischen Produkten kann gemäß Abb. 4.5. verfahren werden.

Dazu wird die zu beimpfende Nährbodenplatte auf der Unterseite mit einem Filzstift durch einen Strich „halbiert". Von jeder Anreicherung wird jeweils nur eine Hälfte der Platte beimpft (Abb. 4.6.).

4.2.5.1
Systematische Bemusterung kontinuierlich hergestellter Pulverprodukte

Die mikrobiologische Untersuchung eines Endproduktes ermöglicht u.U. die Erkennung zufälliger Verfahrensmängel. Diese Maßnahmen sind jedoch von denen einer „Guten Herstellungspraxis" zu unterscheiden. Der beschriebene Foster-Plan (s. 4.2.5) basiert auf der Annahme, daß ein Produkt und somit auch eine Kontamination „homogen" ist.

Nach einer Untersuchung von Habraken et al. (1986) konnte jedoch nachgewiesen werden, daß in Trockenmilchprodukten die Kontaminanten sehr ungleichmäßig verteilt sein können. Die einzige wirklich befriedigende Lösung wurde darin gesehen, kontinuierlich und systematisch 2,5 g Proben je 75 kg Pulver zu entnehmen und insgesamt 750 g je Charge von 20 t auf Salmonellen zu untersuchen.

Zudem sollte eine Untersuchung auf Enterobacteriaceen in 15 Proben von je 1 g pro 20 t durchgeführt werden.

Trotz dieser hohen Anforderung an eine „Gute Herstellungspraxis" und an das Monitorsystem ist auch bei diesem Plan ein vollständiger Schutz des Konsumenten gegen Salmonellen nicht zu erreichen.

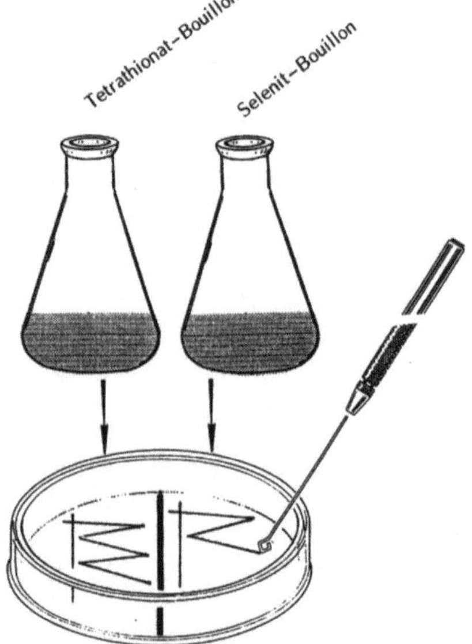

Abb. 4.6. Beimpfung einer Selektivplatte aus zwei Anreicherungskulturen

Warengruppen – produktspezifische Hinweise, Untersuchungskriterien – Keimzahlnormen

5.1
Produktspezifische Hinweise – Untersuchungskriterien

Die Unterteilung von Rohstoffen hinsichtlich ihrer Herkunft kann in drei Hauptgruppen erfolgen, nämlich in Rohstoffe pflanzlichen, tierischen und synthetischen Ursprungs. Bei der Gewinnung und Bearbeitung von Rohstoffen und Fertigwaren darf das „Lebensmittel Wasser" und – denkt man insbesondere an das Agglomerieren von Instantprodukten – die Luft nicht unberücksichtigt bleiben. Aufgrund unterschiedlicher Technologien können Untergruppen gebildet werden.

Fertigwaren bestehen zumeist aus Kombinationen unterschiedlicher Gewichtsanteile sowie unterschiedlicher Kriterien für eine mikrobiologische Gefährdung der zuvor genannten drei Hauptrohstoffgruppen. Daraus resultiert, daß unterschiedliche Rohstoffe und Fertigwaren inkl. diverser Technologien auch unterschiedliche mikrobielle Floren und somit Risiken aufweisen.

Bei den routinemäßig durchgeführten lebensmittelmikrobiologischen Analysen haben wir es i.d.R. mit den hygienisch sekundären Risikofaktoren – den *lebensmitteltoxigenen und -toxiinfektiösen Organismen* – zu tun; die, wenn sie in relativ geringen Mengen mit dem Lebensmittel aufgenommen werden, für den gesunden erwachsenen Menschen im allgemeinen unschädlich sind. Allerdings bei unsachgemäßer Handhabung von Lebensmitteln und Speisen – als typische Hygienefehler seien hier unkontrolliert lange Heißhaltephasen von Speisen, Unterbrechungen von Kühlketten, überlange Standzeiten von zubereiteten Instantprodukten etc. genannt – können sie sich darin massiv vermehren und dann, nach Zuwachs auf relativ hohe Zellzahlen [ca. 10^5–10^7][1], nach Verzehr spezifische Erkrankungen auslösen. Das Lebensmittel wirkt also als „Bebrütungs- oder Anreicherungsmedium".

Im Gegensatz zu den sekundären stehen die primären hygienischen Risikofaktoren, die *Erreger von Infektionskrankheiten*. Die Aufnahme weniger Zellen [ca. 10^2–10^3][1] kann bereits Erkrankungen auslösen und zwar unabhängig davon, ob der Erreger sich im Lebensmittel vermehrt oder darin bestimmte Stoffwechselprodukte erzeugt. Bei einer Anzahl von Krankheitserregern fungieren die Lebensmit-

---

[1] Quellen zu Infektionsdosen: Heeschen (1989), Krämer (1992), Schmidt-Lorenz (1984), Schweiz. Lebensmittelbuch (1988), Wallhäußer (1988), D'Aoust et al. (1975)

tel als neutrale Träger, d.h. sie dienen als „Transportmittel" und stellen nur eine von verschiedenen Übertragungsmöglichkeiten dar.

Indikatororganismen erlauben allgemein Rückschlüsse auf eine mögliche Kontamination der Rohstoffe, einen hygienisch unzureichenden Herstellprozeß (GMP) oder ungeeignete Zeit-/Temperatur-Bedingungen während der Lagerung des Lebensmittels. Sie können auch als Anzeige für eine mögliche Entwicklung pathogener Mikroorganismen gelten; jedoch gestattet ein negativer Befund keine sicheren Rückschlüsse auf die tatsächliche Abwesenheit von pathogenen Organismen.

Lebensmittelverderber und *technologisch erwünschte Mikroorganismen* können aufgrund mikrobieller Stoffwechselvorgänge in einem Lebensmittel Verderbnis bewirken, aber bei einem anderen als Nützling erwünscht oder gar notwendig sein.

So dienen bspw. Milchsäurebakterien einerseits als Starterkulturen für die Herstellung von Rohwurst, Schinken, Käse, Joghurt, Sauerkraut, Sauerteig; andererseits sind sie am Verderb zahlreicher Lebensmittel wie Fleisch und Fleischerzeugnisse, Feinkost, Milch und Milchprodukte, alkoholfreie, Erfrischungsgetränke und Bier beteiligt.

Auf die Überschneidung bzgl. Mikroorganismengruppen für die Beurteilung von Lebensmitteln wurde bereits hingewiesen (1.1.6).

Der mikrobielle Verderb eines Lebensmittels kann durch geruch- und geschmackliche Veränderungen, abweichendes Aussehen von der Norm oder veränderte Konsistenz gekennzeichnet sein.

Die nachfolgend genannten Untersuchungskriterien bei Rohstoffen und Lebensmittelgruppen reichen i.d.R. für eine Beurteilung aus. Bei epidemiologischen Abklärungen, beim Vorhandensein von mikrobiologischen Normen, bei ausgehandelten Anforderungen zwischen Hersteller und Abnehmer oder bei speziellen Fragestellungen sind weitere Untersuchungen erforderlich.

Auf die amtliche Sammlung von Untersuchungsmethoden nach § 35 LMBG sowie auf ausländische Methodensammlungen wurde bereits hingewiesen. Neben diesen Sammlungen enthalten auch Verordnungen z.B. Eiprodukte-VO, TrinkwV, Diät-VO, Milch-VO Hinweise, die beachtet werden sollten.

5.1.1
Molkereiprodukte

Molkereiprodukte können in drei Hauptproduktlinien unterteilt werden:

- Milch und Milcherzeugnisse
  Pasteurisierte „Frisch"-Milch
  H(altbare) Milch mit div. Fettgehaltsstufen
  Kondensmilch
- Pulverförmige Produkte
  Voll- und Magermilchpulver
  Sahnepulver
  Natrium und Calciumcaseinate
  Molkenpulver
  Ultrafiltrierte Molkenproteine

– Fermentierte Milchprodukte
Joghurt und Kefirerzeugnisse
Buttermilch und buttermilchähnliche Erzeugnisse
Käse

Für detaillierte Unterteilungen sowie hygienische Risiken in bezug auf die Technologie vergl. Teuber (1987).

5.1.1.1
Rohmilch

Rohmilch ist kein genußfertiges Lebensmittel; sie darf nicht unkontrolliert verzehrt werden, da das Vorhandensein von Krankheitserregern nicht mit Sicherheit ausgeschlossen werden kann. So dienen die nachstehenden Kriterien primär der Haltbarkeitskontrolle.

Untersuchungskriterien für Rohmilch
Haltbarkeitskontrolle:
– Aerobe mesophile Koloniezahl

Bei epidemiologischen Abklärungen:
– Salmonellen
– *Y. enterocolitica*
– *S. aureus*
– *C. jejuni*

5.1.1.2
Pasteurisierte Frischmilch

Durch die Pasteurisation wird zwar keine vollständige Inaktivierung von Mikroorganismen bewirkt, wohl aber werden alle vegetativen pathogenen Keime abgetötet. Infolge Rekontaminationen kann bei besonderen Verdachtsmomenten die Untersuchung auf pathogene Keime angezeigt sein.

Untersuchungskriterien für pasteurisierte Frischmilch
– Aerobe mesophile Koloniezahl
– Enterobacteriaceae-Gesamtzahl

In Verdachtsfällen:
– *S. aureus*
– *B. cereus*

Für den Nachweis der meist zahlenmäßig gering vorliegenden Reinfektionskeime wurde in Weihenstephan der Rekontaminationstiter entwickelt (Kleeberger 1976). Siehe dazu Kapitel „Titer- und MPN-Technik" (2.9.3).

5.1.1.3
H-Milch und natürlich konzentrierte Milch (Kondensmilch)

H-Milch und Kondensmilch sind im technischen Sinne Produkte mit einer kommerziellen Sterilität und dürfen somit keine vermehrungsfähigen vegetativen Keime enthalten. Allerdings werden bei der kurzzeitigen Erhitzung nicht alle mikrobiellen Proteasen und Lipasen – gebildet von psychrotrophen gramnegativen Keimen, aber auch *B. cereus* – vollständig inaktiviert. Deshalb können selbst Spuren solcher nicht inaktivierter Enzyme nach wochenlanger Lagerung bei Zimmertemperatur zu sensorischen Veränderungen (Bildung von Bitterpeptiden) und Ausfällung von Milcheiweiß durch Süßgerinnung führen (Teuber 1987).

Gezuckerte Kondensmilch, die nicht sterilisiert ist, ist aufgrund des niedrigen a_w-Wertes gegen Entwicklungen von Mikroorganismen geschützt. An niedrige Wasseraktivitäten angepaßte osmophile Hefen dürfen jedoch nicht vorhanden sein, da sie Bombagen verursachen können. Ihre Anwesenheit kann aber durch sorgfältige Pasteurisation der Milch und die Vermeidung von Rekontaminationen verhindert werden (Teuber 1987).

Untersuchungskritereien für H-Milch und natürlich konzentrierte Milch (Kondensmilch)
- Prüfung auf kommerzielle Sterilität (s. 2.13)
- pH-Wert-Messungen vor und nach Vorbebrütung
- sensorische und visuelle Prüfung

5.1.1.4
Fermentierte Milcherzeugnisse

Produkte aus vergorener Milch haben eine erwünschte homo- oder heterofermentative Gärung durchlaufen; sie enthalten somit lebensfähige Gärungsorganismen. Fremdkeime werden durch die Säuerung der Milch unterdrückt oder eliminiert.

Untersuchungskriterien für fermentierte Milcherzeugnisse
- Aerobe mesophile Fremdorganismen
- Enterobacterieceae-Gesamtzahl
- Hefen und Schimmelpilze

Zusätzlich bei Joghurt auch der Nachweis von:
- Laktobazillen und thermophilen Streptokokken

5.1.1.5
Käse

Käse sind frische oder in verschiedenen Graden der Reife befindliche Erzeugnisse, die aus dickgelegter Käsereimilch hergestellt ist. Die Käsearten unterscheiden sich insbesondere in bezug auf die Milchart (Kuh-, Schaf-, Ziegen-, Büffelmilch), die Milchvorbehandlung (Rohmilch oder pasteurisierte Milch) sowie den Festigkeitsgrad. Bei diesen zu den Fermentationsprodukten zählenden Molkereierzeugnissen dominieren mesophile und thermophile Milchsäurebakterien. Fremdkeime sowie Kontaminationsorganismen ändern ihr Wachstumsverhältnis in Abhängigkeit von der Festigkeit und des Reifegrades. Es ist daher von Bedeutung, den pH-Wert von Käse zu bestimmen und das Ergebnis im Untersuchungsbefund zu berücksichtigen.

Untersuchungskriterien für Käse
- Aerobe mesophile Fremdorganismen
- Enterobacteriaceae-Gesamtzahl
- *E. coli*
- *S. aureus*
- Schimmelpilze (nicht jedoch bei Schimmelpilzkäsen)

In Verdachtsfällen zusätzlich:
- Salmonellen
- *L. monocytogenes*

Bei der Untersuchung auf *Listeria* sind auch Stichproben von den Randschichten zu erheben, da dieser Keim mehrheitlich in der Oberflächenschicht vorhanden ist (Breer 1986); dann wird zunächst mit einer kleinen Menge Anreicherungsbouillon homogenisiert.

5.1.1.6
Butter

Butter wird aus Milch, Sahne (Rahm) oder Molkensahne (Molkenrahm), süß oder gesäuert, gesalzen oder ungesalzen, ggf. unter Verwendung von spezifischen Milchsäurebakterien-Kulturen hergestellt.

Untersuchungskriterien für Butter
- Aerobe mesophile Fremdkeime
- *E. coli*
- *S. aureus*
- *P. aeruginosa*
- Hefen und Schimmelpilze

Für die Probevorbereitung werden mind. 10 g Butter in einen Kolben überführt und die 9-fache Menge der auf 45 ± 2 °C erwärmten Verdünnungsflüssigkeit (1/4 starke Ringer- oder NaCl-Pepton-Lösung) hinzugegeben. Danach wird die Verdünnungsflüssigkeit für 5 min in ein 45 ± 2 °C temperiertes Wasserbad gestellt und während dieser Zeit mehrfach geschwenkt. Nach dem völligen Lösen und vor der weiteren Verarbeitung erfolgt nochmals ein Schütteln; 25mal in 10s (§ 35 LMBG 04.00-1).

5.1.1.7
Milch- und Molkenpulver, Caseinate

Die Trocknung der Pulverprodukte erfolgt heute weitgehend in Sprühtürmen. Obwohl die Einlaßtemperatur der Heißluft bei etwa 180 °C und die Austrittstemperatur bei etwa 90 °C liegt, erreichen die Pulver lediglich Temperaturen von etwa 70 °C. Das bedeutet, daß thermodure Keime wie Enterokokken, Streptokokken, Bazillen und Clostridien die Sprühtrocknung überleben (Teuber 1987).

Besondere Beachtung gilt der zum Trocknungsprozeß vorgeschalteten Pasteurisierung zur Verminderung der Keimzahl des Ausgangsmaterials.

Der sog. Trockenbereich birgt Gefahren für Rekontaminationen. Feuchtenester, Risse in Turmwandungen, Tot- und Blindleitungen, Luftfilter, Schleusen, Absackanlagen sind typische Gefahrenquellen für Rekontaminationen, insbesondere auch für Enterobacteriaceen und Staphylokokken. Gerade *Salmonella-* und *S. aureus*-Kontaminationen sind i.d.R. auf Reinfektionen im Trockenbereich zurückzuführen.

Die o.g. Produkte werden u.a. für Kindernährmittel, diät. Lebensmittel für den klinischen und außerklinischen Bereich, Rekonvaleszenznahrung, Sportlernahrung etc. eingesetzt und müssen für derartige Konsumentengruppen demzufolge einen hohen mikrobiologischen Standard aufweisen.

Aufgrund des niedrigen a_w-Wertes in Trockenprodukten kommt es zu Reduktionen von Bakterien während der Lagerung. Allerdings konnte festgestellt werden, daß Salmonellen in Caseinaten und sprühgetrockneten Hühnereiweißpulvern nach über 3-jähriger Lagerzeit wiedergefunden wurden.

Untersuchungskriterien für Milch- und Molkenpulver, Caseinate
- Aerobe mesophile Koloniezahl
- Enterobacteriaceae-Gesamtzahl
- *E. coli*
- Salmonellen
- *S. aureus*
- Enterokokken
- Hefen und Schimmelpilze

Bei Weiterverarbeitung zu diät. Lebensmitteln für Säuglinge und Kleinkinder zusätzlich gemäß § 14(2)4.c Diät-VO:
- Aerobe sporenbildende und andere eiweißlösende Bakterien (Kaseolyten/Proteolyten)

Bei Produkten, hergestellt aus angesäuerter Milch, sollte anstatt der Koloniezahl die Anzahl an aeroben mesophilen Femdkeimen bestimmt werden.

5.1.2
Eier – Eiprodukte

Frische Eier sind i.d.R. im Inneren steril; allerdings kann in seltenen Fällen eine Infektion bereits im Eierstock hämatogen[2] erfolgen.

Die Kontaminationsflora der Eischale – die Infizierung erfolgt während des Legevorganges in der Kloake bzw. nach dem Legen – besteht hauptsächlich aus Gattungen der Familien Enterobacteriaceae, Pseudomonadaceae sowie *Bacillus, Aeromonas* und *Alcaligenes* spec. Ein besonderes Risiko stellen Schalenkontaminationen mit Salmonellen dar.

Die Penetration von Mikroorganismen ins Eiinnere wird zunächst von der Cuticula, dem Schalenoberhäutchen, verhindert. Beim Erkalten des legewarmen Eies entsteht im Ei ein Unterdruck. Dadurch wird das Schalenoberhäutchen in die Poren der Eischale gezogen und beschädigt – und der Weg für Mikroorganismen somit freigemacht.

Das Waschen von Eiern fördert den Migrationsprozeß von Mikroorganismen ins Eiinnere und ist deshalb nicht zu empfehlen.

Eiprodukte[3] sind Erzeugnisse aus Eiern von Hühner, Perlhühnern, Puten, Enten, Gänsen oder Wachteln – insbesondere flüssiges Vollei, flüssiges Eigelb, flüssiges Eiklar sowie deren tiefgefrorene Varianten, getrocknetes Vollei, getrocknetes Eigelb, getrocknetes Eiklar (kristallisiert oder sprühgetrocknet).

Industriell eingesetzte Eiprodukte erfahren eine Haltbarmachung durch Pasteurisation und/oder Trocknung, oder sie werden durch Zucker- oder Salzzusätze konserviert; Eiprodukte dürfen als Lebensmittel nur nach ausreichender Vorbehandlung in Verkehr gebracht werden.

Eier und Eiprodukte sind optimale Nährböden und unterliegen somit einem raschen mikrobiellen Verderb. Neben Proteolyten gefährden insbesondere toxiinfektiöse und toxigene Bakterien wie Salmonellen und *S. aureus* diese Produktgruppe.

5.1.2.1
Untersuchungskriterien

Eiprodukte-VO vom 17.12.1993, Anlage I, Kap. II
- Aerobe mesophile Keimzahl
- *Salmonella*
- Enterobacteriaceae
- *S. aureus*

Zusätzlich gemäß American Public Health Association (1985):
- Coliforme Keime
- *E. coli*
- Hefen
- Schimmelpilze

---

[2] aus dem Blut stammend
[3] vergl. auch Eiprodukte-VO 4

5.1.3
Pulverförmige Formula-Diäten und vergleichbare Erzeugnisse

Bilanzierte Formula-Diäten[4] sind diätetische Lebensmittel – Rekonvaleszenznahrung, Spezialkost für alte Menschen etc. –, die in bezug auf ihren quantitativen und qualitativen Gehalt an ernährungsphysiologisch wirksamen Stoffen auf einen bestimmten angegebenen Verwendungszweck hin definiert und standardisiert sind.

Sie werden in homogener Form aus Bestandteilen verzehrsüblicher Lebensmittel, teilweise unter Mitverwendung synthetisch oder vollständig abgebauter Bestandteile hergestellt.

Bilanzierte Formula-Diäten werden in nahezu allen medizinischen Disziplinen zur Ernährung per Trinkglas oder gar Sonde verabreicht. Den heutigen Erfordernissen entsprechend sind solche Produkte so konzipiert, daß sich der Zubereitungsprozeß i.d.R. auf ein Einrühren in kalte oder warme Flüssigkeiten (Trinkwasser oder Milch) beschränkt; das bedeutet also, daß keimabtötende Zubereitungsformen wie Kochen usw. entfallen bzw. auch gar nicht möglich sind, ohne die Erzeugnisse ernährungsphysiologisch zu schädigen, zumindest aber die Applikation zu erschweren oder unmöglich zu machen (Sondennahrung).

Die Herstellung solcher Spezialnährmittel beschränkt sich im allgemeinen auf Mischprozesse, Gesamtinstantisierungen oder Agglomerationen, wobei die zum Einsatz gelangenden Rohstoffe aufgrund ihrer Herkunft (z.T. tierisch) und Herstelltechnologie als gefährdet anzusehen sind. Als Beispiel für Proteinquellen seien Milch- und Molkenproteine, auch Hühnereiklarpulver genannt.

Als Produkte mit gleich hohen hygienischen Anforderungen sind Säuglings- und Kleinkindernährmittel mit ähnlichen Herstellungstechnologien und Zubereitungsvorschriften anzusehen.

5.1.3.1
Untersuchungskriterien

- Aerobe mesophile Koloniezahl
- Enterobacteriaceae-Gesamtzahl
- *E. coli*
- Salmonellen
- *S. aureus*
- Enterokokken
- Hefen
- Schimmelpilze

In Verdachtsfällen bzw. bei spezieller Zutat zusätzlich:
- *B. cereus* (insb. bei Cerealien-Zusätzen)
- *C. perfringens*

---

[4] Diät-VO (1988)

Bei diät. Lebensmitteln für Säuglinge und Kleinkinder, die unter Verwendung von Milch, Milcherzeugnissen oder Milchbestandteilen hergestellt sind:

VO über diätetische Lebensmittel vom 25. August 1988, § 14(2)4.a-c
- Aerobe mesophile Koloniezahl
- *E. coli* und coliforme Keime
- Aerobe sporenbildende oder andere eiweißlösende Bakterien (Kaseolyten/Proteolyten)

5.1.4
Speiseeis

Bei Speiseeis handelt es sich um Zubereitungen, die durch Gefrieren in einen starren oder halbfesten Zustand gebracht werden.

Diese Zubereitungen können mit oder ohne Verwendung von frischen Eiern oder Eiprodukten hergestellt sein. Weitere Zutaten sind Milch und Milcherzeugnisse, auch fermentierte Molkereiprodukte wie bspw. Joghurt und Kefir oder deren pulverförmige Varianten, Gelatine, speziell zugelassene Zusatzstoffe, Aromen, Früchte etc.

Die hygienisch-mikrobiologische Beschaffenheit von Speiseeis wird durch die Rezeptur (Verarbeitung risikoreicher Rohstoffe, bspw. Eiprodukte) bestimmt. Ein weiteres Gefährdungspotential ist die Herstelltechnologie (ungenügende Pasteurisierung, mangelhafte Reinigung und Desinfektion der Leitungen und Apparate).

Bei offen portioniertem Speiseeis ist besonderes Augenmerk auf das Portioniergerät sowie auf das Wasser im Spülkasten des Portioniergerätes zu legen.

5.1.4.1
Untersuchungskriterien

- Aerobe mesophile Koloniezahl
- Coliforme Keime
- Salmonellen
- *E. coli*
- *S. aureus*
- Hefen
- Schimmelpilze

Spezifische Probenahme
Aus großen Gebinden sind Teilmengen so zu entnehmen, daß eine Mischprobe von etwa gleicher Zusammensetzung wie die Gesamtprobe vorliegt. Klein- oder Portionspackungen werden als Originalpackungen erhoben.

Mindestens 50 g der Probe oder eine vollständige Kleinpackung bzw. -portion werden in ein Weithals-Probengefäß überführt und im Wasserbad bei etwa 30 °C während maximal 30 min aufgetaut. Die Waffeln – sofern vorhanden – werden vorher entfernt und bleiben unberücksichtigt. Falls erforderlich, ist während des Auftauvorganges die Probe von Hand zu schütteln.

10 g der Probe sind weiterzuverarbeiten.

Kann die Probe nicht sofort nach Bemusterung zur Analyse vorbereitet werden (Transportweg etc.), so ist diese bei –15 °C zwischenzulagern.

5.1.5
Kristall- und Flüssigzucker

Zucker gilt weltweit als eines der keimärmsten Grundnahrungsmittel. Aus diesem Grund hielten es die Organe der internationalen Organisationen WHO/FAO (World Health Organization/Food and Agriculture Organization) bisher nicht für erforderlich, die Frage eines mikrobiologischen Standards für Zucker zu diskutieren. Auch die ICUSMA (International Commission for Uniform Methods of Sugar Analysis), ein weltweit angesehenes Gremium, das sich um die Vereinheitlichung von Methoden der Zuckeruntersuchung erfolgreich bemüht, hat bisher nur ein Vereinheitlichung der Bestimmungsmethoden angestrebt.

5.1.5.1
Untersuchungskriterien (Strauss 1995)

- Mesophile Gesamtkoloniezahl
- Mesophile Schleimbildner (insb. *Leuconostoc* spec.)
- Thermophile Sporenbildner
- Hefen und Schimmelpilze
- Osmotolerante Hefen
- Coliforme Keime und *E. coli*

Im allgemeinen wird man sich bei der Eingangskontrolle des Weiterverarbeiters auf diejenigen Mikroorganismen beschränken, die das Endprodukt nachteilig verändern könnten, so z.B. Zucker für:

- *Getränke und Limonadenprämix*
  Säuretolerante Mikroorganismen
- *Feinkosterzeugnisse*
  Milchsäurebakterien, Hefen und Schimmelpilze
- *Süßwaren, insbesondere Marzipanartikel*
  Osmotolerante Hefen, Schimmelpilze
- *Konserven mit einem pH-Wert von > 4,5*
  Meso- und thermophile, aerobe und anaerobe Sporenbildner

Spezielle Untersuchungsmethoden
Für Zuckeruntersuchungen wird in den Untersuchungsvorschriften (u.a. Standards and Test Procedures for „Bottlers" Granulated and Liquid Sugar, National Soft Drink Association, in Strauss 1995) überwiegend von einer Einwaage von 10 g Zucker, vereinzelt auch von 20 g Zucker in 100 ml sterilem dest. Wasser ausgegan-

gen. Genauso wird auch Flüssigzucker eingewogen – entsprechend 10 oder 20 g Trockensubstanz. Lediglich der CANNERS-Test scheibt für flüssigen Zucker eine Einwaage von 75 g vor, die mit Peptonwasser auf 20 ° Brix eingestellt wird.

Für Zuckerproben gilt die Membranfiltration als Methode der Wahl. Bei Nachweis von Sporenbildnern wird allerdings zuvor die Probesuspension für 5 min in ein bereits siedendes Wasserbad gestellt. Nach Ablauf der vorgeschriebenen Zeit muß die Probe rasch unter fließendem Wasser abgekühlt werden. Auf handelsüblichen Nährkartonscheiben oder gegossenen Agarplatten werden Membranfilter überführt.

5.1.6
Schokolade und Kakaopulver

Aufgrund der relativ tiefen a_w-Werte sind Kakaoerzeugnisse gegen einen mikrobiellen Verderb recht gut geschützt, auch verhindert die geringe Wasseraktivität weitgehend eine Vermehrung von möglicherweise anwesenden pathogenen Mikroorganismen.

Schokoladen

Schokoladen sind Zubereitungen aus feinzerkleinerter Kakaomasse und Zucker, denen neben Kakaobutter und bestimmten Geschmacksstoffen bei Kenntlichmachung auch noch bestimmte andere Lebensmittel (z.B. Milchpulver, Nüsse, Kokosnußraspeln u.a.) zugesetzt werden können.

Pathogene Keime, insbesondere Salmonellen, die vom Rohstoff über den Herstellprozeß in das Fertigprodukt gelangen, können mehrere Monate überleben, und der Verzehr solcher Erzeugnisse kann dann zu Erkrankungen führen. Es liegen zahlreiche Arbeiten vor, die über Erkrankungen bzw. über Kontaminationen im Zusammenhang mit Schokoladen und Kakaopulvern berichten (Craven et al. 1975, D'Aoust et al. 1975, D'Aoust 1977, Gastrin et al. 1972, Gill et al. 1983, Greenwood u. Hopper 1983). So wurde in den Arbeiten festgestellt, daß bereits < 10^2 Salmonellen/100 g Schokolade eine Erkrankung auslösten.

Kakaopulver

Kakao wird als Rohstoff in sehr vielen Konsumgütern verarbeitet. Beachtenswert ist, daß dieses Produkt in Lebensmitteln für Kinder, aber auch in Diätetika verwendet wird. Häufig wird bei der Herstellung solcher Produkte eine keimtötende Wärmebehandlung nicht durchgeführt; oft werden auch diese Erzeugnisse vor dem Konsum nicht mehr erhitzt. Als Beispiel hierfür seien die Instantprodukte genannt. Es ist deswegen notwendig, daß an die mikrobiologische Beschaffenheit von Kakaopulvern sehr strenge Anforderungen bzgl. Bemusterung und mikrobiologischen Status gestellt werden.

5.1.6.1
Untersuchungskriterien

- Aerobe mesophile Koloniezahl
- Enterobacteriacea-Gesamtzahl
- Salmonellen
- *S. aureus*
- Schimmelpilze

In speziellen Fällen zusätzlich:
- *B. cereus*
- *C. perfringens*
  bzw. thermophile Bazillen-Sporen

5.1.7
Gefüllte Backwaren, Rohmassen und Zuckerwaren

Gefüllte Backwaren

Gefüllte Konditorei- bzw. Patisseriewaren zählen zu den aus mikrobiologischer Sicht besonders anfälligen Genußmitteln.

Die Füllungen, creme- oder sahnehaltig, sind zum einen aufgrund der Zusammensetzung oder Bearbeitung einem raschen mikrobiellen Verderb ausgesetzt, zum anderen bieten sie für toxigene und toxiinfektiöse Bakterien ideale Nährböden.

Die Behauptung, man könne Keimzahlen nicht als seuchenhygienischen Indikator benutzen, da Sahne kein guter Nährboden für Krankheitserreger sei und folglich auch in der Praxis als Erkrankungsursache keine Rolle spiele, wurde von Marcy und Mossel (1984) widerlegt. Versuche mit künstlich kontaminierter Sahne zeigten, daß *Salmonella* Typhimurium und *Staphylococcus aureus* sowohl in geschlagener als auch ungeschlagener Sahne durchaus vermehrungsfähig sind.

5.1.7.1
Untersuchungskriterien für gefüllte Backwaren

- Aerobe mesophile Koloniezahl
- Aerobe mesophile Fremdkeime (bei Quark, Joghurt oder Sauermilchverarbeitung)
- Enterobacteriaceae-Gesamtzahl
- *E. coli*
- *S. aureus*
- Schimmelpilze

In Verdachtsfällen:
- Salmonellen

Rohmassen
Marzipan-, Persipan- und andere Rohmassen sind sogenannte Halbfertigfabrikate
für das Backgewerbe. Während Persipan- und andere Rohmassen i.d.R. als Füll-
massengrundlagen verbacken werden – also eine Hitzebehandlung erfahren – ken-
nen wir aus Marzipanrohmasse unter Verwendung von Puderzucker hergestellte,
figürliche Erzeugnisse, so z.B. Marzipanbrote und andere mit und ohne Schokolade (Marzipankartoffeln etc.) überzogene Artikel. Diese Marzipanrohmassen
bzw. daraus hergestellten Produkte sind dann bzgl. Verderb gefährdet, wenn sie
mit osmotoleranten Hefen kontaminiert sind.

5.1.7.2
Untersuchungskriterien für Rohmassen

- Osmotolerante Hefen
- Schimmelpilze

Zuckerwaren
Zuckerwaren – aus verschiedenen Zuckerarten und zahlreichen Zusätzen wie
bspw. Milch und Sahne, Mandeln und Nüsse, Geliermittel wie Gelatine und Agar-
Agar, Früchte, Aromen und Essenzen hergestellte Süßwaren – können, je nach
Rohstoffeinsatz und -belastung, Herstelltechnologie und Rekontamination nach
Herstellung Mikroorganismen enthalten.

Zu den typischen Zuckerwaren zählen Fruchtgelees, Fondantartikel, Türki-
scher Honig, Lakritzen, Toffees etc. Trotz allgemein geringer Wasseraktivität ist
ein Verderb der Erzeugnisse durch osmotolerante Hefen und Schimmelpilze möglich.

5.1.7.3
Untersuchungskriterien für Zuckerwaren

- Osmotolerante Hefen
- Schimmelpilze

5.1.8
Trockengemüse, -suppen, Gewürze und ähnliche Erzeugnisse

Das Trocknen bezweckt, den natürlichen Wassergehalt von Roh- und Fertigwaren
unter die für ein Mikroorganismenwachstum kritische Grenze (s. 2.16) zu bringen
und dabei die ernährungsphysiologisch wichtigen Bestandteile möglichst wenig zu
schädigen, Geschmack, Aroma und Aussehen sollen weitgehend erhalten bleiben
und schließlich sollte die Regenerierung beim Wiederaufquellen mit Wasser optimal möglich sein. Die Trocknung erfolgt bspw. in Band- oder Kanaltrocknern,
Sprüh- oder Walzentrocknern sowie Wirbelbetttrocknern. Für besonders hochwertige Erzeugnisse wird i.a. die Gefriertrocknung bevorzugt.

Durch die Trocknungsprozesse werden zahlreiche Mikroorganismen letal geschädigt, andere erfahren eine Schädigung bzw. sind gestreßt, viele überleben aber auch das Verfahren. Allgemein gilt die Regel, daß sich schonende Trocknungsverfahren positiv auf die Erzeugnisse, jedoch negativ auf das Abtöten von Mikroorganismen auswirken.

Um auch subletal geschädigte oder gestreßte Mikroorganismen nachweisen zu können – dieses gilt insb. für Problemkeime wie Vertreter der Familie Enterobacteriaceae, *S. aureus*, Enterokokken u.a. – ist eine Methode mit einer Wiederbelebungsphase zu wählen. Auf Voranreicherungs- und Wiederbelebungsmedien wurde bereits hingewiesen.

5.1.8.1
Trockengemüse

Die Mikroflora des Tockengemüses besteht im wesentlichen aus den gleichen Organismenarten, die auf dem Rohprodukt vorkommen. So findet man u.a. Laktobazillen, Enterokokken, Enterobacteriaceen, Mikrokokken, Sporenbildner, Schimmelpilze, Hefen.

Da Gemüse fast ausschließlich in unmittelbarer Nähe des Erdbodens wächst, spielt die Verunreinigung durch Erdreich und somit durch Bodenbakterien – darunter besonders resistente Sporen der Gattungen *Bacillus* und *Clostridium* – keine unbedeutende Rolle.

Probleme in bezug auf pathogene Keime bergen unsachgemäßes Düngen und das Verrieseln von ungenügend gereinigtem Wasser.

Meist wird das Gemüse zwecks Enzyminaktivierung 2–7 min in heißem Wasser oder Dampf blanchiert. Dieser, dem Trocknungsverfahren vorgeschaltete Prozeß minimiert auch Mikroorganismen, insb. hitzelabile. Werden bei blanchierten Produkten hohe Enterobacteriaceae-Gesamtzahlen gefunden, kann dies als Indiz für eine unzureichende Blanchierung gewertet werden.

Untersuchungskriterien für Trockengemüse
- Aerobe mesophile Koloniezahl
- Enterobacteriaceae-Gesamtzahl
- *E. coli*
- Aerobe und anaerobe Sporenbildner
- Hefen und Schimmelpilze

5.1.8.2
Gewürze und Gewürzmischungen

Naturbelassene Gewürze, Gewürzmischungen und Kräuter zeichnen sich durch sehr hohe Keimbelastungen aus. So fand Zschaler (1979) u.a. bei Gewürzen Gesamtkoloniezahlen von 3×10^5 – $1,3 \times 10^7$, Enterobacteriaceae von $1,5 \times 10^4$ – $3,5 \times 10^6$, *E. coli* bis $2,4 \times 10^3$ und bei Kräutern Gesamtkoloniezahlen von $2,1 \times 10^4$ – 6×10^6, Enterobacteriaceae < 50 – $2,6 \times 10^5$, *E. coli* < 3 – $10^5 > 2,4 \times 10^3$ jeweils auf 1 g bezogen.

Untersuchungskriterien für Gewürze
Gewürze für Lebensmittel, die eine Hitzebehandlung erfahren
- Aerobe Sporenzahl
- Anaerobe Sporenzahl

Gewürze für Lebensmittel, die keinen keimvermindernden Prozeß erfahren
- Aerobe mesophile Koloniezahl
- Enterobacteriaceae-Gesamtzahl
- *E. coli*
- *B. cereus* (Sporen)
- *C. perfringens* (Sporen)
- Schimmelpilze
- Hefen

In speziellen Fällen:
- Salmonellen (insb. bei hohen *E. coli*-Befunden)
- *S. aureus*

5.1.8.3
Bouillon, Trocken- und Instantsuppen

Die hygienisch-mikrobiologische Beschaffenheit derartiger Produkte wird primär vom Mikroorganismengehalt der Rohwaren, aber auch durch die Herstelltechnologie geprägt. So sind – wie bereits erwähnt – bei den Rohwaren Gewürze, Kräuter und Trockengemüse als besondere Risikofaktoren zu betrachten, da diese gelegentlich sehr stark kontaminiert sind.

Untersuchungskriterien für Bouillon Trocken- und Instantsuppen
- Aerobe mesophile Koloniezahl
- *E. coli*
- Salmonellen, obligatorisch bei Instantsuppen
- *S. aureus*

Bei epidemiologischen Abklärungen:
- *B. cereus*
- *C. perfringens*
- Salmonellen

Spezifische Probeaufbereitung
Bei sehr inhomogenem bzw. uneinheitlichem Probematerial ist zunächst das Untersuchungsgut besonders gut zu durchmischen. Bei sauren Produkten müssen die Verdünnungsflüssigkeit und die Anreicherungs- bzw. Wiederbelebungsmedien neutralisiert werden.

5.1.9
Cerealien

Cerealien – Weizen, Reis, Körnermais, Hirse, Gerste, Hafer, Roggen[5] gehören zu den wichtigsten Grundnahrungmitteln des Menschen, wobei Weizen und Roggen eine Sonderstellung als Brotgetreide einnehmen.

Der mikrobiologische Status der Cerealien, man unterscheidet zwischen einer inneren[6] und äußeren Mikroflora, wird durch das biologische Umfeld bestimmt, insb. klimatische Verhältnisse, Düngung, Insekten, Vögel, Nager etc. Bei den Schimmelpilzen differenziert man noch Feld- und Lagerpilze (Reiß 1986).

Neben dem Vermahlen und Verbacken zu Brot und Backwaren finden Cerealien eine breite Verwendung als Basisrohstoff für die Herstellung von Snack- und Crispartikeln, Frühstückszubereitungen wie Müsli und Cornflakes, Hafernährmitteln speziell für Kinder- und Krankenernährung, Teigwaren, Speisekleie zum Ausgleich von Ballaststoffdefiziten u.v.m.

Außer den Teigführungen von Brot[7] und Teigwaren[8] gehören Expansions-[9], Extrusions- und Walzenquetschverfahren zu den häufigsten Verarbeitungstechnologien.

5.1.9.1
Untersuchungskriterien [10]

Routineanalysen
- Aerobe mesophile Koloniezahl
- Hefen und Schimmelpilze
- Enterobacteriaceae
- *E. coli*
- *S. aureus*

Zusätzlich bei Produkten, die unerhitzt verzehrt werden, z.B. Müsli, Speisekleie:
- Salmonellen

Insb. bei Hefebackwaren (Weizenbrot, Hefe- und Backpulverkuchen):
- Aerobe Sporenbildner

Die Arten *Bacillus subtilis, B. licheniformis* und *B. megaterium* sind als aerobe Sporenbildner für das sog. Fadenziehen – auch „Brotkrankheit" genannt – verantwortlich.

---

[5] Reihenfolge bezieht sich auf die Weltgetreideanbaufläche
[6] Besiedlung des Raumes zwischen Epidermis und Querzellen
[7] Teigführung *mit* Gärung und anschließendem Backprozeß
[8] Teigführung *ohne* Gärung mit anschließendem Trocknungsprozeß
[9] Typische Produkte für Expansionsverfahren: Puffreis, Popcorn
[10] Auf die Anforderung gemäß Aflatoxin-VO wird hiermit hingewiesen

5.1.10
Teigwaren

Teigwaren[11] sind kochfertige Erzeugnisse, die aus Weizengrieß oder -mehl, mit oder ohne Verwendung von Ei, durch Einteigen ohne Anwendung eines Gärungs- oder Backverfahrens sowie durch Formen und Trocknen bei gewöhnlicher Temperatur oder bei mäßiger Wärme hergestellt werden. Bisweilen wird den Teigen auch Speisesalz zugesetzt.

Zu den Teigwaren besonderer Art gehören u.a. Milchteigwaren, Gemüse- und Kräuterteigwaren, Vollkorn- und Roggenteigwaren.

Eierteigwaren enthalten frische oder konservierte Hühnereier in vorgeschriebenen Gewichtsmengen; anstelle von Hühnereiern können auch entsprechende Mengen von pasteurisierten Enten- oder Gänseeiern verwendet werden.

5.1.10.1
Untersuchungskriterien

- Aerobe mesophile Koloniezahl
- Enterobacteriaceae-Gesamtzahl
- Salmonellen
- *S. aureus*
- Schimmelpilze
- evt. Staphylokokken-Enterotoxin mittels ELISA

Im Endprodukt (Garzeiten von 8–15 min im siedenden Wasser) werden vegetative Krankheitserreger mehr oder weniger schnell abgetötet, wobei allenfalls Enterotoxine erhalten bleiben. Für die Inaktivierung des hitzestabilen Staphylokokken-Enterotoxins reichen die genannten Garzeiten nicht aus. Deshalb ist evt. ein Thermonuclease-Test (z.B. bioMerieux Staphylonuclease-Kit) oder der Staphylokokken-Enterotoxin-Test (s. 2.15.18.4) vorzusehen.

5.1.11
Fertiggerichte, fertige Teilgerichte[12] und Küchenzubereitungen

„Fertiggerichte und fertige Teilgerichte sind (z.B. durch Erhitzen) vorbehandelte Lebensmittelzubereitungen unbeschadet solcher Bestandteile, die einer Vorbehandlung nicht bedürfen. Sie sind i.d.R. haltbar gemacht und werden in Packungen in den Verkehr gebracht. Sie sind verzehrsfähig oder sie bedürfen, um verzehrsfähig gemacht zu werden, lediglich einer Erhitzung. Bei Fertiggerichten und fertigen Teilgerichten aus Trockenerzeugnissen, getrockneten oder eingedickten Erzeugnissen ist darüber hinaus nur noch ein Zusatz von Flüssigkeit erforderlich.

---

[11]vergl. Verordnung über Teigwaren
[12]vgl. BLL (1972)

1. Fertiggerichte sind Lebensmittelzubereitungen, die als Hauptgericht verzehrt werden und dazu keiner Ergänzung durch weitere Lebensmittel bedürfen. Sie enthalten i.d.R. charaktergebende Bestandteile und Beilagen. Charaktergebende Bestandteile sind insbesondere Fleisch von Schlachttieren, Wild, Geflügel, Fisch, Krusten-, Schalen oder Weichtieren, Eier und Käseprodukte. Zu den Beilagen zählen Gemüse, Obst, Pilze, Kartoffeln, Teigwaren und Reis.
   Zu den Fertiggerichten gehören auch folgende Erzeugnisse, sofern sie als Hauptgericht geeignet und dazu bestimmt sind:
   a) Eintopfgerichte
   b) Suppen
   c) Vegetarische Hauptgerichte
   d) zubereitete Gerichte auf Teigbasis (z.B. Pizza, Ravioli)
2. Fertige Teilgerichte enthalten charaktergebende Bestandteile eines Fertiggerichtes. Sie bedürfen zur Vervollständigung der Beigabe weiterer Lebensmittel." (BLL, 1972)

5.1.11.1
Gefrorene und tiefgefrorene Fertig- und Teilfertiggerichte

Diese küchenfertigen Lebensmittelzubereitungen sind vom Hersteller nach bestimmten Vorbehandlungen wie z.B. Säubern, Würzen, Erhitzen (Kochen, Braten, Garen, Blanchieren, Backen) und Konfektionieren (Portionieren, Verpacken) zur Haltbarmachung einem bestimmten technologischen Verfahren unterzogen.

Lebensmittelzubereitungen, die durch einen Tiefgefrierprozeß konserviert werden, bezeichnet man als Tiefgefrier- oder Tiefkühlkost.

Beachtenswert für tiefgefrorene Lebensmittel ist, daß durch den Gefrierprozeß und während der Lagerung nur ein kleiner Teil der Mikroorganismen abgetötet wird; dabei ist allerdings die Abhängigkeit vom Gefrierprozeß und der Lebensmittelzusammensetzung zu berücksichtigen. Für das Lebensmittel schonende Gefrierprozesse (u.a. schnelles Durchlaufen des Bereiches der größten Kristallbildung) „schonen" auch die Mikroorganismen. Anderseits ist bekannt, daß nach thermischen Verfahren Mikroorganismen subletal geschädigt bzw. gestreßt werden.

Bei einigen Nachweisen ist es daher angezeigt, Methoden mit Wiederbelebungsphasen zu wählen.

Untersuchungskriterien für gefrorene und tiefgefrorene Fertig- und Teilfertiggerichte
- Aerobe mesophile Koloniezahl
- *S. aureus*
- Enterobacteriaceae-Gesamtzahl
- *E. coli*

Je nach Zutat bzw. Zusammensetzung zusätzlich:
- *C. perfringens* (insb. bei Fleischzubereitungen)
- *B. cereus* (insb. bei Cerealien und Kartoffelzubereitungen)

- Salmonellen (insb. bei Geflügel- und Eiproduktezubereitungen)
- *V. parahaemolyticus* (fallweise bei Fisch, Fischerzeugnissen, Krustentieren)

5.1.11.2
Tischfertige Speisen und solche, die vor dem Genuß nochmals erwärmt werden

Tischfertige Lebensmittelzubereitungen werden portioniert und erhitzt dem Endverbraucher unmittelbar vor dem Verzehr vom Hersteller angeliefert. Diese Gerichte brauchen i.d.R. also nur noch ausgegeben zu werden (Mohs 1972).

Unter Umständen sind zwischen Herstellung und Konsum Heißhalte- oder Erwärmungsphasen nötig (z.B. Fernküchen).

Eine große mikrobiologische Gefahr birgt insb. die Herstellung der Fertiggerichte. Bei einer unsachgemäßen Behandlung – langsames Abkühlen sowie Standzeiten der einzelnen Fertiggerichtkomponenten zwischen den Garprozessen – muß mit einer starken Verkeimung gerechnet werden. Auch Heißhalte- und Erwärmungsphasen sind als äußerst kritisch anzusehen.

Untersuchungskriterien für tischfertige Speisen und solche, die vor dem Genuß nochmals erwärmt werden
- Aerobe mesophile Koloniezahl
- Enterobacteriaceae-Gesamtzahl
- *E. coli*
- Salmonellen
- *S. aureus*
- Anaerobe mesophile Sporenbildner
- *B. cereus* (insb. bei Cerealien und Kartoffelprodukten)
- *C. perfringens* (insb. bei Fleischzubereitungen)
- Enterokokken
- Hefen und Schimmelpilze

Bei stärkehaltigen Produkten können in der Kontaminationsflora Laktobazillen dominieren. Diese Mikroorganismen erscheinen dann auf den Gesamtkeimzahl-Nährböden als sog. stecknadelgroße bzw. pin point-Kolonien.

Salatbeilagen
Küchenmäßig hergestellte Kartoffelsalate und ähnliche Zubereitungen stellen immer ein gewisses Risiko bzgl. *S. aureus*-Kontaminationen dar. Dieser Keim wird i.d.R. über eine unzureichende Personalhygiene – eiternde Verletzungen an den Händen, Tröpfchenkontamination aus Nasen- und Rachenraum – in das Produkt eingeschleppt.

Verweilzeiten bis zum Verzehr – u.U. bei küchentypischen Temperaturen – können eine Vermehrung begünstigen, so daß Staphylokokken-Enterotoxin gebildet werden kann, welches sensorisch nicht wahrnehmbar ist.

Ein zweites Gefahrenpotential stellen Eigelb-Emulsionen (z.B. Mayonnaisen) für die Anrichtung derartiger Beilagen dar durch Enterobacteriaceen-Kontaminationen (*E. coli*, *Enterobacter*, *Citrobacter*, aber auch *Shigella* und *Salmonella*).

Blattsalate – bspw. grüner Salat, Frisée, Endiviensalat, Karotten, Weiß- und Chinakohl, Freilandgurken u.a. sind sehr hoch oberflächenverkeimt. So sind Gesamtkoloniezahlen zwischen 10^5 und 10^7/g die Regel, wobei die Keimflora der von Gemüse (s. 5.1.8.1) gleicht, nämlich typische Bodenbakterien sowie Bakterien, die über Düngen und Verrieselungen aufgebracht werden, aufweist. Einwandfreie, d.h. hier von der Gewebestruktur „unverletzte" Rohware besitzt einen gewissen natürlichen Schutz gegen das Eindringen von Mikroorganismen.

Durch einen Waschprozeß der Rohware kann mit einer maximalen Keimreduktion von etwa einer Zehnerpotenz gerechnet werden.

Das Hygieneproblem beginnt im Prinzip mit dem Schneiden bzw. Zerkleinern der gewaschenen Rohware – die Gewebestruktur wird teilweise zerstört, womit eine Oberflächenvergrößerung (vergl. *Intrinsic parameter*) und ein Austritt von nährstoffreichem Pflanzensaft verbunden ist – ein Keimanstieg bis max. knapp unter 10^9 KbE/g kann beobachtet werden, wobei Pseudomonaden dominieren.

Industriell vorbereitete, anrichtungsfertige Mischsalate, die auch im Lebensmitteleinzelhandel in den Kühltheken angeboten werden, zeichnen sich als eine kritische Produktklasse aus.

Schnelle Distributionen unter Einhaltung einer permanenten Kühlkette sowie Aufbrauchfristen bis maximal 5 Tage sind erforderlich.

5.1.12
Feinkosterzeugnisse

Unter diesem Sammelbegriff vereinigen sich delikate Erzeugnisse, die sich im allgemeinen durch Auswahl und Kombination der Rohstoffe in bezug auf Geschmack, äußere Beschaffenheit, Seltenheit, besondere Wertschätzung unter Berücksichtigung regionaler Gepflogenheiten sowie auch durch besonders ansprechende Verpackung auszeichnen.

Zu den Feinkosterzeugnissen zählen insbesondere Feinkost- und Mayonnaisensalate, Salatdressings, Ketchup, Würz- und Feinkostsaucen, Aspikspeisen, Pasteten, Fisch-, Krusten-, Schalentier- und Fleischerzeugnis-Präserven.

Feinkosterzeugnisse werden sowohl konserviert als auch unkonserviert in den Handel gebracht. Für den mikrobiologischen Untersuchungsumfang ist die Art der Konservierung (chemisch/physikalisch: *Salzen, Pökeln, Säuern, Konservierungsstoffe;* thermisch: *Kälte, Hitze*) von Bedeutung. Insbesondere die Säuerung, also die pH-Wert-Senkung, ist ein oft eingesetzter hemmender Faktor, um die Vermehrung von Mikroorganismen zu beeinflussen.

Die in der Routine durchgeführten Kontrollen dienen primär der Ermittlung bzw. Bestätigung von Haltbarkeitsfristen und der Feststellung der hygienischen Beschaffenheit über den evt. Nachweis sogenannter Indikatororganismen und nur in besonderen Fällen dem Nachweis krankheitserregender Mikroorganismen.

Untersuchungskriterien
Feinkostsalate und -saucen, Salatdressings und Würzsaucen mit einem pH-Wert uon < 4,5
- Milchsäurebakterien
- Hefen und Schimmelpilze

Feinkostsalate und -saucen etc. mit einem pH-Wert von > 4,5
- Aerobe mesophile Koloniezahl
- Milchsäurebakterien
- Enterobacteriaceae-Gesamtzahl
- *E. coli*
- Salmonellen
- *S. aureus*
- Hefen und Schimmelpilze

Ketchup und auf Ketchupbasis hergestellte Saucen
- Milchsäurebakterien
- Essigsäurebakterien
- Hefen und Schimmelpilze
- *Byssochlamys*-Ascosporen
- Thermophile Sporenbildner (bei pasteurisiertem Ketchup)

Nicht pasteurisierte Feinkosterzeugnisse mit Schalen- und Krustentieranteilen
- *V. parahaemolyticus* (fallweise bzw. bei speziellen Abklärungen)

5.1.13
Trinkwasser, Mineral- und Tafelwasser

Durch seinen zwangsläufigen Anteil an anderen Lebensmitteln, seine Bedeutung bei der Herstellung von Lebensmitteln und bei der Reinigung von Bedarfsgegenständen im Sinne des Lebensmittel- und Bedarfsgegenständegesetzes ist Trinkwasser ein absolut unentbehrliches Lebensmittel. Deshalb stellt eine schlechte Trinkwasserqualität, insb. eine mikrobielle Verunreinigung des Trinkwassers, eine ständige potentielle Gefährdung der menschlichen Ernährung dar.

Trinkwasser wird nicht – wie andere Lebensmittelzutaten – produziert, vielmehr wird es dem Wasserhaushalt eines Gebietes entnommen, aufbereitet und ihm fast vollständig in mehr oder weniger verunreinigter Form wieder zurückgegeben.

Eine mikrobiologische Untersuchung spiegelt nur den momentanen hygienisch-bakteriologischen Status eines Wassers wider, welcher sich je nach Umständen rasch ändern kann. Aus diesem Grund darf man sich niemals auf das Ergebnis einer einzelnen Untersuchung verlassen.

Ein besonderes Augenmerk gilt dem Nachweis von *E. coli* sowie den Fäkalstreptokokken (Enterokokken). Sie zeigen eine Verunreinigung durch menschliche oder tierische Fäkalstoffe an und sind somit auch ein Indiz für mögliche Anwesenheit von fäkal ausgeschiedenen Krankheitserregern.

Neben dem Trinkwasser und Wasser für Lebensmittelbetriebe unterscheidet man noch Mineralwasser sowie Quell- und Tafelwasser (vergl. Mineral- und Tafelwasser-VO, Trinkwasser-VO).

Diese zu den Getränken zählenden Wässer dienen primär der Durststillung bzw. Erfrischung oder als Grundlage alkoholfreier Erfrischungsgetränke.

Untersuchungskriterien
Trinkwasserverordnung
- Bestimmung der Koloniezahl
- *E. coli*
- Coliforme Keime
- Fäkalstreptokokken
- Sulfitreduzierende, sporenbildende Anaerobier

Mineral- und Tafelwasser-Verordnung
- Bestimmung der Koloniezahl
- *E. coli*
- Coliforme Keime
- Fäkalstreptokokken
- Sulfitreduzierende, sporenbildende Anaerobier
- *P. aeruginosa*

Probenerhebung
Der Zeitpunkt der Probenerhebung ist so zu wählen, daß die Untersuchung noch am selben Tag vorgenommen werden kann. Können die Wasserproben nicht innerhalb von 3 h nach der Entnahme untersucht werden, sind sie kühl aufzubewahren.

Sofern nicht besondere Untersuchungen vorgesehen sind, läßt man Leitungswasser bis zur Temperaturkonstanz (Elektronische Messung oder Messung mit Quecksilberthermometer mit Zehntelgrad-Einteilung) laufen. Dies entspricht, je nach Länge der hausinternen Leitung 5-10 min. Gummi- oder Kunststoffschläuche sind vor der Probenahme zu entfernen und die Armaturen (Hähne etc.) abzuflammen. Während der Vorlaufzeit muß die Durchflußmenge konstant bleiben; d.h. es darf am Hahn nicht mehr gedreht werden.

Spezielle Untersuchungsmethoden
In den Anlagen der Trinkwasser-VO, Mineral- und Tafelwasser-VO, VO über Tafelwässer sowie in den DEV-(Deutsches Einheitsverfahren zu Wasser-, Abwasser- und Schlammuntersuchung) Vorschriften sind die zu beachtenden Methoden angegeben.

§ 1 der Trinkwasser-VO enthält zudem die Prüffrequenz für die Grenzwertbestimmung coliformer Keime.

5.1.14
Steril- und UHT-behandelte Produkte

UHT-behandelte, aseptisch abgefüllte Produkte, Konserven sowie pasteurisierte oder UHT-behandelte Produkte, die nicht aseptisch abgefüllt, aber in Originalpakkungen mit Hitze nachbehandelt werden, müssen eine kommerzielle Sterilität aufweisen.

So dürfen solche Erzeugnisse – in der ungeöffneten Originalpackung und unter normalen Lagerbedingungen – keine vermehrungsfähigen Keime enthalten.

„Den Sterilisationsprozeß überlebende Sporen dürfen vorhanden sein, sofern sie sich unter normalen Lagerbedingungen in der ungeöffneten Originalpackung nicht vermehren. Den Sterilprodukten gleichgestellt sind Produkte mit einem pH-Wert < 4,5, welche pasteurisiert und so haltbar gemacht worden sind. Sie können den Pasteurisierungsprozeß überlebende Keime enthalten; diese dürfen sich jedoch unter normalen Lagerbedingungen in der ungeöffneten Originalpackung nicht vermehren" (Schweizerisches Lebensmittelbuch 1988).

Untersuchungskriterien
Vor und nach der Bebrütung werden bestimmt:
- Aerobe mesophile Keime
- Aerobe Sporen
- Anaerobe mesophile Keime
- Anaerobe Sporen

Ist außer der Überprüfung der kommerziellen Sterilität eine Eingrenzung der Art des mikrobiologischen Verderbnisses von Interesse, so empfehlen sich die Methoden der FDA (1984/1995) sowie von Speck (1984).

Bebrütung und Öffnung von Packungen – Spezifische Probeaufbereitung
Auf die Bebrütung und aseptische Öffnung von Behältnissen wurde bereits hingewiesen (2.13.1.4). Bei sauren Erzeugnissen mit einem pH-Wert von < 4,5 muß die Verdünnungs-Stammlösung neutralisiert werden.

5.1.15
Fisch und Fischprodukte, andere Seetiere

Der mikrobiologisch-hygienische Status von Meerestieren wird von verschiedenen Einflüssen geprägt, so z.B. von der Gewässerqualität im Fanggebiet, dem Fanggebiet selbst, der Fangart bzw. den Hygienebedingungen beim Fang und der Be- und Verarbeitung.

Besondere Beachtung verdienen solche Seetiere, die im rohen Zustand verzehrt werden, aber auch solche, die mittels thermischem Konservierungsprozeß (kochen, garen, tiefgefrieren) haltbar bzw. bedingt haltbar gemacht wurden. Als Beispiel seien hier die Weichtiere wie Austern sowie Garnelen (Krabben, Shrimps, Prawns) genannt.

Seefische und andere maritime Tiere sind zur Zeit des Fanges im allgemeinen frei von Kontaminationen mit den üblichen lebensmitteltoxigenen und -toxiinfektiösen Mikroorganismen, vorausgesetzt, daß nicht in verschmutzten Gewässern gefangen wurde.

Das trifft nicht für Fische aus der Teichwirtschaft zu. Untersuchungen von Skovgaard (1979) zeigen, daß bis zu 100% der Fischpopulation von Teichwirtschaften mit *Clostridium botulinum* behaftet sind.

Zu den dominierenden proteolytischen Keimen zählen die Pseudomonaden und Alteromonaden; allerdings hat die Bestimmung von Proteolytenanteilen kein diagostisches Gewicht für die Qualitätsansprache. Im allgemeinen ist es nicht möglich, aus einer bestimmten Proteolytenkonzentration auf das Lagerstadium und damit die Qualität zu schließen (Karnop 1982).

Das Räuchern von Fischen dient der Geschmacksgebung und der Haltbarmachung, bei der Heißräucherung auch der Garung.

Die mikrobizide Wirkung auf das Räuchergut beruht auf den Rauchinhaltsstoffen, keimhemmende Effekte sind auch auf die damit einhergehende Trocknung zurückzuführen.

Die Kalträucherung, ihr geht eine Salzgarung voraus, wird bei etwa 22 °C durchgeführt. Als typische Produkte seien hier der Lachs bzw. Lachsersatz aus Seelachs sowie der Lachshering (geräucherter Salzhering) genannt. Die Temperaturen der Heißräucherung liegen häufig zwischen 65 und 80 °C, wobei eine völlige Garung von Fischen (Bücklinge, Kieler Sprotten, Makrelen, Schillerlocken etc., bei Süßwasserfischen Forellen, Aale etc.) erzielt wird.

Bei heißgeräucherten Produkten herrschen mehr hitzeunempfindliche Organismen wie bspw. Arten von *Bacillus, Micrococcus* und Hefen vor. Mild geräucherte Erzeugnisse weisen eher gramnegative Bakterien wie *Pseudomonas* spec., *Alteromonas* spec. und Keime der *Moraxella-Acinetobacter*-Gruppe auf.

Dehof et al. wiesen 1989 auf die Problematik der Widerstandsfähigkeit von *Clostridium botulinum* Typ E und den damit verbundenen Gefahren in heißgeräucherten vakuumverpackten Forellenfilets hin.

Die nachstehend aufgeführten Untersuchungskriterien reichen i.d.R. für eine Beurteilung aus. Bei epidemiologischen Abklärungen, spezifischen Fragestellungen usw. sind weitere Untersuchungskriterien zu berücksichtigen.

Untersuchungskriterien

Roh- bzw. Frischfisch
- Aerobe mesophile Koloniezahl
- Enterobacteriaceae-Gesamtzahl
- *S. aureus*

Austern, Garnelen u.ä. maritime Tiere zum rohen Verzehr
- Aerobe mesophile Koloniezahl
- *E. coli* (MPN-Technik)

Im Verdachtsfalle bzw. zur epidemiologischen Abklärung:
- Salmonellen
- Shigellen

- *Y. enterocolitca*
- *V. parahaemolyticus*

Geräucherte Fischprodukte
- Aerobe mesophile Koloniezahl
- Enterobacteriaceae-Gesamtzahl
- *S. aureus*
- Laktobazillen
- Mesophile anaerobe Sporenbildner

Im Verdachtsfalle bzw. zur epidemiologischen Abklärung:
- Salmonellen
- *Clostridium botulinum*
- *L. monocytogenes*

Anchosen, Marinaden, Bratfischwaren, Kochfischwaren[13]
- Aerobe mesophile Koloniezahl
- Laktobazillen
- Mesophile aerobe Sporenbildner
- Mesophile anaerobe Sporenbildner
- *L. monocytogenes* (bei fermentierten Erzeugnissen) (Jemmi 1990)
- Hefen

Fischvollkonserven
- vergl. Flora-Analysen von Konserven (s. 2.15.34)

Spezielle Probenvorbereitung bei Austern
Die Untersuchung von Austern und ähnlichen Muscheltieren, die vorwiegend roh
verzehrt werden, erfordert eine besondere Probevorbereitung:

1. Die geschlossenen Muscheln werden, nach dem gründlichen Waschen und Desinfizieren der Hände, mit einer sterilen Bürste unter fließendem Wasser so gereinigt, daß alle losen und fest anhaftenden Bestandteile entfernt werden. Die
   Anforderung an das Wasser ist Trinkwasserqualität.
2. Die gereinigten Muscheln werden entweder in eine hygienisch saubere Schale
   oder auf ein sauberes Tuch gelegt, bis sie lufttrocken sind.
3. Mittels sterilem Austernmesser werden die Muscheln geöffnet, die Muskeln
   durchtrennt und zunächst der flüssige Anteil in ein steriles, tariertes Becherglas
   oder einen sterilen, tarierten Weithals-Erlenmeyerkolben überführt. Nach völ-
   ligem Lösen des Muskelfleisches wird auch dieses in das Ansatzgefäß überfuhrt.
4. Nach der Gewichtsfeststellung wird die gleiche Menge an steriler Phosphatpuf-
   fer-Lösung oder 0,5%iges steriles Peptonwasser hinzugefügt und die Homogenisation durchgeführt.
   Für weitere Verdünnungen ist zu beachten, daß beim zuvor genannten Ansatz-
   verhältnis 2 ml Homogenisat 1 g Probe enthalten.

---

[13] einzelne Produkte vergl.: Leitsätze für Fische, Krusten-, Schalen- und Weichtiere und Erzeugnisse daraus des Deutschen Lebensmittelbuches (1982)

Bebrütungstemperaturen

In bezug auf die Bebrütungstemperatur zur Kultivierung bzw. Feststellung von Keimzahlen bei Rohfisch (Frischfisch, Gefrierfisch) ist festzustellen, daß Bebrütungstemperaturen von 25 °C signifikant höhere Werte liefern als eine Inkubation bei 35 °C. Vanderzant et al. (1973) fanden Keimzahlen von $1,1 \times 10^4$ – $6,8 \times 10^4 g^{-1}$ bei 35 °C im Gegensatz zu $6,6 \times 10^4$ – $2,7 \times 10^7 g^{-1}$ bei 25 °C.

5.1.16
Fleisch und Fleischerzeugnisse, Geflügel

Beim rohen Fleisch (Schlachttierkörper) wird zwischen mikrobieller Oberflächen- und Tiefenflora unterschieden.

Während sich die Oberflächenflora – sie entsteht durch Kontaminationen während der Fleischgewinnung durch die Umgebung von Tier, Mensch und Gerätschaften – schnell entwickelt und hohe quantitative Werte erreichen kann, ist die Tiefenflora – Eindringen von Mikroorganismen aus Blut- und Lymphgefäßen in die Tiefe der physiologisch keimfreien Gewebe – i.d.R. mengenmäßig gering und durch eine langsame Vermehrung gekennzeichnet.

Die Penetrations- oder Eindringflora entwickelt sich während der Fleischreifung. Sie dringt von der Oberfläche ins Gewebe; aus einer Oberflächenflora kann eine Tiefenflora werden. Diese Gegebenheiten sind sowohl bei der Probenahmetechnik als auch bei der Interpretation der mikrobiologischen Ergebnisse zu berücksichtigen.

Fleisch wird i.d.R. zu Fleischerzeugnissen, Wurstwaren etc. verarbeitet oder aber vor dem direkten Verzehr einem Garprozeß wie Kochen, Braten usw. unterzogen. Eine besondere Gefahr geht von zerkleinertem rohem Fleisch aus, welches roh verzehrt wird, so bspw. Tartar, Schabefleisch, Schweinemett u.ä. Hackfleischprodukte. Diese Art von Produkten sind besonders anfällig für einen Verderb und können oft mit pathogenen Mikroorganismen wie Salmonellen, *C. jejuni* sowie *Y. enterocolitica* kontaminiert sein.

Weitere Fleischerzeugnisse sind Wurstwaren[14] der Unterteilung

- Rohwurstwaren
- Brühwurstwaren
- Kochwurstwaren

sowie gegarte Pökelfleischwaren und Rohpökelerzeugnisse.

Verzehrsfertige, mikrobiologisch gereifte Produkte – i.d.R. mit Pökelsalzen behandelt – sind bakteriologisch stabile Dauerfleisch- bzw. -wurstwaren. Die Anwesenheit bzw. der Nachweis von Enterobacteriaceen kann ein Indiz für eine unzureichende Fermentation sein. Eine hohe *S. aureus*-Kontamination beim Rohmaterial kann zur Enterotoxinbildung während der Reifung führen.

---

[14] einzelne Produkte vergl.: Leitsätze für Fleisch und Fleischerzeugnisse des Deutschen Lebensmittelbuches (1989)

Koch- und Brühwurstwaren sowie gekochte Pökelfleischerzeugnisse sind begrenzt haltbar. Thermostabile Laktobazillen gehören zu den häufigsten Verderbnisverursachern. Bei Aufschnittwaren sind Rekontaminationen durch unsaubere Gerätschaften wie Messer, Aufschnittmaschinen festzustellen.

Untersuchungskriterien
Die Untersuchungskriterien dienen primär der innerbetrieblichen Kontrolle; in Verbindung mit physikalischen Hilfsuntersuchungen sind ausreichende Beurteilungen möglich.

Frischfleisch
- Aerobe mesophile Koloniezahl
- Enterobacteriaceae-Gesamtzahl
- Pseudomonaden
- Mesophile anaerobe Sporenbildner

Verzehrfertige Rohfleischerzeugnisse (Tatar u.ä.)
- Aerobe mesophile Koloniezahl
- *E. coli*
- Salmonellen
- *S. aureus*

Im Verdachtsfalle:
- *C. jejuni*
- *Y. enterocolitica*
- *L. monocytogenes*

Rohwurst und Rohpökelwaren
- Aerobe mesophile Koloniezahl
- Enterobacteriaceae-Gesamtzahl
- Laktobazillen
- *S. aureus*

Im Verdachtsfalle:
- *L. monocytogenes*

Koch- und Brühwurst, Kochpökelwaren
- Aerobe mesophile Koloniezahl
- Enterobacteriaceae-Gesamtzahl
- Laktobazillen

Im Verdachtsfalle:
- Salmonellen

Bei Produkten ohne Pökelsalze:
- *C. perfringens*

Bei Stückware zusätzlich:
- Mesophile aerobe Sporenbildner (Bazillen)
- Mesophile anaerobe Sporenbildner (Clostridien)

Geflügel
- Aerobe mesophile Koloniezahl
- Enterobacteriaceae-Gesamtzahl
- Salmonellen
- *C. jejuni*

Bebrütungstemperaturen zur Kultivierung – Spezielle Untersuchungsmethoden
Durch die Auswahl der Kultivierungstemperatur kann eine Verbesserung der Aussage hinsichtlich der Eigenart des wesentlichen Anteils der Gesamtflora getroffen werden.

Nach Shaw und Roberts (1982) soll eine Kultivierungstemperatur von 37 °C gewählt werden, wenn die Kontamination von Schlachttierkörpern unmittelbar nach dem Schlachten bestimmt werden soll, für Fleisch, welches bereits gekühlt ist, ist eine Temperatur von 25 oder 30 °C zu wählen, um den psychrotrophen Anteil der Kontaminationsflora zu erfassen.

Spezielle Probenerhebung und -aufarbeitung zur Untersuchung bei L. monocytogenes (Schweizerisches Lebensmittelbuch, 1988)
- Tartar: Mischprobe
- Rohwurst und Rohpökelwaren:
    a) Die ablösbare Wursthülle – sie gehört nicht zum genußfertigen Anteil – ist zu entfernen. Nicht ablösbare Hüllen gehören dagegen zum eßfertigen Anteil.
    b) Bei Stückware sind Doppelproben zu untersuchen.
       Probe A: Oberfläche abkratzen, mit Brenneisen versengen, Probe aus dem Inneren nehmen.
       Probe B: Probe mit Außenseite. Bei geschnittener Ware ist die Schnittfläche für die Untersuchung einzubeziehen.
    c) Abgepackte, stückige Ware: Doppelproben, wie unter b) beschrieben.

5.2
Keimzahlnormen

Die in der nachfolgenden Tabelle 5.1. aufgeführten Keimzahlnormen dienen – sofern sie keinen gesetzlichen oder dazu adäquaten Charakter besitzen – der Orientierung. Dabei erfolgt eine Einteilung in Richt-/Toleranzwerte sowie Warn-/Grenzwerte (vergl. auch 4.1.3). Diese Werte orientieren sich ihrerseits wiederum an einer gewissenhaften Einhaltung der „Guten Herstell-/Hygienpraxis" die den jeweiligen Stand von Wissenschaft und Praxis widerspiegelt.

Insbesondere sind bei einem Vergleich von Analysenergebnissen methodische Besonderheiten zu berücksichtigen.

Das Schweizerische Lebensmittelbuch 1/1, 1.2 (1985) bemerkt dazu:

„Der Vergleich von Analysenergebnissen ist in der Regel nur zulässig, wenn absolut identische Proben im gleichen Zeitpunkt unter methodisch gleichen Bedingungen untersucht werden. Selbst unter diesen Bedingungen sind Schwankungsbreiten von bis ± 20% nicht auszuschließen. Neben dem methodischen Fehler schließt die genannte Schwankungsbreite noch einen produktspezifischen Streubereich mit ein."

Auf weitere Besonderheiten zu Richt- und Warnwerten wird hiermit auf die Ausführungen im Bundesgesundhbl. 31 Nr. 3 März (1988) verwiesen. Umfangreiche Keimzahlwerte sowie dazugehörige Bemusterungssequenzen veröffentlichte die ICMSF 1986 (vgl. a. Tab. 4.6.)

Eingehend behandeln Leistner et al. (1981) und Reuter (1984) die Problematik und Schwierigkeiten bei den mikrobiologischen Normen für Fleisch und Fleischerzeugnisse.

Die Schweiz ist bisher das einzige Land, das *amtliche mikrobiologische Normen* für eine größere Zahl von Lebensmitteln eingeführt hat. Nach Kiss (1986) haben die vom Verordnungsgeber erlassenen mikrobiologischen Standards (Toleranz- und Grenzwerte) aus Sicht von Herstellern und Vertreibern „die Bewährungsprobe grundsätzlich bestanden". Probleme werden in der Verhältnismäßigkeit gesehen. So wird eine mögliche „Spaltung" der mikrobiellen Qualität befürchtet, nämlich aufgrund der mikrobiologischen Möglichkeiten und Kontrollen in Großbetrieben zum einen, zum anderen in Kleinbetrieben (Handwerksbetriebe, Dorfrestaurants), denen es an speziellem mikrobiologischem Fachwissen, den Möglichkeiten sowie der Finanzkraft fehlt.

Wie bereits erwähnt, erließ die Schweiz mit der VO über die hygienisch-mikrobiologischen Anforderungen an Lebensmittel, Gebrauchs- und Verbrauchsgegenstände *(1. Juli 1987, Anhang 1, Art. 2, Abs. 1 revid. 1995)* Grenzwerte für Mikroorganismen und mikrobielle Stoffwechselprodukte, bei deren Überschreiten ein Produkt gesundheitsgefährdend, verdorben oder unbrauchbar ist. In der nachstehenden Tabelle 5.2. sind die Grenzwerte aufgeführt.

Tabelle 5.1. Orientierende Richt-/Toleranz- sowie Warn- und Grenzwerte ausgesuchter Produkte bzw. Produktgruppen

Produkt	Untersuchungskriterien	Kolonienebild. Einheiten pro g oder ml		Bemerkungen	Quellen
		Richt-/Toleranz-wert resp. m	Warn-/Grenzwert resp. M		
Molkereiprodukte					
– Rohe Kuhmilch	Keimzahl bei +30 °C	≤ 100 000		zur Herstzellung von Konsummilch, von Sauermilch-, Joghurt-, Kefir-, Sahne- und Milcherzeugnissen	Milchver-ordnung
	S. aureus	500	2 000	n = 5; c = 2	
	Salmonellen in 25 ml	0	0	n = 5; c = 0	
	sonstige Krankheitserreger und deren Toxine dürfen nicht in Mengen vorhanden sein, die die Gesundheit der Verbraucher gefährden können			Erklärung s. 4.1.4, insb. Tab. 4.2	
	Keimzahl bei +30 °C (ab 01.01.1998	≤ 400 000 ≤ 100 000)		zur Herstellung anderer als zuvor genannten Erzeugnissen auf Milchbasis	Milchver-ordnung
– Rohe Büffelmilch	Keimzahl bei +30 °C	≤ 1 000 000		zur Herstellung von Erzeugnissen auf Milchbasis	Milchver-ordnung
	Keimzahl bei +30 °C	≤ 500 000		zur Herstellung von Rohmilch-erzeugnissen	Milchver-ordnung
	S. aureus Salmonellen in 25 ml sonstige Krankheitserreger	wie bei Kuhmilch wie bei Kuhmilch wie bei Kuhmilch			
– Rohe Ziegen- und Schafsmilch	Keimzahl bei +30 °C (ab 01.01.1998	≤ 3 000 000 ≤ 1 500 000)		zur Herstellung wärmebehandelter Konsumziegenmilch oder -schafmilch oder zur Herstellung wärmebehandelter Erzeugnisse auf Ziegen- oder Schafmilchbasis	Milchver-ordnung
	Keimzahl bei +30 °C (ab 01.01.1998 *S. aureus* Salmonellen in 25 ml sonstige Krankheitserreger	≤ 1 000 000 ≤ 500 000) wie bei Kuhmilch wie bei Kuhmilch wie bei Kuhmilch		zur Herstellung von Rohmilch-erzeugnissen	Milchver-ordnung

– Konsummilch und Erzeugnisse auf Milchbasis	Keimgehalt bei +30 °C	$\leq 30\ 000$			Milchver-ordnung
	coliforme Bakterien	0	5	n = 5; c = 2	
	Krankheitserreger in 25 ml	0	0	n = 5; c = 0	
	Keimgehalt bei +21 °C nach In-kubation für 5 Tage bei +6 °C	5×10^4	5×10^5	n = 5; c = 1 (Erklärung s. Tab. 4.2.)	
– Sterilmilch und steri-lisierte Erzeugnisse aus Milchbasis	Gewährleistung der Haltbarkeit, daß das Erzeugnis nach einer Lagerung von 15 Tagen bei +30 °C, erforderlichenfalls nach einer 7-tägigen Aufbewahrung bei einer Temperatur von 55 °C, in ungeöffneten Behältnissen keine feststell-baren Veränderungen aufweist				Milchver-ordnung
– Erzeugnisse auf Milchbasis	L. monocytogenes		keine in 25 g	Käse aus Hartkäse n = 5; c = 0	Milchver-ordnung
			keine in 1 g	sonstige Erzeugnisse	
	Salmonella spp.		keine in 25 g	sämtlicher Erzeugnisse außer Milchpulver n = 5; c = 0	
			keine in 25 g	Milchpulver	
	S. aureus	1 000	10 000	Käse aus Rohmilch und thermisierter Milch n = 5; c = 2	
		100	1 000	Weichkäse aus wärmebehandelter Milch n = 5; c = 2	
		10	100	Frischkäse, Milchpulver Gefrier-erzeugnisse auf Milchbasis einschließlich Speiseeis n = 5; c = 2	
	E. coli	10 000	100 000	Käse aus Rohmilch und thermisierter Milch n = 5; c = 2	
		100	1 000	Weichkäse aus wärme-behandelter Milch n = 5; c = 2	

Tabelle 5.1. *Fortsetzung*

Produkt	Untersuchungskriterien	Kolonienebild. Einheiten pro g oder ml		Bemerkungen	Quellen
		Richt-/Toleranz-wert resp. m	Warn-/Grenzwert resp. M		
	Coliforme bei +30 °C	0	5	Flüssigerzeugnisse auf Milchbasis $n = 5$; $c = 2$	Milchver-ordnung
		0	10	Butter $n = 0$; $c = 2$	
		10 000	100 000	Weichkäse aus wärme-behandelter Milch $n = 5$; $c = 2$	
		0	10	Pulverförmige Erzeugnisse auf Milchbasis $n = 5$; $c = 2$	
		10	100	Gefriererzeugnisse auf Milchbasis einschließlich Speiseeis $n = 5$; $c = 2$	
	Keimgehalt	50 000	100 000	wärmebehandelte nicht fermentierte Flüssigerzeugnisse auf Milchbasis $n = 5$; $c = 2$	
		100 000	500 000	Gefriererzeugnisse auf Milchbasis einschließlich Speiseeis $n = 5$; $c = 2$	
– Buttermilch, Molke, Milch-, Molke- und Buttermilchgetränke	Aerobe mesophile Keime Aerobe mesophile Keime *(Bei angesäuerten Produkten sind die aeroben mesophilen Fremdkei-me zu bestimmen)*	10 000 *bei Abgabe vom Erzeuger an Verarbeiter/Wiederverkäufer* 100 000 *bei Abgabe an Verbraucher im Handel/Gastgewerbe*			Hygiene-VO Schweiz
	Enterobacteriaceae	10			
– Sauermilch, stichfest oder gerührt; ausge-nommen Kefir	Aerobe mesophile Fremdkeime	100 000			Hygiene-VO Schweiz
	Enterobacteriaceae	10			
	Hefen und Schimmelpilze	1 000			

– Butter, aus past. Rahm	Aerobe mesophile Fremdkeime	100 000			Hygiene-VO Schweiz
	E. coli	nicht nachweisbar			
	Hefen	50 000			
	Schimmelpilz	100			
– Milchpulver	Aerobe mesophile Keime	50 000			Hygiene-VO Schweiz
	Enterobacteriaceae	10			
	S. aureus	10			
– Caseinate, sprüh-getrocknet	Aerobe Gesamtkoloniezahl	< 1 000			
	Coliforme	< 10			
	E. coli	nicht nachweisbar			
	S. aureus	nicht nachweisbar			
	Enterokokken	< 10			
	B. cereus	< 100			
	Salmonellen in 25 g	nicht nachweisbar			
	Hefen	< 10			
	Schimmelpilze	< 10			
Diätprodukte und Kindernährmittel	Aerobe mesophile Keime	< 10 000	50 000	genußfertige Produkte	Hauert 1984
	Schimmelpilze	< 100	1 000		
	Hefen	< 100	5 000		
	Salmonellen in 50 bis 1 500 g	–	nicht nachweisbar		
	E. coli	< 1	10		
	Coliforme	< 10	100		
	Enterobacteriaceae	< 100	1 000		
	S. aureus	< 10	100		
	Enterokokken	< 1 000	–		
	B. cereus	< 100	1 000		
	C. perfringens	< 10	100		
	P. aeruginosa	< 1	10		

Tabelle 5.1. *Fortsetzung*

Produkt	Untersuchungskriterien	Kolonienebild. Einheiten pro g oder ml		Bemerkungen	Quellen
		Richt-/Toleranz-wert resp. m	Warn-/Grenzwert resp. M		
Diätprodukte und Kindernährmittel	Aerobe mesophile Keime	< 50 000	100 000	nicht genußfertige Produkte	Hauert 1984
	Schimmelpilze	< 100	1 000		
	Hefen	< 1 000	–		
	Salmonellen in 50 bis 1 500 g	–	nicht nachweisbar		
	E. coli	< 10	100		
	Coliforme	< 100	1 000		
	Enterobacteriaceae	< 100	1 000		
	S. aureus	< 100	1 000		
	Enterokokken	< 10 000	–		
	B. cereus	< 100	1 000		
	C. perfringens	< 100	1 000		
	Aerobe mesophile Keime	10 000	10^5	genußferig	Hygiene-VO Schweiz
	Enterobacteriaceae	10	–		
	S. aureus	10	10^2		
	Aerobe mesophile Keime	50 000	10^6	nicht genußferig	Hygiene-VO Schweiz
	Enterobacteriaceae	10	–		
	S. aureus	10	10^3		
– Kindernährmittel un-ter Verwendung von Milch etc. hergestellt	Gesamtkeimzahl		max. 10 000	genußfertig	Diät-VO
	E. coli- und coliforme Bakterien		nicht nachweisbar 0,1 ml		
	Aerobe Sporenbildner oder andere eiweißlösende Bakterien (Kaseolyten)		max. 150 in 1,0 ml		
	Gesamtkeimzahl		max. 50 000	nicht genußfertig	Diät-VO
	Coli- und coliforme Bakterien		nicht nachweisbar 0,01 g		
	Aerobe Sporenbildner oder andere eiweißlösende Bakterien (Kaseolyten)		max. 150 in 0,1 g		
	(In sauren Milcherzeugnissen sind die wesenseigenen Bakterien nicht zu berücksichtigen)				

Eiprodukte	Aerobe mesophile Keimzahl	10^4	10^5	n = 5; c = 2	Eiprodukte-
	Salmonellen in 25 g	0	–	n = 10; c = 0	verordnung
	Enterobacteriaceae	10	10^2	n = 5; c = 2	
	S. aureus	0	–	n = 5; c = 2	
	Aerobe mesophile Keime	100 000			Hygiene-VO
	E. coli	10			Schweiz
	S. aureus	100			
	Aerobe Keime	25 000			Bergquist
	Coliforme	10			et al. 1984
	Hefen	10			
	Schimmelpilze	10			
	Salmonellen		nicht nachweisbar *(vorgeschriebene Probenahme und Un-tersuchungsverfahren)*		
Kristall- und	Mesophile Gesamtkeime		150/10 g	Insbesondere bei Flüssigzucker auf	Südzucker
Flüssigzucker	Mesophile Schleimbildner		150/10 g	Trockensubstanz bezogen	1995
	Thermophile Sporenbildener		100/10 g		
	Hefen		10/10 g		
	Schimmelpilze		10/10 g		
	Coliforme		negativ/10 g		
	E. coli		negativ/10 g		
Speiseeis auf Milchbasis	Aerobe mesophile Keimzahl	100 000			Hygiene-VO
	Enterobacteriaceae	100			Schweiz
	S. aureus	100			
	Keimgehalt (+30 °C)	100 000	500 000	n = 5; c = 2	Milchver-
	Coliforme (+30 °C)	10	100	n = 5; c = 2	ordnung
	S. aureus	10	100	n = 5; c = 2	
	L. monocytogenes in 25 g		nicht nachweisbar	n = 5; c = 0	
	Salmonellen in 25 g		nicht nachweisbar	n = 5; c = 0	

Tabelle 5.1. *Fortsetzung*

Produkt	Untersuchungskriterien	Kolonienebild. Einheiten pro g oder ml		Bemerkungen	Quellen
		Richt-/Toleranz-wert resp. m	Warn-/Grenzwert resp. M		
Frühstückscerealien und Snacks	Aerobe Gesamtkeimzahl Coliforme Hefen Schimmelpilze	10^2 10^2 10^2 10^3		Bei Cerealien ist zusätzlich auf *E. coli* und Salmonellen, bei Snacks routinemäßig auf koagulasepositive Staphylo-kokken zu untersuchen	Hobbs and Greene 1984
	B. cereus *C. perfringens*	10^3 10^2			ICMSF 1986
Kakaoerzeugnisse – Schokolade ohne Füllung, Schokola-denpulver und Kakaopulver	Aerobe mesophile Keime Enterobacteriaceae *S. aureus* Schimmelpilze Hefen	100 000 100 100 100 1 000			Hygiene-VO Schweiz
– Kakaopulver	Gesamtkeimzahl Enterobacteriaceae *E. coli* Salmonellen Hefen Schimmelpilze		max. 5 000 negativ negativ negativ max. 50 max. 50	*Median 300* *Musternahme gemäß FDA* *Bac. Anal. Manual for Foods, Cat. II* *Median 5* *Median 5*	de Zaan 1992
	Gesamtkeimzahl *E. coli* Salmonellen in 400 g Hefen Schimmelpilze		max. 5 000 negativ negativ max. 50 max. 50		van Houten 1986
Cremehaltige Kondito-rei- und Patisseriewaren	Aerobe Gesamtkeimzahl	10^5 bis 10^6			Schulze 1989

	Aerobe mesophile Keimzahl	1 000 000			Hygiene-VO Schweiz
	(Bei fermentierten Zutaten ist die Fremdkeimzahl zu bestimmen)				
	E. coli	100			
	S. aureus	100			
	Schimmelpilze	1 000			
– Geschlagener Rahm	Aerobe mesophile Keime	1 000 000			Hygiene-VO Schweiz
	E. coli	10			
	S. aureus	100			
Backwaren mit nicht-durchgebackener Fül-lung	Aerobe mesophileKoloniezahl[a]	10^6	–	[a] Bei Verwendung von fermentierten Zutaten ist die Anzahl an aeroben mesophilen Fremdkeimen zu be-stimmen [b] Beim Nachweis von E. coli sollte der Kontaminationsquelle nachgegan-gen werden.	DGHM 1996
	Enterobacteriaceae	10^3	10^5		
	E. coli[b]	10^1	10^2		
	Salmonellen in 25 g	–	nicht nachweisbar		
	Koagulase bild. Staphylokokken	10^2	10^3		
	B. cereus	10^3	10^4		
	Schimmelpilze/Hefen	10^4	–		
Tiefkühlbackwaren und Tiefkühlpatisseriewaren					
– Tiefkühlbackwaren mit und ohne Füllung (bestimmungsgemäß verzehrsfertig ohne Erhitzen)	Aerobe mesophile Koloniezahl	$1{,}0 \times 10^5$		Füllung und Überzug wurden bei der Herstellung mitgebacken, z.B. Crois-sants, ungefüllte Crèpes, fertiggebak-kener Apfelstrudel	DGHM 1991
	Salmonellen in 25 g	–	nicht nachweisbar		
	S. aureus	$1{,}0 \times 10^1$	$1{,}0 \times 10^2$		
	B. cereus	$1{,}0 \times 10^3$	$1{,}0 \times 10^4$		
	E. coli	$1{,}0 \times 10^1$	$1{,}0 \times 10^2$		
	Schimmelpilze	$1{,}0 \times 10^2$	$1{,}0 \times 10^3$		
– Tiefkühlbackwaren die vor dem Verzehr einer Erhitzung un-terzogen werden	Salmonellen in 25 g	–	nicht nachweisbar	Rohe/teilgegarte TK-Backwaren wie Teige, Teiglinge, Obst- und Quark-backwaren	DGHM 1991
	S. aureus	$1{,}0 \times 10^2$	$1{,}0 \times 10^3$		
	B. cereus	$1{,}0 \times 10^3$	$1{,}0 \times 10^4$		
	E. coli	$1{,}0 \times 10^3$	–		
	Schimmelpilze	$1{,}0 \times 10^4$	$1{,}0 \times 10^5$		

Tabelle 5.1. *Fortsetzung*

Produkt	Untersuchungskriterien	Kolonienebild. Einheiten pro g oder ml		Bemerkungen	Quellen
		Richt-/Toleranz-wert resp. m	Warn-/Grenzwert resp. M		
– Tiefkühlbackwaren mit nicht durchge-backener Füllung (bestimmungsgemäß verzehrfertig ohne Erhitzen)	Aerobe mesophile Koloniezahl *(Bei fermentierten Zutaten ist die Fremdkeimzahl zu bestimmen)* Salmonellen in 25 g	$1{,}0 \times 10^6$	–	TK-Backwaren, die nach dem Backen und vor dem Tiefgefrieren gefüllt und/oder belegt und/oder überzogen werden, einschließlich Obstkuchen, gefüllte Crèpes und Sahne/Creme-Produkte	DGHM 1991
	Salmonellen in 25 g	–	nicht nachweisbar		
	S. aureus	$1{,}0 \times 10^2$	$1{,}0 \times 10^3$		
	B. cereus	$1{,}0 \times 10^3$	$1{,}0 \times 10^4$		
	E. coli	$1{,}0 \times 10^2$	$1{,}0 \times 10^3$		
	Schimmelpilze	$1{,}0 \times 10^3$	$1{,}0 \times 10^4$		
Kochprodukte, Trocken-suppen etc., Instantpro-dukte, Gewürze, Teigwaren					DGHM 1988
– Kochprodukte Trockensuppen Trockeneintöpfe Trockensoßen	Aerobe mesophile Koloniezahl	$1{,}0 \times 10^7$	–		
	Salmonellen in 25 g	–	nicht nachweisbar		
	S. aureus	$1{,}0 \times 10^2$	$1{,}0 \times 10^3$		
	B. cereus	$1{,}0 \times 10^4$	$1{,}0 \times 10^5$		
	E. coli	$1{,}0 \times 10^3$	$1{,}0 \times 10^4$		
	Sulfitred. Clostridien	$1{,}0 \times 10^4$	$1{,}0 \times 10^5$		
	Schimmelpilze	$1{,}0 \times 10^4$	$1{,}0 \times 10^5$		
– Trockensuppen und Bouillons, die ge-kocht oder mit ko-chendem Wasser zubereitet werden	*C. perfringens*	10^2	10^4	n = 5; c = 3	AIIBP 1992
	B. cereus	10^3	10^5	n = 5; c = 3	
	S. aureus	10^2	10^3	n = 5; c = 2	
	Salmonellen in 25 g		negativ	n = 5; c = 0	

– Instantprodukte, Instantsuppen	Aerobe mesophile Koloniezahl	$1,0 \times 10^6$	–		DGHM 1988
	Salmonellen in 25 g	–	nicht nachweisbar		
	S. aureus	$1,0 \times 10^2$	$1,0 \times 10^3$		
	B. cereus	$1,0 \times 10^4$	$1,0 \times 10^5$		
	E. coli	$1,0 \times 10^2$	$1,0 \times 10^3$		
	Sulfitred. Clostridien	$1,0 \times 10^4$	$1,0 \times 10^5$		
	Schimmelpilze	$1,0 \times 10^4$	$1,0 \times 10^5$		
– Gewürze, nicht keimreduzierendem Verfahren unterzogen	Salmonellen in 25 g	–	nicht nachweisbar	Gewürze, die zur Abgabe an den Verbraucher (§ 6 LMBG) bestimmt sind oder einem Lebensmittel zugesetzt werden	DGHM 1988
	S. aureus	$1,0 \times 10^2$	$1,0 \times 10^3$		
	B. cereus	$1,0 \times 10^4$	$1,0 \times 10^5$		
	E. coli	$1,0 \times 10^4$	–		
	Sulfitred. Clostridien	$1,0 \times 10^4$	$1,0 \times 10^5$		
	Schimmelpilze	$1,0 \times 10^5$	$1,0 \times 10^6$		
– Rohe (ungekochte), getrocknete Teigwaren	Aerobe mesophile Keime	100 000			Hygiene-VO Schweiz
	Enterobacteriaceae	1 000			
	S. aureus	10 000			
	Schimmelpilze	1 000			
	Salmonellen in 25 g	–	nicht nachweisbar		DGHM 1988
	S. aureus	10^4	10^5		
	B. cereus	10^4	10^5		
	C. perfringens	10^4	10^5		
	E. coli	10^3	–		
	Enterokokken	10^4	–		
	Schimmelpilze	10^4	10^5		
– Feuchte, verpackte, gefüllte und ungefüllte Teigwaren[a] wie Tortelloni/Tortellini, Ravioli, Conchiglie, Agnolotti, Grantortelli, Maultaschen, Spätzle, Schupfnudeln etc.	Aerobe mesophile Koloniezahl (einschl. Milchsäurebakterien)	10^6	–	[a] Die angegebenen Werte sind bis zum Mindesthaltbarkeitsdatum einzuhalten. [b] Beim Nachweis von *E. coli* sollte der Kontaminationsquelle nachgegangen werden.	DGHM 1996
	Enterobacteriaceae	10^2	10^4		
	E. coli[b]	10^1	10^2		
	Salmonellen in 25 g	–	nicht nachweisbar		
	Koagulase bild. Staphylokokken	10^2	10^3		
	B. cereus	10^2	10^3		

Tabelle 5.1. *Fortsetzung*

Produkt	Untersuchungskriterien	Kolonienebild. Einheiten pro g oder ml		Bemerkungen	Quellen
		Richt-/Toleranzwert resp. m	Warn-/Grenzwert resp. M		
– Offen angebotene frische, feuchte Teigwaren (mit und ohne Füllung), bzw. vorgekochte Teigwaren (z.B. in Gaststätten)	Aerobe mesophile Koloniezahl (einschl. Milchsäurebakterien)	10^6	–	[a] Beim Nachweis von *E. coli* sollte der Kontaminationsquelle nachgegangen werden.	DGHM 1996
	Enterobacteriaceae	10^4	10^5		
	Salmonellen in 25 g		nicht nachweisbar		
	E. coli[a]	10^1	10^2		
	Koagulase bild. Staphylokokken	10^2	10^3		
	B. cereus	10^3	10^4		
Unverpackte, vorgekochte Speisen	Aerobe mesophile Keime	10 Mio.			Hygiene-VO Schweiz
	E. coli	100			
	S. aureus	100			
	Hefen und Schimmelpilze	1 000			
Mischsalate und Feinkosterzeugnisse					
– Mischsalate	Aerobe Koloniezahl (+25 °C)	2×10^7	5×10^7	Richtwerte bei Abgabe an den Verbraucher	DGHM 1990
	E. coli	1×10^3	1×10^4		
	Salmonellen in 25 g	–	nicht nachweisbar		
	Shigellen in 25 g	–	nicht nachweisbar		
– Feinkostsalate	Aerobe mesophile Koloniezahl	10^6 [a]	–		DGHM 1992
	Milchsäurebakterien	10^6 [a]	–		
	S. aureus	10^2 [b]	10^3 [b]		
	B. cereus	10^3	10^4		
	E. coli	10^2	10^3		
	Sulfitred. Clostridien[c]	10^3	10^4		
	Salmonellen in 25 g	–	nicht nachweisbar		

a Mikroorganismen, die als Starterkulturen zugesetzt werden, bleiben unberücksichtigt
b Bei Salaten aus Krebstieren Richtwerte 10^3/g und Warnwerte 10^4/g
c Gültigkeit nur für pasteurisierte Salate

Sterilerzeugnisse und UHT-behandelte Produkte					
– Konserven	Gesamtkeimzahl	10^2 bis 10^4		Halbkonserven	Leistner et al. 1978
	Gesamtkeimzahl	10^1 bis 10^3		Dreiviertelkonserven	
	Gesamtkeimzahl	10^1 bis 10^2		Vollkonserven	
	Aerobe mesophile Keime			*Die Zunahme der Keim- und Sporenzahl darf nach*	Hygiene-VO Schweiz
	Aerobe Sporen	handelsüblich		*einer 14–21tägigen Bebrütung der verschlossenen Ver-*	
	Anaerobe mesophile Keime	steril		*packungen bei 25 bzw. 37 °C zwei Zehnerpotenzen*	
	Anaerobe Sporen			*nicht überschreiten*	
	Pathogene und toxigene Keime				
Fleisch und Fleisch-erzeugnisse					
– Schlachttierkörper	Oberflächenkeimzahl pro cm^2	bis 5 x 10^6		einwandfrei	Leistner et al. 1981
	Oberflächenkeimzahl pro cm^2	5 x 10^6 bis 5 x 10^7		noch tolerierbar	
	Oberflächenkeimzahl pro cm^2	über 5 x 10^7		zu hoch	
– Hackfleisch	Aerober Keimgehalt (+30 °C)	5 x 10^5	5 x 10^6	n = 5; c = 2	Fleisch-hygiene-VO
	Kolibakterien	50	5 x 10^2	n = 5; c = 2	
	Koagulasepositive Staphylokokken	10^2	10^3	n = 5; c = 1	
	Salmonellen in 25 g	nicht feststellbar		n = 5; c = 0	
				Die Untersuchungsprobe muß aus fünf Unterproben bestehen und repräsentative für die Tagesproduktion sein	
– Fleischzu-bereitungen	Kolibakterien	5 x 10^2	5 x 10^3	n = 5; c = 2	Fleisch-hygiene-VO
	Koagulasepositive Staphylokokken	5 x 10^2	5 x 10^3	n = 5; c = 1	
	Salmonellen in 25 g	nicht feststellbar		n = 5; c = 0	
				Die Untersuchungsprobe muß aus fünf Unterproben bestehen und repräsentative für die Tagesproduktion sein	

Tabelle 5.1. *Fortsetzung*

Produkt	Untersuchungskriterien	Kolonienebild. Einheiten pro g oder ml		Bemerkungen	Quellen
		Richt-/Toleranz-wert resp. m	Warn-/Grenzwert resp. M		
– Separatorenfleisch	Gesamtkeimzahl	bis 5×10^6		einwandfrei	Leister 1981
		5×10^6 bis 5×10^7		noch tolerierbar	
		über 5×10^7		zu hoch	
	Enterobacteriaceae	bis 1×10^5		einwandfrei	
		1×10^5 bis 1×10^6		noch tolerierbar	
		über 1×10^6		zu hoch	
	S. aureus	bis 1×10^3		einwandfrei	
		1×10^3 bis 1×10^4		noch tolerierbar	
		über 1×10^4		zu hoch	
	Salmonellen	keine in 1,0 g		einwandfrei	
		keine in 0,5 g		noch tolerierbar	
		in 0,5 g nach-weisbar		zu hoch	
– Leber-/Rot-/Sülz-wurst	Aerobe Gesamtkeimzahl	10^3 bis 10^4			Schulze 1989
	Enterobacteriaceae	10^2			
	Laktobazillen	10^2 bis 10^3			
	Mikrokokken	10^2 bis 10^4			
	Bazillen	10^2 bis 10^4			
– Sülzen	Aerobe Gesamtkeimzahl	10^3 bis 10^6			Schulze 1989
	Enterobacteriaceae	10^1 bis 10^3			
	Laktobazillen	10^3 bis 10^5			
	Mikrokokken	10^2 bis 10^4			
	Bazillen	10^2 bis 10^3			
	Hefen	10^1			
– Brühwurst	Gesamtkeimzahl	10^3 bis 10^4		im Stück	Leister 1981
	Gesamtkeimzahl	10^5 bis 10^6		vakuumverpackter Aufschnitt	

Produkt		Wert	Bemerkung	Quelle
– Rohwurst	Aerobe Gesamtkeimzahl	10^6 bis 10^8		Schulze 1989
	Enterobacteriaceae	10^3		
	Laktobazillen	10^6 bis 10^7		
	Mikrokokken	10^3 bis 10^5		
	Bazillen	10^3		
	Hefen	10^2 bis 10^4		
	Gesamtkeimzahl *(Die Gesamtkeimzahl besteht über- wiegend aus erwünschten Mikroor- ganismen, und zwar Milchsäurebakterien)*	10^7 bis 10^8		Leistner 1978
	Enterobacteriaceae	100	ausgereift	Hygiene-VO Schweiz
	Enterobacteriaceae	1 000	abgebrochene Reifung	
	C. perfringens	100	ausgereift sowie	
	S. aureus	1 000	abgebrochene Reifung	
– Rohschinken	Aerobe Gesamtkeimzahl	10^3 bis 10^6		Schulze 1989
	Enterobacteriaceae	10^3		
	Laktobazillen	10^3 bis 10^6		
	Mikrokokken	10^4 bis 10^5		
	Bazillen	10^3		
	Hefen	10^2 bis 10^3		
	Gesamtkeimzahl	10^2 bis 10^3		Leister 1978
– Tatar und ähnliche genußfertige rohe Fleischwaren	Aerobe mesophile Keime	1 Mio.		Hygiene-VO Schweiz
	E. coli	1 000		
	S. aureus	100		

Tabelle 5.1. *Fortsetzung*

Produkt	Untersuchungskriterien	Kolonienebild. Einheiten pro g oder ml		Bemerkungen	Quellen
		Richt-/Toleranzwert resp. m	Warn-/Grenzwert resp. M		
Fisch, Fischprodukte, Krustentiere					
– Frischer und gefrore- ner Fisch	Aerobe Koloniezahl	5×10^5	1×10^7	n = 5; c = 3	ICMSF 1986
	E. coli	1×10^1	5×10^2	n = 5; c = 3	
	Salmonellen	–	nicht nachweisbar	n = 5; c = 0	
	V. parahaemolyticus	1×10^2	1×10^3	n = 5; c = 2	
	S. aureus	1×10^3	1×10^4	n = 5; c = 2	
– Räuchermakrelen, verpackt	Aerobe Gesamtkeimzahl	10^6		Kritische Werte	Schulze und Zimmer- mann 1983
	Enterobacteriaceae	10^4			
	Pseudomonaden	10^4			
	Aeromonaden	10^4			
– lebende Muscheln	pro 100 g Muschelfleisch und Schalenflüssigkeit				Fisch- hygiene-VO
	Fäkalcoliforme		< 300	ermittelt in einem 5-tube-3-Delution-MPN-Test	
	E. coli		< 230		
	Salmonellen in 25 g Muschelfleisch		nicht nachweisbar		
Trinkwasser, Quellwas- ser, Tafelwasser					
– Trinkwasser, unbehandelt	Salmonellen/Shigellen pro 5 l	–	nicht nachweisbar		Hygiene-VO Schweiz
	Aerobe mesophile Keime	100		an der Quelle	
	Aerobe mesophile Keime	300		im Verteilernetz	
	E. coli pro 100 ml	nicht nachweisbar		–	
	Enterokokken pro 100 ml	nicht nachweisbar		–	
– Trinkwasser, mit einem Entkeimungs- verfahren behandelt	Aerobe mesophile Keime	20		nach Behandlungsverfahren	Hygiene-VO Schweiz
	Aerobe mesophile Keime	300		im Verteilernetz	
	E. coli pro 100 ml	nicht nachweisbar			
	Enterokokken pro 100 ml	nicht nachweisbar			

– Trinkwasser	„Trinkwasser muß frei sein von Krankheitserregern. Dieses Erfordernis gilt als nicht erfüllt, wenn Trinkwasser in 100 ml *Escherichia coli* enthält (Grenzwert). Coliforme Keime dürfen in 100 ml nicht enthalten sein (Grenzwert); dieser Grenzwert gilt als eingehalten, wenn bei mindestens 40 Untersuchungen in mindestens 95 von Hundert der Untersuchungen coliforme Keime nicht nachgewiesen werden. Fäkalstreptokokken dürfen in 100 ml Trinkwasser nicht enthalten sein (Grenzwert)." „In Trinkwasser soll die Koloniezahl den Richtwert 100 je ml bei einer Bebrütungstemperatur von 20 °C ± 2°C und einer Bebrütungstemperatur von 36 °C ± 1 °C nicht überschreiten. In desinfiziertem Trinkwasser soll außerdem die Koloniezahl nach Abschluß der Aufbereitung den Richtwert von je 20 je ml bei einer Bebrütungstemperatur von 20 °C ± 2 °C nicht überschreiten". „Bei Trinkwasser aus Eigen- und Einzelversorgungsanlagen, aus denen nicht mehr als 1000 m^3 im Jahr entnommen werden, sowie bei Trinkwasser aus Sammel- und Vorratsbehältern und Wasserversorgungsanlagen an Bord von Wasserfahrzeugen, in Luftfahrzeugen oder in Landfahrzeugen soll die Koloniezahl den Richtwert von 1.000 je ml bei einer Bebrütung von 20 °C ± 2 °C und den Richtwert von 100 je ml bei einer Bebrütungstemperatur von 36 °C ± 1 °C nicht überschreiten. Für Trinkwasser aus Wasserversorgungsanlagen auf Spezialfahrzeugen, die Trinkwasser transportieren und abgeben, gilt Absatz 2."			TrinkwVO
– Mineralwasser	Aerobe mesophile Keime	100	Proben an der Quelle erhoben	Hygiene-VO Schweiz
	E. coli pro 100 ml	nicht nachweisbar		
	Enterokokken pro 100 ml	nicht nachweisbar		
	P. aeroginosa pro 100 ml	nicht nachweisbar		
	Salmonellen/Shigellen pro 5 l	–	nicht nachweisbar	
	E. coli pro 100 ml	nicht nachweisbar	abgefüllt in Behältnissen	Hygiene-VO Schweiz
	Enterokokken pro 100 ml	nicht nachweisbar		
	P. aeroginosa pro 100 ml	nicht nachweisbar		
	Salmonellen/Shigellen pro 5 l	–	nicht nachweisbar	
– natürliches Mineral-, Quell- und Tafelwasser	„Natürliches Mineralwasser muß frei sein von Krankheitserregern. Dieses Erfordernis gilt als nicht erfüllt, wenn es in 250 ml *Escherichia coli*, coliforme Keime, Fäkalstreptokokken oder *Pseudomonas aeruginosa* sowi ein 50 ml sulfitreduzierende, sporenbildende Anaerobier enthält. Die Koloniezahl darf bei einer Probe, die innerhalb von 12 Stunden nach der Abfüllung entnommen und untersucht wird, den Grenzwert von 100 je ml bei einer Bebrütung von 20 °C ± 2 °C und den Grenzwert von 20 je ml bei einer Bebrütungstemperatur von 37 °C ± 1 °C nicht überschreiten." „Bei natürlichem Mineralwasser soll außerdem die Koloniezahl am Quellaustritt den Richtwert von 20 je ml bei einer Bebrütungstemperatur von 20 °C ± 2 °C und den Richtwert von 5 je ml bei einer Bebrütungstemperatur von 37 °C ± 1 °C nicht überschreiten. Natürliches Mineralwasser darf nur solche vermehrungsfähigen Arten an Mikroorganismen enthalten, die keinen Hinweis auf eine Verunreinigung bei dem Gewinnen oder Abfüllen geben."			Mineral- und Tafelwasser-Verordnung

Tabelle 5.1. *Fortsetzung*

Produkt	Untersuchungskriterien	Kolonienebild. Einheiten pro g oder ml		Bemerkungen	Quellen
		Richt-/Toleranz-wert resp. m	Warn-/Grenzwert resp. M		
Getreide und Speisege-treideerzeugnisse					
– Weizen und Roggen	Gesamtkoloniezahl	$5,0 \times 10^6$		vorläufige Spezifikation	Spicher 1993
	Sporen (mesophil)	100			
	Coliforme Keime	10			
	E. coli	< 1			
	Enterokokken	10			
	Pilze	$3,0 \times 10^4$			
– Speisegetreide	Gesamtkoloniezahl	$1,0 \times 10^6$		vorläufige Spezifikation	Spicher 1993
	Sporen (mesophil)	100			
	Coliforme Keime	10			
	E. coli	< 1			
	Enterokokken	10			
	Pilze	$1,0 \times 10^5$			
– Mehle Typ 405/550	Gesamtkoloniezahl	50 000		vorläufige Spezifikation	Spicher 1993
	Sporen (mesophil)	100			
	Coliforme Keime	10			
	E. coli	< 1			
	Enterokokken	10			
	Pilze	4 000			
– Grieß	Gesamtkoloniezahl	$4,0 \times 10^4$		vorläufige Spezifikation	Spicher 1993
	Sporen (mesophil)	50			
	Coliforme Keime	75			
	E. coli	< 1			
	Enterokokken	100			
	Pilze	300			

– Speisekleie	Gesamtkoloniezahl	$1,0 \times 10^4$	vorläufige Spezifikation	Spicher 1993
	Sporen (mesophil)	100		
	Coliforme Keime	1		
	E. coli	< 1		
	Enterokokken	100		
	Pilze	$1,0 \times 10^3$		
	Gesamtkeimzahl		max. 10^4	Diät-Ver-band 1985

Quellen im Literaturverzeichnis.

Tabelle 5.2. Grenzwerte für Mikroorganismen (Schweiz, Hygiene-VO 1995)

Mikroorganismen	Produktgruppen/Produkt	Grenzwert kolonie-bildende Einheiten
A. Erreger von Infektionskrankheiten, Toxi-Infektionen oder Intoxikationen		
Bacillus cereus	– nicht genußfertige Lebensmittel	10^5 pro g
	– genußfertige Lebensmittel	10^4 pro g
	– nicht genußfertige und genußfertige Säuglingsanfangsnahrung und Folgenahrung	10^3 pro g
Brucella abortus *Brucella melitensis*	– genußfertige Lebensmittel und aus Placenta oder Frischzellen hergestellte Kosmetika	n.n.[a] pro 25 g
Campylobacter jejuni *Capylobacter coli*	– genußfertige Lebensmittel	n.n. pro 25 g
Clostridium perfringens	– nicht genußfertige Lebensmittel	10^5 pro g
	– genußfertige Lebensmittel	10^4 pro g
	– nicht genußfertige und genußfertige Säuglingsanfangsnahrung und Folgenahrung	10^3 pro g
Escherichia coli	– genußfertige Lebensmittel	10^4 pro g
	– genußfertige Säuglingsanfangsnahrung und Folgenahrung	10 pro g
Listeria monocytogenes	– genußfertige Lebensmittel	n.n. pro 25 g
	– Fleischwaren mit einem a_w-Wert < 0,92	< 100 pro g
Pseudomonas aeruginosa	– genußfertige Lebensmittel	10^4 pro g
	– genußfertige Säuglingsanfangsnahrung und Folgenahrung	10 pro g
	– Kosmetika für Babys und für Anwendung in Augennähe	10 pro g
Salmonella spp.	– Trinkwasser	n.n. pro 5 l
	– nicht genußfertige und genußfertige Säuglingsanfangsnahrung und Folgenahrung	n.n. pro 50 g
	– genußfertige Lebensmittel	n.n. pro 25 g
	– Gewürze	n.n. pro 25 g
Shigella spp.	– Trinkwasser	n.n. pro 5 l
	– genußfertige Lebensmittel	n.n. pro 25 g
Staphylococcus aureus	– nicht genußfertige Lebensmittel	10^5 pro g
	– genußfertige Lebensmittel	10^4 pro g
	– nicht genußfertige Säuglingsanfangsnahrung und Folgenahrung	10^3 pro g
	– genußfertige Säuglingsanfangsnahrung und Folgenahrung	10^2 pro g
Vibrio cholerae	– Trinkwasser	n.n. pro 5 l
	– genußfertige Lebensmittel	n.n. pro 10 g

[a] n.n. = nicht nachweisbar.

Tabelle 5.2. *Fortsetzung*

Mikroorganismen	Produktgruppen/Produkt	Grenzwert kolonie-bildende Einheiten
Yersinia enterocolitica (pathogene Serotypen)	– genußfertige Lebensmittel	n.n. pro 25 g
B. Verderbniserreger		
Aerobe mesophile Keime	– genußfertige Säuglingsanfangsnah-rung und Folgenahrung	10^5 pro g
	– nicht genußfertige Säuglingsanfangs-nahrung und Folgenahrung	10^6 pro g
	– genußfertige Lebensmittel ausge-nommen fermentierte Lebens-mittel	10^8 pro g
Fremdkeime	– genußfertige Säuglingsanfangsnah-rung und Folgenahrung fermentiert oder mit fermentierten Zutaten	10^5 pro g
	– nicht genußfertige Säuglingsanfangs-nahrung und Folgenahrung fermen-tiert oder mit fermentierten Zutaten	10^6 pro g
	– Lebensmittel fermentiert oder mit fermentierten Zutaten hergestellt	10^8 pro g
Hefen	– genußfertige und nicht genußfertige Säuglingsanfangsnahrung und Folge-nahrung	10^5 pro g
	– genußfertige Lebensmittel ausge-nommen fermentierte Lebens-mittel	10^7 pro g
Schimmelpilze	– genußfertige und nicht genußfertige Säuglingsanfangsnahrung und Folge-nahrung	10^4 pro g
	– genußfertige Lebensmittel ausge-nommen schimmelgereifte	von bloßem Auge sichtbar verschimmelt

5.3
Begriffe und Aspekte zu mikrobiologischen Kriterien und zu Stichprobenplänen

Wegen der in Zukunft von erheblicher Bedeutung werdenden Begriffe zu mikro-biologischen Kriterien, deren Interpretation sowie Eigenkontrollen der Betreiber von Lebensmittelbetrieben wird im Anhang dieses Buches (s.7.5) die ALINORM 97/13 a – Anhang 3 (Entwurf des Bundessprachenamtes „Revidierte Grundsätze für die Aufstellung und Anwendung von mikrobiologischen Kriterien für Lebens-mittel") wiedergegeben.

Kapitel 6

Kosmetische Produkte

6.1
Untersuchungsumfang und -kriterien

Als Basis für mikrobiologische Untersuchungen, Methoden und Verfahren dienen
im allgemeinen Vorschriften und Empfehlungen, die für pharmazeutische Präparate Gültigkeit haben.

6.1.1
Mikrobiologisches Untersuchungsprogramm

Das mikrobiologische Untersuchungsprogramm umfaßt die Überprüfung auf den
hygienischen Status, d.h. mikrobielle Reinheit eines Produktes sowie Konservie-
rungs-Belastungstests.

6.1.1.1
Kontaminationsquellen

Der für kosmetische Erzeugnisse gewünschte mikrobiologische Status kann nur
erreicht werden, wenn die folgenden Quellen für eine mögliche Verunreinigung
berücksichtigt und unter Kontrolle gehalten werden:

- Alle Ausgangsmaterialien, d.h. die Hilfs- und Wirkstoffe, die zur Herstellung
  der Produkte Verwendung finden.
- Alle Geräte und Behälter, mit denen die Zwischenprodukte während der Fabri-
  kation in Berührung kommen.
- Die Raumluft.
- Das Betriebspersonal.
- Das Packmaterial und die Endproduktbehälter.
- Die Bedingungen während der Lagerung und des Verbrauchs.

6.1.1.2
Notwendige Kontrollen

Um den mikrobiologischen Anforderungen genügen zu können, resp. um die Kon-
taminationsherde erkennen und eliminieren zu können, sind eine Reihe von Maß-

nahmen und Kontrollen sowohl während der Entwicklungs- als auch während und nach Abschluß der Produktionsphase durchzuführen.

6.1.1.3
Entwicklungs- und Produktionsphase, Produktkontrolle

In der Entwicklungsphase sind Produkte durch Belastungstests auf ihre Kontaminationsanfälligkeit resp. ihre ausreichende Konservierung zu prüfen, um eine hinreichende Haltbarkeit zu gewährleisten. Die bei diesen künstlichen Kontaminationen gewonnenen Erkenntnisse müssen gegebenenfalls zum Einsatz von geeigneten Konservierungsmitteln führen; ebenso müssen sie bei der Wahl der Endproduktbehältnisse mitberücksichtigt werden.

Während der Produktionsphase müssen sowohl die Ausgangsmaterialien als auch die Fabrikationshygiene überwacht werden. Zu den Ausgangsmaterialien gehört auch das Wasser.

Unter Fabrikationshygiene fallen die Prüfungen der Raumluft und der Arbeitsflächen sowie personalhygienische Maßnahmen.

Nach Herstellung sind die Erzeugnisse mikrobiologisch zu prüfen.

6.1.2
Konservierungs-Belastungstest

Im Konservierungs-Belastungstest wird die mikrobizide Wirkung eines Produktes mit und/oder ohne Zusatz antimikrobieller Hilfsstoffe bestimmt. Konservierungsstoffe dienen dem Schutz gegen Rekontaminationen beim Verbraucher und gegen eine mikrobielle Vermehrung; ggf. auch, um eine Keimarmut eines Produktes während der Herstellung zu gewährleisten. Sie dürfen nicht zum Verdecken mangelnder Sorgfalt und Sauberkeit bei der Herstellung mißbraucht werden.

Die Testergebnisse erlauben die Beurteilung, ob ein Produkt mikrobiell genügend geschützt ist, und zwar unter Berücksichtigung seiner durch die Anwendungsart geforderten Reinheit und Beschaffenheit.

Von Bedeutung ist, daß der Test – wie schon erwähnt – bereits bei der Entwicklung, aber auch Umformulierungen kosmetischer Zubereitungen, bei der Prüfung ihrer Stabilität und der Auswahl ihrer endgültigen Verpackungsmaterialien durchzuführen ist. Dabei muß zum Vergleich die Zubereitung auch ohne Zusatz antimikrobieller Hilfsstoffe parallel geprüft werden, um inhibitive Eigenwirkungen bzw. Einflüsse des Konservierungsmittels zu erkennen.

Neben den in Tabelle 6.1. aufgezählten Testorganismen können zusätzliche Mikroorganismen – vorzugsweise aus verdorbenen Produkten isoliert und genügend charakterisiert – einzeln oder als Mischflora eingesetzt werden. Beim Einsatz von Mischfloren sind gegenseitige Hemmwirkungen (Antagonismen)[1] Mikroorganismen nicht auszuschließen und somit zu beachten.

---

[1] Antagonismus: Gegnerschaft; die ein- oder wechselseitige Hemmung oder Schädigung von gemeinsam lebenden Mikroorganismen, z.B. durch Bildung giftiger Stoffwechselprodukte, Entzug lebensnotwendiger Nährstoffe etc.

Tabelle 6.1. Testorganismen für den Konservierungs-Belastungs- bzw. Haltbarkeitstest, USP[a], PhEur[b], FIP[c]

Testorganismen	Stammbezeichnung ATCC[d]	Merkmal
S. aureus	6 538	grampositiv
E. coli	8 739	gramnegativ
P. aeruginosa	9 027	gramnegativ
Candida albicans	10 231	Vertreter für Hefen
Aspergillus niger	16 404	Vertreter für Schimmelpilze

[a] United States Pharmacopoea.
[b] Europäische Pharmakopoea.
[c] Fédération internationale pharmaceutique.
[d] ATCC = American Type Culture Collection (amerik. Stammsammlungsstätte für Mikroorganismen, siehe auch Anhang).

6.1.2.1
Prinzip der Methode

Gleiche Portionsmengen – in der Regel 20 ml bzw. 20 g – des Produktes werden in ausreichend großen Reagenzgläsern mit diversen Testorganismen künstlich kontaminiert. Nach verschiedenen Einwirkzeiten, i.d.R. direkt nach der Beimpfung sowie nach 1, 2, 3 und 4 Wochen, werden Proben entnommen und die Zahl der überlebenden Keime nach entsprechenden Verdünnungsschritten mit dem Plattenguß- oder Oberflächenspatelverfahren bestimmt.

6.1.2.2
Vorbereitung der Testkeime

Herstellung von Bakterien- und Pilzstammkulturen
Die lyophilisierten Kulturen werden in einigen Tropfen gepuffertem Peptonwasser aufgeschwemmt. Die Bakteriensuspensionen werden in 10 ml Caseinpepton-Sojamehlpepton-Bouillon (CASO-Bouillon), Hefesuspensionen in 10 ml Sabouraud-2% Glukose-Bouillon und einige Tropfen der Pilzsuspension auf Sabouraud-2% Glukose-Agar (angelegt als Schrägschichtröhrchen) gebracht. Nach der Bebrütungszeit – Bakterien 24 h/35 °C, Pilze und Hefen 72 h/25–30 °C überimpft man mit einer Öse Bakterien auf CASO-Schrägschichtröhrchen und die Pilze und Hefen auf Sabouraud-Schrägagar. Weitere Bebrütung wie oben.

Die so hergestellten Stammkulturen werden im Kühlschrank aufbewahrt und bei Bedarf, mindestens jedoch monatlich, auf neuen Schrägagar überimpft.

Die Stammkulturen sollten mindestens halbjährlich aus lyophilisierten Kulturen frisch angesetzt werden.

Impfmaterial
Zur Herstellung von Bakterien-Vorkulturen werden von den Stammkulturen (nicht älter als 2 Tage) CASO-Schrägschichtagarröhrchen beimpft; von diesen Passage-Kulturen werden je 100 ml CASO-Bouillon angesetzt und 24 h bei 32–37 °C bebrütet.

Die inkubierten Bakterien-Vorkulturen werden in sterilen Zentrifugengläsern 15 Minuten bei 3.000 U/min zentrifugiert. Nach dem Weggießen und gefahrlosem Beseitigen des Überstandes wird das gewonnene Sediment mit 9 ml gepuffertem Peptonwasser aufgeschwemmt und in ein Reagenzglas überführt. Je nach Bedarf werden die Zellen ein zweites Mal gewaschen.

Zur Gewinnung von Pilz-Vorkulturen werden von den Stammkulturen Sabouraud-Schrägagarröhrchen beimpft und während 3 Tagen bei 30 °C bzw. bis zur starken Sporulierung der Schimmelpilze bebrütet. Die Pilz-Vorkulturen werden mit 9 ml gepuffertem Peptonwasser abgeschwemmt und in ein Reagenzglas gebracht. Bei *A. niger* wird gepuffertes Peptonwasser mit einem Zusatz von 1% Tween 80 verwendet. Der Emulgator dient der besseren Verteilung durch Aufsprengen bzw. Auseinanderdrängen der Sporenkonglomerate.

Die Konzentration der Testkeime kann mittels Photometer anhand eines selbst erstellten Diagramms so eingestellt werden, daß nach Beimpfung mit 0,1 ml Keimsuspension pro 20 g Produkt die Keimzahl im Prüfmaterial 10^5–10^6 Keime/ml beträgt.

6.1.2.3
Temperaturbelastung des Prüfmaterials

Kosmetika werden i.d.R. bei Raumtemperatur (20–25 °C) gelagert, da in unserer mitteleuropäischen Klima- bzw. Temperaturzone nicht für längere Zeit mit höheren Temperaturen gerechnet werden muß.

Bei Exportprodukten sind entsprechend adaptierte Temperaturbedingungen zu wählen.

6.1.2.4
Bestimmung der Keimzahl

Von jeder zur Prüfung anstehenden Probe werden 1 g bzw. 1 ml Material aseptisch entnommen und je eine Verdünnungsreihe mit gepuffertem Peptonwasser – im Bedarfsfall mit Inaktivierungsmittelzusätzen – bis zur Verdünnungsstufe 10^{-5} angelegt bzw. soweit verdünnt, daß pro Nährbodenplatte etwa 100–200 Kolonien erwartet werden. Bei öligen Präparaten wird zur Verdünnung gepuffertes Peptonwasser mit einem Zusatz von 2–3% Tween 80 verwendet.

1 ml der Verdünnung wird mit 15–17 ml verflüssigtem und auf 45 °C abgekühltem Nähragar im Plattenguß durch Kreisbewegungen vermischt.

Inaktivierungsmittel
Inaktivierungsmittel schalten die Nachwirkungen antimikrobieller Substanzen aus. Würden Konservierungsstoffe nicht enthemmt, so würde durch die bakteriostatische Wirkung der Konservierungsmittel eine Wirkung vorgetäuscht, die in Wirklichkeit nicht vorhanden ist.

Zur Inaktivierung der in Kosmetika eingesetzten Konservierungsmittel dienen die nachstehend genannten Stoffe mit der Endkonzentration gemäß EG-Richtlinie ENV/509/77-DE:

- Tween 80 (3,0%)
- Lecithin (0,3%)
- L-Histidin-Chlorhydrat (0,1%)
- Natriumthiosulfat (0,5%)
- Pepton (0,1%)

Nährböden und Bebrütungszeiten
- Bakterien: CASO-Agar; 2–5 Tage; 30–35 °C
- Hefen und Schimmelpilze: Sabouraud 2%-Glukose-Agar; 2–5 Tage; 20–25 °C

6.1.2.5
Beurteilung des Belastungstests

Bei kosmetischen Erzeugnissen erwartet man nach Wallhäußer (1984) eine ausreichende Konservierung, wenn bei einer Ausgangskeimzahl von 10^5 g^{-1}, bzw. ml^{-1} innerhalb eines Zeitraumes von weniger als 3 Wochen eine Reduktion der eingeimpften Bakterien auf weniger als 100 Keime g^{-1}, bzw. ml^{-1}, eintritt. Pilzsporen und Hefen sollen im gleichen Zeitraum um wenigstens 2 Zehnerpotenzen abnehmen. Wird ein Belastungstest nach einer längeren Lagerzeit (nach Wallhäußer bis zu 2 Jahren) wiederholt, sollte die Wirkung der eingesetzten Konservierungsmittel noch ausreichen, um eine Vermehrung der eingeimpften Mikroorganismen zu verhindern. Die Tabelle 6.2. zeigt eine prozentuale Reduktion von Mikroorganismen.

6.1.3
Mikrobielle Reinheit – Mikrobiologischer Status

Für die Beurteilung der mikrobiellen Reinheit bzw. des mikrobiologischen Status von kosmetischen Erzeugnissen sind zwei Kriterien von Bedeutung:

Anzahl aerober Keime (Bakterien, Hefen und Schimmelpilze) als koloniebildende Einheiten pro g bzw. ml Untersuchungsmaterial;

Tabelle 6.2. Prozentuale Reduktion von Bakterien und Pilzen

	DAB 10, 1992	CTFA, 1985
	Bakterien-Reduktion	
nach 7 Tagen		≥ 99,9%
nach 14 Tagen	≥ 99,9%	
nach 28 Tagen	kein Anstieg	weitere Abnahme
	Pilze-Reduktion	
nach 7 Tagen	≥ 90%	
nach 14 Tagen		≥ 90%
nach 28 Tagen	kein Anstieg	weitere Abnahme

– Abwesenheit spezifischer Mikroorganismen in einer definierten Menge des Untersuchungsmaterials.

Als spezifische Mikroorganismen werden ausgewiesen (FIP 1976, USP XXI, Wallhäußer 1984)

– *S. aureus*
– *P. aeruginosa*
– *Candida albicans*

Je nach Applikation des Erzeugnisses evt.:

– *E. coli* und Enterobacteriaceae-Gesamtzahl
– Sporenbildner

Bei den Sporenbildnern sind die pathogenen Clostridienarten zu beachten; insbesondere bei kosmetischen Pudern.

6.2
Untersuchungsmethoden – Mikrobiologische Kriterien

Für diese Prüfungen werden quantitative Nachweismethoden angewandt, wobei das Untersuchungsmaterial in oder auf geeignete Nährmedien bzw. -böden verbracht wird.

Methoden	**Anwendungsbereiche**
1. Membranfiltertechnik mit nachfolgender Bebrütung der beimpften Filter auf festen Nährböden oder Nährkartonscheiben	Untersuchung wäßriger und wasserlöslicher Erzeugnisse
2. Verimpfung des suspendierten oder emulgierten Untersuchungsmaterials in flüssigen Medien oder auf festen Nährböden	Untersuchung von dispersen Erzeugnissen
3. Verimpfung geringer Mengen des suspendierten oder emulgierten Untersuchungsmaterials in flüssigen Nährmedien *(MPN-Technik)*	Untersuchung sehr keimarmer Erzeugnisse

6.2.1
Probenahme und -vorbereitung (n. Bühlmann et al. 1971; Madden et al. 1984)

Das Behältnis des zur Untersuchung anstehenden Materials muß zunächst desinfiziert werden. Als Desinfektionsmittel eignet sich 70%iges Ethanol (Einwirkzeit ca. 3 min) oder Spiritus zum Abflammen.

Nach erfolgter Desinfektion wird das Behältnis mit einem sterilen Haushaltspapier abgetupft, dann geöffnet. Die zu untersuchende Probemenge wird aseptisch entnommen und sollte bei festem Material 10 g, bei Flüssigkeiten 100 ml betragen.

Für die Entnahme cremiger Erzeugnisse empfiehlt sich ein steriler Holzspatel.

Flüssigkeiten. Es sind keine besonderen Vorbereitungen nötig. Die zu untersuchende Probe gelangt direkt zur Untersuchung.

Feste Stoffe und Puder. 10 g Probematerial wird aseptisch in einen ausreichend großen Erlenmeyerkolben überführt, der 10 ml steriles Tween 80 enthält. Die Probe wird mit einem sterilen Spatel gut verteilt, alsdann 80 ml NaCl-Peptonlösung (0,85% NaCl, 0,1% Pepton) hinzugefügt und gut vermischt.

Cremes und Produkte auf Ölbasis. 10 g Probematerial wird aseptisch in einen Kolben überführt, der 10 ml steriles Tween 80 enthält. 80 ml auf 40 °C erwärmte NaCl-Peptonlösung wird hinzugefügt und gut geschüttelt. Die Homogenisation kann durch Zugabe steriler Glasperlen verbessert werden.

Aerosole. Nach Desinfektion des Sprühkopfes werden 10 g Produkt in ein steriles Gefäß mit bekannter Tara gesprüht und dann mit 90 ml NaCl-Peptonlösung gut vermischt.

6.2.2
Untersuchungsbeispiele zu ausgewählten Mikroorganismen

In den Abb. 6.1. bis 6.7. sind die Untersuchungsgänge schematisch dargestellt. Für wasserarme kosmetische Produkte sind gewisse Standzeiten der ersten Probeverdünnung angezeigt. Durch eine Standzeit findet eine Revitalisierung der meisten Mikroorganismen statt, die etwa aufgrund von Trocknungsvorgängen und anderen physikalischen, aber auch chemischen Einflüssen subletal geschädigt wurden. Durch die Revitalisierung ist es eher möglich, ein relativ vollständiges Spektrum der meisten noch lebensfähigen Keime nachzuweisen. Standzeiten bis zu 1,5 h sind vertretbar, da Keimvermehrungen bis dahin im allgemeinen nicht stattfinden. Auf eine Konservierungsstoff-Inaktivierung wurde hingewiesen (vgl. 6.1.2.4).

Mit vorzusehenden Prüfungen auf Abwesenheit bestimmter spezifischer Keime soll gewährleistet werden, daß das Produkt über einen ausreichend hygienischen Status verfügt.

Sämtliche Untersuchungen auf die zu prüfenden spezifischen Keime wie *S. aureus, P. aeruginosa, E. coli* etc. gehen von Anreicherungskulturen in Flüssigmedien aus. Dadurch erhalten die Keime – sollten sie auch nur in geringen Mengen vorhanden sein – Gelegenheit zur Vermehrung. Erst durch diesen Untersuchungsschritt erhalten die Befunde der nachfolgenden Subkultivierung auf geeigneten Selektivnährböden die notwendige Sicherheit, mit der die Anwesenheit der genannten Keime entweder bestätigt oder ausgeschlossen werden kann.

6.2.3
Mikrobiologische Kriterien

Weder in der nationalen noch in der europäischen Gesetzgebung existieren derzeit irgendwelche detaillierten Anforderungen bzgl. der mikrobiologischen Reinheit kosmetischer Erzeugnisse. Die mikrobiologischen Kriterien in der nachstehenden Tabelle 6.3. basieren auf Empfehlungen der Verbände der herstellenden Pharma- und Kosmetikbranche.

Tabelle 6.3. Keimzahlen und spezifische Keime im kosmetischen Bereich

Produkte	Richtlinien-Vorschlag nach		TPF[b]	FIP[c]
	Wallhäußer 1972	CTFA[a] 1985	1075	1976
Augenkosmetika	≤ 100	≤ 100	≤ 100	
Produkte zur Säuglingspflege	≤ 100 frei von bestimmten Keimen	≤ 500	≤ 100 frei von bestimmten Keimen	
Kosmetika für den allg. Gebrauch	≤ 1000 frei von bestimmten Keimen	≤ 1000	≤ 1000 frei von bestimmten Keimen	
Für den oralen Gebrauch	≤ 1000 frei von bestimmten Keimen	≤ 1000		
Augenpräparate				Abwesenheit von vermehrungsfähigen Keimen in 1 g oder 1 ml
Andere Präparate				Grenzwert an vermehrungsfahigen Keimen: – 10^3–10^4 aerobe Bakterien/g oder ml – 10^2 Hefen & Schimmelpilze/g oder ml Anforderung für bestimmte Keimarten – Abwesenheit von *E. coli* in 1 g oder ml in bestimmten Fällen – Abwesenheit von *S. aureus* und *P. aeruginosa* in 1 g oder ml – Enterobakterien höchstens 10^2/g oder ml

[a] Cosmetic, Toiletry and Fragrances Association.
[b] Toilet Preparation Federation Ltd. London.
[c] Federation Internationale Pharmaceutique.

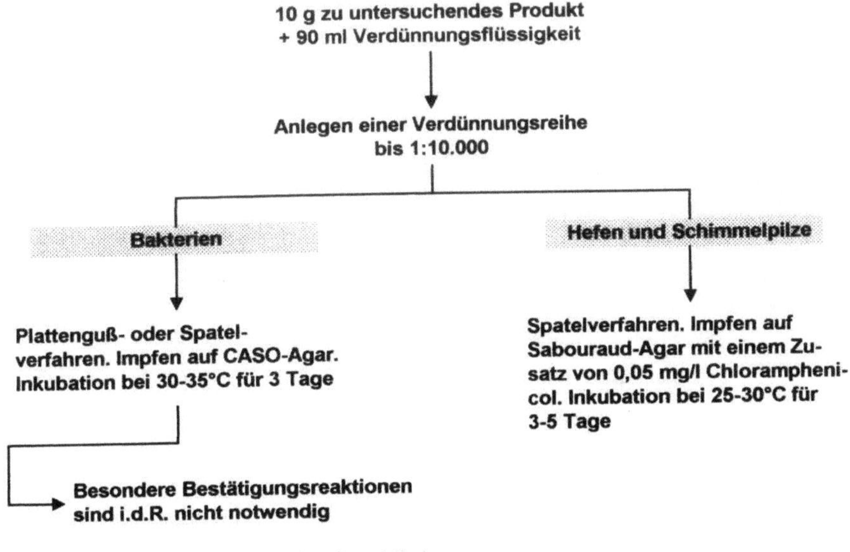

Abb. 6.1. Nachweis kolonienbildender Einheiten

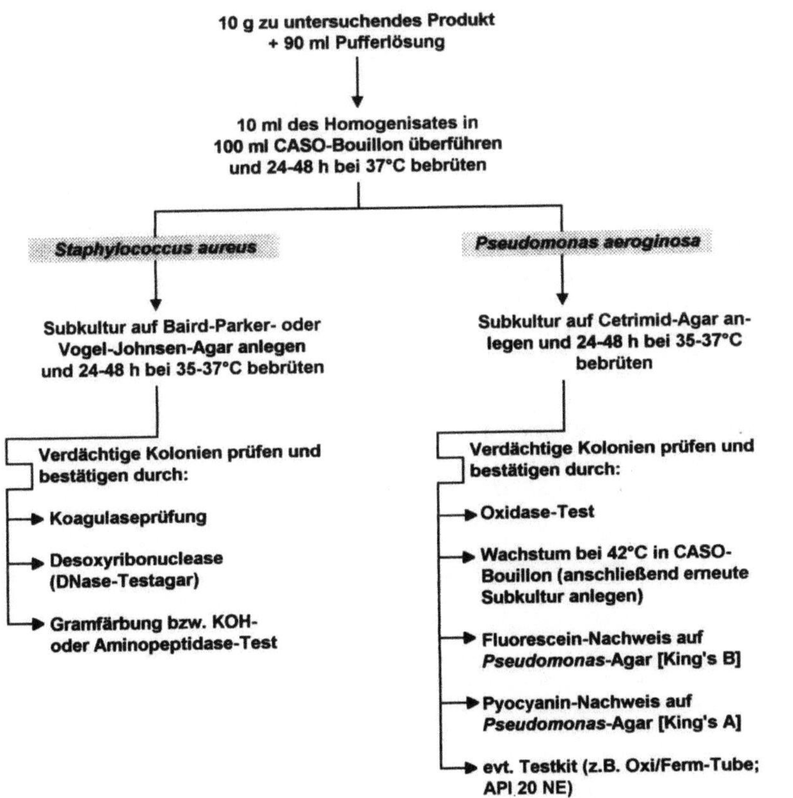

Abb. 6.2. Nachweis von *S. aureus* und *P. aeruginosa n.* USP XXI, Ph. Eur.

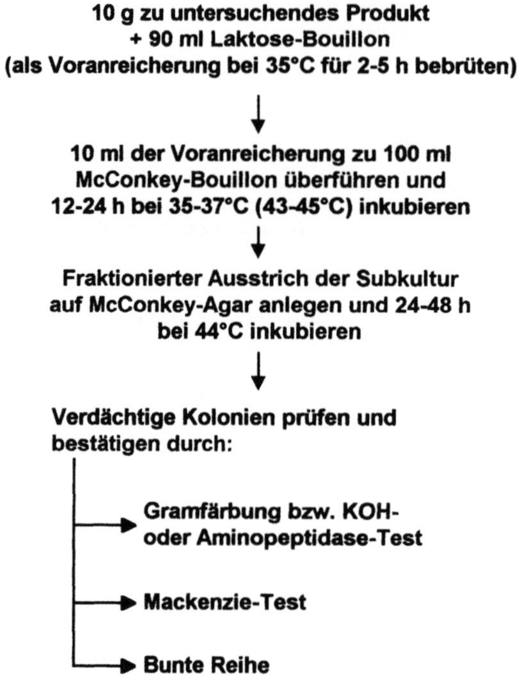

10 g zu untersuchendes Produkt
+ 90 ml Laktose-Bouillon
(als Voranreicherung bei 35°C für 2-5 h bebrüten)

↓

10 ml der Voranreicherung zu 100 ml
McConkey-Bouillon überführen und
12-24 h bei 35-37°C (43-45°C) inkubieren

↓

Fraktionierter Ausstrich der Subkultur
auf McConkey-Agar anlegen und 24-48 h
bei 44°C inkubieren

↓

Verdächtige Kolonien prüfen und
bestätigen durch:

→ **Gramfärbung bzw. KOH-**
oder Aminopeptidase-Test

→ **Mackenzie-Test**

→ **Bunte Reihe**

Abb. 6.3. Nachweis von *E. coli*

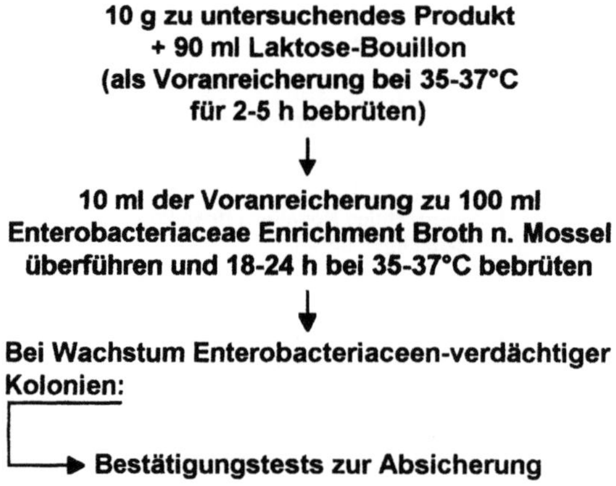

10 g zu untersuchendes Produkt
+ 90 ml Laktose-Bouillon
(als Voranreicherung bei 35-37°C
für 2-5 h bebrüten)

↓

10 ml der Voranreicherung zu 100 ml
Enterobacteriaceae Enrichment Broth n. Mossel
überführen und 18-24 h bei 35-37°C bebrüten

↓

Bei Wachstum Enterobacteriaceen-verdächtiger
Kolonien:

→ **Bestätigungstests zur Absicherung**

Abb. 6.4. Anwesenheits-/Abwesenheitstest Enterobacteraceae

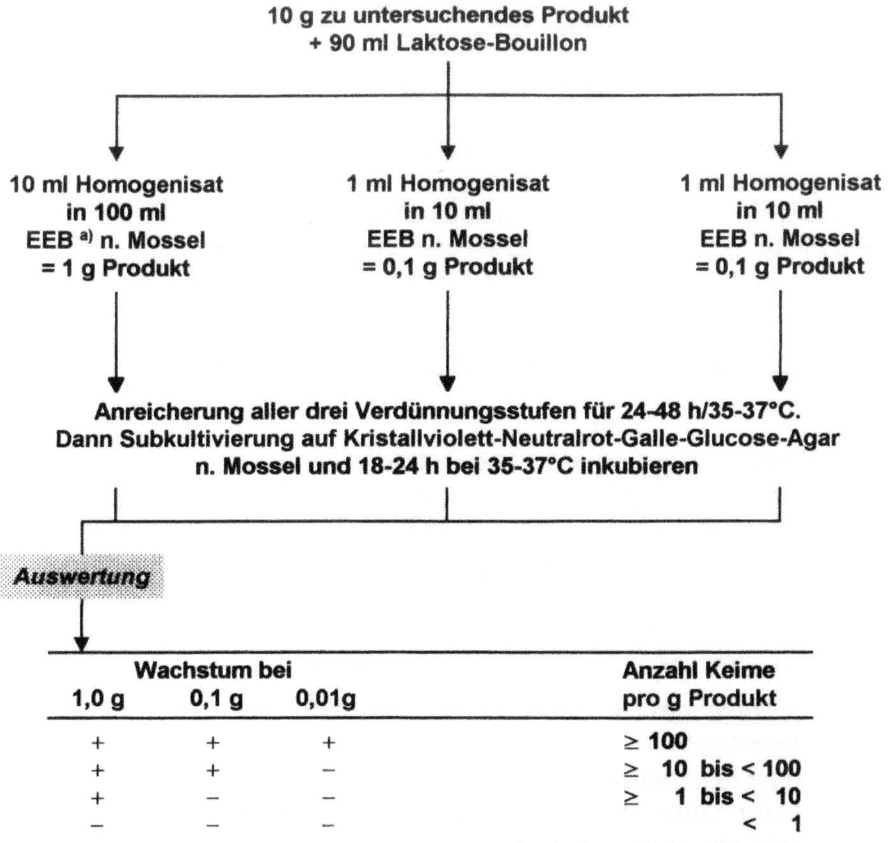

Abb. 6.5. Quantitativer Enterobacteriaceae-Nachweis

10 g zu untersuchendes Produkt
+ 90 ml Verdünnungsflüssigkeit

↓

1 ml Homogenisat zu 10 ml Clostridien-
Differenzialbouillon (DRCM) überführen, mit
sterilem verflüssigtem Paraffin überschichten
und für 10 min / 80°C [a] im Wasserbad erhitzen

↓

Inkubation für 4-10 Tage / 35-37°C

↓

Selektivausstrich verdächtiger Kolo-
nien auf Perfringens-Selektivagar n.
Angelotti, anaerobe Inkubation für
24-48 h / 37°C

[a] 10 min / 80°C; 5 min / 100°C; 10 min / 70°C

Die Temperatur-/Zeitwahl richtet sich nach der
Erfassung von:

- ***hitzeresistenten*** **Sporen**
- ***extrem hitzeresistenten, thermophilen*** **Sporen**
- ***weniger hitzeresistente*** **Sporen**

Abb. 6.6. Nachweis anaerober Sporen

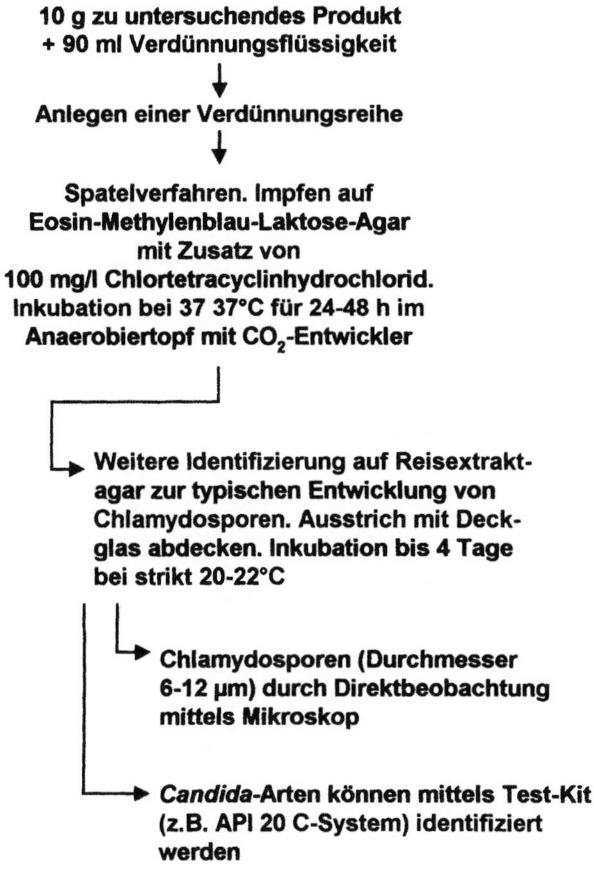

**10 g zu untersuchendes Produkt
+ 90 ml Verdünnungsflüssigkeit**

↓

Anlegen einer Verdünnungsreihe

↓

**Spatelverfahren. Impfen auf
Eosin-Methylenblau-Laktose-Agar
mit Zusatz von
100 mg/l Chlortetracyclinhydrochlorid.
Inkubation bei 37 37°C für 24-48 h im
Anaerobiertopf mit CO_2-Entwickler**

**Weitere Identifizierung auf Reisextrakt-
agar zur typischen Entwicklung von
Chlamydosporen. Ausstrich mit Deckglas abdecken. Inkubation bis 4 Tage
bei strikt 20-22°C**

**Chlamydosporen (Durchmesser
6-12 µm) durch Direktbeobachtung
mittels Mikroskop**

***Candida*-Arten können mittels Test-Kit
(z.B. API 20 C-System) identifiziert
werden**

Abb. 6.7. Nachweis von *Candida albicans*

Anhang

7.1
Rezepturen für Farbstoff- und Reagenzlösungen diverser Färbemethoden

7.1.1
Farbstoff- und Reagenzlösungen

7.1.1.1
Methylenblaulösung für die Vitalfärbung

| Lösung A: | Methylenblau | 0,02 g |
| | dest. Wasser | 100,00 ml |

Lösung B:	0,2 mol KH_2PO_4	99,75 ml
	(Kaliumhydrogenphosphat)	
	0,2 mol Na_2HPO_4	0,25 ml
	(Di-Natriumhydrogenphosphat)	

Lösung A und Lösung B im Verhältnis 1 : 1 mischen

7.1.1.2
Erythrosinlösung für die Vitalfärbung

Lösung A:	Erythrosin	1,00 g
	dest. Wasser	100,00 ml
Lösung B:	0,2 mol Na_2HPO_4	50,00 ml
	(Di-Natriumhydrogenphosphat)	
	0,2 mol NaH_2PO_4	50,00 ml
	(Natriumhydrogenphosphat)	

Gebrauchslösung: 1 ml Lösung A in 50 ml Lösung B mischen

7.1.1.3
Methylenblaulösung (Nach Löffler)

| Lösung A: | Methylenblau | 0,30 g |
| | Ethanol, 96%ig | 10,00 ml |

| Lösung B: | 0,01%ige KOH | 100,00 ml |
| | (Kaliumhydroxid) | |

Gebrauchslösung: 10 ml Lösung A und 100 ml Lösung B mischen

7.1.1.4
Carbolfuchsinlösung (Nach Ziehl-Neelsen)

Stammlösung[1]:	Basisches Fuchsin	0,30 g
	Ethanol, 96%ig	10,00 ml
Gebrauchslösung:	Fuchsin-Stammlösung	10,00 ml
	Phenol	5,00 g
	dest. Wasser	95,00 ml

7.1.1.5
Malachit-Safranin-Sporenfärbung (Nach Shimwell)

Gebrauchslösung für die Sporenfärbung

| Malachitgrün- | Malachitgrün | 5,00 g |
| lösung: | dest. Wasser | 100,00 ml |

Gebrauchslösung für die Gegenfärbung

| Safraninlösung: | Safranin | 0,50 g |
| | dest. Wasser | 100,00 ml |

7.1.1.6
Carbolfuchsin-Methylenblau-Sporenfärbung (Nach Klein)

Gebrauchslösung zur Sporenfärbung

| Carbolfuchsin- | | |
| lösung: | siehe Lösung nach Ziehl-Neelsen | |

Gebrauchslösung zum Entfärben

| Natriumsulfit- | Natriumsulfit | 10,00 g |
| lösung: | dest. Wasser | 100,00 ml |

Gebrauchslösung zum Gegenfärben

Methylenblau-	gesättigte Lösung von Methylenblau in 96%igem	
lösung:	Ethanol	10,00 ml
	dest. Wasser	90,00 ml

---

[1] Die gebrauchsfertigen Färbelösungen (Stammlösung + Zusatzreagenz) sind je nach Färbelösung einige Tage bis Monate haltbar.

Bei häufigem Gebrauch ist es empfohlen, haltbare Farbstoff-Stammlösungen herzustellen, die nach Zusetzen der genannten Reagenzien gebrauchsfertig sind.

– Fuchsin-Stammlösung	50–70 g auf 0,1 l Ethanol, rein 96%ig
– Methylenblau-Stammlösung	50–70 g auf 0,1 l Ethanol, rein, 96%ig
– Gentianaviolett-Stammlösung	30–40 g auf 0,5 l Ethanol, rein, 96%ig

Bei ständigem Schütteln sind die Lösungen nach kurzer Zeit gesättigt. Es bleibt ein Bodensatz zurück, von dem man dekantiert.

7.1.1.7
Carbolgentianaviolett-Fuchsin-Gramfärbung

Carbolgentianaviolettlösung:
Stammlösung[1]:	Gentianaviolett	10–20,00 g
	Ethanol, 96%ig	100,00 ml

In brauner Flasche lösen, schütteln, stehen lassen, nach einigen Tagen filtrieren. Der Rückstand kann wieder mit Ethanol ausgezogen werden.

Gebrauchslösung:	Stammlösung	5,00 ml
	Phenol, 2,5%ig in	
	wäßriger Lösung	95,00 ml
Lugol'sche Lösung		
Gebrauchslösung:	Jod	1,00 g
	Kaliumjodid	3,00 g
	dest. Wasser	300,00 ml

Jod und Kaliumjodid in wenig Wasser lösen und dann mit dem restlichen Wasser auffüllen. Gebrauchslösung in brauner Flasche aufbewahren.

Fuchsinlösung		
Stammlösung[1]:	Basisches Fuchsin	0,30 g
	Ethanol, 96%ig	10,00 ml
Gebrauchslösung:	5 ml Stammlösung in	
	100 ml dest. Wasser	

7.1.1.8
Kristallviolett-Safranin-Färbung (Nach Hucker)

Kristallviolettlösung		
Lösung A:	Kristallviolett	2,00 g
	Ethanol, 96%ig	20,00 ml
Lösung B:	Ammoniumoxalat	0,80 g
	dest. Wasser	80,00 ml
Gebrauchslösung:	Lösung A und Lösung B 1 : 1 mischen,	
	vor Gebrauch 24 h stehen lassen	
Lugol'sche Lösung		
Gebrauchslösung:	Jod	1,00 g
	Kaliumjodid	3,00 g
	dest. Wasser	300,00 ml

Jod und Kaliumjodid in wenig Wasser lösen und dann mit dem restlichen Wasser auffüllen. Gebrauchslösung in brauner Flasche aufbewahren.

Safraninlösung
Stammlösung: Safranin   0,25 g
                  Ethanol, 96%ig   10,00 ml
Gebrauchslösung: 10 ml Stammlösung und
                  90 ml dest. Wasser

7.2
Stammsammlungen für Bakterien-, Pilz- und Hefekulturen

7.2.1
Bakterien

American Type Culture Collection, 12 301 Parklawn Drive, Rockville/MD 20 852, USA

The National Collection of Type Cultures in Lister Inst. of Preventive Medicine, London NW 9, Central Public Health Laboratory, Colindale Avenue, England

Institut für Hygiene der Bundesanstalt für Milchforschung, Hermann Weigmann Str. 1, 24103 Kiel (Sammlung von Streptokokkenstämmen)

Statens Seruminstitut, Kopenhagen, Amagar Boulevard 80, DK-2300 Kopenhagen S (Sammlung von Enterobacteriaceen)

Nationale Salmonella-Zentrale am Robert Koch-Institut, Nordufer 20, 13353 Berlin (Sammlung von Salmonellen, Shigellen und anderen Enterobacteriaceen)

Deutsche Sammlung von Mikroorganismen, Mascheroder Weg 1 b, 38124 Braunschweig

ICECC (Information Centre for European Culture Collection), Mascheroder Weg 1 b, 38124 Braunschweig

Institut für experimentelle Epidemiologie, Burgstr. 37, 38855 Wernigerrode (Staphylokokken, Salmonellen, Shigellen)

Centre International de Distibution de Souch et d'Information sur les Typs Microbiens, Rue César Roux 19, CH-1000 Lausanne (Schweiz)

Nationales Referenz-Labor für Clostridien, Northhäuser Str. 74, 99089 Erfurt

7.2.2
Pilz- und Hefekulturen

Centraalbureau voor Schimmelcultures, Baarn, Oosterstraat 1, Niederlande

Centraalbureau voor Schimmelcultures (Hefeabteilung), Delft, Julianalaan 67a, Niederlande

Institut für Gärungsgewerbe und Biotechnologie, Seestr. 13, 13353 Berlin (Sammlung von Hefen)

Deutsche Forschungsanstalt für Lebensmittelchemie Leopoldstr. 175, 80804 München (Sammlung von Penicillium-, Aspergillus-, Fusaria- und anderen Pilzen)

7.3
Synonyma und Taxonomie lebensmittelmikrobiologisch relevanter Mikroorganismen

7.3.1
Bakterien

Acinetobacter calcoaceticus	[*Alcaligenes durans* u. *tolerans*]
Alcaligenes (teilweise)	[*Achromobacter*]
Bacillus coagulans	[*Bacillus thermoacidurans*]
Campylobacter jejuni	[*Campylobacter fetus* ssp. *jejuni*]
Clostridium perfringens	[*Clostridium welchii*]
Desulfotomaculum nigricans	[*Clostridium nigricans*]
Enterobacter aerogenes	[*Aerobacter aerogenes*]
Enterococcus faecalis	[*Streptococcus faecalis*]
Enterococcus faecium	[*Streptococcus faecium*]
Gluconobacter	[*Acetomonas*]
Jonesia denitrificans	[*Listeria denitrificans*]
Klebsiella pneumoniae	[*Klebsiella aerogenes*]
Lactobacillus acidophilus	[*Bacillus acidophilus*]
Lactobacillus brevis	[*Betabacterium breve*]
Lactobacillus casei spp. *bulgaricus*	[*Lactobacillus casei*]
Lactobacillus casei spp. *tolerans*	[*Lactobacillus tolerans*]
Lactobacillus delbrueckii spp. *lactis*	[*Lactobacillus lactis*]
Lactobacillus delbrueckii spp. *bulgaricus*	[*Lactobacillus bulgaricus*]
Lactobacillus helveticus	[*Lactobacillus jugurti*]
Lactobacillus plantarum	[*Streptobacterium plantarum*]
Lactococcus lactis spp. *cremoris*	[*Streptococcus cremoris*]
Lactococcus lactis spp. *lactis*	[*Streptococcus lactis*]
Leuconostoc mesenteroides spp. *cremoris*	[*Leuconostoc cremoris*]
Shewanella	[*Alteromonas*]
Streptococcus salviarius spp. *thermophilus*	[*Streptococcus thermophilus*]

(alte, nicht mehr valide Namen stehen in [], ssp. = Subspezies)

7.3.1.1
Taxonomie des Genus Salmonella

Es ist jetzt erwiesen, daß das Genus *Salmonella* nur eine Spezies – nämlich die Spezies *enterica* – umfaßt. Diese Spezies ist unterteilt in 7 Subspezies, die kurz mit I, II, IIIa, IIIb, IV V und VI bezeichnet werden. Subspezies IIIa und IIIb stimmen mit der ehemaligen *Arizona*-Gruppe überein (Le Minor et al. 1987).

Die korrekte Schreibweise des Serovars *bonn* müßte lauten: *Salmonella enterica* subsp. *enterica* Serovar *bonn*. Diese Namen, gefolgt durch die Serovar-Bezeichnung, sind korrekt aber schwierig, in der üblichen Praxis zu gebrauchen, für die eine verkürzte Bezeichnung geeigneter ist. Aus diesem Grunde einigte man sich auf die Schreibweise der namentragenden Serovare der Subspezies I, z.B. *Samonella* Bonn, d.h. die Namen der Subspezies werden nicht länger *kursiv* geschrieben, zudem ist der erste Buchstabe ein großer Buchstabe.

7.3.2
Pilze

Alternaria	[*Macrosporium*]
Deuteromyces	[*Fungi imperfecti*]
Fungi	[*Mycota*]
Monascus	[*Xeromyces*]
Rhizopus stolonifer	[*Rhizopus nigricans*]
Saccharomyces uvarum	[*Saccharomyces carlsbergensis*]
Zygosaccharomyces rouxii	[*Saccharomyces rouxii*]

7.4
Zufallszahlen – Zufälligkeit der entnommenen Stichprobe

7.4.1
Zufallszahlentafel

	01–04	05–08	09–12	12–16	17–20	21–24	25–28	29–32	33–36	37–40
1	3164	4612	3318	7016	5818	0042	2702	0614	0445	8897
2	8753	7195	6687	1247	7392	8502	3735	4110	1382	3195
3	5050	5198	5501	0042	4788	8061	6005	1912	5222	6341
4	7505	7167	4214	6726	1976	8332	8100	2160	2579	7519
5	0105	3818	5476	4354	7769	0391	4242	5891	8872	9863
6	0093	9789	8127	3222	4480	1300	7811	4444	2023	0207
7	7988	9793	0410	5175	3333	0746	0001	6799	7111	5092
8	2401	1431	1644	4666	0777	5011	5367	3444	6393	5152
9	4355	1227	7703	2008	8770	6224	1073	0010	8358	6121
10	0919	0196	5122	0804	8573	0155	4754	4711	1276	7717
11	2103	4454	5860	8102	7673	5389	8178	5655	2517	3340
12	1603	5552	4614	3028	8202	5440	8114	5546	8553	4144
13	2609	4044	2338	2241	7105	2863	5005	1586	4171	8382
14	1266	5694	8290	5128	2121	5938	1109	7522	0230	9988
15	3626	7276	2013	4322	3603	3385	3118	1900	3997	1090
16	8812	8791	7933	0201	0011	0707	0111	1212	8810	7005
17	7670	7264	8013	0417	5501	3500	5533	0337	0453	8310
18	0414	5137	8430	1393	0224	7206	5347	7503	5179	3113
19	8904	7508	7408	7141	7029	1919	5475	5817	5095	3637
20	5348	8061	7436	8899	7607	0120	8807	5552	0352	2020

7.4.2
Vorgehensweise – Handhabung

Vor Beginn einer Probenahme mit Hilfe von Tafeln mit Zufallszahlen sind sämtliche Loseinheiten, die sich in der Partie befinden, aus der die Stichprobe zu entnehmen sind, zu numerieren. Dieses erfolgt entweder durch Beschriftung der Gebinde oder durch Verwendung bereits vorhandener Fabriknummern, sofern sich die Zahlen nicht wiederholen.

Der Beginn des Ablesens aus Zufallszahlentafeln muß ebenfalls zufällig sein. Das kann bspw. durch Losverfahren entschieden werden. Der Ablesegang der Zahlen kann zeilenweise, diagonal oder kolonnenweise erfolgen. Die Zahlen können auch in umgekehrter Reihenfolge gelesen bzw. durch stellenweises Verrücken gebildet werden.

7.4.2.1
Beispiel

Es wird angenommen, daß die zu bemusternde Partie aus 80 Loseinheiten besteht; 9 Loseinheiten sind wahllos zu bemustern.

Ferner wird angenommen, daß das Los den Ableseanfang 3. Reihe /Kolonne 17–20 bestimmt hat. Die erste Zahl lautet 47, d. h., daß das 47. Packstück zu bemustern ist. Die nächsten Zahlen der folgenden Reihen und somit zu bemusternden Gebinde lauten 19 / 77 / 44 / 33 /07 / (87 und 85 sind größer als die Partie Loseinheiten hat und somit zu übergehen) 76 / (82 ist ebenfalls auszulassen) 71 / 21.

Das Übergehen von Zahlen ist auch dann vorzusehen, wenn sich eine Zufallszahl wiederholt.

Anmerkungen
Besteht die Partie aus bspw. 400 Loseinheiten, wird ein dreistelliger Zahlenkomplex benötigt.

Für vertiefende Fragen wird auf spezielle Literatur der statistischen Qualitätskontrolle von Lebensmitteln im Anhang verwiesen.

7.5
ALINORM 97/13 a – Anhang 3

Die nachstehenden Grundsätze sollen der Aufstellung und Anwendung von mikrobiologischen Kriterien für Lebensmittel an jedem Punkt in der Nahrungskette von Primärprodukten bis zum Endverbrauch erleichtern.

Die Unbedenklichkeit von Lebensmitteln wird grundsätzlich sichergestellt durch die Beherrschung der Vorgänge bei Gewinnung, Produktentwicklung, Prozeßkontrolle sowie Anwendung guter Hygienepraktiken während der Produktion, Verarbeitung (einschließlich Kennzeichnung), Handhabung, Verteilung, Lagerung, des Verkaufs, der Zubereitung und Verwendung in Verbindung mit der Anwendung des HACCP-Systems. Dieser präventive Ansatz ermöglicht eine bessere Beherrschung der Probleme als mikrobiologische Tests, weil mikrobiologische Untersuchungen für die Bewertung der Sicherheit von Lebensmitteln nur von begrenztem Nutzen sind. Genaue Richtlinien für die Einrichtung von HACCP-begründeten Systemen sind in „Hazard Analysis/Critical Control Point System and Guidelines for Application" – Alinorm 97/13 Anhang II – Vorbereitung – (System der Gefahrenanalyse/ kritische Kontrollpunkte und Richtlinien für seine Anwendung) aufgeführt. Die mikrobiologischen Kriterien sollten nach diesen Grundsätzen aufgestellt werden und auf wissenschaftliche Untersuchungen, Gutachten und, falls genügend Daten verfügbar sind, einer auf das jeweilige Nahrungsmittel und seine Verwendung zugeschnittene Risikoanalyse basieren. Die mikrobiologischen Kriterien sollten auf eine transparente Art und Weise entwickelt werden und die Bedingungen eines fairen Handels erfüllen. Im Hinblick auf neu auftretende Krankheitserreger, technologische Veränderungen und neue wissenschaftliche Erkenntnisse sollten sie regelmäßig auf ihre Relevanz überprüft werden.

Inhalt

1. Definition eines mikrobiologischen Kriteriums
2. Bestandteile von mikrobiologischen Kriterien für Lebensmittel
3. Zweck und Anwendung von mikrobiologischen Kriterien von Lebensmitteln
4. Allgemeine Überlegungen hinsichtlich der Aufstellung und Anwendung mikrobiologischer Kriterien
5. Mikrobiologische Aspekte der Kriterien
6. Stichprobenpläne, Verfahren und Durchführungen
7. Berichterstattung

1. Definition eines mikrobiologischen Kriteriums

Ein mikrobiologisches Kriterium für Lebensmittel definiert die Akzeptierbarkeit eines Produktes oder eines Lebensmittelloses auf der Grundlage der Abwesenheit, Anwesenheit oder Anzahl von Mikroorganismen einschließlich Parasiten und/ oder Quantität ihrer Toxine/Stoffwechselprodukte pro Masse-, Volumen-, Flächen- oder Loseinheit(en).

2. Bestandteile von mikrobiologischen Kriterien

2.1

Ein mikrobiologisches Kriterium besteht aus:

- einer Angabe der relevanten Mikroorganismen und/oder ihrer Toxine/Stoffwechselprodukte und der Begründung ihrer Relevanz (s. 5.1);
- den analytischen Verfahren für ihren Nachweis und/ oder ihrer Quantifizierung (s. 5.2);
- einem Plan, der die Anzahl der zu entnehmenden Feldproben und die Größe der Analyseneinheit festlegt (s. 6.);
- den mikrobiologischen Grenzwerten, die für das Lebensmittel an dem (den) spezifizierten Punkt(en) der Nahrungskette als angemessen angesehen werden (s. 5.3);
- der Anzahl der Analyseeinheiten, die diesen Grenzwerten entsprechen sollten.

2.2

Ein mikrobiologisches Kriterium sollte außerdem angeben:
- das Lebensmittel, für das das Kriterium gilt,
- den Punkt (die Punkte) in der Nahrungskette, wo das Kriterium gilt,
- sämtliche Maßnahmen, die zu ergreifen sind, wenn das Kriterium nicht erfüllt wird.

2.3

Wenn mikrobiologische Kriterien für die Bewertung von Produkten angewendet werden, ist es für die optitmale Nutzung der finanziellen und personellen Ressourcen erforderlich, das nur geeignete Tests (s. 5.) bei denjenigen Lebensmitteln und an den jenigen Punkten in der Nahrungskette angewendet werden,, die im Hinblick auf die Versorgung des Verbrauchers mit einem unbedenklichen und für den Verzehr geeigneten Lebensmittel den größten Nutzen bringen.

3. Zweck und Anwendung von mikrobiologischen Kriterien

3.1

Mikrobiologische Kriterien können angewendet werden, um technische Forderungen zu formulieren und den erforderlichen mikrobiologischen Zustand von Rohstoffen, Zutaten und Endprodukten gegebenenfalls auf jeder Stufe der Nahrungskette anzuzeigen. Sie können für Untersuchungen von Lebensmitteln einschließlich Rohstoffen und Zutaten relevant sein, wenn deren Herkunft unbekannt oder unsicher ist oder wenn andere Mittel zur Verifizierung der Wirksamkeit von HACCP-basierten Systemen und Good Hygienic Practice (gute Hygienepraktiken) nicht zur Verfügung stehen.

Im allgemeinen können mikrobiologische Kriterien angewandt werden, um die Unterscheidung zwischen akzeptablen und nicht akzeptablen Rohstoffen, Zutaten, Produkten oder Losen durch Aufsichtsbehörden und/oder Betreiber von Lebensmittelbetrieben festzulegen. Mikrobiologische Kriterien können außerdem angewendet werden, um zu bestimmen, ob Prozesse mit den General Principles of Food Hygiene (Allgemeine Grundsätze der Lebensmittelhygiene) übereinstimmen.

3.1.1

Anwendung durch Aufsichtsbehörden

Mikrobiologische Kriterien können angewendet werden, um die Einhaltung mikrobiologischer Forderungen zu definieren und zu überprüfen.

Obligatorische mikrobiologische Kriterien sollen auf jene Produkte und/oder Punkte in der Nahrungskette angewendet werden, für die keine anderen, wirksamen Instrumente zur Verfügung stehen, und wenn erwartet wird, daß sie den Schutz des Verbrauchers verbessern. Wenn diese Kriterien angebracht sind, sollen sie auf die Art des Produktes zugeschnitten sein und nur an dem in der entsprechenden Verordnung festgelegten Punkt der Nahrungskette angewendet werden.

Je nach der Beurteilung des Risikos für den Verbraucher, dem spezifizierten Punkt in der Nahrungskette und der spezifizierten Produktart können von der Aufsichtsbehörde im Falle der Nichteinhaltung von mikrobiologischen Kriterien veranlaßten Maßnahmen im Aussortieren, erneuten Bearbeiten, Zurückweisen oder Zerstören des Produktes und/oder in weiteren Untersuchungen zur Festlegung geeigneter Maßnahmen bestehen.

3.1.2
Anwendung durch Betreiber von Lebensmittelbetrieben
Außer zur Überprüfung der Einhaltung von regulativen Bestimmungen (s. 3.1.1) können mikrobiologische Kriterien von Betreibern von Lebensmittelbetrieben im Rahmen der Verifizierung und/oder Validierung der Wirksamkeit des HACCP-Systems zur Formulierung von technischen Forderungen und zur Kontrolle der Endprodukte angewendet werden.

Derartige Kriterien werden speziell auf das Produkt und die Stufe der Nahrungskette, auf der sie angewendet werden, zugeschnitten. Sie können strenger sein als die für regulative Zwecke angewendeten Kriterien und sollten als solche nicht für rechtliche Maßnahmen herangezogen werden.

3.2
Die mikrobiologischen Kriterien sind in der Regel nicht geeignet zur Überwachung der Einhaltung von Grenzwerten wie sie im Anhang II (Fußnote Seite 1 [Anm.: hier nicht wiedergegeben]) Hazard Analysis Critical Control Point System and Guidelines for its Application definiert sind. Die Überwachungsverfahren müssen in der Lage sein, anzuzeigen, das ein bestimmter Critical Control Point (CCP) nicht mehr beherrscht wird. Das Überwachungssystem sollte dann diese Informationen so rechtzeitig melden, daß Korrekturmaßnahmen ergriffen werden können zur Wiedererlangung des Zustandes , in dem Verfahren fehlerfrei ablaufen und Kriterien eingehalten werden können, bevor das Produkt zurückgewiesen werden muß. Online-Messungen von physikalischen und chemischen Parametern werden deshalb häufig mikrobiologischen Tests vorgezogen, weil die Ergebnisse oft schneller und vor Ort verfügbar sind. Die Feststellung von Grenzwerten in einem HACCP-Plan kann darüber hinaus andere als die in diesem Dokument beschriebenen Überlegungen erfordern.

4. Allgemeine Überlegungen hinsichtlich der Aufstellung und Anwendung mikrobiologischer Kriterien

4.1
Ein mikrobiologisches Kriterium sollte nur dann aufgestellt und angewendet werden, wenn es wirklich notwendig und seine Anwendung zweckmäßig ist. Eine derartige Notwendigkeit besteht z.B. wenn epidemologische Beweise vorliegen, daß das betreffende Lebensmittel eine Gefährdung der öffentlichen Gesundheit darstellen kann und ein Kriterium für den Schutz des Konsumenten von Bedeutung ist, oder aufgrund des Ergebnisses einer Risikobewertung. Das Kriterium sollte durch die Anwendung guter Fertigverfahren (codes of practice) technisch erreichbar sein.

4.2

Um den Zweck eines mikrobiologischen Kriterium zu erfüllen, sollten folgende Punkte berücksichtigt werden:
- Anhaltspunkte für tatsächliche und oder potenielle Gesundheitsgefahren;
- der mikrobiologische Status des Rohstoffes (der Rohstoffe);
- die Auswirkung der Verarbeitung auf den mikrobiologischen Status des Lebensmittel;
- die Wahrscheinlichkeit und die Auswirkungen einer mikrobiellen Kontamination und/oder Vermehrung der Mikroorganismen während der weiteren Behandlung, Lagerung und Verwendung;
- die betroffene(n) Verbrauchergruppe(n);
- das mit der Anwendung des Kriteriums verbundene Kosten-Nutzen-Verhältnis;
- die beabsichtigte Verwendung des Lebensmittels.

4.3

Die Anzahl und Größe der zu analysierenden Einheiten je Los sollte den Vorgaben des Stichprobenplans entsprechen und nicht modifiziert werden. In keinem Fall sollte ein Los wiederholt geprüft werden, um eine Übereinstimmung mit den Kriterien zu erzielen.

5. Mikrobiologische Aspekte der Kriterien

5.1

Mikroorganismen, Parasiten, und ihre Toxine /Stoffwechselprodukte, die für bestimmte Lebensmittel von Bedeutung sind

5.1.1

In Sinne dieses Dokumentes gehören hierzu:
- Bakterien, Viren, Hefen, Schimmelpilze und Algen;
- parasitäre Protozonen und Helminthen;
- ihre Toxine/Stoffwechselprodukte.

5.1.2

Die in ein Kriterium einbezogenen Mikroorganismen sollten für das jeweilige Lebensmittel und die betreffende Technik allgemein als bedeutsam angesehen werden – sei es als Krankheitserreger, Leitorganismen und Verderb hervorrufende Organismen. Organismen, deren Bedeutung für das bestimmte Lebensmittel zweifelhaft ist, sollten nicht in ein Kriterium einbezogen werden.

5.1.3

Wenn mit Hilfe eines Anwesenheits-/Abwesenheits-Tests lediglich das Vorhandensein bestimmter Organismen nachgewiesen wird, von denen bekannt ist, daß sie durch Lebensmittel übertragene Krankheiten verursachen (z.B. Clostridium perfringens, Staphylococcus aureus und Vibrio parahaemolyticus), bedeutet dies nicht unbedingt eine Gefahr für die öffentliche Gesundheit.

5.1.4

Wenn Krankheitserreger unmittelbar und zuverlässig nachgewiesen werden können, sollte erwogen werden, das Lebensmittel auf diese anstatt auf Leitorganismen zu untersuchen. Wenn ein Test auf Leitorganismen angewendet wird, sollte eindeutig angegeben werden, ob der Test unzulängliche Hygienepraktiken oder eine Gesundheitsgefahr anzeigen soll.

5.2
Mikrobiologische Verfahren

5.2.1

Nach Möglichkeit sollten nur Verfahren angewendet werden, deren Zuverlässigkeit (Genauigkeit, Wiederholbarkeit, Varianz zwischen verschiedenen und innerhalb eines Labors) in Vergleichstests oder Ringversuchen statistisch nachgewiesen wurde.

Außerdem sollen für die betreffende Warenart validierte Verfahren angewendet werden, vorzugsweise auf der Basis von Referenzverfahren, die von internationalen Organisationen entwickelt wurden.

Während für diesen Zweck in höchstem Maße empfindliche und reproduzierbare Verfahren angewandt werden sollten, kann bei den für innerbetriebliche Tests vorgesehenen Verfahren zu Gunsten der Schnelligkeit und Einfachheit häufig auf ein gewisses Maß an Empfindlichkeit und Reproduzierbarkeit verzichtet werden. Es sollte jedoch nachgewiesen werden, daß diese Verfahren ausreichend zuverlässige Anhaltswerte der benötigten Informationen liefern.

Verfahren, die klären sollen, ob leichtverderbliche Lebensmittel oder Lebensmittel mit einer kurzen Lagerfähigkeit für den Verzehr geeignet sind, sollten nach Möglichkeit so angewendet werden, daß die Ergebnisse der mikrobiologischen Untersuchung vorliegen, bevor die Lebensmittel verzehrt werden oder ihre Lagerfähigkeit überschritten ist.

5.2.2

Die festgelegten mikrobiologischen Verfahren sollten im Hinblick auf Komplexität, Verfügbarkeit von Medien, Ausstattungen usw., Einfachheit der Interpretation, Zeitaufwand und Kosten angemessen sein.

5.3
Mikrobiologische Grenzwerte

5.3.1

Die in Kriterien verwendeten Grenzwerte sollten auf mikrobiologischen Daten basieren, die für das jeweilige Lebensmittel zutreffend sind, und auf eine Reihe ähnlicher Produkte anwendbar sein.. Sie sollten daher auf Daten basieren, die aus verschiedenen Produktionsstätten stammen, an denen die Good Hygienic Practice und das HACCP-System angewendet werden.

Bei der Festsetzung von mikrobiologischen Grenzwerten sollten sämtliche Veränderungen in der Mikroflora, mit denen während der Lagerung und Verteilung zu rechnen ist (z.B. zahlenmäßige Verringerung oder Zunahme) in Betracht gezogen werden.

5.3.2

Mikrobiologische Grenzwerte sollten das mit dem Mikroorgansimen verbundene Risiko und die Bedingungen, unter denen das Lebensmittel voraussichtlich gehandhabt und verbraucht wird, berücksichtigen. Mikrobiologische Grenzwerte sollten auch der Möglichkeit einer ungleichmäßigen Verteilung von Mikroorganismen in dem betreffenden Lebensmittel und der dadurch bedingten Variabilität des Analysenverfahrens Rechnung tragen.

5.3.3

Wenn ein Kriterium vorschreibt, daß ein bestimmter Mikroorganismus nicht vorhanden sein darf, sollten Größe und Anzahl der Analyseeinheiten (sowie Anzahl der Stichprobeneinheiten) angegeben werden.

6. Stichprobenpläne, Verfahren und Durchführung

6.1

Ein Stichprobenplan legt das Verfahren zur Ziehung der Stichproben und die bei einem Los anzuwendenden Entscheidungskriterien fest. Grundlage hierfür ist die Untersuchung einer festgelegten Anzahl von Stichprobeneinheiten und der daraus gebildeten Analyseeinheiten von vorgeschriebener Größe nach festgelegten Verfahren. Ein gut entworfener Stichprobenplan definiert die Wahrscheinlichkeit des Nachweises von Mikroorganismen in einem Los; es sollte jedoch beachtet werden, daß kein Stichprobenplan die Freiheit von einem bestimmten Organismus sicherstellen kann. Stichprobenpläne sollten organisatorisch und wirtschaftlich realisierbar sein.

Bei der Auswahl von Stichprobenpänen sollte insbesondere folgendes berücksichtigt werden:

- die mit der Gefahr verbundenen Risiken für die öffentliche Gesundheit;
- die Abwehrlage der Verbraucherzielgruppe; und
- die Heterogenität der Verteilung von Mikroorganismen, wenn Variablen-Stichprobenpläne verwendet werden;
- die akzeptable Qualitätslage und die gewünschte statistische Wahrscheinlichkeit der Annahme eines eines fehlerhaften Loses.
- Die akzeptable Qualitätslage (Acceptable Quality Level – AQL) ist der Prozentsatz fehlerhafter Stichprobeneinheiten im gesamten Los, für den der Stichprobenplan mit einer festgelegten Wahrscheinlichkeit (in der Regel 95 Prozent) eine Annahme des Loses anzeigt.

Für viele Anwendungen können sich attributive 2- oder 3-Klassen-Pläne als nützlich erweisen. (Siehe Anlage I [Anm.: hier nicht wiedergegeben] oder ICMFS, Microorganisms in Foods 2, Sampling for Microbiological Analysis. Principles and Specific Applications, 2. Auflage 1986).

6.2

Die statistische Annahmekennlinie (operating characteristic curve, oc-Kurve) sollte im Stichprobenplan enthalten sein. Die Leistungskenndaten bieten spezifische Informationen, mit denen die Wahrscheinlichkeit der Annahme eines fehlerhaften abgeschätz werden kann. Das Stichprobennahmeverfahren sollte im Stichprobenplan festgelegt werden. Die Zeit zwischen der Entnahme der Feldproben und der Untersuchung sollte so kurz wie möglich sein, und die Bedingungen während des Transports zum Labor (z.B. Temperatur) sollten keine Vermehrung oder Abnahme der zu untersuchenden Zielorganismen ermöglichen, so daß die Ergebnisse – innerhalb der durch den Stichprobenplan vorgegebenen Möglichkeiten – den mikrobiologischen Status des Loses widerspiegeln.

7. Berichterstattung

7.1

Der Untersuchungsbericht soll die zur vollständigen Identifizierung der Stichprobe erforderlichen Informationen, die Prüfmethode, die Ergebnisse und gegebenenfalls ihre Interpretation enthalten.

Literatur

Allgemeine und medizinische Mikrobiologie

Barnett HL (1960) Illustrated genera of imperfect fungi. Burgess, Minneapolis
Bergey's manual of systematic bacteriology, Sneath PHA, Mair NS, Sharpe ME, Holt JG (eds) vol 1 (1984), vol 2 (1986). Williams & Wilkins, Baltimore
Fey H (1978) Kompendium der allgemeinen medizinischen Bakteriologie. Paul Parey, Berlin
Hallmann L, Burkhardt F (1974) Klinische Mikrobiologie, 4. Aufl. Georg Thieme, Stuttgart
Reiß J (1986) Schimmelpilze. Lebensweise, Nutzen, Schaden, Bekämpfung. Springer, Berlin Heidelberg New York
Rose AH, Harrison JS (ed)(1987) The yeast, 2nd edn, vols I and II. Academic Press, London
Schlegel HG (1992) Allgemeine Mikrobiologie, 7. Aufl. Georg Thieme, Stuttgart
Starr MP, Stolp H, Trüper HG, Balows A, Schlegel HH (1981) The prokaryotes. A handbook on habitas, isolation, and identification of bacteria. Springer, Berlin Heidelberg New York
Wiesmann E (1993) Medizinische Mikrobiologie, 8. Aufl. Georg Thieme, Stuttgart

Lebensmittelmikrobiologie

Fields ML (1979) Fundamentals of food microbiology, AVI, Westport, Connecticut
Frank HK (1990) Lexikon Lebensmittelmikrobiologie. Behr's Verlag, Hamburg
Frank HK (1992) Dictionary of Food Microbiology. Behr's Verlag, Hamburg
Heeschen W (Hrsg)(1989) Pathogene Mikroorganismen und deren Toxine in Lebensmitteln tierischer Herkunft. Behr's Verlag, Hamburg
Frazier WC (1967) Food microbiology. McGraw-Hill
ICMSF (International Commission on Microbiological Specification for Foods)(1980) Microbial ecology of foods, vol. I. Factors affecting life and death of microorganisms. Academic Press, New York
ICMSF (1980) Microbial ecology of foods, vol.II. Food commodities. Academic Press, New York
Jay JM (1984) Modern food microbiology, 3rd edn. Van Nostrand, New York
Krämer J (1997) Lebensmittelmikrobiologie, 3. Aufl. Eugen Ulmer, Stuttgart
Kunz B (1988) Grundriß der Lebensmittel-Mikrobiologie. Behr's, Verlag Hamburg
Müller G, Lietz P, Münch HD (1987) Mikrobiologie pflanzlicher Lebensmittel, 4. Aufl. Steinkopff, Darmstadt
Müller G, Weber H (1996) Mikrobiologie der Lebensmittel – Grundlagen, 8. Aufl. Behr's Verlag, Hamburg
Münch S, Grillenberger G (1989) Mikrobiologie für Milchwirtschaftler. Th. Mann, Gelsenkirchen-Buer
Samson RA, van Reenen-Hoekstra ES (1988) Introduction to Food-Borne Fungi. Centraalbureau voor Schimmelcultures, Baarn, The Netherlands
Teuber M (1987) Grundriß der praktischen Mikrobiologie für das Molkereifach, 2. Aufl. Th. Mann, Gelsenkirchen-Buer

Wallhäußer KH (1990) Lebensmittel und Mikroorganismen. Steinkopff, Darmstadt
Zickrich K, Wegner K, Schreiter M, Schiefer G, Saupe C, Münch HD (1987) Mikrobiologie tierischer Lebensmittel. Harri Deutsch, Thun Frankfurt/M

Kulturelle lebensmittelmikrobiologische Methoden, Untersuchung von Packstoffen

Arbeitsgruppe „Mikrobiologie der Packstoffe" am Fraunhofer-Institut für Lebensmitteltechnologie und Verpackung, München (Hrsg.)(1988) Mikrobiologische Prüfungsmethoden von Packstoffen. Keppler, Heusenstamm
Baumgart J, Firnhaben J (1993) Mikrobiologische Untersuchung von Lebensmitteln, 3. Aufl. Behr's, Hamburg
BgVV (Bundesinstitut für gesundheitlichen Verbraucherschutz und Veterinärmedizin, Hrsg.) (1996) Amtliche Sammlung von Untersuchungsverfahren nach § 35 LMBG-Loseblattsammlung. Beuth, Berlin
Cerny G, Hoffmann P (1987) Mycothek – Mikrobiologie der Packstoffe, 2. Aufl. Goltze, Göttingen
Corry JEL, Roberts D, Skinner FA (Eds.)(1982) Isolation and identification methods for poisoning organisms. Academic Press, London
DiLiello LR (1982) Methods in food and dairy microbiology. AVI, Westport, Connecticut
FDA (Food and Drug Administration)(1984) Bacteriological analytical manual, 6th edn., 8th edn. 1995. AOAC International, McLean, Virginia
ICMSF (International Commission on Microbiological Specification for Foods)(1978) Microorganisms in foods 1; their significance and methods of enumeration, 2nd. edn. University of Toronto Press, Toronto
Schmidt-Lorenz W (Hrsg.)(1981) Sammlung von Vorschriften zur mikrobiologischen Untersuchung von Lebensmitteln – Loseblattsammlung. Verlag Chemie, Weinheim
Schweizerisches Lebensmittelbuch, 2. Band Mikrobiologie (1985, Teilrevision 1988, Stand 1989) 5. Aufl. bearb. vom Redaktionsausschuß der Subkommission (Hyg. Bakt. Kommission) Merck ER, Schwab H, Baumgartner A, Burki Th, Hunyady G, Illi H, Lüönd H. Eidg. Druck- und Materialzentrale, CH-3003 Bern
Skirrow MB, Benjamin U, Razzi MH, Watersman S (1982) Isolation, cultivation, and identification of *Campylobacter jejuni* and *E coli*. In: Corry JEL et al. (ed) Isolation and identification methods for food poisoning organisms. Academic Press, London
Speck ML (ed)(1984) Compendium of methods for the microbiological examination of foods, 2nd edn. American Public Health Association, Washington D.C.
Strauß R (1995) Mikrobiologische Untersuchungsmethoden für Zucker. In: Handbuch „Alkoholfreie Erfrischungsgetränke", Teil 1. Südzucker, Mannheim Ochsenfurt
Sutherland UP, Varnham AH (1982) Some methods for the isolation and identification of *Yersinia* enterocolitica and related organisms from foods. In: Corry JEL et al. (ed) Isolation and identification methods for food poisoning organisms. Academic Press, London

Nicht-kulturelle und indirekte lebensmittelmikrobiologische Methoden

Adams MR, Hope CFA (ed) (1989) Rapid methods in food microbiology. Elsevier, Amsterdam
Bülte M, Reuter G (1984) Impedance measurement as a rapid method for the determination of the microbial contamination of meat surface, testing two different instruments. Int J Food Microbiol 1:113–125
Bülte M, Reuter G (1984) Impedanzmessung bei Lebensmitteln. Demonstrations-Tagung der SGLH (Schweiz. Ges. f. Lebensmittelhyg.) ETH Zürich
Bülte M, Reuter G (1984) ATP-Bestimmung bei Lebensmitteln. Demonstrations-Tagung der SGLH, ETH Zürich

Brunner R (1984) Epifluoreszenz-Mikroskopische Zellzählung zur Bestimmung der mikrobiolo-gischen Qualität von Lebensmitteln. Diplomarbeit. Inst. f. Lm-Mikrobiologie, ETH Zürich

Daley RJ (1979) Direct epifluorescent enumeration of native aquatic bacteria: uses, limitation and comparative accuracy. In: Costerton JW, Colwell RR (eds) American Society for Test, STP

Demarchi C (1984) Prinzip der Limulus-Testverfahren. Demonstrations-Tagung der SGLH (Schweiz. Ges. f. Lebensmittelhyg.) ETH Zürich

Frank HK, Herthorn-Obst U (1980) Die Sauerstoffentwicklung aus Wasserstoffperoxid durch Mi-kroorganismen als Schnellnachweis großer Keimzahlen. Chem Mikrobiol Technol Lebensm 6:143–149

Gnan S, Luedecke LO (1982) Impedance measurements in raw milk as alternative to standard pla-te count. J Food Prot 45:4–7

Hennlich W (1984) Messung der Gasveränderung. Demonstrations-Tagung der SGLH (Schweiz. Ges. f. Lebensmittelhyg.) ETH Zürich

Hennlich W, Becker K, Cerny G (1983) Schnellmethode zur indirekten Keimzahlbestimmung in leicht verderblichen Lebensmitteln. Z Lebensm Unters Forsch 177: 11–14

Jacksch P, Terplan G (1987) Der Limulus-Test zur Untersuchung von Ei und Eiprodukten: Grund-lagen, Untersuchung von Handelsproben und produktionsbegleitende Untersuchungen. Arch Lebensmittelhyg 38: 47–55

Jäggi N (1984) Mikrobiologische Gesamtkeimzahl-Bestimmung in Lebensmitteln nach Filtration und Anfärbung mit Fluoreszenzfarbstoffen. Demonstrations-Tagung der SGLH, ETH Zürich

Pettiphere G (1980) Rapid membrane filtration – epifluorescent microscopy technique for direct enumeration of bacteria in raw milk. Appl Environ Microbiol 39:423–429

Pettiphere G (1981) Rapid enumeration of bacteria in heat treated milk and milk products using a membrane filtration – epifluorescent microscopy technique. J Appl Bact 50: 157–166 Südi J, Suhren G, Herschen H, Tolle A (1981) Entwicklung eines miniaturisierten Limulus-Tests im Mikrotiter-System zum quantitativen Nachweis gram-negativer Bakterien in Milch und Milchprodukten. Milchwissenschaft 36:193–198

Südi J, Suhren G, Herschen H, Tolle A (1982) Die Anwendung des Limulus-Tests zur Untersu-chung ultrahocherhitzter Milch und Ermittlung der bakteriologisch-hygienischen Wertigkeit des verwendeten Rohstoffs. Milchwissenschaft 37:341–346

Terplan G, Jaksch P (1985) Der Limulus-Test: Grundlagen und neuere Ergebnisse. Deutsche Milchwirtschaft 36: 193–199

Keimzahlnormen und -empfehlungen, Stichprobenpläne

AIIBP (Association Internationale de l'lndustrie des Bouillons et Potages)(1992) New microbio-logical specification for dry soups and bouillons. Alimenta 31:62–65

Bergquist D, Kraft A, Cotterill O, Magwire H (1984) Egg and Egg Products. In: Speck ML, Ed. (1984) Compendium of methods for the microbiological examination of foods, 2nd edn. Ame-rican Public Health Association, Washington D.C.

Bundesverband der diätetischen Lebensmittelindustrie, Hrsg. (1985) Richtlinie für ballaststoff-haltige Lebensmittel, Heft 66

DGHM (Deutsche Gesellschaft für Hygiene und Mikrobiologie)(1988) Empfehlungen für Richt- und Warnwerte zur Beurteilung von Teigwaren, Gewürzen und Trockensuppen, Instantpro-dukte. Bundesgesundhbl. 3:93–94

DGHM (1990) Empfehlungen für mikrobiologische Richt- und Warnwerte zur Beurteilung von Mischsalaten. Bundesgesundhbl. 33:6–10

DGHM (1991) Empfehlungen für mikrobiologische Richt- und Warnwerte zur Beurteilung von Tiefkühl-Backwaren und Tiefkühl-Patisseriewaren. Lebensmitteltechnik 23(4):162

DGHM (1992) Empfehlungen für mikrobiologische Richt- und Warnwerte zur Beurteilung von Feinkostsalaten. Lebensmitteltechnik 24(5):12

DGHM (1992) Empfehlungen für mikrobiologische Richt- und Warnwerte zur Beurteilung von TK-Fertiggerichte. Lebensmitteltechnik 24(3) :89

DGHM (1996) Empfehlung für mikrobiologische Richt- und Warnwerte zur Beurteilung von feuchten Teigwaren. Lebensmitteltechnik 28(7/8):45

DGHM (1996) Empfehlungen für mikrobiologische Richt- und Warnwerte zur Beurteilung von Backwaren. Lebensmitteltechnik 28(6) :52

Hauert W (1984) Praktische Erfahrungen bei der mikrobiologischen Qualitätskontrolle. Mitt Gebiete Lebensm Hyg 75:143–156

Hobbs WE, Greene VW (1984) Cereal and Cereal Products. In: Speck ML, Ed. (1984) Compendium of methods for the microbiological examination of foods, 2nd edn. American Public Health Association, Washington D.C.

van Houten (1986) Kakao: Mitteilungs- und Spezifikationsblatt. Firma van Houten

ICMSF (International Commission on Microbiological Specification for Foods)(1986) Microorganisms in foods 2. Sampling for microbiological analysis, principles and specific applications, 2nd edn. (1st edn. 1974). University of Toronto Press, Toronto

Leistner L, Hechelmann H, Bem Z (1978) Mikrobiologische Routineuntersuchung von Fleischerzeugnissen im Herstellbetrieb. Fleischwirtschaft 58:1279–1281

Leistner L, Bem Z, Dresel J, Promeuchel S (1981) Mikrobiologische Standards für Fleisch. Mitteilung aus dem Institut für Mikrobiologie, Toxikologie und Histologie der Bundesanstalt für Fleischforschung, Kulmbach

Schulze K (1989) Hygienerecht. In: Lebensmittelrechts-Handbuch V 66, Loseblattsammlung Stand 1995, Verlag C.H. Beck, München

Spicher G (1993) Getreide, Getreideerzeugnisse, Backwaren – Mikrobiologische Kriterien. In: Baumgart u. Mitarb. Mikrobiologische Untersuchung von Lebensmitteln. Behr's Verlag, Hamburg

Verordnung über diätetische Lebensmittel (Diätverordnung) vom 25.08.1988 (BGBl. I S. 1713, zul. geänd. 24.06.1994, BGBol. I S. 1416)

Verordnung über die hygienischen Anforderungen an Eiprodukte (Eiprodukte-Verordnung) vom 17.12.1992 (BGBl. I S. 2288)

Verordnung über die hygienischen Anforderungen und amtlichen Untersuchungen beim Verkehr mit Fleisch (Fleischhygiene-Verordnung-FlHV) vom 30.10.1986 (BGBl. I S. 1678, zul. geänd. 19.12.96, BGBl. I S. 2120

Verordnung über Hygiene- und Qualitätsanforderungen an Milch und Erzeugnissen auf Milchbasis (Milchverordnung) vom 24.04.1995 (BGBl. I S. 544)

Verordnung über natürliches Mineralwasser, Quellwasser und Tafelwasser (Mineral- und Tafelwasser-Verordnung) vom 01.08.1984 (BGBl. I S. 1036, zul. geänd. 27.04.1993, BGBl. I S. 512)

Verordnung über Trinkwasser und über Wasser für Lebensmittelbetriebe (Trinkwasserverordnung-TrinkwV) vom 05.12.1990 (BGBl.I S. 2612, zul. geänd. 26.02.1993. BGBI. I S. 278)

Verordnung über die hygienisch-mikrobiologischen Anforderungen an Lebensmittel, Gebrauchs- und Verbrauchsgegenstände, Anlage 1 (Art. 2 Abs. 1) Eidg. Department des Inneren, 1987

Verordnung über die hygienischen Anforderungen an Fischereierzeugnisse und lebende Muscheln (Fischhygiene-Verordnung – FischHV) vom 31. März 1994 (BGBl. I S. 737) zul. geänd. durch Änd.-VO der Fischhygiene-VO vom 15.12.1995 (BGBl. I S. 1779)

de Zaan (]995) Kakao: Mitteilungs- und Spezifikationsblatt. Firma de Zaan

Begriffsbestimmungen, Leitsätze

BLL (Bund für Lebensmittelrecht und Lebensmittelkunde, Hrsg.)(1972) Begriffbestimmungen für Fertiggerichte und fertige Teilgerichte. Heft 71

Leitsätze für Fische, Krusten-, Schalen- und Weichtiere und Erzeugnisse daraus des Deutschen Lebensmittelbuches vom 10./11. Mai 1966 i.d. Fassung vom 14. Mai 1982 (BAnz. Nr. 117a vom 1. Juli 1982)

Leitsätze für Fleisch- und Fleischerzeugnisse des Deutschen Lebensmittelbuches vom 27./28. November 1974 i.d. Fassung vom 28. März 1989 (BAnz. Nr. 93a vom 20. Mai 1989)

Verordnung über Teigwaren vom 12. November 1934 (RGBl. I S. 1181 i.d. Fassung der VO vom 17. Dezember 1956 (BGBl. I S. 944) geändert durch die Eiprodukte-VO vom 19. Februar 1975 (BGBL. I S. 537) der Anpassung-VO vom 15. Mai 1975 (BGBl. I S. 1281) ber. BGBl. I S. 421

Nährböden

Becton Dickinson GmbH (1980) Handbuch Mikrobiologie, Heidelberg
Corry JEL (1982) Quality Assurance and Quality Control of Microbiological Culture Media. GIT-Giebeler, Darmstadt
Difco Inc. (1984) Manual of dehydrated culture media and reagents for microbiology, 10th edn. Detroit, Michigan
Merck (1990) Nährböden Handbuch, Darmstadt
Qxoid (1983) Handbuch, 4. Aufl. Unipath GmbH, Wesel

Hygiene, HACCP, Qualitätsmanagement

BLL (Bund für Lebensmittelrecht und Lebensmittelkunde, Hrsg.) (1995) Leitfaden HACCP-Konzept. BLL, 53175 Bonn
ICMSF (International Commission on Microbiological Specification for Foods)(1988) Microorganisms in foods 4. Application of the hazard analysis critical control point (HACCP) system to ensure microbiological safety and quality, Blackwell Scientific Publication, Oxford
ILSI Europe (International Life Science Institute Europe, Hrsg.)(1994) Anleitung zum HACCP-Konzept: Gefährdungsanalyse, Kontrolle kritischer Punkte. ILSI Press, Washington D.C.
EWG-Richtlinie 93/43/EWG des Rates vom 14. Juni 1993 über Lebensmittelhygiene. Abl. Nr. L 175 vom 19.07.1993
Kielwein G (1994) Leitfaden für Milchkunde und Milchhygiene, 3. Aufl. Paul Parey, Berlin
Lebensmittelhygiene-Verordnung (LMHV) und Änderung anderer lebensmittelrechtlicher Vorschriften, Entwurf vom 05.07.1996
Marriot NG (1989) Principles of Food Sanitation. Van Nostrand, New York
Mossel DAA, Corry JEL, Struijk CB, Baird RM (1995) Essentials of the Microbiology of Foods. A Textbook for Advanced Studies. John Wiley & Sons Ltd.
NACMCF (National Advisory Comittee for Microbiological Criteria for Foods, Ed.)(1989) HACCP-Principles for Food Productions. USDA-FSIS Information Office, Washington D.C.
Pichhardt K (1997) Qualitätsmanagement Lebensmittel: Vom Rohstoff bis zum Fertigprodukt, 2. Aufl. Springer, Berlin Heidelberg New York
Pierson MD, Corlett jr DA (1993) HACCP-Grundlagen der produkt- und prozeßspezifischen Risikoanalyse. Behr's Verlag, Hamburg
Sinell HJ (1990) Hygienische Risiken bei einigen neueren Produkten und Verfahren: Prinzipielle Überlegungen. Mitt Gebiete Lebensm Hyg 81:578–592
Sinell HJ (1992) Einführung in die Lebensmittelhygiene, 3. Aufl. Paul Parey, Berlin
Sinell HJ, Kleer J (1995) Prävention lebenmittelbedingter Salmonellosen durch HACCP (Teil 1). ZFL 46(7/8):54 (Teil 2) ZFL 46(9) 52–54
Sinell HJ, Meyer H (Hrsg.) (1996) HACCP in der Praxis. Lebensmittelsicherheit. Behr's Verlag, Hamburg
Untermann F (1995) Das HACCP-Konzept: Schwierigkeiten bei der Umsetzung. Mitt Gebiete Lebensm Hyg 86:566–573
Untermann F (1996) Das HACCP-Konzept im Codex Alimentarius. Mitt Gebiete Lebensm Hyg 87:631–647

Kosmetika

Bühlmann X, Gay M, Gubler HU, Hess H, Kabay A, Knösel F, Sackmann W, Schiller I. Urban S (1971) Mikrobiologische Reinheit von Arzneimitteln. Richtlinien und Methoden für eine Pharmakopöe. Pharm Acta Helv 46:321–350

CTFA (Cosmetic, Toiletry and Fragrances Association, Ed.)(1985) Technical Guidelines

DAB (Deutsches Arzneibuch 10)(1992) Kriterien zur Bewertung der Wirksamkeit der Konservierung von pharmazeutischen Zubereitungen zur lokalen Applikation, VII.14.N1

FIP (Fédération Internationale Pharmaceutique)(1976) Vorschlag zur mikrobiellen Reinheit von Arzneimitteln. Pharm Acta Helv 51:41–49

Madden JM, Dallas H (1984) Microbiological methods for cosmetics. In: FDA bacteriological analytical manual, 6th edn. AOAC, Arlington, Virginia

Wallhäußer KH (1995) Praxis der Sterilisation, Desinfektion – Konservierung, Keimidentifizierung – Betriebshygiene, 5. Aufl. (4. Aufl. 1988, 3. Aufl. 1984, 2. Aufl. 1978) Thieme. Stuttgart

Statistische Qualitätskontrolle

Bozyk Z, Rudzki W (1971) Qualitätskontrolle von Lebensmitteln nach mathematisch-statistischen Methoden. VEB Fachbuchverlag, Leipzig

Cerf O (1987) Die statistischen Kontrollen der UHT-Milch. In: Reuter H (Hrsg.) Aseptisches Verpacken von Lebensmitteln. Behr's Verlag, Hamburg

Wasserfall F (1973) Die statistische Qualitätskontrolle als Mittel zur Prüfung der bakteriologischen Wirksamkeit von UHT-Anlagen. Milchwissenschaft 28:758–766

Monographien

AIIBP (Association Internationale de L'Industrie de Bouillons et Potages) (1972) Microbiological specification for dry soups. Alimenta 11:191–193

Anderson JM, Baird-Parker AC (1975) A rapid and direct plate method for enumerating *Escherichia coli* biotype I in food. J Appl Bact 39:1111–117

Angelotti R, Hall EH, Foter MJ, Lewis KM (1962) Quantitation of *Clostridium perfringens* in foods. Appl Microbiol 10:193–199

Ashby K (1938) Simplified Schaeffer spore stain. Science 87:433–435

Aulisio CCG, Mehlman IJ, Sanders AC (1980) Alkali methods for rapid recovery of *Y. enterocolitica* and *Y. pseudotuberculosis* from foods. Appl Environ Microbiol 39:135–140

Baird-Parker AC (1962) An improved diagnostic and selective medium for isolating coagulase positive *Staphylococci*. J Bact 25:12–19

Bannermann ES, Bille J (1988) A new selective medium for isolating *Listeria* spp. from heavily contaminated material. Appl Microbiol 54:165–167

Baumgart J (1973) Der ‚Stomacher', ein neues Zerkleinerungsgerät zur Herstellung von Lebensmittelsuspensionen für die Keimzahlbestimmung. Fleischwirtschaft 53:1600

Baumgart J (1977) Empfehlenswerte mikrobiologische Methoden zur Überwachung der Betriebshygiene. Chem Rdsch 29:3

Baumgart J (1978) Auf die Methode kommt es an. Hygiene-Kontrollverfahren im Betrieb. Lebensmitteltechnik 19(9):25–27

Baumgart J (1980) Aktuelles zur mikrobiologischen Lebensmitteluntersuchung. 172. KIN-Seminar „Mikrobiologische Arbeitsmethoden" Empfehlenswerte Methoden und Medien für die Untersuchung von Lebensmitteln tierischer und pflanzlicher Herkunft (Ref. Zschaler R). Lebensmitteltechnik 12(1/2):42–46

Baumgart J, Lehmeier I (1975) Schnellnachweis der aeroben Keimzahl bei Gemüseprodukten. ZFL 26:135

Baumgart J, Niermann H (1974) Mikrobiologische Kontrolle von Frischfleisch mit Hilfe von Schnellverfahren. Fleischwirtschaft 54:1497

Baumgart J, Stockmeyer G (1976) Hitzeresistenz von Ascosporen des Genus-Byssochlamys. Alimenta 15: 67–70

Baumgart J, Schierholz B, Huy C (1981) Membranfilter-Mikrokolonie-Fluoreszenz-Methode (MMCF-Methode) zum Schnellnachweis des Oberflächenkeimgehaltes von Frischfleisch. Fleischwirtschaft 61:726–729

Baumgart J, Hobel A, Rottensteiner B (1981) Selektiver Schnellnachweis von Hefen und Milchsäurebakterien in Feinkosterzeugnissen mit der Membranfilter-Mikrokolonie-Fluoreszens-Methode (MMCF-Methode): ZFL 32: 251–252

Baur E (1975) Untersuchung von Fleisch- und Wurstwaren mit dem Hemmstofftest im Rahmen der tierärztlichen Lebensmittelüberwachung. Fleischwirtschaft 55:843–845

Barraud C, Kitchell AG, Labots H, Reuter G, Simonsen B (1967) Standardisierung der aeroben Gesamtkeimzahl in Fleisch und Fleischerzeugnissen. Fleischwirtschaft 47:1313–1319

Biru G, Seeger H, Gemmer H, Volk K (1985) Nachweis von Staphylokokkenenterotoxinen aus verdächtigen Lebensmittelproben mit Hilfe des ELISA-Tests. Fleischwirtschaft 65(7):862–864

B von Bockelmann (1985) Qualitätskontrolle aseptisch verpackter Lebensmittel. Dtsch Molkerei Ztg 42:1401-1405

Boeng BJ, David BD (1977) HACCP models for quality control of entree production in food service systems. J Food Prot 40:632–638

Bothast RJ, Fennell ID (1974) A medium for rapid identification and enumeration of *Aspergillus flavus* and related organisms. Mycologia 66:365–369

Breer C (1986) Das Vorkommen von Listerien in Käse. 9. Weltkongreß Lebensmittelinfektionen und -intoxikationen, Berlin (West)

Brewer JD, Allgeier DL (1965) Disposable hydrogen generator. Science 147:1033–1034

Brunner B, Eisgruber H (1996) Überprüfung des Deckelgußverfahrens als Methode zur Isolierung von *Clostridium perfringens* aus Lebensmitteln. Arch f Lebensmittelhyg 47:135–138

Bülte M, Reuter G (1982) Die Einsatzfähigkeit von Eintauchobjektträgern („Dip Slides") zur Ermittlung des Oberflächenkeimgehaltes auf Schlachttierkörpern. Arch f Lebensmittelhyg 33:11–17

Burdon KL (1946) Fatty material in bacteria and fungi revealed by staining fixed dried slide preparations. J Bacteriol 32: 665–678

Busse M, Jung W, Braatz R, Seiler H (1986) Salmonellen und Listerien in der Milchwirtschaft. Dtsch Molkerei Ztg 49:1671–1694

Carlone GM, Valadez MJ, Pickett MJ (1982) Methods for distinguishing gram-positive from gram-negative bacteria. J Clin Microbiol 16:1157–1159

Cate ten L (1963) Eine einfache und schnelle bakteriologische Betriebskontrolle in fleischverarbeitenden Betrieben mittels Agar-„Würsten" in Rilsan-Kunstdärmen. Fleischwirtschaft 15:483–487

Cerny G(1976) Method for distinction of the gram-negative from gram-positivebacteria. Eur J Appl Microbiol 3:223–225

Cerny G (1978) Studies on the aminopeptidase test for the distinction of gram-negative from gram-positive bacteria. Eur J Appl Microbiol Biotechnol S: 113–122

Cerny G (1982) Mikrobiologische Probleme bei der Lebensmittelverpackung. Lebensmitteltechnik 14(6):274–280

Cerny G, Hennlich W (1991) Minderung des Hygienerisikos bei Feinkostsalaten durch Schutzkulturen, Teil II: Kartoffelsalat. ZFL 42(1–2):6–12

Costin IG, Kappner M, Schmidt W (1983) Der L-Alanin-Aminopeptidase-Test bei grampositiven und gramnegativen Bakterien: Einfluß der Nährmedien. Poster-DGHM-Tagung, Bonn

Craven PC, Baine WB, Mackel DC, Barker WH, Gangarosa EJ, Goldfield M, Rosenfeld H, Altmann R, Lachapelle G, Davies JW, Swanson RC (1975) International outbreak of *Salmonella* Eastborne infection traced to contaminated chocolate. Lancet 1:788–793

Curtis GWD, Mitchell RG, King AF, Griffin EJ (1989) A selective differential medium for the isolation of *L isteria monocytogenes*. Lett Appl Microbiol 8:95–98

D'Aoust JY (1977) *Salmonella* and the chocolate industry. A review. J Food Prot 40:718–727

D'Aoust JY, Aris BJ, Thisdele P, Durante A, Brisson N, Dragon D, Lachapelle G, Johnston M, Laidley R (1975) *Salmonella* Eastborne outbreak associated with chocolate. Can J Food Sci Technol 8:181–184

D'Aoust JY, Sewell AM (1986) Detection of *Salmonella* by the enzyme immunoassay technique. J Food Sci 51:484

Debevere JM (1982) Ohne Kontrolle des Wareneingangs kein wirksamer Schutz. Lebensmitteltechnik 14(11):554–559

Dehof E, Greuel E, Krämer J (1988) Zur Tenazität von *Clostridium botulinum* Typ E in heißgeräucherten vakuumverpackten Forellenfilets. Arch Lebensmittelhyg 40:27–29

Delaney JE, McCarty JA, Grasso RJ (1962) Measurement of *E. coli* type I by the membrane filter. Water Sewage Works 109:289–294

Deutsche Industrie-Norm (DIN) 54387. Bestimmung der Oberflächenkoloniezahl (Prüfung von Papier, Karton und Pappe)

Elliot RP, Michener HD (1961) Microbiological standards and handling codes for chilled and frozen foods. A review. Appl Microbiol 9:452–468

Ewing WH (1972) Differentiation of Enterobacteriaceae by biochemical reaction. CDC Atlanta. US Dep Health, Education and Welfare

Fey H (1983) Nachweis von Staphylokokken-Enterotoxinen in Lebensmitteln. 16. Arbeitstagung der SGLH, Schriftenreihe Heft 13:51–67

Fey H, Schweizer R, Margadant A (1961) Unsere Erfahrungen mit dem polyvalenten Salmonellaphagen 0-1. Versuche zu dessen optimaler Propagation. Röntgen- und Laborpraxis 14:L 154–158 und L 179–185

Fey H, Margadant A, Lozano-Gutknecht C(1971)Eine rationelle Massendiagnostikvon Salmonella(Shigella). Zentralbl Bakt Hyg I Abt Orig A 218:376–389

Forschner E (1978) Salmonellennachweis in Lebensmitteln – Beanstandungskonsequenzen. Arch Lebensmittelhyg 29:146–147

Foster EM (1971) The control of Salmonellae in processed foods: a classification system and sampling plan. J AOAC 54:259–266

Fresenius RE, Wienrich E, Bibo FJ, Schneider A (1976) Entwurf eines Standards zur mikrobiologischen Untersuchung von Fruchtsäften und alkoholfreien Erfrischungsgetränken. Mineralbrunnen 26:311–313

Frey W, Baumgart J (1976) Schnellnachweis der aeroben Koloniezahl und von Indikatororganismen auf Schlachtgeflügel. ZFL 27:334

Gastrin B, Kampe A, Nystrom K, Oden-Johanson B, Wessel G, Zettenberg B (1972) An epidemic of *Salmonella durham* caused by contaminated cocoa. Lakartidningen 69(46):5335–5338

Gedek W (1983) Feststellung von Hemmstoffen in Milch. Milchpraxis 21(4):156–158

Gill ON, Bartlett C, Sockett P, Vaile M, Rowe B, Gilbert R, Dulake C, Murrell H, Salmaso S (1983) Outbreak of *Salmonella napoli* infection caused by contaminated chocolate bars. Lancet 1: 574–577

Götz H (1987) Enterokokken als störende Keime beim Listerianachweis. Diskussionsveranstaltung *Listeria* Herausforderung an die Käsehersteller" 10.12.87 Weihenstephaner Fortbildungs-Seminare – Sonderdruck Deutsche Molkereizeitung

Greenwood MH, Hooper WL (1983) Chocolate bars contaminated with *Salmonella napoli*. An infectivity study. Br Med J 286:1394

Gregersen T (1978) Rapid method for distinction of gram-negative from gram-positive bacteria. Eur J Appl Microbiol Biotechnol 5:123–127

Habraken CJM, Mossel DAA, van den Reek S (1986) Management of *Salmonella* risks in the production of powdered milk products. Neth Milk Dairy J 40:99–116

Hahn G (1987) E. coli: Identifizierung verdächtiger Kolonien in zwei Minuten. Arch Lebensmittelhyg 38:56-57

Harvey RMS, Price TH (1982) *Salmonella* isolation and identification techniques alternative to the standard method. In: Corry, Roberts, Skinner (eds) Isolation and identification methods for food poisoning organisms. Academic Press, London

Hauert W (1982) Die Qualitätssicherung in der Nahrungsmittelindustrie. Akt Ernähr 7:108–110

Hechelmann H, Tamurka K, Inal T, Leistner L (1971) Vorkommen von *Vibrio parahaemolyticus* in verschiedenen Seegebieten Europas im Jahre 1970. Fleischwirtschaft 51:965–968

Hennlich W, Cerny G (1990) Minderung des Hygienerisikos bei Feinkostsalaten durch Schutzkulturen. Teil 1. Fleischsalat. ZFL 41(12):806–814

Hess H, Knüsel F, Mullen K (1969) Control of low-level microbial contamination of drug preparation. Pharm Acta Helv 44:174–191

Holbrook R, Anderson JM, Baird-Parker AC (1980) Modified direct plate method for counting *Escherichia coli* in foods. Food Technol Aust 32(2):78–83

Holbrook R, Anderson JM (1982) The rapid enumeration of *Escherichia coli* in foods by using a direct plating method. Soc Appl Bact Tech Serv 14:48

Holbrook R, Anderson J (1980) An improved selective and diagnostic medium for the isolation and enumeration of *Bacillus cereus* in foods. Can J Microbiol 26(7):753–759

Holbrook R, Anderson JM, Baird-Parker AC, Dodds LM, Sawhney D, Stuchbury SH, Swaine D (1989a) Rapid detection of *Salmonella* in foods – a convenient two-day procedure. Lett Appl Microbiol 8:139-142

Holbrook R, Anderson JM, Baird-Parker AC, Stuchbury SH (1989b) Comparative evaluation of the oxide *Salmonella* rapid test with three other rapid Salmonella methods. Lett Appl Microbiol 9:161–164

Horn H, Machmerth R (1973) Bestimmung über die Ausführung der Sterilisation. Zentralbl Pharm 112:919–927

Hotz F (1984) Bestimmung der Bakterien-Sporenzahl nach Ethanol-Vorbehandlung. Demonstrations-Tagung der SGLH (Schweizerischen Gesellschaft für Lebensmittelhygiene) ETH Zürich

Hugh R, Leifson E (1953) The taxonomic significance of fermentative versus oxidative metabolism of carbohydrates by various gram-negative bacteria. J Bact 66:24–26

Hughes D, Sutherland PS, Kelley G, Davey GR (1987) Comparison of the TECRA™ *Salmonella* visual immunoassay and standard cultural methods for the detection of Salmonellae in foods. Food Technol Aust 39(9):446–454

Jay LS, Comar D (1988) Comparative study of TECRA™ *Salmonella* visual immunoassay and Australian standard cultural methods for analysis of Salmonellae in foods. Food Technol Aust 40(5):186–191

Jemmi T (1990) Zum Vorkommen von *Listeria monocytogenes* in importierten geräucherten und fermentierten Fischen. Arch Lebensmittelhyg 41:107–109

Jemmi T (1990) Stand der Kenntnisse über Listerien bei Fleisch- und Fischprodukten. Mitt Gebiete Lebensm Hyg 81:144–157

Jung W, Mautner A, Götz H, Busse M (1987) *Listeria* – Herausforderung an die Käsehersteller. Vortrags- und Diskussionsveranstaltung 10.12.87 Weihenstephan, Sonderdruck Deutsche Molkereizeitung

Just E (1980) Mikrobiologische Kontrolle fester Lebensmittel durch Membranfiltration. Lebensmitteltechnik 12(10):59–61

Kampelmacher E, Mossel DAA, van Schothorst M, van Noorle Jansen LM (1971) Quantitative Untersuchung über die Dekontamination von Holzflächen in der Fleischverarbeitung. Alimenta-Sonderausgabe 70–76

Karnop G (1982) Die Rolle der Proteolyten beim Fischverderb. I. Optimierung der Methodik des Proteolytennachweises. Arch Lebensmittelhyg 33:57–61

Karnop G (1982) Die Rolle der Proteolyten beim Fischverderb. II. Vorkommen und Bedeutung der Proteolyten als bakterielle Verderbnisindikatoren. Arch Lebensmittelhyg 33:61–66

Katsaras K (1980) Nachweis von enterotoxinbildenden *Staphylococcus aureus* Keimen in der Routinediagnostik. Alimenta 19:41–44

Kielwein G (1971) Die Isolierung und Differenzierung von Pseudomonaden aus Lebensmitteln. Arch Lebensmittelhyg 22:29

Kiss G (1986) Die eidg. Verordnungen aus Sicht von Herstellern und Vertrieb. In: Lebensmittelhygiene – Gesetzliche Aspekte, Heft 16, Schriftenreihe zu Vorträgen der 19. Arbeitstagung der Schweiz. Gesellschaft für Lebensmittelhygiene (SGLH)

Kleeberger A (1976) Nachweis von Reinfektionskeimen in Konsummilch und Schlagsahne. Die Molkerei Zeitung Welt der Milch 30:1539–1544

Kovacs N (1928) Eine vereinfachte Methode zum Nachweis der Indolbildung durch Bakterien. Z Immunforsch 55:311

Kovacs N (1956) Identification of *Pseudomonas pyocyanea* by the oxidase reaction. Nature 178:703

Kummer, Zürcher K, Hardorn H (1977) Auswertung und Beurteilung von bakteriologischen Untersuchungsresultaten von Lebensmitteln. Alimenta-Sonderausgabe, 57–61

Kundrat TW (1968) Methoden zur Bestimmung von Antibiotika-Rückständen in tierischen Produkten. Z Anal Chem 234:624

Kundrat W (1972) 45-Minuten-Schnellmethode zum mikrobiologischen Nachweis von Hemmstoffen in tierischen Produkten. Fischwirtschaft 52:485–487

Lachica RVF (1976) Simplified thermonuclease test for rapid identification of *Staphylococcus aureus* recovered on agar media. Appl Environ Microbiol 32:633

Leifson E (1932) An improved reagent for the acetyl-methyl-carbinol test. J Bact 23:353–354

Leistner L (1979) Haltbarkeit und Haltbarmachung von Fleisch und Fleischerzeugnissen – Haltbarkeit und Hürdenkonzept. Die Fleischerei, Heft 2:148

Le Minor L, Popoff MJ (1987) Designation of Salmonella enteritica sp. nov. rev., as the type and only species of the Genus Salmonella. Int J System Bacteriol 37:465–468

Levetzow R (1971) Untersuchung auf Hemmstoffe im Rahmen der Bakteriologischen Fleischuntersuchung (BU). Bundesgesundheitsblatt 14(15/16):211–213

Lösche K (1991) Enzymatische Lebensmittelkonservierung. Lebensmitteltechnik 23(1/2):43–49

Mackenzie EFW, *Taylor VE, Gilbert WE (1948) Recent experiments in rapid identification of* Bacterium coli type I. J Gen Microbiol 2:197–204

Marcy G, Mossel DAA (1984) Schlagsahne aus hygienischer Sicht. Arch Lebensmittelhyg 35:56–58

Mattingly JA, Robinson BJ, Boehm A, Gehle WD (1985) Use of monoclonal antibodies for the detection of *Salmonella* in foods. Food Technol 39(3):90

McBride ME, Girard KF (1960) A selective method for the isolation of *Listeria* monocytogenes from mixed bacterial populations. J Lab Clin Med 55:153–157

Mohs HJ (1972) Mikrobiologische Untersuchungen von Fertiggerichten. Gordian 72:203–205

Mossel DAA (August 1970) Mikrobiologische Qualitätsbeherrschung in der Lebensmittelindustrie. Alimenta Sondernummer „Mikrobiologie"

Mossel DAA (1984) Lebensmittelmikrobiologie und Verbraucherschutz. 2. Arbeitstagung des Arbeitsgebietes Lebensmittelhygiene der Deutschen Veterinärmedizinischen Gesellschaft, Garmisch-Partenkirchen

Mossel DAA, Martin G (1964) Eine dem *Salmonella*-Nachweis kommensurable Untersuchung von Lebens- und Futtermittel auf Enterobacteriaceae. Arch Lebensmittelhyg 15:169–171

Mossel DAA, Mengerinck WJH, Scholts HH (1962) Use of a modified McConkey-agar for the selective growth and enumeration of all Enterobacteriaceae. J Bact 84:381

Mossel DAA, Visser M, Cornelissen AMR (1963) The examination of foods for Enterobacteriaceae using a test of the type generally adopted for the detection of *Salmonella*. J Appl Bact 24:444–452

Mossel DAA, Eederink I, DeVor H, Keizer ED (1976) The use of agar immersion, plating and contact (AIPC) slides for the bacteriological monitoring of foods, meals and food environment. Lab Prac 25:393–395

Mossel DAA, van Rossem F, Rantama A (1979) Ecometric monitoring of agar immersion, plating and contact (AIPC) slides used in assuring the microbiological quality of perishable foods. Lab Prac 28:1185–1187

Mossel DAA, Bijker PGH, Eelderink I (1978) Streptokokken der Lancefieldgruppe D in Lebensmitteln und Trinkwasser. Ihre Bedeutung, Erfassung und Bekämpfung. Arch Lebensmittelhyg 29:121–131

Netten van P (1989) Liquid and solid selective differential media for the detection and enumeration of *Listeria* monocytogenes. Int J Food Microbiol 8(4): 299–316

Oblinger JL, Koburger JA (1976) Understanding and teaching the most probable number technique. J Milk Food Technol 38:540

Ott H (1960) Eine vereinfachte Methode zur Kultivierung anaerober Mikroorganismen mit dem Symbiose Verfahren nach Fortner. Berl Münch Tierärzt Wochenschr 73:451–457

Otte I, Tolle A, Hahn G (1979) Zur Analyse der Mikroflora von Milch und Milchprodukten. 2. Miniaturisierte Primärtests zur Bestimmung der Gattung. Milchwissenschaft 34:152–156

Pichhardt K (1982) Schnelle Differenzierung von Bakterien der Enterobacteriaceen-Gruppe. Lebensmitteltechnik 14(6):290–291

Pichhardt K (1982) Salmonellen-Verdachtsdiagnose. Lebensmitteltechnik 14(12):627–628

Pichhardt K (1983) Aspekte zu mikrobiologischen Stichprobenplänen. Lebensmitteltechnik 15(12):679–680

Pichhardt K (1991) Hygiene-Risiken im Vorfeld begegnen. Lebensmitteltechnik 23(10):571–579

Pichhardt K (1992) Kartonverpackungen – Stabilitätsprüfung mittels Hydrodynamik. Lebensmitteltechnik 24(4):177–178

Pietzsch O, Mulindwa HKD (1978) Spezielle Aspekte bei der Voranreichung auf Salmonellen. Arch Lebensmittelhyg 29:145–146

Rehm HJ, Wittmann H, Stahl U (1961) Untersuchung zur Wirkung von Konservierungsmittel-kombinationen. 6. Mitteilung: das antimikrobielle Spektrum bei Kombinationen von Konservierungsmitteln. Z Lebensmittel Unters Forsch 115:244–262

Reusse U (1978) Nachweismethoden von Salmonellen und Enterobacteriaceen. Arch Lebensmittelhyg 29:138145

Reusse U, Geister R (1978) Salmonellenabwehr durch Stichprobenuntersuchungen nach dem „FOSTER"-Plan. Arch Lebensmittelhyg 29:222–225

Reuter G (1970) Mikrobiologische Analyse von Lebensmitteln mit selektiven Medien. Arch Lebensmittelhyg 21: 30–35

Reuter G (1978) Selektive Kultivierung von Enterokokken aus Lebensmitteln tierischer Herkunft. Arch Lebensmittelhyg 29:121– 160

Reuter G (1984) Die Problematik mikrobiologischer Normen bei Fleisch. Arch Lebensmittelhyg 35:106–109

Rödel W, Ponert H, Leistner L (1975) Verbesserter a_w-Wertmesser zur Bestimmung der Wasseraktivität von Fleisch und Fleischwaren. Fleischwirtschaft 55:557–558

Schiemann DA (1979) Synthesis of a selective agar medium for *Yersinia enterocolitica*. Can J Microbio 125:1298–1304

Schiemann DA (1982) Development of a two-step enrichment procedure for isolation of *Yersinia enterocolitica* from food. App Environ Microbiol 43:14–27

Schleifer KH, Klipper-Balz R (1984) Transfer of *Streptococcus faecalis* and *Streptococcus faecium* to the genus *Enterococcus* nom. rev. as *Enterococcus faecalis* comb. nov. and *Enterococcus faecium* comb. nov. Int J Systematic Bacteriol 34(1):31–34

Schleifer KH, Kraus J, Duvorak C, Klipper-Balz C, Collins MD, Fischer W (1985) Transfer of *Streptococcus lactis* and related *Streptococci* to the genus *Lactococcus* gen. nov. System Appl Microbiol 6:183–198

Schmidt-Lorenz W, Guckelberger D, Hotz F (1982) Ein vereinfachtes Koloniezahl-Bestimmungsverfahren für mikrobiologische Stufenuntersuchungen bei der Herstellung von verzehrsfertigen Speisen. Alimenta 21:145–163

Schmidt-Lorenz W (1984) Demonstrations-Tagung der SGLH (Schweiz. Gesellschaft Lebensmittelhygiene), ETH Zürich

Schothorst van M, Renaud AM (1983) Dynamics of *Salmonella* isolation with modified Rappaport's medium (R10). J Appl Bacteriol 54:209–215

Schulze K (1985) Untersuchung zur Mikrobiologie, Haltbarkeit und Zusammensetzung von Räucherforellen aus einer Aquakultur. Arch Lebensmittelhyg 36:82–84

Schulze K, Zimmermann TH (1983) Untersuchungen an Räucherfischen unter besonderer Berücksichtigung von Makrelen. Arch J Lebensmittelhyg 34:67–70

Servance PJ, Kauffmann CA, Sheargren JN (1980) Rapid identification of *Staphylococcus aureus* by using lysostaphin sensitivity. J Clin Microbiol 11: 724–727

Shaw BG, Roberts TA (1982) Indicator organisms in raw meat. Antonie Leewenhoek J Microbiol 48:612–613

Sinell HJ (1985) Kritische Kontrollpunkte in der Lebensmittelhygiene. Fleischwirtschaft 65:1446

Sinell HJ (1985) Mikrobiologische Normen in Lebensmitteln aus hygienischer Sicht. Fleischwirtschaft 65:672-678

Skovgaard N (1979) Bacterial association of and metabolic activity in fish in north western Europe. Arch Lebensmittelhyg 40:27-29

Snijders MA, Gerats GE, van Logtestijn JG (1984) Good manufacturing practices during slaughtering. Arch Lebensmittelhyg 35:99-103

Spicher G (1972) Zur Frage der Beurteilung mikrobieller Keimzahlen von Mehl und Grieß. Getreide Mehl Brot 26:1-5

Spicher G, Peters J (1975) Mathematische Grundlagen der Sterilitätsprüfung. Zentralbl Bakt Hyg 1 Abt Orig A 230:112-138

Steinert J (1986) Rohmilchweichkäse – sind Maßnahmen zum Schutz der Gesundheit des Verbrauchers notwendig? Dtsch Milchwirtschaft 24:758-761

Stengel G (1984) Vorkommen von *Yersinia enterocolitica* in Milch und Milchprodukten. Arch Lebensmittelhyg 35:91-95

Steuer W (1986) Vorschläge für mikrobiologische Richt- und Warnwerte. Vortrag DGHM-Kommission „Lebensmittelmikrobiologie und -hygiene": 16.04.86 in Stuttgart

Terplan G, Schoen R, Springmeyer W, Degle I, Becker H (1986) *Listeria* monocytogenes in Milch und Milchprodukten. Deutsche Molkereizeitung 41:1358-1368

Terplan G (1989) Listerien – Vorkommen und lebensmittelhygienische Bedeutung. In: Heeschen W (Hrsg) Pathogene Mikroorganismen und deren Toxine in Lebensmitteln tierischer Herkunft. Behr's Verlag, Hamburg

Thornley MJ (1960) The differentiation of *Pseudomonas* from other gram-negative bacteria on the basis of arginine metabolism. J Appl Bact 23:37-52

Vanderzant C, Matthys AW, Cobb BF (1973) Microbiological, chemical, and organoleptic characteristics of frozen breaded raw shrimps. J Milk Food Technol 36:253-261

Vidon DJM, Delmas CL (1981) Incidence of *Yersinia enterocolitica* in raw milk in eastern France. Appl Environ Microbiol 41:355-359

Vögele P (1980) Mikrobiologische Kontrolle der H-Milch. Sonderdruck aus: Die Molkerei-Zeitung – Welt der Milch Nr 18 u 22:3-15

Vrako R, Sherris TJ (1963) Indole-spot test in bacteriology. Am J Clin Path 39:429

Wauters G (1973) Improved methods for the isolation and recognition of *Yersinia enterocolitica*. Contrib Microbiol Immunol 2:68-70

Wehrli H (1974) Betriebshygiene und mikrobiologische Fragen bei der Marzipanherstellung. Kakao + Zucker 11:332-340

Weiss H (1975) Zur Statistik der Probenahme aus mikrobiologischer Sicht. Arch Lebensmittelhyg 25:5-6

Windemann H, Baumgartner E (1985) Bestimmung von Staphylokokken-Enterotoxinen A, B, C und D in Lebensmitteln mittels Sandwich-ELISA mit markiertem Antikörper. Zentralbl Bakt Hyg I Abt. Orig B 181:345-363

Windisch S (1977/78) Nachweis und Wirkung von Hefen in zuckerhaltigen Lebensmitteln. Alimenta-Sonderausgabe, 22-29

Winter FH, York GK, El-Nakhal H (1971) Quick counting method for estimating the number of viable microbes on food and food processing equipment. Appl Microbiol 22:89-92

York MK (1981) Identification of *Staphylococcus aureus* by lysostaphin sensitivity. Clin Microbiol Newlett 2:38-39

Zschaler R (1979) Nachweis von Mikroorganismen-Untersuchungstechniken und Beurteilungskriterien bei getrockneten sowie begasten Lebensmitteln. Lebensmitteltechnik 11(9):61-67

Zschaler R (1985) Methode zum Nachweis von *E. coli* in Lebensmitteln. Lebensmitteltechnik 17(12):697